小卫星前沿科技丛书

微小卫星集群控制与轨道博弈技术

张永合　李超勇　刘昱辰　夏喜旺　著

科学出版社
北京

内 容 简 介

本书从技术理论角度总结介绍作者在微小卫星集群控制与轨道博弈方面的研究成果，具有较强的针对性。本书涉及的主要内容包括：微小卫星集群控制发展历程及主要挑战、集群控制基本理论与方法、基于采样博弈的航天器交会、基于计算博弈的航天器追逃、基于模型预测数值博弈的在轨追逃及无拖曳精密编队、编队构型容错控制等。本书旨在通过对微小卫星集群控制理论的介绍，使读者深入而系统地理解航天器集群控制方案设计，有利于航天器控制系统设计人员更好地开展工作。

本书不仅能为具有一定航天器动力学及控制理论基础的专业与总体技术人员提供帮助，也可用作相关院校及专业老师与研究生的参考资料。

图书在版编目(CIP)数据

微小卫星集群控制与轨道博弈技术 / 张永合等著. 北京 ：科学出版社，2025. 5. -- ISBN 978-7-03-080571-3

Ⅰ. V474.1

中国国家版本馆 CIP 数据核字第 2024LN6025 号

责任编辑：徐杨峰 / 责任校对：谭宏宇
责任印制：黄晓鸣 / 封面设计：殷 靓

科学出版社 出版
北京东黄城根北街 16 号
邮政编码：100717
http：//www.sciencep.com
南京展望文化发展有限公司排版
苏州市越洋印刷有限公司印刷
科学出版社发行 各地新华书店经销

*

2025 年 5 月第 一 版 开本：B5(720×1000)
2025 年 5 月第一次印刷 印张：15 1/2
字数：303 000

定价：130.00 元

(如有印装质量问题，我社负责调换)

前言

随着航空宇航科学和信息技术的发展,典型应用场景下微小卫星集群的在线控制与决策问题已成为当前航天领域的研究热点,也是最具挑战性的研究方向之一。从体系上讲,与传统的大型单体卫星相比,微小卫星集群应用具有成本低、灵活性高、可靠性强、生存能力强等诸多优势,在空间探测、通导遥探、在轨服务方面都展现出了巨大的应用潜力,其相应的在轨集群控制与决策问题也代表了当前航宇学科与自动化技术的前沿。从技术上讲,微小卫星集群的在轨控制与决策是一个多学科交叉的复杂系统工程,广泛涉及轨道力学、自动控制、博弈运筹、通信及计算科学等多个领域,而轨道任务的特征也对技术本身的智能化、自主化、实时性及弹性都有很高要求。诚然,国内外大量研究成果已经给出了各类典型应用场景中卫星集群控制与博弈决策技术,从理论和体系上详细分析了各类算法与技术的局限性,然而,轨道任务的多样性、星群规模的快速膨胀,以及日趋白热化的天域攻防都对控制与决策技术提出了新挑战,如何应对未来星群任务的多约束高动态特性,解决最优指令的在线生成,博弈决策模式的自主切换与激发等问题,是撰写本书的初衷。

本书在全面梳理国内外微小卫星集群控制与在线决策相关研究进展的基础上,围绕微小卫星集群在编队、探测、交会对接及博弈围捕等典型应用场景下所面临的多约束控制与决策难题,结合团队在无拖曳控制、计算博弈、模型预测等领域的最新研究成果,详细介绍如何解决分布式编队控制、高精度引力波探测、多对一围捕博弈等关键问题,重点描述如何将计算博弈思想引入微小卫星集群控制与决策领域以及其带来的创新性解决方案,力求为读者提供一个全面、深入、前沿的学

习参考。本书的主要内容可以概括为以下几个方面:

第一,本书详细介绍了微小卫星集群编队的基本概念、发展历程、应用前景及面临的主要挑战。我们回顾了编队飞行概念提出及在轨验证的发展与演变,分析了微小卫星在成本、灵活性、可靠性等方面相对于传统大型卫星的优势,同时也指出了其在轨道设计、资源管理等方面存在的技术难点。

第二,本书系统阐述了微小卫星集群编队控制的基本理论和方法。从动力学建模开始,讨论了相对轨道动力学及其描述,介绍了分布式控制架构的特点及适用场景,并通过具体算法和仿真展示了分布式控制的实现过程和效果。

第三,本书详细描述了面向重力场测量的无拖曳精密编队控制方案及基于迭代学习算法的卫星编队构型容错控制方案,并通过仿真实例展示了基于无拖曳重力及基于迭代学习算法的航天器精确编队控制效果。

第四,作为本书的核心内容,我们深入探讨了基于博弈策略的微小卫星集群编队控制方法。首先介绍了博弈论的基本概念和主要类型,包括非合作博弈、合作博弈等,之后阐述了如何将这些博弈模型应用于微小卫星集群的各种控制问题中。通过大量的理论分析和数值仿真,展示了基于博弈的控制方法在处理复杂约束、多目标优化、动态环境适应等方面的独特优势。

最后,本书还探讨了微小卫星集群在地球观测、空间探测、通信导航等领域可能的发展方向。

在编写本书的过程中,我们始终秉持理论与实践相结合的原则。每一章不仅包含了必要的理论推导和数学分析,还配有大量的仿真实例,力求使理论阐述既严谨又易懂,实例分析既典型又具有启发性。

本书的目标读者包括从事航天技术(特别是微小卫星技术研究)的科研人员和工程师,航天器系统设计、控制理论与工程领域的研究生和高年级本科生,以及对航天技术感兴趣的其他领域科技工作者。本书可以帮助他们了解微小卫星集群技术的最新进展和应用前景。

在此,作者感谢中国科学院微小卫星创新研究院王鹏程博士、范一迪博士及卢苇、候巍一、苏东平等研究生对本书内容的编辑工作;感谢浙江大学电气工程学院李超勇教授团队陈赛、张涛、顾天妍、杜林泽等研究生对本书部分章节的贡献;感谢南京航空航天大学吴云华教授、贾庆贤副教授在编队容错控制方面的建议。同时,特别感谢国家重点研发计划引力波探测专项(编号:2021YFC2202600、

2021YFC2202704）、国家自然科学基金（编号：62088101、12372050、91748128、U2441205）、浙江省科技厅（编号：LR20F030003）对作者研究工作的支持。最后，向所有为微小卫星集群技术发展作出贡献的科研工作者致以崇高的敬意，正是你们的不懈努力，推动了这一激动人心的领域不断向前发展。

衷心希望本书能为推动微小卫星集群编队控制技术的发展贡献一份力量，为相关领域的研究者和工程师提供有价值的参考。同时，也希望本书能激发更多年轻人投身航天事业，为人类探索宇宙的伟大事业贡献智慧和力量。

尽管我们力求本书内容的全面性和准确性，但鉴于微小卫星集群编队控制是一个快速发展的领域，书中难免存在一些不足或疏漏之处，真诚欢迎读者提出宝贵意见和建议，以便在未来的版本中不断完善。

作　者

2024 年 8 月

目 录

第1章 绪 论

1

1.1 微小卫星编队任务现状 / 1

1.1.1 微小卫星的发展 / 1

1.1.2 微小卫星集群与卫星编队 / 2

1.1.3 微小卫星编队飞行 / 3

1.2 微小卫星编队控制技术 / 4

1.2.1 微小卫星集群精密编队任务 / 4

1.2.2 微小卫星集群编队任务特点 / 7

1.2.3 航天器编队控制技术 / 7

1.3 微小卫星轨道博弈 / 11

1.3.1 轨道博弈控制技术 / 11

1.3.2 微小卫星轨道博弈研究现状 / 17

1.4 本书内容及章节安排 / 25

第2章 理 论 基 础

28

2.1 引言 / 28

2.2 坐标系及坐标转换 / 28

2.3 地球引力场模型 / 30

2.4 轨道运动模型 / 33
2.4.1 二体运动模型轨道运动方程 / 34
2.4.2 轨道运动参数描述 / 35
2.4.3 轨道运动模型积分处理 / 36
2.5 轨道相对运动模型 / 38
2.5.1 相对运动方程 / 38
2.5.2 C－W 方程 / 39
2.5.3 LVLH 参考系下的相对运动方程 / 44
2.5.4 考虑 J_2 项的相对运动方程 / 45
2.5.5 相对运动模型的状态方程描述 / 46
2.6 博弈论基础 / 48
2.6.1 博弈问题的基本描述 / 48
2.6.2 轨道微分博弈问题的基本形式 / 55
2.7 小结 / 59

第 3 章 微小卫星集群编队控制技术

60

3.1 引言 / 60
3.2 无拖曳编队控制 / 60
3.2.1 无拖曳控制原理及分类 / 60
3.2.2 无拖曳航天器动力学模型 / 62
3.2.3 无拖曳卫星干扰及噪声模型 / 64
3.2.4 功率谱密度约束 / 66
3.2.5 基于 QFT 的 MIMO 编队控制器设计 / 67
3.2.6 仿真验证与分析 / 80
3.3 基于迭代学习算法的卫星编队构型容错控制 / 82
3.3.1 故障描述 / 83
3.3.2 故障动力学模型 / 83
3.3.3 加性故障构型维持容错控制 / 85
3.3.4 乘性故障构型维持容错控制 / 95
3.3.5 仿真分析 / 99
3.4 本章小结 / 107

第 4 章　基于采样博弈的航天器近端交会问题研究

108

4.1　引言 / 108
4.2　航天器近端交会的相对运动模型 / 108
4.3　基于 worst-case 扰动均衡的静态目标航天器交会控制 / 110
　4.3.1　worst-case 扰动均衡理论 / 110
　4.3.2　worst-case 扰动均衡下的静态目标交会问题 / 111
　4.3.3　worst-case 均衡静态目标交会控制器设计 / 112
4.4　基于采样博弈的两航天器协同交会控制 / 116
　4.4.1　线性二次型微分博弈的纳什均衡 / 116
　4.4.2　基于采样博弈/worst-case 均衡的协同交会问题 / 117
　4.4.3　采样博弈/worst-case 均衡协同交会控制器设计 / 121
4.5　数值仿真与分析 / 130
　4.5.1　基于 worst-case 扰动均衡的静态目标航天器交会算例 / 130
　4.5.2　基于采样博弈/worst-case 均衡的两航天器协同交会算例 / 133
4.6　本章小结 / 141

第 5 章　基于计算博弈的航天器在轨追逃问题研究

142

5.1　引言 / 142
5.2　计算博弈理论及其纳什均衡求解方法 / 142
　5.2.1　计算博弈理论基础 / 142
　5.2.2　纳什均衡的组合对策搜索 / 144
　5.2.3　纳什均衡的 ARS 优化搜索 / 145
5.3　基于计算博弈的航天器在轨博弈问题分析与定义 / 146
5.4　基于 ARS 优化搜索的航天器一对一在轨追逃博弈 / 149
　5.4.1　航天器一对一在轨追逃问题描述 / 149
　5.4.2　面向一对一轨道追逃问题的计算博弈要素设计 / 149
　5.4.3　博弈控制器形式与基于 ARS 的求解流程 / 152
5.5　基于 ARS/优化剪枝的航天器多对一在轨协同追逃博弈 / 155

5.5.1 航天器多对一在轨协同追逃问题描述 / 156
5.5.2 面向多对一在轨协同追逃问题的计算博弈要素设计 / 157
5.5.3 博弈控制器形式与基于 ARS/优化剪枝的求解流程 / 160
5.6 数值仿真与分析 / 164
5.6.1 基于 ARS 的航天器一对一轨道追逃算例 / 164
5.6.2 基于 ARS/优化剪枝的航天器多对一在轨协同追逃算例 / 167
5.7 本章小结 / 175

第 6 章 基于模型预测数值博弈的航天器在轨追逃问题研究 176

6.1 引言 / 176
6.2 航天器近端轨道相对运动模型的离散化 / 176
6.3 模型预测静态规划与时域控制方法基础 / 177
6.3.1 模型预测静态规划理论基础 / 177
6.3.2 时域控制执行方法 / 183
6.4 基于模型预测数值博弈的航天器在轨追逃问题 / 184
6.4.1 基于模型预测数值博弈的航天器在轨追逃问题定义 / 184
6.4.2 模型预测数值博弈下的追逃控制器设计 / 186
6.4.3 模型预测数值博弈的控制器执行流程 / 192
6.5 基于模型预测——主从数值博弈的航天器轨道追逃问题 / 192
6.5.1 基于模型预测——主从数值博弈的航天追逃问题定义 / 193
6.5.2 模型预测——主从数值博弈追逃控制器设计 / 195
6.5.3 模型预测——主从数值博弈控制器的执行流程 / 204
6.6 基于模型预测——一步主从数值博弈的航天器在轨追逃问题 / 205
6.6.1 基于模型预测——一步主从数值博弈的航天器追逃问题定义 / 205
6.6.2 模型预测——一步主从数值博弈追逃控制器设计 / 207
6.6.3 模型预测——一步主从数值博弈控制器的执行流程 / 212
6.7 数值仿真与分析 / 213
6.7.1 基于模型预测数值博弈的两航天器在轨追逃仿真 / 213

6.7.2 基于模型预测——主从数值博弈的两航天器在轨追逃仿真 / 215
6.7.3 基于模型预测——一步主从数值博弈的两航天器在轨追逃仿真 / 218
6.8 本章小结 / 221

第 7 章 微小卫星集群编队与博弈控制技术展望

222
7.1 微小卫星集群应用前景 / 222
7.2 微小卫星集群编队与博弈控制技术应用前景 / 223
7.3 微小卫星集群编队与博弈控制技术未来发展方向 / 224
7.3.1 微小卫星集群编队控制技术的发展趋势 / 224
7.3.2 微小卫星集群博弈对抗控制技术的发展趋势 / 225

参 考 文 献

226

第1章

绪　　论

自1957年人造卫星首次进入太空以来,太空资源的利用与太空竞争就备受关注。早期的空间竞争主要表现为太空部署与任务侦测,随着航天任务的蓬勃发展、航天技术的深刻变革乃至世界政治格局的剧烈演变,大规模航天器集群精确编队凸显出不可替代的技术优势,聚焦于剧烈对抗的轨道博弈技术尤显重要。美国将空间轨道博弈视为其国家安全的重要组成部分,太空领域的探索与博弈也是中国崛起的必经之路。

1.1　微小卫星编队任务现状

1.1.1　微小卫星的发展

国际上一般将质量在几百千克及以下、具有独特的研究开发模式的新型航天器称为微小卫星。20世纪80年代中后期,随着微电子、计算机、新材料及航天技术的快速发展,技术密集、功能密度高的现代微小卫星受到各航天大国及科技发达的中小国家的青睐,得到了快速发展。现代微小卫星重量轻、性能佳、研发成本低、研制周期短,在保证高性能、强功能的前提下实现了卫星的微小型化。中国于1999年5月成功发射了首颗采用公用平台设计思想的小型科学实验小卫星——实践五号;2003年10月,中国科学院成功发射了创新一号现代小卫星;2004年7月,哈尔滨工业大学的试验卫星一号和清华大学的清华一号卫星由长征二号丙火箭送入轨道。

21世纪初,随着微机电系统(micro electro mechanical systems, MEMS)、集成电路(integrated circuit, IC)、信息技术及制造技术的进步,重量小于100 kg的高功能密度微纳卫星取得了飞速发展。其充分利用相关领域的最新技术,实现分系统或单机的高度集成,进而实现卫星的微纳化和模块化。立方星是微纳卫星的一个典型分支,其以10 cm × 10 cm × 10 cm的立方体作为基本的结构单元,称为1 U(1 Unit);1 U立方星重量一般不足1.3 kg,输出功率为瓦量级。立方星质量轻、体积小,成本低,研发周期短,技术迭代快,采用标准化货架产品,易于结构及功能的扩展,非常适合新技术的飞行演示验证,在科学研究、技术演示验证、通信、遥感及其他领域扮演着重要角色。纳帆 2(NanoSail - D2)、光帆(LightSail)、绳系卫星(TetherSat)等验证了先进太阳帆推进和系绳电推进技术,隼星 7(FalconSat - 7)验证了光子筛薄膜衍射成像技术。立方星也可完成特定的军事目标。2010 年,美国发射的两颗 SMDCONE 立方星演示了基于立方星的低轨战术通信能力增强技术;2012 年,美国发射了两颗用于空间态势感知的 STARE 先导卫星;另外,Tyvak 纳星系统公司于 2022 年 5 月发射的两颗 CPOD 立方星曾计划验证空间交会逼近及近距离操纵技术。

以美国太空探索公司的“星链”卫星为代表的微小卫星采用了标准化设计和模块化建造的研发模式,其应用灵活、易于扩展、成本低廉、研制周期短、可批量生产。微小卫星在低轨通信、低轨导航增强、光学及合成孔径雷达遥感、物联网等领域发挥着重要作用,但微小卫星功能单一、能源获取及任务执行能力较弱,单颗卫星难以开展较复杂的空间任务;对于广域范围内的宽域覆盖(时域和空域)、协同感知(立体成像)、协同对抗(察打一体)等任务,需要多颗卫星以多星组网的分布协同模式提供服务。以 Dove/Flock 星座为例,单星空间分辨率当前为 3~5 m,但其星座重访时间仅 90 min,可保证全球影像数据库每天更新一次。

1.1.2 微小卫星集群与卫星编队

由多颗微小卫星组成的微小卫星集群,可以围绕特定的任务需求实施轨道控制,并在太空形成一定的几何构型,以集群编队、星座甚至星群等分布式卫星系统的形式完成通常单颗卫星难以实施的复杂空间任务,通过数据共享、星间协作的方式实现分布式感知与数据融合,提高集群系统的可靠性和冗余,显著提升卫星的灵活性和集群的任务覆盖性。

分布式卫星系统要求两颗或两颗以上卫星按一定要求分布在一条或多条轨道上,协作完成遥感、侦测、通信、导航等空间飞行任务;各卫星在动力学上是相互独立的。根据各卫星间是否有星间闭路轨道控制甚至各星是否需要进行轨道操作,分布式卫星系统可分为如下几种类型。

(1) 星群(cluster)。星群是最简单的分布式卫星系统,各成员卫星在轨运行期间无须进行轨道维持,也不进行星间相对运动闭环控制,其构型取决于各卫星的初始轨道。星群多用于空间环境参数的观测任务,如 ESA 的“团星”(Cluster - 1/2/3/4),主要用于观测地磁场的分布与变化。星群在轨工作期间,轨道摄动引起的卫星位置变化并不影响任务的实施。

(2) 星座(constellation)。提供导航、通信等全球性服务的卫星系统通常为卫星星座,如用于全球导航授时定位的 Beidou、GPS 等导航卫星系统,用于全球移动通信的Iridium卫星系统,用于提供全球高速互联网服务的Starlink、星网等通信卫星系统,用于研究地球磁场的SWARM卫星系统,用于进行空间环境监测的CHIRP小卫星系统等。星座任务中,分布在多个轨道面上的多颗卫星可增加地面覆盖率或缩短重访时间。星座各卫星的轨道运动及轨道摄动均具有周期性,不同轨道位置上所受到的轨道摄动差异显著,故星座各卫星间难以保持精确的相对方位控制;星座无须施加星间闭环控制,通过地面站指挥单颗卫星进行独立的轨道位置调整,保证其在标称轨位附近运动,即可满足星座要求。通常根据星座位置保持精度每几十小时、几天调整一次。

(3) 编队飞行(formation flying)。卫星编队飞行是指若干颗卫星在轨组成一定的编队构型(孟云鹤,2008),通过星间协同共同实现通信、侦察、导航乃至对抗等任务。分布式卫星系统各成员卫星在轨飞行期间将施加星间闭环控制,保证各卫星沿着既定轨迹以指定的构型模式进行编队飞行,形成一个超大的"虚拟卫星"或卫星网络系统,进而通过协作方式完成编队任务。

1.1.3 微小卫星编队飞行

若干颗微小卫星在中心天体引力场中构成并保持一个特定形状,即为微小卫星编队飞行。编队飞行任务主要体现多星编队协作的性能,并不刻意凸显单颗卫星的功能,各成员卫星均承担信号处理、星间通信、载荷工作等内容,协同完成相关任务。

根据对成员卫星星间闭环控制要求的不同,编队飞行可分三类。

(1) 精确编队。各成员卫星通过星间测量与控制实现自主精确控制与测量,进而严格保持编队的队形;各卫星之间存在互相耦合。

(2) 知识编队。各成员卫星实时进行编队构型的测量,获得队形分布状态,但并不进行严格的队形保持。

(3) 合作编队。成员卫星间的状态测量和控制仅在某阶段或一个时期进行,无须长期进行测量和控制。

卫星编队飞行具有一系列优势,如可由轻巧灵活的小卫星代替庞大复杂的大卫星,可提供极大测量基线、扩大覆盖幅宽、提高地面分辨率、测量高程、监测地面低速运动目标等;另外,编队卫星自主性高,对地面测控依赖程度低,且编队构型可重构,系统冗余度和安全性高。卫星编队飞行理论的研究开始于20世纪70年代;德国戴姆勒奔驰航空航天公司(Daimler-Benz Aerospace)的X-MIR在1997年对和平号空间站进行了检测,验证了编队飞行的先进视频相对导航技术,为航天器编队飞行奠定了基础;2000年11月,地球观测者-1号(Earth Orbiter-1)与陆地卫星-7号(Landsat-7)成功实现编队飞行,首次验证了双星编队飞行。21世纪以来,面向各类任务的编队飞行已成为空间技术的研究热点。

目前开展的飞行试验多为双星同轨串行编队,多星精密编队、异面编队等对测量及控制精度的要求较高，控制成本也较大。以低轨微波雷达卫星编队为例，为保证微波雷达相位同步，编队卫星须频繁实施轨道调整（抵消地球扁率摄动的影响），所需的速度增量每年可达千米每秒量级。

1.2 微小卫星编队控制技术

如前所述，星群、星座、编队飞行为不同形式的卫星集群任务模式，其中星群不注重对卫星绝对轨道及多星间相对轨道的调整，星座要求各卫星实施间歇式轨道维持，编队飞行则要求各卫星严格控制星间相对位置，全程保持编队构型。对多个航天器之间的相对位置实施控制，保证针对特定任务的多星协同运行，是航天器集群编队控制的主要任务。编队控制的需求主要体现在位置协同、通信协同、能源管理和故障容错等方面，确保航天器编队能够有效、安全地实现既定任务。

1.2.1 微小卫星集群精密编队任务

精密编队任务更注重各编队卫星间相对位置的控制及编队构型的保持。微小卫星集群编队飞行任务涵盖地球观测、通信覆盖、科学研究、态势感知、轨道对抗等领域；微小卫星集群在轨运行过程中，各卫星相互配合，共同完成目标探测及星间测量，提高数据的准确性和覆盖范围；各卫星在编队飞行过程中还需保持编队构型的稳定性，减少相互间的干扰与碰撞风险，保障系统的安全运行；有时编队构型还须根据任务进行实时变化。

卫星编队通常可以实现更优的观测精度、覆盖范围及数据获取能力。自 2000 年 Earth Orbiter－1 与 Landsat－7 成功实施编队飞行之后，美国国家航空航天局（National Aeronautics and Space Administration，NASA）等国际航空航天研究机构均提出了利用小卫星编队飞行实现空间任务的研究计划，主要体现在以下几个方面。

1. 光学遥感卫星

1999 年 4 月发射的 Landsat－7 卫星和 2000 年 11 月发射的 Earth Orbiter－1（EO－1）卫星为第一组完成编队飞行的对地光学遥感卫星。EO－1 是 NASA 旨在测试和验证新的遥感技术与传感器的实验卫星，Landsat－7 是第七颗用于地球表面长期监测的 Landsat 系列卫星。两颗卫星均运行于 705 km 太阳同步轨道上，能在不同的时间段对地球表面进行观测，可实现全球覆盖。

NASA 于 1999 年 12 月和 2002 年 5 月分别发射了 Terra 卫星和 Aqua 卫星，两颗从属于 NASA 的地球观测系统（Earth Observing System，EOS）计划的地球观测卫星均运行于 705 km 的太阳同步轨道上，主要用于监测地球环境和气候变化。为确保 Terra 和 Aqua 能够互补地观测地球，NASA 通过精确的轨道调整来维持卫星间的相对位置，使得它们能够覆盖不同的时间段和不同的观测区域。

2. 合成孔径雷达(SAR)卫星

德国2007年6月发射入轨的“陆地合成孔径雷达-X”(TerraSAR-X, TSX)卫星运行于高度为514 km的太阳同步轨道，重访周期为11天，其携带一个高频X波段合成孔径雷达，可通过聚集模式、条带模式和扫描模式提供可供详察使用的高分辨率图像，也可提供宽域扫描数据(图1-1)。2010年6月发射的TanDEM-X(TerraSAR-X附加数字高程测量装置，TDX)开创了空间雷达遥感的新纪元，两颗卫星一前一后组成紧密的飞行编队，利用干涉成像原理形成横向和迹向基线可调的合成孔径雷达干涉仪，实现高精度的地形测绘和立体成像，获取地表的三维信息，还可进行动态目标的检测和监测。

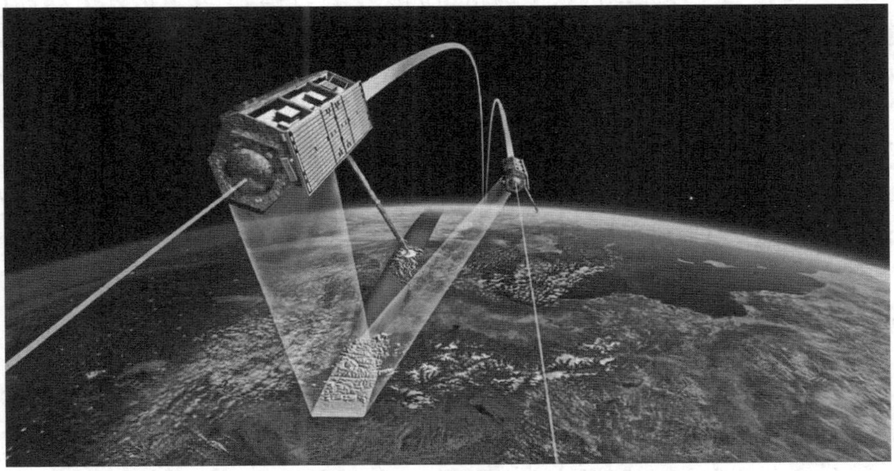

图1-1　德国TerraSAR-X卫星协同探测示意图

3. GRACE&GRACE-FO卫星

格瑞斯(Gravity Recovery and Climate Experiment, GRACE)是由美国NASA和德国宇航中心(Deutsches Zentrum für Luft-und Raumfahrt, DLR)联合发起的一项重要科学任务。两颗GRACE卫星于2002年3月进入500 km太阳同步轨道，通过监测地球重力场的微小变化，为气候变化、海平面上升、地下水资源和冰盖变化等研究提供重要数据。卫星保持约220 km的星间距，由星上的双向K波段星间激光测距系统进行精确测量，其距离与速率测量精度分别达1 μm和1 μm/s。GRACE任务于2017年正式结束，其后续卫星GRACE-FO于2018年5月发射，继续监测地球重力场的变化，进一步推动地球科学研究。

4. XEUS卫星

欧空局(European Space Agency, ESA)在2008年提出的X射线反演宇宙空间

光谱项目(X-ray Evolving Universe Spectroscopy, XEUS)计划由2颗间距约40 m、分别安装光学组件和探测器的卫星精密编队构成的一个长焦距X射线虚拟望远镜。XEUS引入激光测量方法,将星间测量精度从厘米级提高到了亚微米级,拓展了编队卫星的应用范围。XEUS最初为ESA的“地平线2000+”计划的一部分,后与NASA的Constellation-X项目合并,形成了国际X射线天文台(International X-ray Observatory, IXO)计划,IXO计划后因技术挑战及预算而被取消。虽然XEUS未能实现,但其科学目标和技术概念对后续的X射线天文任务(ESA的Athena和JAXA的XRISM)产生了重要影响。

5. PRISMA卫星

瑞典在2010年发射的棱镜(PRecise Imaging Spectroscopy and Radio-Sciences Mission, PRISMA)卫星是欧洲较早的精密编队项目,搭载了先进的光学成像仪器与合成孔径雷达(synthetic aperture radar, SAR)系统,可提供高分辨率地球观测数据;两颗微小卫星Mango(95 kg)和Tango(50 kg)在约725 km太阳同步轨道上同轨串行飞行,用于验证米级距离内分米级控制精度的自主编队、停靠、交会和逼近等技术。双星分别搭载了用于卫星编队的射频测量(formation flying radio frequency, FFRF)系统,采用相对GPS系统和惯性测量单元(inertial measurement unit, IMU)进行星间测量,实时监测卫星轨道;采用先进的编队控制算法实现精确的姿态控制和轨道调整。多个卫星在特定轨道上协同飞行,通过数据交互实现高分辨率成像、环境监测、农业管理等功能。

6. Swarm卫星

ESA发起Swarm卫星任务,于2013年11月将三颗卫星送入太阳同步轨道,其中Swarm-A和Swarm-C在约460 km高度轨道飞行,两者间隔约1.4°的经度,而Swarm-B则在约530 km高度轨道上飞行,这种配置可保证卫星能够同时观测到地球磁场的不同部分,可提供必要的数据冗余并能提供测量精度。Swarm任务三颗卫星采用同轨编队与异轨星座相结合的方式,可实现地球磁场的全覆盖,通过近距离编队飞行提供高分辨率的磁场数据,帮助科学家理解地球磁场的结构和动态,用于研究地球磁场及其变化。

7. Proba-3卫星

ESA原计划于2024年9月发射的Proba-3任务包括一颗约340 kg的追踪星(Coronagraph,日冕仪观测器)和一颗约200 kg的目标星(Occulter,日冕仪),试验计划在两星相距约144 m(25~250 m)时进行精密编队,目标星遮挡太阳,营造出人造日食的景象,追踪星收集日冕观测相关数据,如图1-2所示。遮挡星采用GPS接收设备进行导航定位,并采用冷气推力器进行位置调整;日冕观测星则采用单组元推力器进行太阳跟踪。

各国的卫星编队任务还有电离层观测纳星编队(Ionospheric Observation

图1-2 Proba-3卫星工作示意图

Nanosatellite Formation, ION-F)、三角星座(3Sat)、绿宝石星座(Emerald)、星座探路者(Constellation Pathfinder)和太阳风螺旋陀螺式纳卫星(Solar Blade)、21世纪技术星(Techsat-21)、激光干涉仪空间天线(Laser Interferometer Space Antenna, LISA)等,分别用于电离层观测与测量、立体成像、卫星编队飞行自主导航与控制技术验证、太阳帆试验、分布式卫星系统技术可行性验证、空间引力波探测等。

1.2.2 微小卫星集群编队任务特点

微小卫星集群编队飞行要求各卫星实现轨迹规划和星间相对位置精准控制,确保编队飞行的稳定性,同时还需要考虑各卫星的姿态协同控制,保证卫星可对目标进行协同探测、协同通信及协同攻击,进而保证集群编队任务的顺利完成,实现编队飞行的稳定性、高效性和可靠性。

卫星编队控制是确保多个卫星按照预定轨道和姿态运行的关键技术,涉及姿态控制与轨道调整、星间通信与数据融合、相对导航与编队协同、自主控制与智能优化等多个方面。随着复杂空间任务的不断涌现,卫星编队控制还面临着空间环境复杂和高精度控制要求的技术挑战,编队控制技术未来将随人工智能、深度学习、自适应控制技术的进步而更加智能化、自主化和高效化,可为人类的科学探索和应用服务带来更多的创新和解决方案。

1.2.3 航天器编队控制技术

航天器编队应用带来优势的同时也伴随着新的挑战——相对动力学非线性项和各种太空环境干扰将导致控制系统具有不确定性。编队构型维持是编队控制的关键技术,其可使卫星编队在一定精度范围内长期稳定在所需构型,可抵抗各种轨道扰动。

1.2.3.1 航天器编队控制应用背景

太空进入与空间轨道机动是开展空间航天器编队任务的核心技术,美国通过多项卫星工程项目实现空间交会对接技术的验证。21 世纪初,美国开展了试验卫星系统卫星(Experimental Satellite System, XSS)项目,其 2003 年发射的 XSS - 10 卫星及 2005 年发射的 XSS - 11 卫星为该系列的代表性卫星。XSS - 10 在轨任务持续约 24 小时,成功实现了目标自主接近、绕飞及观测任务,并向地面中心成功传回了实时视频画面;而 XSS - 11 在此基础上进一步增加了任务周期,并实现了对预定的多个非合作目标的交会、接近及观测任务。2005 年,NASA 组织推进了自主交会技术演示(Demonstration of Autonomous Rendezvous Technology, DART)项目,但卫星在近端交会过程中因与其他卫星相撞而偏离了预定轨道。之后美国强化了自主轨道交会技术,由美国轨道科学公司研制的天鹅座(Cygnus)无人货运飞船,如图 1 - 3 所示,2021 年 11 月脱离国际空间站(International Space Station, ISS),并在绕地飞行约一年后,于 2022 年 11 月再次实现与空间站的无人自主对接;由美国太空探索技术公司(SpaceX)牵头研发的天龙号(Dragon)系列飞船,在完成多次与空间站的自主交会任务后于 2024 年 3 月实现了载人返航,图 1 - 4 所示为天龙二号飞船。其他航天大国在空间自主交会技术上也取得了相当的成果,如欧空局的 Proba 系列小卫星、瑞典航空公司的 Mango 卫星和 Tango 卫星组成的 Prisma 双星,以及日本宇宙航空研究开发机构的工程试验卫星 - 7(Engineering Test Satellite - VII, ETS - VII)等。

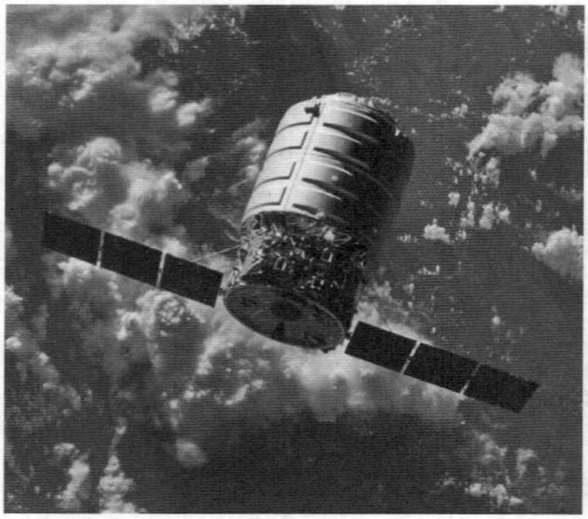

图 1 - 3 天鹅座无人货运飞船

图 1 - 4 天龙二号飞船

航天器编队飞行是空间在轨服务项目的先导技术,中国也在稳步推进太空无人在轨服务技术。2016 年 6 月,中国运载火箭技术研究院研制的遨龙一号实现了对空间碎片的抵近跟飞、近距离停靠、慢旋抓捕实验;2017 年 4 月,天舟一号货运飞船与天宫二号空间实验室成功对接,实现了货物运输、推进剂在轨补加,如图 1-5 所示;2020 年 12 月,嫦娥五号上升飞行器与轨道飞行器完成了月球轨道自主交会对接,如图 1-6 所示;2021 年,实践二十一号卫星成功进行了空间碎片减缓技术验证和对失效北斗导航卫星的自主接近捕获任务。

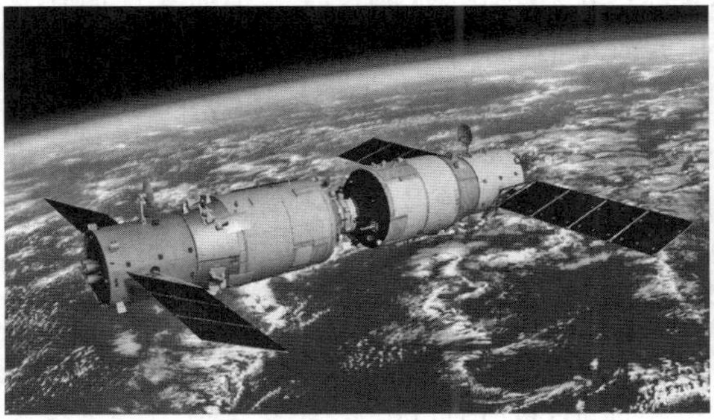

图 1-5 天舟一号与天宫二号组合对接模拟图

图 1-6 嫦娥五号探测器

1.2.3.2 编队控制技术发展现状

针对卫星编队的维持控制问题,国内外研究学者提出了许多解决方法。为实现主从式卫星编队构型的长期维持控制,国防科技大学王慎泉(2013)在模拟物理系统方法的基础上提出了虚拟弹簧阻尼网络控制方法,并在考虑 J_2 摄动的基础上通过仿真验证了该控制方法的实用性。哈尔滨工业大学仲惟超(2014)针对星间相对距离超出上界或低于下界的情况,提出了适用于常值推力器,以轨道半长轴、偏心率和轨道倾角为被控参数的轨道保持方法。哈尔滨工业大学陈瑛等(2016)基于平均轨道根数,提出一种基于李雅普诺夫稳定性理论的轨道控制方法,可在保证燃料消耗较少时长期稳定地维持多星集群构型。西北工业大学周亮(2017)基于相对轨道要素提出了通过控制箱进行循环控制的航天器集群构型维持策略,实现了燃料消耗最少约束下成员航天器的长期有界飞行。上海航天技术研究院杨盛庆等(2022)基于异构多星编队在大气阻力摄动和 J_2 项摄动作用下的相对运动特性,提出了主从偏置形式的三脉冲控制方法,可在维持多星编队构型的同时保证异构主从星平均半长轴的一致性。美国 TRW 公司 Vassar 等(1985)使用最优控制理论,设计了闭环控制器,实现任意圆轨道上的卫星编队构型的保持。清华大学崔海英等(2007)研究了基于最优控制的卫星编队构型维持控制。上海交通大学朱数一(2018)结合滑模控制(sliding mode control, SMC)和线性二次型最优控制,提出了一种最优滑模编队维持控制方案,可实现燃料消耗最少情及编队精度约束下的队形保持。哈尔滨工业大学曹喜滨等(2008)利用相对轨道六根数描述卫星编队并提出了一种基于模型预测控制的编队构型维持控制方案。

上述研究成果基于不同的控制方法实现了卫星编队的构型维持，但是都没有考虑在执行器出现故障情况下的容错控制问题（fault-tolerant control, FTC）。目前的容错控制方法可以分为被动 FTC 和主动 FTC（Godard, 2010）两类。其中，被动 FTC 是指针对预知的执行器故障设计适当的固定控制器，提高系统的鲁棒性，使得闭环系统对故障信号不敏感，进而保证系统的稳定性，控制过程中不需要任何在线的故障信息；主动 FTC 需要故障重构（即故障估计）环节获得故障大小及其时变特性，然后基于重构信号在线调节控制器以保证系统的稳定性。与被动 FTC 相比较，主动 FTC 具有更优越的控制性能和更小的保守性。卫星编队系统长期工作于恶劣的空间环境中，其轨控系统的推力器会出现老化问题及各种类型的意外和故障。这些故障轻则导致推力器的控制精度下降、构型发散，重则缩短卫星的生命周期，导致对地观测任务中断。因此，基于卫星编队相对运动模型的故障重构技术已成为卫星编队系统容错控制领域的一个重要课题，有必要针对卫星编队系统开展构型维持容错控制研究，以提高系统的可靠性能和容错性能。

基于观测器的故障重构是航天器执行器故障重构领域的主要研究方向，多种故障重构观测器已成功应用于卫星执行机构和姿态敏感器的故障重构。目前，国内外学者一直致力于将故障重构观测器方法应用于分布式卫星系统的容错控制领域中，并且取得了一系列卓有成效的研究成果。其中，为解决构型维持容错控制问题，Lian 等（2018）针对卫星编队推进子系统出现不确定故障的情况，建立了鲁里叶（Lur'e）型微分包含线性状态观测器，并结合模糊小波神经网络，提出了一种快速有效的卫星编队故障检测和诊断方案。Lee 等（2014）使用改进的超扭曲滑模观测器实现了航天器编队系统的故障检测与重构，并针对欠驱动场景提出了一种基于故障重构技术的控制方法，使得航天器编队能够在沿航迹向和径向推力失效的情况下实现构型维持。Li 等（2020）基于航天器编队飞行的非线性模型，设计了两种基于定向通信交互的自适应容错控制方案，同时解决了执行器故障、外部干扰和通信延迟等问题。陈高杰等（2021）为解决双星编队在执行器故障、外部干扰和系统模型误差情况下的构型维持控制问题，首先设计了自适应增广观测器用于估计执行器故障等未知信息，然后根据观测器的估计信号设计了闭环线性二次型调节器容错控制律，实现了双星编队系统的构型维持。但是所设计的观测器对执行器故障和外界干扰的估计精度较低，进而导致了闭环控制器的控制精度不高。Lee 等（2014）设计了一个超扭转滑模观测器来重构三轴推力故障，并设计了一种可重构的滑模容错控制器来维持标称编队构型。基于自适应算法，Zhang 等（2017b）提出了一种用于三线阵列系留编队的容错控制方法，能够实现编队的稳定飞行，该方法不仅考虑了推力器故障，还考虑了故障传播的情况。Cao 等（2014）研究了 J_2 扰动影响下的卫星编队构型维持问题，优化了传统 SMC 的设计，在仿真中考虑了推力器故障情况,进行了控制器的有效性验证,实现了 J_2 扰动影响下对所需编队构型的跟踪。基于变结构控制理论,针对具有模型不确定性、时变扰动和系统故障的编队系统,Godard 等(2010)提出了一种传统的 SMC 算法和一种非奇异终端 SMC 算法来实现存在推力器故障的编队构型维持容错控制。针对外部扰动和推力器故障导致的相对状态确定信息不可靠的卫星编队飞行系统,Azizi 等(2019)提出了一种基于子观测器的分布式协同控制和故障重构方法。

近年来,随着国内外学者对航天器系统的容错控制问题愈加重视,许多种容错控制算法被提出,其中迭代学习算法(Peng, 2014)可应用于航天器系统的鲁棒故障重构和主动容错控制,目前已应用于航天器姿态容错控制领域,在卫星编队的构型容错控制领域也具有广阔的应用前景。基于上述背景,针对推力器出现的故障,基于迭代学习算法建立了迭代学习观测器和迭代学习状态反馈容错控制器,分别用于推力器故障重构和构型维持容错控制。

1.3 微小卫星轨道博弈

1.3.1 轨道博弈控制技术

传统的编队控制技术有效可靠,但却难以满足编队构型精确保持与动态重构等复杂航天任务需求,此时编队控制问题将深化为轨道博弈问题;另外,卫星数量的增加与空间资源的有限性还将导致空间轨道博弈问题日益复杂化。空间轨道博弈问题是指多个航天器相互竞争、合作或对抗情况下所涉及的资源分配、轨道优化、碰撞避免等竞优问题,相关研究主要集中在资源分配与协同控制、碰撞避免与轨道规划、对抗性博弈、卫星编队控制等方面,研究者致力于设计有效的编队控制算法来实现卫星间的合作与协同。

1.3.1.1 轨道博弈控制研究背景

进入21世纪以来,世界各国的空间在轨服务技术均发展迅速。但是,随着在轨态势感知的应用与轨道战术转移技术的成熟,各国之间的空间在轨博弈不可避免地成为常态化问题,并且日益紧张。在2019~2022年,美国“地球同步空间态势感知计划”(Geosynchronous Space Situational Awareness Program, GSSAP)卫星监视并试图接近包括中国和俄罗斯的其他国家的地球静止轨道卫星,引发了紧张局势。美国《防务快报》曾描述了一颗由美国空军和美国轨道科学公司联合研发的,代号为“美国-271”的太空监视卫星,试图接近中国的实践二十号卫星。这颗卫星与实践二十号平行“伴飞”,但随后中方发现了“美国-271”卫星,并迅速地将实践二十号卫星移走,双方形成博弈态势,如图1-7所示。另据报道,2022年7月和10月,美国太空探索技术公司发射的星链-1095和星链-

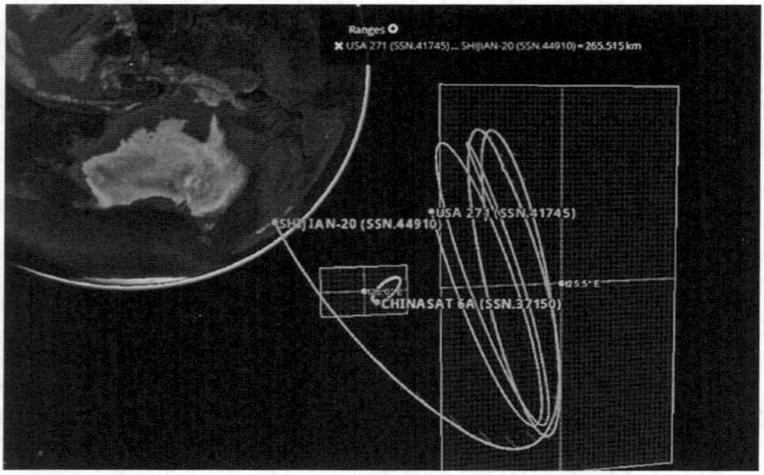

图 1-7　实践二十号规避 USA-271 模拟场景

2305,先后两次接近中国空间站,空间站进行了 2 次变轨以躲避碰撞。

美国于 2019 年正式组建天军,使得航天器在轨的合作与非合作轨道博弈机动任务从理论预研上升为国防战略需求。俄罗斯的宇宙系列卫星 Cosmos-2542 于 2020 年多次表现出对美国锁眼卫星的接近意图,并与其展开了“轨道追逃博弈”,如图 1-8 所示;俄罗斯套娃卫星(Matryoshka Satellite)于 2021 年成功完成了对空间释放目标的轨道接近实验。中国 2018 年部署的通信技术实验卫星三号(TJS-3)也展现出较强的轨道机动能力。

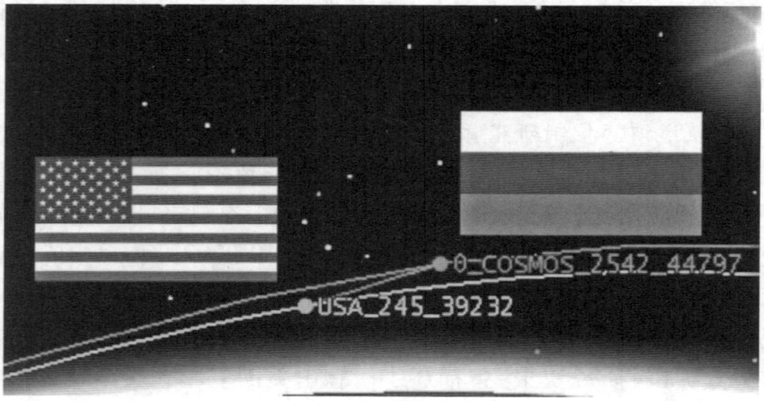

图 1-8　俄美在轨追逃模拟场景

1.3.1.2　博弈论的概念与发展

博弈(Game)通常用于表述双方或者多方之间的合作、竞争或对抗。具体来说，博弈是指个体或团队参与者在一定的行为规则与约束条件下，从自身可执行的行为或策略中挑选出对自身最有利的行为或策略，最终使得在各方共同作用的情况下自身的行为结果或收益达到最佳。

博弈论(Game Theory)又称为对策论，是应用数学学科中运筹学领域的一个分支。博弈论是研究博弈问题的理论基础，通过数学化的形式来描述博弈参与者之间的相互作用关系与激励结构(incentive structure)，从而为博弈各方作出理智决策提供基于数学分析的理论依据。博弈论最初的研究对象通常为下棋、打牌等具有“对赌”性质的游戏，人们对博弈问题的理解尚未上升到科学理论层次。近代对于博弈论的研究，始于策梅洛(Zermelo)、波莱尔(Borel)及冯·诺依曼(von Neumann)，1944年冯·诺伊曼与奥斯卡·摩根斯特恩(Oskar Morgenstern)合著的《博弈论与经济行为》标志着现代系统博弈论的初步形成。博弈论基本原理在20世纪快速发展，如表1-1所示为其中具有代表性的研究进展。

表1-1 博弈论在20世纪的发展简史

时 间	主要人物	主要贡献
1944年	约翰·冯·诺伊曼(John von Neumann)；奥斯卡·摩根斯特恩(Oskar Morgenstern)	《博弈论与经济行为》宣告博弈论的诞生，博弈矩阵概念的引入将两人博弈推广至多人博弈
1950~1951年	约翰·福布斯·纳什(John Forbes Nash Jr)	发表《N人博弈的均衡点》《非合作博弈》等，提出了纳什均衡(Nash Equilibrium, NE)的概念，证明了均衡点的存在性
20世纪50年代~20世纪60年代	约翰·冯·诺伊曼(John von Neumann)；奥斯卡·摩根斯特恩(Oskar Morgenstern)	提出了合作博弈的概念，并研究了合作博弈的解，其中Shapley值和核心解是合作博弈理论中的重要成果
20世纪70年代~20世纪80年代	罗伯特·阿克塞尔罗德(Robert Axelrod)；约翰·霍普金斯(John Hopkins)	许多重要的博弈论模型和解决方法被提出和证明，例如演化博弈论、博弈的计算复杂性等，其中罗伯特·阿克塞尔罗德的《囚徒困境》研究了重复博弈中的合作策略，对合作与背叛的动态演化提供了重要启示
20世纪90年代	詹姆斯·莫里斯(James A. Mirrlees)	不对称信息条件下的经济激励理论的发展

在博弈论提出初期，其主要应用于数学科学和经济学领域，而随着博弈论在深

度和广度上的快速发展,博弈论在生物学、政治学、军事战略及计算机科学等各领域均得到了广泛的应用。1973 年,生物学家约翰·梅纳德·史密斯(John Maynard Smith)和乔治·普赖斯(George R. Price)定义和提出了进化均衡策略(evolutionarily stable strategies, ESS),是对纳什均衡的细化,等同于稳定进化的纳什均衡。21 世纪以来,随着计算机技术与智能方法的发展,博弈论的研究进入了全新阶段,与人工智能(artificial intelligence, AI)方法相结合的智能博弈、基于计算优化方法的计算博弈(computational game)等是新的研究方向。

博弈论已形成相对完整与成熟的理论体系,并从不同角度衍生、交叉形成不同的分支理论体系,其总体上可按图 1-9 进行分类。

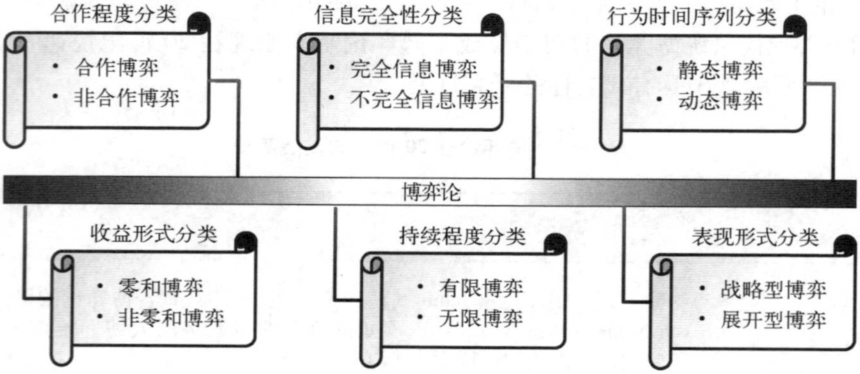

图 1-9 博弈论分类

美国兰德公司的 Isaacs 带领的团队在博弈论的基础上进一步发展提出了微分博弈(differential game, DG)理论。微分博弈(又被称为微分对策)通常以控制系统的博弈问题为研究对象,可有效描述连续时间系统中受微分方程约束的相互竞争作用,并通过将其建模为双边最优或者多边最优问题来加以解决。Isaacs 最早提出的微分对策理论基于两选手的零和博弈问题,并针对此依据动态规划理论提出了定量微分对策的最优性条件,即 Isaacs 方程。起始于 Isaacs 的研究基础,微分对策理论的研究可以归结于两个方法论:对策论和控制论。然而微分对策在发展初期通常作为多方最优控制问题来研究,对其对策论部分尤其是解的概念研究相对较少。直到 1971 年,美国数学家弗里德曼(Friedman)采用离散近似序列的方法建立微分对策值和鞍点的存在性理论,才为微分对策奠定了坚实的数学基础。随着尼科尔斯(Nichols)指出随机微分对策与控制理论的关系,在后续的 20 世纪 70 年代,Elliot 等众多研究者基于变分法原理和鞅理论给出了随机微分对策解的存在性和唯一性的数学证明。此外,随着人们对各种场景下的领导者-追随者问题的日益关注,Stackelberg 博弈问题成为 20 世纪 80 年代的研究热点。进入 21 世纪之后,微分博弈的研究主要集中在多参与者微分对策、不完全信息微分对策及随机微分对策等，相关研究已经相对成熟。微分对策根据不同的特征可参考图1-10进行分类。

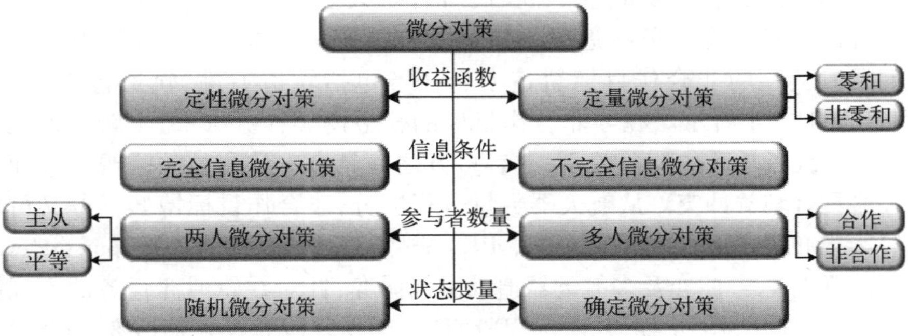

图1-10 微分对策的分类

微分对策作为博弈论的衍生理论，在航空航天领域发挥着关键作用，尤其在制导拦截和轨道追逃等典型问题中扮演着重要角色。微分对策理论框架被广泛运用于优化飞行器的战术、飞行路径规划及航天器在轨博弈等方面，通过动态调整策略以应对“伙伴”或“对手”的行为，提高任务执行的成功率和效率。因此，微分对策也是本书研究的重要理论基础。

1.3.1.3 空间轨道博弈问题的概念

对于航天器的在轨机动任务，任务目标为受控或失控的在轨航天器时，通常可概括为针对合作目标或非合作目标在轨任务，任务的优化变量则为航天器本身的机动策略。若执行在轨机动任务时忽略目标的自主机动意图且不考虑任务目标具有动态机动能力时，该问题即为经典的轨迹优化与最优控制问题。随着空间载荷及在轨战术系统的发展，在轨航天器对于空间战场环境的态势感知技术得到了快速发展；航天器轨道机动控制能力的成熟与在轨验证的成功，使得在轨航天器通过主动轨道机动营造利己的空间态势成为可能。基于上述空间背景与技术条件，当存在多个航天器同时试图改变局部空间态势而形成共同作用时，即构成了空间博弈。特别地，当主要考虑航天器轨道机动作用造成的空间态势环境与任务结果时，则称为空间轨道博弈（orbital game）。参考现有的研究工作（赵力冉等，2021），空间轨道博弈的概念可总结为：受天体引力约束的多个在轨航天器，在具备自主机动能力和空间态势信息获取的条件下，以主动的轨道机动方式作为博弈策略，开展存在合作或者矛盾关系的在轨任务时所带来的轨道演化过程与空间态势结果。

结合航天器空间任务的发展背景，轨道博弈任务按任务对象可分为合作目标的轨道机动博弈与非合作目标的轨道机动博弈。合作目标的轨道博弈任务研究起步较早，部分任务已得到在轨验证；典型的合作目标轨道博弈任务包括主动组合交会、在轨编队等,如图 1-11 和图 1-12 所示。与合作目标的博弈任务中,多航天器通过合作方式实现附着交会、立体成像、信号增强等任务目的,其中每个航天器在最大化自身利益的同时,所有航天器具有一致的任务目标。而非合作目标的轨道博弈任务在近数十年的太空环境中愈演愈烈,也是当前的研究热点问题。典型的非合作目标轨道博弈任务包括轨道追逃、轨道包围等,如图 1-13 和图 1-14 所示。在与非合作目标的轨道博弈任务中,每个航天器之间通常具有相反或者矛盾的利益关系,或者多方之间具有一致利益的联盟关系而与其余航天器具有利益冲突。从航天器数量进行区分,非合作目标博弈任务又可以分为两航天器的追逃(pursuit evasion, PE)博弈、追击-逃逸-防御(pursuit evasion defense, PED)三方博弈及多航天器追逃围捕博弈;针对在轨博弈任务的不同执行阶段,通常又可分为潜伏期博弈、远程段博弈、近程段博弈及末端博弈,如图 1-15 所示。其中远程段博弈中,航天器主要以天地一体化感知的轨道信息构造博弈局势,并通过脉冲机动的形式调整自身轨迹;近程段博弈中,航天器则针对实时捕获的目标轨道信息,通过连续机动的方式动态调整自身转移轨道,对精度与时效性的要求相对远程段较高;末端博弈通常为姿轨一体化调整,以实现多样化的任务细节需求。

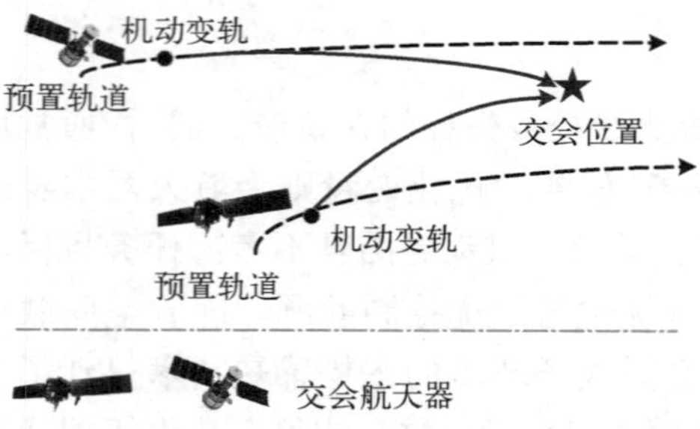

图 1-11　协同交会场景

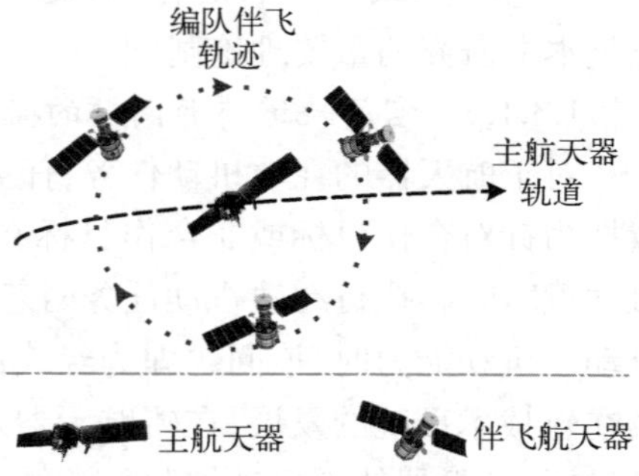

图 1-12　编队伴飞场景

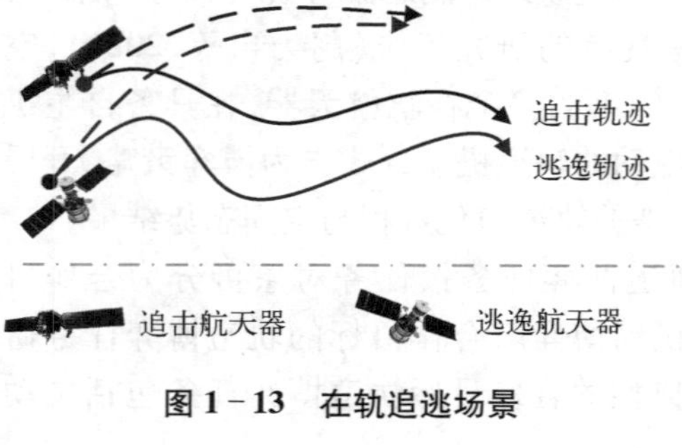

图 1-13　在轨追逃场景

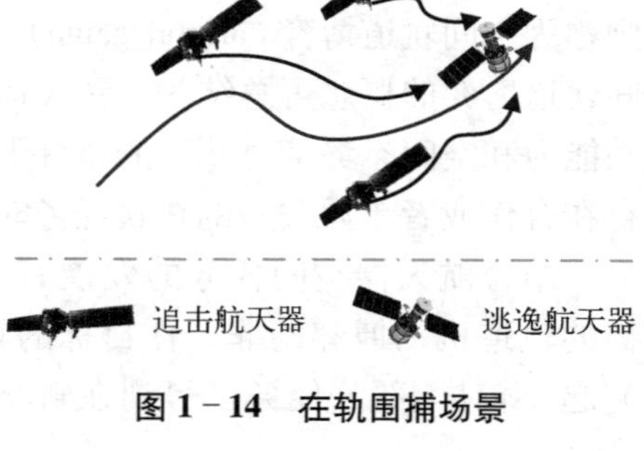

图 1-14　在轨围捕场景

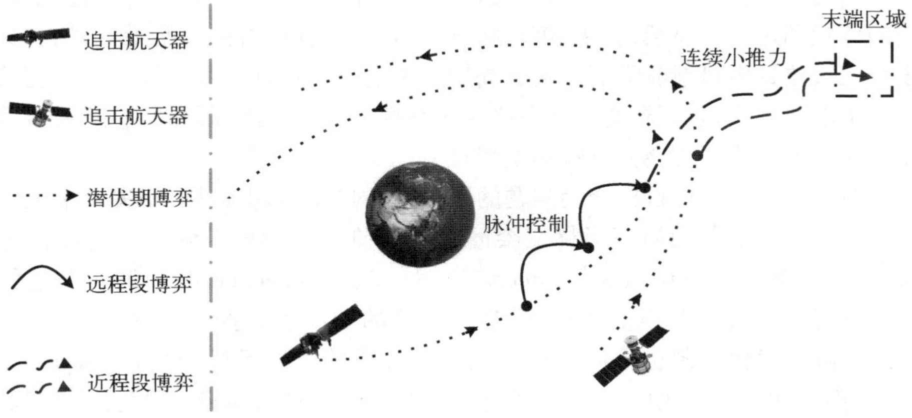

图1-15 不同任务执行阶段的在轨博弈分类

可以看出,针对不同的任务场景以及任务目标,轨道博弈问题有着众多博弈形式与博弈局势的构造方式。但是,立足于博弈论的模型与方法基础,航天器轨道博弈本质上的构造要素是明确的,由轨道对象、状态信息、策略集、行为策略、任务收益五个基本要素组成(赵力冉等,2021)。其中,轨道对象即为博弈参与者,包括天体引力系统中受控或者不受控的各种航天器;状态信息为轨道对象的博弈信息,基于任务形式可包括但不受限于位置、速度、角速度、姿态等;策略集即为容许控制集,通常包括航天器能够执行的控制力或力矩、速度增量、持续时间等;行为策略即为受控航天器选择执行的控制策略,直接反映了受控航天器的转移轨道,间接体现了受控航天器的任务意图;任务收益是指受控航天器在多个轨道对象共同作用的空间态势中所能获取的任务价值或者效益,例如追逃博弈中两航天器的追逃距离。

总体来说,对于航天器在轨博弈的研究需要针对具体的任务目的及任务形式细化所关联的博弈要素,进而建立航天器的行为策略与这些博弈要素之间的关联甚至是更为直接的映射关系,最终结合博弈论的方法原理求解合理的轨道转移策略。

1.3.2 微小卫星轨道博弈研究现状

1.3.2.1 合作目标在轨交会问题研究

根据航天器执行交会的任务形式,交会问题可以分为两类(Crispin et al., 2011):主动-被动交会(active-passive rendezvous)(Hu et al., 2019)和协同交会(cooperative rendezvous)(Feng et al., 2016)。两航天器的主动-被动交会即为经典静态合作目标交会问题,其中目标航天器遵循其静态轨道运动且不施加任何控制力,而主动航天器的控制目标则通过轨道转移来匹配目标航天器的位置和速度。

另一方面,协同交会为主动交会组合问题,其中两航天器均施加主动控制直至达到相同的位置和速度。显然,在主-被动状态下,轨道转移仅由主动航天器完成,交会速度和交会位置由目标航天器在交会周期内决定(Wang et al., 2023),一旦受控航天器发生电源中断,航天器交会任务将无法继续进行。因此,研究所有航天器都参与变轨情况下的协同交会具有现实工程意义。

针对经典静态合作目标交会问题的研究,国内外均起步较早,相关成果也已得到了在轨验证。早期的静态目标交会问题主要研究远程段的脉冲机动优化控制(Taur et al., 1995),其中霍曼(Hohmann)转移方法(Gobetz et al., 1969)和兰伯特(Lambert)转移方法(Battin, 1999)是最为经典的脉冲优化控制方法。随后,多脉冲轨道转移的优化控制也被广泛研究用于远程段的静态目标交会(Shirazi et al., 2019)。而近代的研究中,为了提高近程段的控制精度,基于连续推力(Gurfil, 2023)的最优控制方法成了热点。基于最优控制原理与方法论,静态目标交会问题的求解方法可分为间接法和直接法。其中,间接方法是对庞特里亚金极值原理的推广,其基于变分法,通过对哈密顿(Hamilton)方程求解,最终构造成为系统状态变量和伴随变量的两点边值问题(two-point boundary value problem, TPBVP)。但是,TPBVP 的维数高于原最优控制问题的维数,故 TPBVP 比初值问题(initial value problem, IVP)更难求解(Shampine et al., 2003);为避免从最优控制问题发展到哈密顿方程,研究人员开发了直接搜索方法。用于航天器轨道转移优化的直接法包括但不限于直接配点非线性规划(direct collocation nonlinear programming, DCNLP)(Conway, 2012)、遗传算法(genetic algorithm, GA)(Pontani et al., 2012)、粒子群算法(particle swarm optimization, PSO)(Kim et al., 2002)等。由于该问题与对应方法涉及多航天器对空间轨道态势的共同作用相对较少,本书不再展开介绍。

不同于静态合作目标的交会问题,两航天器的协同交会问题涉及对空间轨道态势的共同作用,因此更为复杂,研究起步时间也相对较晚。协同交会的概念最早由伊利诺伊大学的 Prussing 等(1989)提出;由于早期的航天器轨道转移方法多由大推力发动机予以实施,故其指出当航天器燃料不足以支撑主动航天器完成交会任务时,协同交会方法将成为可靠的替代方案。基于这一观点,相关学者展开了对协同交会的研究。同样基于脉冲机动控制,Mirfakhraie 等(1994)针对有限时间协同交会的能量最优方法开展研究,论证了在较短时间内,协同交会在能耗、性能上要明显优于经典的主动-被动交会。随着电推进技术的发展,连续推力作用下的协同交会问题受到了广泛的关注。Coverstone-Carrol 等(1993)推导了线性化 Hill-Clohessy-Wiltshire(HCW)引力场中协同交会的解析解,通过与线性化引力场中主动-被动交互问题解析解的比对,确认协同交会有效载荷能力更强;进一步,Crispin 和 Seo(2011)针对连续小推力作用下的协同交会问题给出了较为具体的描述与定义,并采用直接搜索法代替哈密顿方程求解了连续小推力控制策略;随后,Zavoli 等(2015)提出了一种对各个航天器采用不同时间尺度的特殊方法,并引入多决策向量,简化了两个或多个机动航天器的任务切换控制结构。

国内近年来对协同交会问题的研究也有相当的成果积累,其中冯维明团队对该问题开展了较多的研究工作:设计了用于远距离交会的混合算法,发现在有限时间条件下且两航天器质量相当时,协同交会可实现各航天器对能量消耗的分担,并大幅缩短交会时间,在一定程度上减少了燃料消耗(Feng et al., 2016; 2014);采用粒子群优化和差分进化相结合的混合算法优化了远距离合作交会过程(Feng et al., 2017);随后利用智能优化算法研究了高推力快速交会问题(Yang et al., 2018),同时也指出了大推力快速机动转移轨迹较短、控制率相对简单的问题;基于上述工作的研究基础,该团队进一步基于粒子群算法和序列二次规划方法的混合优化算法来解决低推力协同交会问题(Liu et al., 2019),随后采用序列二次规划方法和同伦法处理初值猜测问题(Ren et al., 2021)。

前述工作对主动组合交会问题展开了较全面的研究并取得了瞩目的成果,但其本质是将所有航天器作为共同参与者而进行的协同优化控制。不同于上述研究思想,将协同交会中的各航天器均视为独立的智能体考虑,问题将会更加复杂,但也将更加锐化在轨博弈的特征。针对此问题,现有研究相对较少,依然处于探索发展阶段。Innocenti 等(2016)将两选手非零和博弈思想引入航天器的协同交会问题中,将线性二次合作微分博弈及非合作微分博弈分别应用于航天器反馈控制的生成,并对帕累托均衡(pareto equilibrium)与纳什均衡进行了比较分析;该研究还通过状态相关黎卡提方程(state-dependent Riccati equation, SDRE)将反馈控制器应用至非线性系统,扩展了博弈策略的应用场景。同一时期,Franzini 等(2016)将博弈思想用于系统扰动的处理,假定控制器旨在最小化性能指标函数而扰动则企图最大化性能指标函数,并基于此设计了椭圆轨道上近端小推力交会的 $H-\infty$ 制导定律。基于上述 Mario、Franzini 等的研究,Chai 等(2020)与 Liu 等(2022)分别进一步做出了针对性的拓展。其中,Chai 等(2020)针对微小卫星的组合装配问题,将各微小卫星视为独立的博弈参与者,同时将扰动项视为与协同的微小卫星博弈的虚拟参与者,最终将问题表述为鲁棒微分博弈问题,推导了基于博弈的事件触发(event trigger)控制策略;Liu 等(2022)在将扰动项视为恶化各航天器交会性能的虚拟参与者的同时,突出了控制策略与空间载荷采样频率的工程匹配性问题,引入了采样博弈的概念,推导了基于采样博弈的 worst-case(最坏情况)均衡策略。此外,国内学者在近期的研究中从不同角度将博弈思想引入协同交会问题,为相关研究开拓了新的思路。例如,Wang 等(2023)将协同交会系统描述为一方航天器意图未知的二人线性二次微分博弈,提出了一种利用自适应感知的自主博弈控制方法,从而消除了对双方航天器完备信息的需求,放宽了传统自适应估计方法中持续激励条件,保证了交会系统的渐近稳定性;Ma 等(2023)提出了一种基于合作博弈的多目标多参数优化方案,得到了帕累托最优性和帕累托边界,并通过具有两个伺服约束的航天器交会系统仿真,验证了所设计的鲁棒控制策略和合作博弈优化方案的有效性。

结合上述研究工作可以看出,传统静态目标的主动-被动交会问题发展已相对成熟,而协同交会问题虽然通过协同优化相关方法已经能够得到有效的解决方案,但是弱化了问题中目标之间的博弈特征。而基于博弈思想的协同交会问题目前仍处于快速发展的阶段,对其博弈问题的定义形式和博弈求解方法仍然是待深入探索的方向。

1.3.2.2 非合作目标在轨追逃问题研究

1. 两航天器在轨追逃博弈问题

非合作目标的在轨追逃问题中,空间轨道态势由具有对抗目的的航天器共同作用,因此传统算法中针对指定航天器的单边最优控制方法不再适用于两航天器的追逃拦截问题。针对此特征,两航天器的一对一追逃拦截问题通常采用单边鲁棒最优控制方法或者基于微分博弈的双边最优控制方法处理(Jiang et al., 2023)。其中鲁棒控制(robust control)是通过调整参数来降低控制器对扰动的敏感性,例如,陈统等(2006)通过一种模糊控制器来处理非线性扰动,以此实现非合作形式的终端逼近。尽管现有的基于鲁棒控制的研究方法对解决在轨拦截问题具有很强的适应性且展现出优异的仿真效果,但其本质上缺少对航天器之间博弈对抗过程的分析。

不同于单边优化方法对拦截问题的处理,基于微分博弈的双边优化方法则关注于追击航天器与逃逸航天器共同作用下的控制结果。微分博弈方法通常将双边最优方法推导的最优约束条件转换为高维边值问题,随后进行降维处理,进而推导得到决策的极值点。具体而言,该方法将两航天器间的在轨追逃博弈问题转换为两点边值问题,并通过求解两点边值问题构成的偏微分方程求取均衡解。基于变分法原理解决该问题是一种经典的处理方式,该方法需要为所有博弈参与者设置一个具备潜在必要条件的最优控制问题,并同时为所有参与者求解最优控制问题,以实现博弈均衡。基于变分法原理,Bryson(2017)较早地解决了线性二次型和时间最优的标量博弈问题,并且讨论了存在选择随机策略的不理智博弈参与者的案例。

由于航天器在轨追逃博弈问题本身的复杂性,在变换为两点边值问题时通常会引入高维度与强非线性等特征(Yang et al., 2021)。因此,通过变分法原理求解航天器在轨追逃博弈问题通常较为困难,数值方法也因此成为近数十年的研究热点之一。总体上讲,现有关于数值求解方法的研究工作大体上可以分为三类(周俊峰,2023):用于求解局部优化策略的精确数值求解方法;用于求解全局优化策略的启发式求解方法;混合方法。

航天器在轨追逃博弈问题的精确数值求解方法主要包括打靶法(shooting method)(Osborne, 1969)与配点法(collocation method)(Russell et al., 1972)。变分法是最优控制理论中经典的间接方法,打靶法则是一种将边值问题转换为初值问题的直接数值求解方法。采用打靶法求解边值问题时,首先给出初始猜测值,以求解初值问题,随后将边值条件转化为非线性方程组并迭代调整初始值,直至满足边值条件(周俊峰,2023)。打靶法最早由 Goodman 等(1956)提出,随后 Morrison 等(1962)基于此提出了多重打靶法,用于解决初值猜测导致的收敛困难问题。在上述理论基础上,Sun 等(2015)将多重打靶法应用于航天器追逃博弈中,通过半直接控制参数法给出多重打靶法的初值,有效获得了高精度航天器追逃博弈控制策略。Shen 等(2018)将打靶法用于两航天器追逃博弈问题的求解,通过引入质量变量将问题从 24 维拓展为 28 维,从而提高了问题及求解方案的真实性。此外,一种递进打靶法被用于解决恒定推力下的两航天器追逃问题,将求解过程分为了两次打靶求解,为初始猜测问题提供了一种具有指导意义的解决方法(Liao et al., 2023)。

但是,打靶法对初值猜测敏感度较高,不合理的初值猜测容易导致算法陷入局部最优的困境。因此,配点法的应用也受到了相关学者的高度重视。配点法本质上是通过基函数的线性组合来逼近最优解的,其在每一个配置点均将微分方程看成是关于基函数系数的代数方程,并根据矩阵来计算相关系数。Pontani 等(2009)最先研究了球坐标系下两航天器三维轨道追逃问题,其利用两选手零和微分对策求解最优控制策略,提出了一种半直接配点非线性规划(semi-direct collocation with nonlinear programming, SDCNLP)方法求解鞍点。此外,为了保证 SDCNLP 方法的收敛性,Pontani 等提出了采用遗传算法(Pontani M et al., 2012)提供较好初值猜测的想法,并获得了良好的收敛效果。Betts(2010)在其著作中定义了配点法三步骤:首先将动态系统转换为有限变量集问题;其次通过参数优化方法求解有限维问题;最后评估有限维的近似误差,并反复迭代前两步直至收敛。之后,Carr 等(2018)基于对半直接配点法的相关研究成果,通过改进初值猜测方法来构造追逃博弈求解策略。郝志伟等(2019)建立了以末端追逃距离为性能指标函数的固定逗留期追逃博弈模型,并通过配点法将两点边值问题转换为非线性规划问题,最终采用序列二次规划方法求解博弈策略。

打靶法与配点法虽然具有精确性优势,但其在全局优化性能上具有争议性,因此全局优化的启发式方法被相关学者应用于轨道博弈问题的数值求解。航天器追逃问题中的启发式方法通常以仿自然算法为主,包括遗传算法、粒子群算法及差分进化算法(differential evolution, DE)等。Stupik 等(2012)针对最小时间追逃问题,采用粒子群优化算法求取了航天器的开环最优轨迹;Zeng 等(2018)采用差分进化算法求解了连续推力作用下的两航天器轨道追逃问题；吴其昌等(2019b)分别讨论了遗传算法、差分进化算法和蚁群算法在航天器追逃博弈问题中的应用，并测试对比了三种算法在性能上的差异。

启发式方法虽然具有较强的适应性与全局性，但求解精度一直是其难以完善的不足；过去的数十年中，相当多的研究学者因此将精确数值方法与启发式方法相结合，通过混合方法来克服初值猜测的敏感性，同时还保证求解精度。混合方法最早在 Pontani 等(2009)的研究中提出，随后得到了快速发展。Zhang 等(2017a)通过遗传算法获取全局最优的近似解，并以此近似解为序列二次规划的初值猜测条件求取两航天器追逃博弈的精确数值解。Li 等(2019)将 24 维两点边值问题转化为求解一组 4 维非线性方程，并提出了一种混合数值算法来求解方程：采用微分进化算法求取初始猜测，并用牛顿迭代法求精确解。Zhou 等(2019b)提出了基于模糊评价和微分对策的求解方法，并通过将多目标遗传算法和多重打靶法的相结合来解决航天器在轨博弈问题。

虽然采用混合算法可以弱化精确数值方法的初值敏感问题，但是算法的算力成本与在轨计算效率仍然是值得关注的问题。近些年来，随着人工智能方法的快速发展，结合深度神经网络(deep neural network, DNN)与强化学习(reinforcement learning, RL)的智能博弈方法逐渐替代了传统的启发式方法，其不但可为轨道优化的研究提供可靠的初值猜测，也可通过取代传统方法中的耗时计算来提高控制器求解效率。早在 1995 年，强化学习算法就被应用于微分博弈问题(Harmon et al., 1995)的求解，该算法经过相应改进，可成功收敛并找到极大极小点。Cheng 等(2019)通过将 DNN 引入航天器最优轨道转移问题，为最优问题提供了良好的初值猜测；由于同时引入了多尺度协同策略，控制器的求解效率和鲁棒性也得到了显著提升。与此同时，吴其昌等(2019a)考虑了航天器追逃场景中的误差累积问题，并设计了基于 DNN 的控制器，实现了控制策略的实时生成。随后，基于等效重构，Zhang 等(2023a)将追逃问题转化为四维单边优化问题，并提出了基于 DNNs 的 Radau 伪谱方法。Zeng 等(2023)则利用零和微分博弈模型将原问题转化为 TPBVP，提出了一种使用深度神经网络生成单个猜测的优化方法，并通过基于梯度的局部优化算法进行进一步优化。与上述采用 DNN 生成初值猜测的研究不同，Zhang 等(2022a)基于深度强化学习提出了一种基于微分博弈边界障碍的近似最优拦截策略，用于解决终端拦截约束的末端轨道追逃博弈问题。Jiang 等(2023)针对采用随机机动策略的非合作航天器拦截问题，提出了一种基于深度强化学习的带有追击器决策训练机制的拦截策略，用于提高不确定性环境下的拦截成功率。从当前的研究工作中可以看出，尽管仍然存在待解决的技术挑战，但上述基于智能博弈的方法可有效处理复杂的博弈问题，在解决考虑实际约束的复杂问题时展现出良好的性能。

2. 多航天器在轨追逃博弈问题

随着微小卫星技术的发展以及多样化在轨任务需求的出现,多航天器的在轨博弈问题在近数年间逐步受到了关注。根据参与博弈任务的航天器数量,轨道博弈问题通常可概括为“多对一”博弈问题、“一对多”博弈问题及“多对多”博弈问题等。多航天器在轨博弈的理论基础当前仍有很大的研究发展空间,尚未形成完善的理论体系;当前国内外对多航天器博弈的研究工作主要分 PED 三方博弈(赵琳等,2019)和多航天器围捕博弈(史帅科,2020)两种典型的任务场景。

从问题模型角度讲,航天器的 PED 三方在轨博弈问题与制导拦截领域中的目标器-攻击器-防御器(target-attacker-defender, TAD)问题(Garcia et al., 2017)具有共同特征,但也有着显而易见的差异性(李振瑜,2023):首先航天器在轨博弈难以实现类似制导问题中的拦截点预测;再者轨道博弈中的防御器通常是逃逸器临近空间中的伴飞航天器而非由逃逸器释放。Li 等(2011)较早提出了防御者的概念,并基于逃逸器的机动能力将这类问题分为三类进行针对性分析。Liu 等(2016)针对 PED 在轨博弈问题提出了一种基于模糊评价和纳什均衡的分布式在线任务计划算法,极大提高了执行效率,且相较于集中式任务规划算法具有更强的鲁棒性。而针对广义的三方博弈问题,Pachter 和 Garcia 等(2017; 2015)在参与者速度恒定的假设下,通过微分对策求解方法获取了最优飞行路径角,并通过分析得出三者轨迹覆盖区域为阿波罗尼圆。邓子泉(2019)通过收益矩阵形式求解三航天器之间的在轨博弈问题,其研究还考虑了航天器相对轨道的变化,增强了场景的真实性。除此之外,混合算法在三方博弈问题中也有着显著的研究成果。Liu 等(2018)在追击器与防御器单脉冲控制假设下,提出了一种基于粒子群算法与牛顿插值的混合算法,求取了追击器的最小特征速度轨迹以及防御器的最短时间拦截轨迹。Liang 等(2020)针对二对二航天器在轨博弈,分别提出了基于范数微分对策和线性二次微分对策的两类制导律。此外,针对连续小推力控制的任务场景,王淳宝等(2020)提出了通过博弈切换策略将该问题转化为分段双星博弈的方案,并将双边方程扩展到三方博弈中,保证追击器在不被防御器反拦截的同时实现对目标的快速拦截。

多航天器的在轨追逃围捕则更加复杂,既涉及部分博弈局中人之间的协同,又涉及各局中人之间可能存在的竞争对抗关系,故其博弈形式与博弈解概念呈现出混合、复杂的特征。尽管多航天器在轨追逃围捕问题当前还未形成具有广泛适用性的理论体系,但该问题仍然积累了许多不容忽视的研究成果。史帅科(2020)较早地对该问题进行了深入研究,设计了“多对一”在轨围捕问题的性能指标函数及零和博弈模型,并基于航天器速度比为常值的假设,求解了航天器在轨博弈的最优控制策略,最终构成了平面阿波罗尼斯圆形式的围捕编队。Luo 等(2023)则通过合同网协议(contract network protocol, CNP)首先对目标进行分配,再通过 Lambert 方法求解航天器的脉冲速度增量,以此两个层次设计了基于信息-物理分层结构的在轨博弈方法。Liu 等(2023)进一步将启发式算法的全局性优势应用于多卫星轨道博弈问题,提出了一种基于粒子群算法的优化方法,其中双方的策略集被转化为优化变量,收益函数被转化为适应度函数,最终实现了对目标航天器的长期追踪围捕。Yu 等(2024)探索了深度强化学习的感知和决策能力,基于 Actor-Critic 体系结构设计了用于多航天器围捕的多智能体强化学习算法,并分别采用集中训练和分散执行的方法求解最优联合机动策略。由上述研究成果可知,多航天器的在轨追逃博弈问题目前仍缺少系统的研究体系,制约该问题研究发展的关键在于如何评估不同航天器之间的合作互利和竞争对抗关系,以及如何对追击航天器集群构成的协同威胁进行量化分析(张乘铭,2021)。

除了在给定初始条件下通过博弈方法求解各方的最优策略之外,基于可达域的定性分析也受到了相关研究者的关注。基于可达域的研究方法本质上是基于直观的几何图形,预判在轨博弈的结果能否实现拦截捕获,从而对航天器在轨部署起到指导性作用。因此,基于可达域的方法不需要量化定义航天器的性能指标函数,为求解难以定量评估的多航天器协同围捕问题提供了潜在方案。Anderson 等(1976)较早地采用可达域方法对航天器在轨追逃问题进行了研究,推导了平面追逃界栅的解析解,并给出了对策状态是否在界栅上的判定流程。国内张秋华等(2007b)较早对视线坐标系下的航天器追逃界栅问题展开研究,并推导了界栅的表达式。随后,该团队进一步将定量指标与定性对策相结合,讨论了变推力的追逃界栅(张秋华等,2007a)。无独有偶,针对连续推力作用下的在轨航天器,Gong 等(2020)引入了超可达域(Hyper-reachable Domain, HRD)的概念,基于超可达域提出了追逃博弈中实现捕获的充分条件,并且进一步推导了可达域的解析形式。而针对脉冲作用的追逃问题,Zhang 等(2023b)将逃逸区描述为不受追击器机动威胁的所有脉冲逃逸轨迹的终端空间状态集合的几何描述,并在此基础上提出了一种通过求解两个相对可达域近似椭球在任意交点处的交点值来确定逃逸区的方法。国外的 Jansson 等(2023)则基于内部近似可达集的研究基础(Dueri et al., 2014),进一步研究了多参与者博弈问题,并验证了该方法针对具有多个追击者和逃避者约束的追逃问题仍然适用。

总体上讲,当前针对两航天器的在轨追逃博弈问题已有较成熟的研究体系与方法论,针对不同的任务需求与问题模型,各相关方法也展现出不同的适应性;而针对多航天器的在轨追逃博弈问题,现阶段国内外尚未对问题模型进行统一、规范性定义,故在研究体系上较为分散,并且存在难以客观全面评估多航天器协同与竞争空间态势的难题。

1.3.2.3 研究现状分析

由上述研究工作可以看出,国内外学者对航天器在轨博弈的相关问题已经开展了大量研究,并提出了许多针对性的理论方法。但考虑到空间环境中航天器在轨博弈的复杂性及工程实践的可操作性，目前仍然存在有待进一步优化解决的问题。

（1）对于合作目标航天器的协同交会问题，现有的研究工作大多是将两个合作航天器作为一个优化主体考虑，随后基于最优化方法实现对两航天器构成的整体进行优化分析并获取其轨道机动策略，而基于双边最优的博弈方法在该问题中的讨论相对较少。此外，基于博弈论的协同交会对策多针对近似线性化的航天器轨道模型。而对于精确非线性模型，开环博弈策略虽然在大多数空间环境中可提供较为可靠的控制结果，但其对于存在扰动的复杂环境鲁棒性较差；而实时反馈的闭环博弈对策虽然能够提供相对优秀的鲁棒特性，但空间载荷对在轨状态的连续获取是难以克服的工程难题。因此，如何解决符合空间载荷采样特性且具有扰动抑制能力的协同交会非线性控制方法是值得研究的问题。

（2）对于非合作目标航天器的在轨追逃问题，现有的研究对于多航天器在轨博弈尚未形成具有广泛适用性的控制方法，尤其是多航天器在轨博弈的空间态势评估始终是难以定量建模分析的难题。此外，对于非线性模型描述下的航天器在轨追逃博弈，当前研究工作多采用直接或半直接的数值方法求解在轨博弈问题，因此通常伴随着计算量大、复杂空间任务环境中在轨执行效率难以保证等问题。因此，如何构造多航天器在轨博弈模型以及解决在轨博弈执行效率依旧是多航天器轨道博弈问题的研究难点。

（3）对于非合作目标航天器的在轨追逃问题，虽然基于微分对策理论可为运行于近似线性化轨道动力学模型的航天器提供具有解析形式的一对一追逃对策，但其对于非线性系统下的一对一追逃问题则难以提供直观的解析形式控制策略；直接或者半直接的数值方法又难以保证对不同任务问题均具备高效的求解效率。另一方面，基于微分对策的现有研究工作符合大部分实际的在轨博弈场景，但对于具有先验信息假设的航天器来说，均衡策略并非“理智”的最优解策略。此外，当前空间载荷能力与态势感知技术正处于高速发展阶段，故而主从信息假设下的空间追逃成为不可忽视的在轨博弈问题。因此，非线性模型下具有解析形式的航天器控制策略以及主从信息假设下的航天器在轨追逃策略是值得聚焦的研究难点。

1.4 本书内容及章节安排

随着微小卫星技术的快速发展，卫星集群在太空任务中的应用日益广泛。微小卫星集群不仅可以提高观测精度和任务灵活性，还能降低发射成本，因而受到越来越多研究学者及工程师的关注。本书聚焦于微小卫星集群控制与轨道博弈的主题，深入探讨相关控制技术，重点展示作者团队近年来在这一领域的研究成果与技术进展。

第 2 章重点介绍近地航天器轨道基础、相对运动轨道及博弈论等核心理论,为后续的研究提供必要的理论基础。首先,介绍航天器常用的空间坐标系及地引力场模型;其次,推导航天器轨道控制所依据的航天器轨道运动方程;再次,阐述考虑地球扁率摄动的航天器空间相对运动模型;最后,介绍航天器轨道博弈相关方法所依据的博弈论相关概念与原理方法,包括博弈问题的基本定义、纳什均衡的数学描述、斯塔克伯格均衡的数学解释,以及求解博弈问题的一些常用方法的数学原理;并介绍常见的用于定义航天器轨道机动博弈任务的微分博弈模型,包括固定逗留期的航天器轨道博弈问题模型与非固定逗留期的航天器轨道博弈问题模型。

第 3 章深入探讨微小卫星集群的编队控制技术,分别介绍用于科学研究的无拖曳精密编队控制和基于迭代学习算法的编队构型容错控制。首先,面向重力场精确测量任务,针对无拖曳编队系统的特点,围绕编队卫星相对动力学在低频时 X 轴、Z 轴通道存在强耦合的约束,基于功率谱密度约束条件提出了基于 QFT 的 MIMO 频域解耦控制方法,设计满系数矩阵,解决动力学 J_2 项内干扰抑制与通道解耦的问题;其次,针对初始收敛时间长的特点,探索相对位置有限时间滑模控制方法,基于 ILO 研究卫星编队的构型维持容错控制问题,针对卫星轨控推力器出现加性故障和乘性故障的情况设计两种鲁棒 ILO,并基于 LMI 优化技术提供了部分 ILO 增益矩阵的系统计算方法,实现故障的精确重构;再次,基于迭代学习算法创新性地设计两种 LSF^2TC 方案,实现在空间摄动和不同推力器故障影响下的卫星编队构型维持;最后,通过数值仿真验证了所提推力器故障重构方法和构型维持容错控制方法的有效性和优越性。

第 4 章重点介绍基于采样博弈的航天器近端交会问题研究,探讨利用采样博弈理论,构建航天器的动态模型,通过对航天器的动态模型进行采样,设计有效的控制策略,实现安全、精确的近端交会的方法。首先,将 worst-case 扰动的概念引入到以静态轨道航天器为目标的经典交会任务,定义 worst-case 均衡下的航天器静态交会问题,并在数学上推导证明了针对该问题的开环解析解;其次,将两个受控航天器主动组合交会的任务定义为多参与者的微分博弈问题,引入采样博弈的概念,从数学角度推导求解适用于航天器主动交会任务的采样博弈/worst-case 均衡控制策略的数值解;最后,对上述讨论的两类组合交会问题的控制策略进行数值仿真分析。

第 5 章重点介绍更为复杂的航天器小集群多对一围捕问题。该问题中,多个追击航天器围捕逃逸航天器时,追击器的任务目标为通过采取合适的控制策略尽快达到捕获成功状态,即促使集群中有一个追击器对逃逸器完成捕获;而逃逸器的任务目标在于通过采取相应的控制策略远离各追击器的捕获范围或者尽量延长自己被捕获的时间。首先,介绍计算博弈理论基础与其相应的纳什均衡求解方法;其次，介绍航天器小集群围捕问题的任务目标与任务形式；再次，针对围捕任务的问题特征构建计算博弈模型，并设计包括参与者、策略空间及性能指标函数的博弈要素；然后，针对航天器小集群多对一围捕的计算博弈问题，引入基于动作-响应搜索（action-reaction search，ARS）策略的控制器求解方法，并进一步设计数据剪枝方法实现控制器的优化求解；最后，针对三个追击航天器与一个逃逸航天器的任务场景，设计不同参数的仿真算例，验证任务性能与求解效率。

第 6 章重点研究基于模型预测数值博弈的航天器在轨追逃问题。首先，将模型预测静态规划（model predictive static programming，MPSP）理论中模型预测的偏差迭代方法引入双边优化问题，定义模型预测-差分对策问题，基于变分法原理推导两航天器轨道追逃任务的模型预测-差分对策控制器；其次，基于航天器轨道追逃任务中可能存在的主从信息结构，针对领导者-追随者形式的两航天器追逃问题场景，引入 Stackelberg 博弈均衡的概念，将模型预测方法与 Stackelberg 博弈均衡相结合，定义两航天器开环主从信息假设下的模型预测-主从博弈，求解基于模型预测的解析形式主从控制器；再次，针对主从信息场景中，追随者切实捕获领导者瞬态策略并“跟随式”响应的特殊问题，定义两航天器轨道追逃中的模型预测——一步前视 Stackelberg 均衡，并基于变分法原理分别求解模型预测迭代结构下领导者的一步主从均衡控制策略，以及追随者关于领导者策略的函数映射关系；最后，采用数值仿真验证基于模型预测偏差迭代的博弈控制器具备在非线性系统中高效求解的优势。

最后，第 7 章将对微小卫星集群编队与博弈控制技术进行展望。随着技术的不断进步，未来的微小卫星集群将面临更多的挑战和机遇，人工智能、深度学习等新兴技术将有助于进一步优化和提升集群编队与博弈控制的自主性和智能化水平，并在未来航天器集群控制中发挥重要作用；通过对未来研究方向的展望，希望为相关领域的研究学者及工程技术人员提供启发，并推动微小卫星集群编队与博弈控制技术的进一步发展。

通过以上章节安排，本书将为读者提供一个全面的视角，深入了解微小卫星集群编队与博弈控制的前沿研究及其实际应用，期待为这一领域的进一步发展提供理论支持和实践指导。

第2章

理 论 基 础

2.1 引言

近地卫星在地球引力作用下围绕地球进行圆/椭圆轨道运行，本章对卫星的轨道运动进行简要介绍，对卫星集群编队、追逃、围捕等所涉及的轨道相对运动理论进行推导，并对航天器轨道博弈相关方法所依据的博弈论相关概念与原理方法进行介绍，其中包括博弈问题的基本定义、纳什均衡和斯塔克伯格均衡的数学描述、博弈问题常用求解方法的数学原理、航天器轨道机动博弈任务数学描述的微分博弈模型等。

2.2 坐标系及坐标转换

卫星轨道运动、姿态运动及轨道相对运动均需在特定坐标系中描述，下面引入近地卫星常用的坐标系定义。

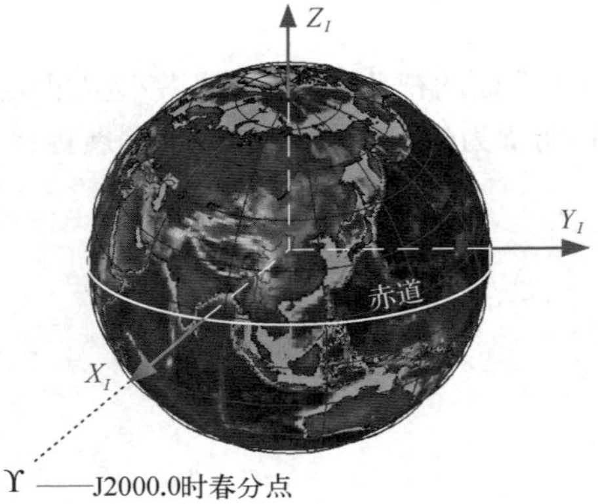

图 2－1 J2000 坐标系示意图

（1）地心惯性坐标系 $O-X_IY_IZ_I$。其为历元时刻在 2000 年 1 月 1 日 12 时（质心动力学时 TDB）的地心赤道惯性坐标系，原点 O 位于地球质心，OX_I轴指向春分点，OZ_I轴指向北极与自转轴重合，OY_I轴与 OX_I 轴和 OZ_I 轴构成右手坐标系，简称 J2000 坐标系，记作 I 系，如图 2－1 所示。

（2）轨道坐标系 $o-x_oy_oz_o$。其原点 o 位于卫星的质心，oz_o轴指向地心，oy_o轴指向卫星轨道面负法向方向，oz_o 轴与 ox_o 轴和 oy_o轴构成右手坐标系，如图 2－2 所示。

（3）LVLH 轨道坐标系 $o-xyz$。其原点 o 位于卫星的质心，ox 轴由地球质心指向卫星质心，oz 轴与卫星轨道面法线方向一致，oy 轴与 ox 轴和 oz 轴构成右手坐标系，如图 2－2 所示。

（4）近焦点坐标系 $O-PQH$。其原点 O 位于地球质心，OP 指向轨道近地点（或近圆轨道的瞬时近地点），OH 指向轨道面法向方向，OQ 与 OP 轴和 OH 轴构成右手坐标系，如图 2－3 所示。

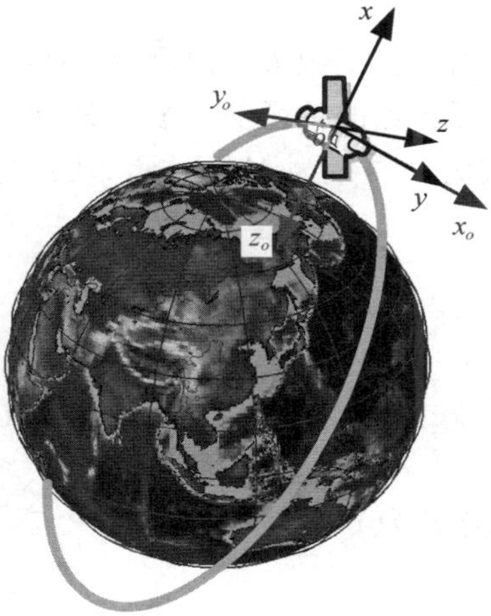

图 2－2　卫星质心轨道坐标系示意图

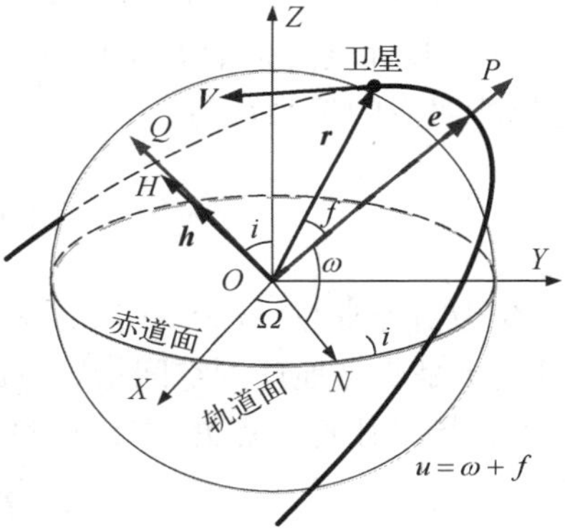

图 2－3　近焦点坐标系示意图

卫星的姿态与轨道描述均须涉及坐标系间的相互转换。地心惯性坐标系（J2000 坐标系）在近地卫星当前所处的时空内认为是永恒不变的，故常用作描述卫星轨道运动的参考坐标系；而轨道坐标系卫星轨道运动不停变化，是与卫星运动及对地指向相关的动参考坐标系。在考虑编队及集群控制等问题时，常须用到惯性坐标系与轨道坐标系之间的坐标转换。

在建立 J2000 地心惯性坐标系与轨道坐标系之间的坐标转换关系时，可首先在 J2000 坐标系下分别描述惯性坐标系与轨道坐标系的三坐标轴。设 $\boldsymbol{x}_I$、$\boldsymbol{y}_I$、$\boldsymbol{z}_I$分别表示轨道坐标系三坐标轴矢量在 J2000 惯性坐标系中的描述，$\boldsymbol{x}_o$、$\boldsymbol{y}_o$、$\boldsymbol{z}_o$分别表示轨道坐标系三坐标轴基矢量，易有

$$\begin{cases}\boldsymbol{z}_I=-\boldsymbol{R}/\|\boldsymbol{R}\|\\ \boldsymbol{y}_I=-\boldsymbol{H}/\|\boldsymbol{H}\|\\ \boldsymbol{x}_I=(\boldsymbol{y}_I\times\boldsymbol{z}_I)/\|\boldsymbol{y}_I\times\boldsymbol{z}_I\|\end{cases},\quad \begin{cases}\boldsymbol{x}_o=[1\quad 0\quad 0]^{\mathrm{T}}\\ \boldsymbol{y}_o=[0\quad 1\quad 0]^{\mathrm{T}}\\ \boldsymbol{z}_o=[0\quad 0\quad 1]^{\mathrm{T}}\end{cases}\tag{2-1}$$

由此，惯性坐标系到轨道坐标系的转换矩阵 $\boldsymbol{C}_{I2o}$可描述为

$$
\begin{aligned}
&\boldsymbol{M}_o = [\boldsymbol{x}_o \vdots \boldsymbol{y}_o \vdots \boldsymbol{z}_o]_{3\times3} \\
&\boldsymbol{M}_I = [\boldsymbol{x}_I \vdots \boldsymbol{y}_I \vdots \boldsymbol{z}_I]_{3\times3} \\
&\boldsymbol{C}_{I2o} = \boldsymbol{M}_o \boldsymbol{M}_I^{\mathrm{T}}
\end{aligned} \tag{2-2}
$$

2.3 地球引力场模型

分析地球对卫星的引力作用时，常用到地球引力位函数 U。位函数 U 与坐标系无关。假设地球为一均质正球体，则对应于外部各点的位函数与质点地球的位函数相同，其梯度方向总是指向地心。将地球视为一质量为 M 的质点，质点地球引力场所对应的位函数为

$$
U_o = \frac{GM}{r} \tag{2-3}
$$

式中，G 为引力常数，取为 $6.672\,59\times10^{-11}\ \mathrm{N\cdot m^2/kg^2}$；$M$ 为地球质量，约取 5.965×10^{24} kg；r 是质点地球到空间指定点的距离。

引力场中任意一点处，单位质量所受到的引力 $\boldsymbol{F}$ 为

$$
\boldsymbol{F} = \mathrm{grad}\ U \tag{2-4}
$$

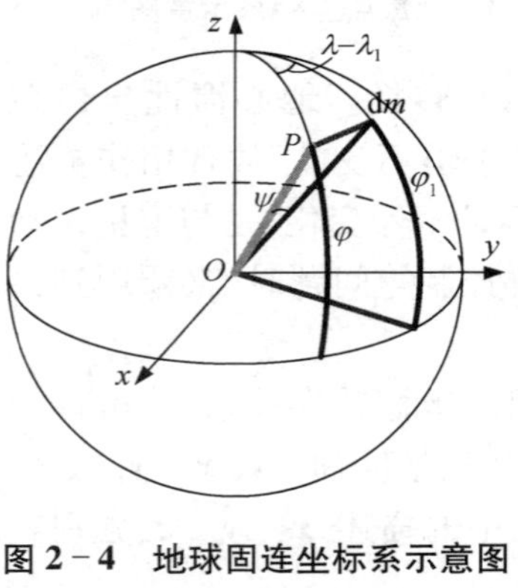

图 2-4　地球固连坐标系示意图

地球两极稍扁、赤道略鼓，是一个不规则椭圆球体，自转运动使得其赤道半径大于极径，表面遍布的高山与海洋导致其质量分布十分不均衡。下面将基于地球的非球形来分析地球引力位函数。

如图 2-4 建立地球固连坐标系 $Oxyz$，dm 为地球中的一个小质量元，其位置矢量 $\boldsymbol{\rho}_1$ 对应的直角坐标和球坐标分别为 (x_1, y_1, z_1) 和 $(\rho_1, \varphi_1, \lambda_1)$，其中，$\rho_1$、$\lambda_1$、$\varphi_1$ 分别是卫星在球坐标下的地心距和地心经、纬度；P 为地球引力场中一质点，其位置矢量 $\boldsymbol{r}$ 所对应的直角坐标和球坐标分别为 (x, y, z) 和 (r, φ, λ)。质量元 dm 到 P 的距离为 ρ，二者相对地心的夹角为 ψ。引力场的位函数 U 为

$$
U(r, \varphi, \lambda) = \int_M \frac{G\mathrm{d}m}{\rho} \tag{2-5}
$$

式中，积分下角标 M 表示地球质量。

由图2-4易得

$$\rho^2 = \rho_1^2 + r^2 - 2\rho_1 r\cos\psi$$
$$\frac{1}{\rho} = (\rho_1^2 + r^2 - 2\rho_1 r\cos\psi)^{-1/2} \tag{2-6}$$

根据球函数知识，上式中 $1/\rho$ 可用 $\cos\psi$ 的勒让德多项式（Legendre Polynomial）$P_n(\cdot)$的级数表示为

$$\frac{1}{\rho} = \sum_{n=0}^{\infty} \frac{\rho_1^n}{r^{n+1}} P_n(\cos\psi) \tag{2-7}$$

此时地球引力位函数可改写为

$$U(r, \varphi, \lambda) = G\sum_{n=0}^{\infty} \frac{1}{r^{n+1}} \int_M \rho_1^n P_n(\cos\psi)\,\mathrm{d}m \tag{2-8}$$

设地球上任一质量元 dm 和引力场中任一点 P 所对应的经纬度分别为(λ_1, φ_1)和(λ, φ)，在天球坐标系中更具体地描述，则 $\cos\psi$ 可描述为

$$\cos\psi = \sin\varphi\sin\varphi_1 + \cos\varphi\cos\varphi_1\cos(\lambda - \lambda_1) \tag{2-9}$$

根据球函数的加法定理，有

$$P_n(\cos\psi) = P_{n0}(\sin\varphi)P_{n0}(\sin\varphi_1) + \sum_{m=0}^{n} 2\frac{(n-m)!}{(n+m)!}P_{nm}(\sin\varphi_1) \cdot [\cos(m\lambda)\cos(m\lambda_1) + \sin(m\lambda)\sin(m\lambda_1)]P_{nm}(\sin\varphi) \tag{2-10}$$

式中，$P_{nm}(\cdot)$为缔结勒让德多项式。函数 $P_n(z)$ 和 $P_{nm}(z)$分别为

$$P_n(z) = \frac{1}{2^n n!}\frac{\mathrm{d}^n}{\mathrm{d}z^n}(z^2 - 1)^n$$
$$P_{nm}(z) = (1 - z^2)^{\frac{m}{2}}\frac{\mathrm{d}^m}{\mathrm{d}z^m}P_n(z) \tag{2-11}$$

因此，地球引力位函数可写作：

$$U(r, \varphi, \lambda) = \frac{G}{r}\sum_{n=0}^{\infty}\frac{1}{r^n}\Big\{\int_M \rho_1^n P_{n0}(\sin\varphi_1)P_{n0}(\sin\varphi)\,\mathrm{d}m + \sum_{m=1}^{n} 2\frac{(n-m)!}{(n+m)!}\Big[\int_M \rho_1^n P_{nm}(\sin\varphi_1)\cos(m\lambda_1)\cos(m\lambda)\,\mathrm{d}m$$

$$+\int_M \rho_1^n P_{nm}(\sin\varphi_1)\sin(m\lambda_1)\sin(m\lambda)\,\mathrm{d}m\Bigg]P_{nm}(\sin\varphi)\Bigg\}\tag{2-12}$$

令

$$\begin{cases}C_{n0}=\dfrac{G}{R_e^n}\displaystyle\int_M \rho_1^n P_{n0}(\sin\varphi_1)\,\mathrm{d}m\\ C_{nm}=2\dfrac{(n-m)!}{(n+m)!}\dfrac{G}{R_e^n}\displaystyle\int_M \rho_1^n P_{nm}(\sin\varphi_1)\cos(m\lambda_1)\,\mathrm{d}m\\ S_{nm}=2\dfrac{(n-m)!}{(n+m)!}\dfrac{G}{R_e^n}\displaystyle\int_M \rho_1^n P_{nm}(\sin\varphi_1)\sin(m\lambda_1)\,\mathrm{d}m\end{cases}\tag{2-13}$$

式中,$R_e=6\ 378.137\ \text{km}$,为地球赤道半径。地球引力位函数可改写为

$$U(r,\ \varphi,\ \lambda)=\frac{G}{r}\sum_{n=0}^{\infty}\left(\frac{R_e}{r}\right)^n\sum_{m=0}^{n}[C_{nm}\cos(m\lambda)+S_{nk}\cos(m\lambda)]P_{nm}(\sin\varphi)\tag{2-14}$$

上式即为地球引力位函数的球谐函数级数展开式(级数式)。由式(2-14)可知,地球非球形部分包括两种不同的项:一种对应于 $m=0$(与经度 λ 无关,有$\sin m\lambda=0$, $\cos m\lambda=1$),另一项对应于 $m=1,\ 2,\ \cdots,\ n$(依赖于经度 λ)。

令 $J_{nm}=-C_{nm}$, $J_n=-C_{n0}$, $\lambda_{nm}=\arctan(S_{nm}/C_{nm})/m$,式(2-14)可写作

$$\begin{aligned}U(r,\ \varphi,\ \lambda)&=\frac{\mu}{r}\Bigg\{1-\sum_{n=1}^{\infty}J_n\left(\frac{R_e}{r}\right)^n P_n(\sin\varphi)\\&\quad+\sum_{n=1}^{\infty}\sum_{m=1}^{n}\left(\frac{R_e}{r}\right)^n P_{nm}(\sin\varphi)[C_{nm}\cos(m\lambda)+S_{nm}\sin(m\lambda)]\Bigg\}\\&=\frac{\mu}{r}\Bigg\{1-\sum_{n=2}^{\infty}\left(\frac{R_e}{r}\right)^n\Bigg[J_nP_n(\sin\varphi)\\&\quad-\sum_{m=1}^{n}J_{nm}P_{nm}(\sin\varphi)\cos m(\lambda-\lambda_{nm})\Bigg]\Bigg\}\end{aligned}\tag{2-15}$$

上式即为基于球谐模型的地球引力位函数。其中,μ 为地心引力常数,其精确测量值为 $398\ 600.44\ \text{km}^3/\text{s}^2$; r、λ、φ 分别是卫星在球坐标下的地心距和地心经、纬度;R_e是地球的平均赤道半径;C_{nm}、S_{nm}或者 J_{nm}为与经度相关的地球引力场田谐项(含扇谐项);$P_n(\sin\varphi)$、$P_{nm}(\sin\varphi)$是 $\sin\varphi$ 的勒让德和缔结勒让德多项式。

式(2-15)中,方程右边括号中第一项表示地球中心引力,后二项为地球的非球形引力。地球非球形引力可作如下描述:

（1）带谐项，与经度无关的项（J_n或 $C_n = -J_n$）将地球描述成与赤道面平行的凸形或凹形的环带，相应的系数 J_n称为带谐系数；

（2）田谐项，与经度相关的项（C_{nm}或 S_{nm}，$m \neq n$）将地球描述成凹凸相似的棋盘图形，相应的系数 J_{nm}称为田谐系数；

（3）扇谐项，与经度相关的项（C_{nm}或 S_{nm}，$m = n$）将地球描述成或凸或凹的扇形，相应的系数 J_{nn}称为扇谐系数。

扇谐项通常也称为田谐项，其在球面上是对称的，λ_{nm}是这些对称主轴 nm 的相位经度。田谐项与带谐项相比为小量，但其对高轨卫星的长期影响较明显；在考虑低地球轨道时，可仅考虑带谐项的影响。

近地轨道的主要摄动因素为地球的扁状摄动；略去地球引力位函数中的田谐项，仅考虑四阶带谐项的引力位函数可描述为

$$U = \frac{\mu}{r}\left[1 - \frac{J_2R_e^2}{2r^2}(3\sin^2\varphi - 1) - \frac{J_3R_e^3}{2r^3}(5\sin^3\varphi - 3\sin\varphi) - \frac{J_4R_e^4}{8r^4}(35\sin^4\varphi - 30\sin^2\varphi + 3)\right] \tag{2-16}$$

式中，$J_2 = 1.082\,63 \times 10^{-3}$；$J_3 = -2.535\,6 \times 10^{-6}$；$J_4 = -1.623\,36 \times 10^{-6}$。考虑到 J_2项远大于 J_3和 J_4项，故在不考虑长期影响的情况下，也可将地球引力位函数进一步简化为

$$U = \frac{\mu}{r}\left[1 - \frac{J_2R_e^2}{2r^2}(3\sin^2\varphi - 1)\right] \tag{2-17}$$

将地球赤道视为正圆，可直接得出此位函数在赤道惯性坐标系的梯度，作为对卫星的引力加速度。

2.4　轨道运动模型

1609 年，德国天文学家开普勒提出了行星运动三大定律中的椭圆定律和面积定律，十年后又提出了第三条定律，明确了轨道周期与轨道半长轴（开普勒称为行星与太阳的平均距离）之间的关系。开普勒研究的天体之间的距离均远大于天体半径，且无第三引力体介入其中，故称为“二体问题”。二体问题的动力来源是中心引力体与行星的万有引力，所对应的行星运行轨道即为开普勒轨道。

近地轨道可视为受摄二体轨道，摄动因素包括地球扁率、太阳光压、大气阻力、日月引力、潮汐引力等。

2.4.1 二体运动模型轨道运动方程

基于二体运动模型描述的近地卫星轨道运动方程的一般推导如下。

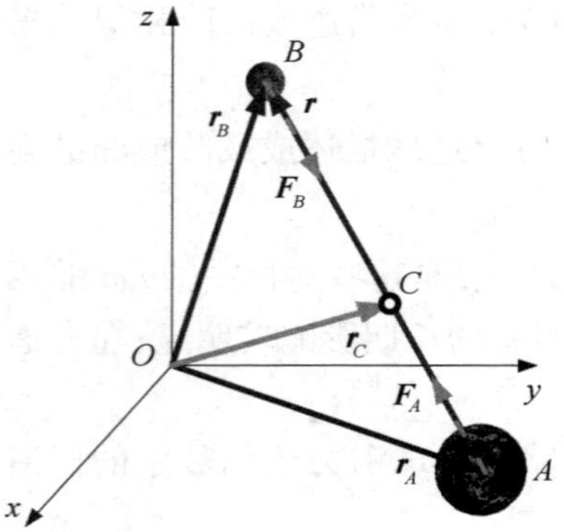

图 2-5 二体运动参数示意图

设天体 A 和天体 B 的间距远大于天体自身半径，二者构成系统的合质心为 C 点，如图 2-5 所示。两天体均可视为质点，天体 A 指向天体 B 的矢径为 $\boldsymbol{r}$，二者质量分别为 m_A 和 m_B。在惯性坐标系 $Oxyz$ 中考察，矢径 $\boldsymbol{OA}$ 和 $\boldsymbol{OB}$ 分别为 $\boldsymbol{r}_A$ 和 $\boldsymbol{r}_B$。作用在 A 和 B 上的万有引力分别为 $\boldsymbol{F}_A$ 和 $\boldsymbol{F}_B$。

天体 B 所受到的万有引力 $\boldsymbol{F}_B$ 为

$$\boldsymbol{F}_B = -\frac{Gm_Am_B}{r^3}\boldsymbol{r} \tag{2-18}$$

式中，$G = 6.672\,59\times10^{-20}\ \mathrm{km}^3/(\mathrm{kg}\cdot\mathrm{s}^2)$，为万有引力常数；$\boldsymbol{r}$ 为天体 A 到天体 B 的位置矢量；r 为两天体间距离。

根据牛顿第二定律，天体 B 在天体 A 引力作用下的运动方程为

$$\boldsymbol{F}_B = m_B\ddot{\boldsymbol{r}}_B \tag{2-19}$$

而天体 A 在天体 B 引力作用下的运动方程为

$$\boldsymbol{F}_A = m_A\ddot{\boldsymbol{r}}_A \tag{2-20}$$

对于由天体 A 和天体 B 构成的系统，根据质心定理易得

$$\begin{gathered} m_A(\boldsymbol{r}_A - \boldsymbol{r}_C) = m_B(\boldsymbol{r}_B - \boldsymbol{r}_C) \\ \boldsymbol{r} = \boldsymbol{r}_B - \boldsymbol{r}_A \end{gathered} \tag{2-21}$$

可得

$$\boldsymbol{r}_A = \boldsymbol{r}_C - \frac{m_B}{m_A + m_B}\boldsymbol{r},\quad \boldsymbol{r}_B = \boldsymbol{r}_C + \frac{m_A}{m_A + m_B}\boldsymbol{r} \tag{2-22}$$

结合牛顿第二定律，天体 A 和天体 B 的运动方程可描述为

$$\begin{aligned} \boldsymbol{F}_A &= m_A\ddot{\boldsymbol{r}}_A = m_A\ddot{\boldsymbol{r}}_C - \frac{m_Am_B}{m_A + m_B}\ddot{\boldsymbol{r}} = m_A\ddot{\boldsymbol{r}}_C - \frac{m_Am_B}{m_A + m_B}\ddot{\boldsymbol{r}} \\ \boldsymbol{F}_B &= m_B\ddot{\boldsymbol{r}}_B = m_B\ddot{\boldsymbol{r}}_C + \frac{m_Am_B}{m_A + m_B}\ddot{\boldsymbol{r}} = m_B\ddot{\boldsymbol{r}}_C + \frac{m_Am_B}{m_A + m_B}\ddot{\boldsymbol{r}} \end{aligned} \tag{2-23}$$

根据牛顿第三定律可有

$$\boldsymbol{F}_A+\boldsymbol{F}_B=0\Rightarrow(m_A+m_B)\ddot{\boldsymbol{r}}_C=0\Rightarrow\ddot{\boldsymbol{r}}_C=0 \tag{2-24}$$

上式表明,系统质心对应的矢径 $\boldsymbol{r}_C$ 在参考坐标系中不变。将式(2-24)代入式(2-23),有

$$\boldsymbol{F}_B=-\frac{Gm_Am_B}{r^3}\boldsymbol{r}=\frac{m_Am_B}{m_A+m_B}\ddot{\boldsymbol{r}} \tag{2-25}$$

上式可写作

$$\ddot{\boldsymbol{r}}+G(m_A+m_B)\frac{\boldsymbol{r}}{r^3}=0 \tag{2-26}$$

记 $\mu=G(m_A+m_B)$,称为对应于天体 A 和天体 B 所构成系统的引力常数。将基于万有引力公式推导的二体运动模型即为

$$\ddot{\boldsymbol{r}}=-\frac{\mu}{r^3}\boldsymbol{r} \tag{2-27}$$

对于地球系统,采用 M_e 和 m 表示地球与卫星的质量,由于卫星质量(锁眼-12为最大的单体航天器之一,其质量为 19.6 t)远小于地球质量($M_e\approx5.965\times10^{24}$ kg,由万有引力定律反算得到),故有 $\mu=G(M_e+m)\approx GM_e=\mu_e$。$\mu_e$ 称作地心引力常数,由天文观测进行确定。本书不对 μ 和 μ_e 进行区分,即仍采用 μ 表示地心引力常数。地心引力常数可取为 398 600.441 81 $\mathrm{km^3/s^2}$。

2.4.2　轨道运动参数描述

物体的运动通常采用瞬时位置和速度进行描述,考虑到位置、速度在三个正交方向上的分量相互独立,故表征卫星轨道运动至少需要六个独立参量。在“位置速度”轨道运动描述体系中,六个描述参数均具有时变性,这缺乏对卫星轨道运动静态因素的提炼。下面针对式(2-27)进行变换,确定最常用的表征卫星轨道的参数,即轨道六根数,如图2-6所示。

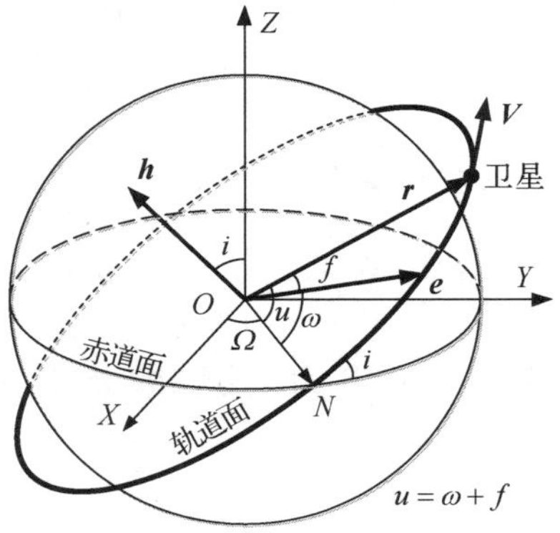

图 2-6　卫星轨道参数示意图

上图中,轨道角动量矢量 $\boldsymbol{h}$ 与 OZ 轴的夹角 i 为轨道倾角,$\boldsymbol{e}$ 为轨道偏心率矢量,其模值为偏心率 e。矢量 $\boldsymbol{e}$ 与轨道的交线为轨道长轴,其长度为 $2a$;N 点为轨道的升交点,节线 ON 与 OX 的夹角为升交点赤经 Ω;ω 为轨道的近地点幅角,f 为卫星对应的真近点角。参数(i, Ω)确定

了轨道在空间坐标中的方位,参数(a, e)确定了轨道的形状,参数 ω 确定了拱线(椭圆轨道长轴称为拱线)朝向,参数 f 确定了卫星在轨道的点位。有时也用过近拱点(长轴上靠近主焦点的端点称作近拱点,另一个端点为远拱点)时间 t 替代真近点角 f,用作卫星点位的根数。显然,“轨道根数”轨道描述体系中,其中五个根数描述了轨道的形状、空间方位及空间朝向等静态因素,仅有参数 f 用于确定卫星在轨道上的位置。对于近圆轨道,其拱线并不明确,参数 ω 和 f 也无从确定,通常采用 $u=\omega+f$ 描述卫星在轨道上的位置,称为纬度幅角。

前述 $\sigma=(a, e, i, \Omega, \omega, f)$ 或 $\sigma=(a, e, i, \Omega, \omega, t)$ 均为经典轨道根数。需要指出的是,该轨道根数组合无法适用任意场景,对于如近圆轨道、近圆赤道轨道等的特殊情形,因轨道近拱点或升交点不确定,此时宜采用无奇点轨道根数组合进行轨道描述。

2.4.3 轨道运动模型积分处理

用矢量 $\boldsymbol{r}$ 叉乘式(2-27)左右两侧,有

$$\boldsymbol{r}\times\ddot{\boldsymbol{r}}=\boldsymbol{r}\times\left(-\frac{\mu}{r^3}\boldsymbol{r}\right) \tag{2-28}$$

化简并积分,可得

$$\boldsymbol{r}\times\dot{\boldsymbol{r}}=\boldsymbol{h}\equiv\boldsymbol{C} \tag{2-29}$$

由上式可知,$\boldsymbol{h}$ 为沿轨道面法向方向的转动动量矩。因其与卫星质量无关,故称为比角动量。对于地球与卫星组成的二体系统,不考虑摄动因素时,卫星的角动量始终为垂直于轨道面的定常矢量。

对式(2-27)两侧均叉乘 $\boldsymbol{h}$,并考虑式(2-29),则有

$$\ddot{\boldsymbol{r}}\times\boldsymbol{h}=-\frac{\mu}{r^3}\boldsymbol{r}\times\boldsymbol{h}=-\frac{\mu}{r^3}\boldsymbol{r}\times(\boldsymbol{r}\times\dot{\boldsymbol{r}})=-\frac{\mu}{r^3}[(\boldsymbol{r}\cdot\dot{\boldsymbol{r}})\boldsymbol{r}-(\boldsymbol{r}\cdot\boldsymbol{r})\dot{\boldsymbol{r}}] \tag{2-30}$$

化简并积分可得

$$\dot{\boldsymbol{r}}\times\boldsymbol{h}=\frac{\mu}{r}\boldsymbol{r}+\boldsymbol{B}=\frac{\mu}{r}(\boldsymbol{r}+r\boldsymbol{e}) \tag{2-31}$$

式中,矢量 $\boldsymbol{B}$ 为积分常数,与其伴生的矢量 $\boldsymbol{e}$ 的解可写作

$$\boldsymbol{e}=\frac{\dot{\boldsymbol{r}}\times\boldsymbol{h}}{\mu}-\frac{\boldsymbol{r}}{r} \tag{2-32}$$

矢量 $\boldsymbol{B}$(Laplace 矢量)和矢量 $\boldsymbol{e}$(偏心率矢量)均指向轨道近地点。地心为近

地椭圆轨道的主焦点，其近拱点和远拱点也叫作近地点和远地点。

用 $\boldsymbol{r}$ 点乘式(2－31)两边，化简可得

$$r=\frac{h^2/\mu}{1+e\cos f} \tag{2-33}$$

式中，h 为 $\boldsymbol{h}$ 的模值；f 为矢量 $\boldsymbol{e}$ 和矢量 $\boldsymbol{r}$ 的夹角，称为真近点角；偏心率 e 为矢量 $\boldsymbol{e}$ 的模值。

易知式(2－33)所示为一条圆锥曲线，地球中心正位于该圆锥曲线的一个焦点上(若是圆轨道，则地心位于轨道圆心)。近地卫星轨道多为近圆或椭圆轨道，椭圆半通径 $p=a(1-e^2)=h^2/\mu$，故有

$$h=\sqrt{\mu a(1-e^2)}=\sqrt{\mu p} \tag{2-34}$$

用 $\dot{\boldsymbol{r}}$ 点乘式(2－27)两边，可得

$$\dot{\boldsymbol{r}}\cdot\ddot{\boldsymbol{r}}=-\frac{\mu}{r^3}\dot{\boldsymbol{r}}\cdot\boldsymbol{r}\Rightarrow\dot{\boldsymbol{r}}\cdot\ddot{\boldsymbol{r}}+\frac{\mu}{r^3}\dot{\boldsymbol{r}}\cdot\boldsymbol{r}=\dot{\boldsymbol{r}}\cdot\ddot{\boldsymbol{r}}+\frac{\mu}{r^2}\dot{r}=0 \tag{2-35}$$

化简、积分可得

$$\frac{1}{2}\dot{\boldsymbol{r}}\cdot\dot{\boldsymbol{r}}-\frac{\mu}{r}=\frac{1}{2}V^2-\frac{\mu}{r}=\frac{1}{2}\|\dot{\boldsymbol{r}}\|^2-\frac{\mu}{r}=\varepsilon \tag{2-36}$$

式中，积分常数 ε 为卫星轨道的比机械能(仍与卫星质量无关)。

对式(2－33)求导可得

$$\dot{r}=\frac{h^2/\mu}{(1+e\cos f)^2}e\sin f\cdot\dot{f} \tag{2-37}$$

卫星在近地点时的真近点 f 为0，由式(2－33)和式(2－37)可得

$$\begin{aligned} r_p&=\frac{h^2/\mu}{(1+e\cos 0)^2}=\frac{h^2/\mu}{(1+e)^2}\\ \dot{r}_p&=\frac{h^2/\mu}{(1+e\cos 0)^2}e\sin 0\cdot\dot{f}=0 \end{aligned} \tag{2-38}$$

显然，此时矢量 $\boldsymbol{r}$ 在矢径方向上的变化率为0，矢量 $\boldsymbol{r}$ 垂直于 $\dot{\boldsymbol{r}}$。此时据式(2－29)可知

$$\|\dot{\boldsymbol{r}}\|=\frac{\|\boldsymbol{h}\|}{\|\boldsymbol{r}\|}=\frac{h}{r_p} \tag{2-39}$$

将式(2－38)和式(2－39)代入式(2－36)，可得

$$\varepsilon = \frac{1}{2}\frac{h^2}{r_p^2} - \frac{\mu}{r_p} = \frac{\mu}{r_p}\left(\frac{1}{2}\frac{h^2/\mu}{r_p} - 1\right) = -\frac{\mu}{2a} \tag{2-40}$$

将式(2-40)代入式(2-36),可得

$$\frac{1}{2}V^2 - \frac{\mu}{r} = -\frac{\mu}{2a} \tag{2-41}$$

上式为轨道能量公式,表明轨道比机械能不变,并由 a 唯一确定。

2.5 轨道相对运动模型

卫星在近距离追踪时,需要考虑二者间的相对运动,通常在目标星的轨道坐标系下考察星间距及其变化率的变化规律。

2.5.1 相对运动方程

目标星 B 和追踪星 A 在较接近的轨道上运行,参考轨道坐标系选为目标星 B 的轨道坐标系 F_1,其中 BX 轴沿目标星的速度方向,BZ 轴指向地心,BY 轴指向轨道面负法向方向,并与 BX 和 BZ 轴构成右手直角坐标系 $BXYZ$。卫星 A 的轨道坐标系为 F_2,其体坐标系为 F_3,如图 2-7 所示。

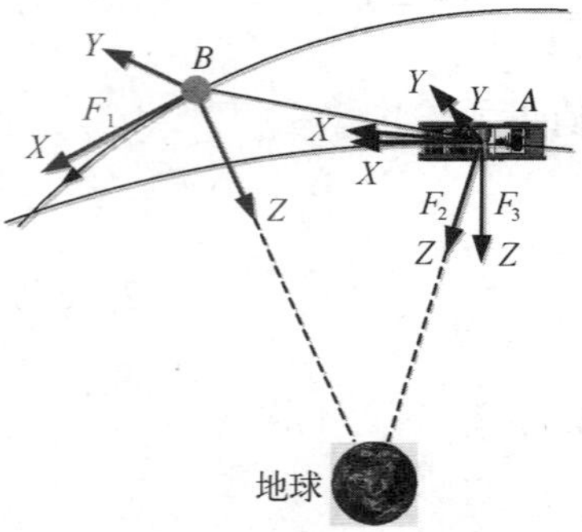

图 2-7 卫星相对运动示意图

在坐标系 $BXYZ$ 中,卫星 B 的地心位置矢量 $\boldsymbol{r}_B$ 可表示为

$$\boldsymbol{r}_B = [0 \quad -r_B \quad 0]^{\mathrm{T}} \tag{2-42}$$

设卫星 B 的地心位置矢量 $\boldsymbol{r}_A$,二者的相对距离矢量 $\boldsymbol{\rho}$ 可表示为

$$\boldsymbol{\rho} = \boldsymbol{r}_A - \boldsymbol{r}_B = [x \quad y \quad z]^{\mathrm{T}} \tag{2-43}$$

其中,x、y 和 z 分别为矢量 $\boldsymbol{\rho}$ 在坐标系 $BXYZ$ 三坐标轴上的分量。在所考虑的相对运动中,有

$$\rho \ll r_B, \quad x \ll r_B, \quad y \ll r_B, \quad z \ll r_B \tag{2-44}$$

式中,ρ 为矢量 $\boldsymbol{\rho}$ 的模值;r_B 为矢量 $\boldsymbol{r}_B$ 的模值(卫星 B 的地心距)。

在地心惯性坐标系中,根据式(2-27),卫星 A 的轨道动力学方程为

$$\frac{\mathrm{d}^2\boldsymbol{r}_A}{\mathrm{d}t^2}=\frac{\mathrm{d}^2\boldsymbol{r}_B}{\mathrm{d}t^2}+\frac{\mathrm{d}^2\boldsymbol{\rho}}{\mathrm{d}t^2}=-\frac{\mu}{r_A^3}(\boldsymbol{r}_B+\boldsymbol{\rho})+\boldsymbol{a}_C \tag{2-45}$$

考虑式(2－44),根据式(2－43)可知(卫星 A 的地心距为 r_A):

$$\begin{aligned}r_A^2&=\boldsymbol{r}_A\cdot\boldsymbol{r}_A=(\boldsymbol{r}_B+\boldsymbol{\rho})\cdot(\boldsymbol{r}_B+\boldsymbol{\rho})=\boldsymbol{r}_B\cdot\boldsymbol{r}_B+2\boldsymbol{r}_B\cdot\boldsymbol{\rho}+\boldsymbol{\rho}\cdot\boldsymbol{\rho}\\&=r_B^2\left[1+\frac{2\boldsymbol{r}_B\cdot\boldsymbol{\rho}}{r_B^2}+\left(\frac{\rho}{r_B}\right)^2\right]\approx r_B^2\left(1+\frac{2\boldsymbol{r}_B\cdot\boldsymbol{\rho}}{r_B^2}\right)\end{aligned} \tag{2-46}$$

由上式解得

$$r_A^{-3}=r_B^{-3}\left(1+\frac{2\boldsymbol{r}_B\cdot\boldsymbol{\rho}}{r_B^2}\right)^{-\frac{3}{2}} \tag{2-47}$$

对上式中的二项式进行泰勒展开,并略去高阶小量(含二阶),则有

$$r_A^{-3}=r_B^{-3}\left(1+\frac{2\boldsymbol{r}_B\cdot\boldsymbol{\rho}}{r_B^2}\right)^{-\frac{3}{2}}\approx r_B^{-3}\left[1+\left(-\frac{3}{2}\right)\left(\frac{2\boldsymbol{r}_B\cdot\boldsymbol{\rho}}{r_B^2}\right)\right]=r_B^{-3}\left(1-\frac{3\boldsymbol{r}_B\cdot\boldsymbol{\rho}}{r_B^2}\right) \tag{2-48}$$

将式(2－48)代入式(2－45),并注意到卫星 B 的轨道动力学方程,可有

$$\begin{aligned}\frac{\mathrm{d}^2\boldsymbol{\rho}}{\mathrm{d}t^2}&=-\frac{\mathrm{d}^2\boldsymbol{r}_B}{\mathrm{d}t^2}-\frac{\mu}{r_A^3}(\boldsymbol{r}_B+\boldsymbol{\rho})+\boldsymbol{a}_C\\&=-\frac{\mathrm{d}^2\boldsymbol{r}_B}{\mathrm{d}t^2}-\frac{\mu}{r_B^3}\left(1-\frac{3\boldsymbol{r}_B\cdot\boldsymbol{\rho}}{r_B^2}\right)(\boldsymbol{r}_B+\boldsymbol{\rho})+\boldsymbol{a}_C\\&=-\frac{\mathrm{d}^2\boldsymbol{r}_B}{\mathrm{d}t^2}-\mu\left(\frac{\boldsymbol{r}_B}{r_B^3}+\frac{\boldsymbol{\rho}}{r_B^3}-\frac{3\boldsymbol{r}_B\cdot\boldsymbol{\rho}}{r_B^5}\boldsymbol{r}_B+\overbrace{\cdots}^{\text{高阶小量}}\right)+\boldsymbol{a}_C\\&\approx-\frac{\mu}{r_B^3}\left(\boldsymbol{\rho}-\frac{3\boldsymbol{r}_B\cdot\boldsymbol{\rho}}{r_B^2}\boldsymbol{r}_B\right)+\boldsymbol{a}_C\end{aligned} \tag{2-49}$$

上式即为两颗卫星间的线性化的轨道相对运动方程。

2.5.2　C－W 方程

对式(2－43)中的矢量 $\boldsymbol{\rho}$ 求导,并参考理论力学中的泊松公式,易有

$$\frac{\mathrm{d}\boldsymbol{\rho}}{\mathrm{d}t}=\frac{\delta\boldsymbol{\rho}}{\delta t}+\boldsymbol{n}\times\boldsymbol{\rho} \tag{2-50}$$

上式描述了矢量 $\boldsymbol{\rho}$ 绝对导数与相对导数的关系,其中 $\mathrm{d}\boldsymbol{\rho}/\mathrm{d}t$ 为矢量 $\boldsymbol{\rho}$ 相对于惯性

空间的导数，$\delta\boldsymbol{\rho}/\delta t$ 为矢量 $\boldsymbol{\rho}$ 相对于 $BXYZ$ 坐标系的导数，矢量 $\boldsymbol{n}$ 表示卫星 B 的轨道角速度矢量（即轨道坐标系 $BXYZ$ 的旋转角速度）。

对式（2－50）求导，结合式（2－49）可得

$$\frac{\delta^2\boldsymbol{\rho}}{\delta t^2}+\dot{\boldsymbol{n}}\times\boldsymbol{\rho}+2\boldsymbol{n}\times\frac{\delta\boldsymbol{\rho}}{\delta t}+\boldsymbol{n}\times(\boldsymbol{n}\times\boldsymbol{\rho})=-\frac{\mu}{r_B^3}\left(\boldsymbol{\rho}-\frac{3\boldsymbol{r}_B\cdot\boldsymbol{\rho}}{r_B^2}\boldsymbol{r}_B\right)+\boldsymbol{a}_C \tag{2-51}$$

根据椭圆轨道运动特征，卫星 B 的轨道角速率 n 及其变化率 $\dot{n}$ 分别为

$$n=\sqrt{\frac{\mu}{p^3}}(1+e\cos f)^2,\quad \dot{n}=-\frac{2\mu e\sin f}{p^3}(1+e\cos f)^3 \tag{2-52}$$

则椭圆轨道的轨道角速率矢量及其变化率矢量可写作

$$\boldsymbol{n}=[0\quad -n\quad 0]^{\mathrm{T}},\quad \dot{\boldsymbol{n}}=[0\quad -\dot{n}\quad 0]^{\mathrm{T}} \tag{2-53}$$

圆轨道偏心率为 0，故卫星的轨道角速率可采用 $n=\sqrt{\mu/p^3}$ 进行描述。

对于任意三维矢量 $\boldsymbol{a}$、$\boldsymbol{b}$、$\boldsymbol{c}$，恒有

$$\begin{gathered}\boldsymbol{a}\times\boldsymbol{b}=\boldsymbol{a}^{\times}\boldsymbol{b}=-\boldsymbol{b}^{\times}\boldsymbol{a},\quad \boldsymbol{a}\times\boldsymbol{b}\times\boldsymbol{c}=\boldsymbol{a}^{\times}\boldsymbol{b}^{\times}\boldsymbol{c}=-\boldsymbol{a}^{\times}\boldsymbol{c}^{\times}\boldsymbol{b}\\ \boldsymbol{a}^{\times}=\begin{bmatrix}0&-a_z&a_y\\a_z&0&-a_x\\-a_y&a_x&0\end{bmatrix}\end{gathered} \tag{2-54}$$

将矢量 $\boldsymbol{\rho}$ 写作 $BXYZ$ 坐标系下的分量形式，代入式（2－51），化简可得

$$\begin{aligned}&\begin{bmatrix}\ddot{x}\\\ddot{y}\\\ddot{z}\end{bmatrix}+2\begin{bmatrix}0&0&-n\\0&0&0\\n&0&0\end{bmatrix}\begin{bmatrix}\dot{x}\\\dot{y}\\\dot{z}\end{bmatrix}+\begin{bmatrix}0&0&-\dot{n}\\0&0&0\\\dot{n}&0&0\end{bmatrix}\begin{bmatrix}x\\y\\z\end{bmatrix}+\begin{bmatrix}-n^2&0&0\\0&0&0\\0&0&-n^2\end{bmatrix}\begin{bmatrix}x\\y\\z\end{bmatrix}\\&=n^2\left(-\begin{bmatrix}x\\y\\z\end{bmatrix}+\begin{bmatrix}0\\0\\3z\end{bmatrix}\right)+\begin{bmatrix}a_{Cx}\\a_{Cy}\\a_{Cz}\end{bmatrix}\end{aligned} \tag{2-55}$$

上式可简写作

$$\begin{cases}\ddot{x}-2n\dot{z}-\dot{n}z=a_{Cx}\\\ddot{y}+n^2y=a_{Cy}\\\ddot{z}+2n\dot{x}+\dot{n}x-3n^2z=a_{Cz}\end{cases} \tag{2-56}$$

上式为卫星 A 与卫星 B 之间的相对运动方程，其中卫星 B 的轨道为椭圆轨道，称为 T－H 方程（Tschauner-Hempel 方程）。若卫星 B 的轨道为圆轨道，此时轨道角速率 n 为常值，其变化率为 0，此时上式可写作

$$\begin{cases} \ddot{x} - 2n\dot{z} = a_{Cx} \\ \ddot{y} + n^2 y = a_{Cy} \\ \ddot{z} + 2n\dot{x} - 3n^2 z = a_{Cz} \end{cases} \tag{2-57}$$

上式即为描述两颗卫星相对运动的 Clohessy-Wiltshire 方程，简称 C－W 方程［美国马林公司（the Marlin Company）的科学家克洛斯（Clohessy W H）和威尔特希尔（Wiltshire R S）于 1960 年提出］。美国数学家希尔（George William Hill）于 1878 年发表了日地运动系统内月球相对地球的运动方程，其与式（2－57）具有相同的形式，故式（2－57）亦称为 Hill 方程。C－W 方程的构建存在三个假设，即基于二体运动进行推导，考察相对运动的两航天器之间的星间距远小于各自的地心距，且各航天器均运行于近圆轨道。

C－W 方程为具有解析解的线性方程组，可以分析相对运动的性质和设计控制律。

将式（2－57）的轨道控制作用各分量均置 0，可得

$$\begin{cases} \ddot{x} - 2n\dot{z} = 0 \\ \ddot{y} + n^2 y = 0 \\ \ddot{z} + 2n\dot{x} - 3n^2 z = 0 \end{cases} \tag{2-58}$$

据上式第二子式易得

$$\begin{aligned} y &= y_0\cos(nt) + \frac{\dot{y}_0}{n}\sin(nt) \\ \dot{y} &= \dot{y}_0\cos(nt) - ny_0\sin(nt) \end{aligned} \tag{2-59}$$

式中，y_0 和 $\dot{y}_0$ 分别为两星之间 Y 向的相对距离及其变化率。

积分式（2－58）第一子式，结合变量 z 及变量 x 的变化率的初值，易有

$$\dot{x} - 2nz = \dot{x}_0 - 2nz_0 \tag{2-60}$$

将式（2－60）代入式（2－58）第三子式，有

$$\ddot{z} + 2n(2nz + \dot{x}_0 - 2nz_0) - 3n^2 z = \ddot{z} + n^2 z + 2n\dot{x}_0 - 4n^2 z_0 = 0 \tag{2-61}$$

解之得

$$z = A\cos(nt) + B\sin(nt) + \frac{1}{n^2}(4n^2 z_0 - 2n\dot{x}_0) \tag{2-62}$$

将变量 z 及其变化率在 0 时刻的初值代入，易得

$$A = -3z_0 + \frac{2}{n}\dot{x}_0, \quad B = \frac{1}{n}\dot{z}_0 \tag{2-63}$$

故式(2-62)可写作：

$$z = \left(-3z_0 + \frac{2}{n}\dot{x}_0\right)\cos(nt) + \frac{1}{n}\dot{z}_0\sin(nt) + \frac{1}{n^2}(4n^2 z_0 - 2n\dot{x}_0) \tag{2-64}$$

对上式求导可得

$$\dot{z} = \dot{z}_0\cos(nt) + (3nz_0 - 2\dot{x}_0)\sin(nt) \tag{2-65}$$

将式(2-64)代入式(2-60)可得

$$\dot{x} = 2(-3nz_0 + 2\dot{x}_0)\cos(nt) + 2\dot{z}_0\sin(nt) + 3(2nz_0 - \dot{x}_0) \tag{2-66}$$

对上式积分，并代入变量 x 及其变化率的初值，可得

$$x = 2\left(-3z_0 + \frac{2}{n}\dot{x}_0\right)\sin(nt) - \frac{2}{n}\dot{z}_0\cos(nt) + 3(2nz_0 - \dot{x}_0)t + \left(x_0 + \frac{2}{n^2}\dot{z}_0\right) \tag{2-67}$$

结合式(2-59)、式(2-64)、式(2-65)、式(2-66)及式(2-67)，在无外力作用下，C-W 方程的解为

$$\begin{cases} x = 2\left(-3z_0 + \frac{2}{n}\dot{x}_0\right)\sin(nt) - \frac{2}{n}\dot{z}_0\cos(nt) + 3(2nz_0 - \dot{x}_0)t + \left(x_0 + \frac{2}{n^2}\dot{z}_0\right) \\ y = y_0\cos(nt) + \frac{1}{n}\dot{y}_0\sin(nt) \\ z = \left(-3z_0 + \frac{2}{n}\dot{x}_0\right)\cos(nt) + \frac{1}{n}\dot{z}_0\sin(nt) + \frac{2}{n}(2nz_0 - \dot{x}_0) \\ \dot{x} = 2(-3nz_0 + 2\dot{x}_0)\cos(nt) + 2\dot{z}_0\sin(nt) + 3(2nz_0 - \dot{x}_0) \\ \dot{y} = \dot{y}_0\cos(nt) - ny_0\sin(nt) \\ \dot{z} = \dot{z}_0\cos(nt) + (3nz_0 - 2\dot{x}_0)\sin(nt) \end{cases} \tag{2-68}$$

由式(2-68)可知，垂直于轨道面的相对运动（y 通道）与轨道面内的相对运动（x 和 z 通道）解耦；y 向相对距离随轨道运动作自由振荡；x 向和 z 向相对距离则呈显著耦合状态。

另外由式(2-68)易有，在 $V_{x0} \neq 2nr_{z0}$ 情况下，两颗卫星沿迹向的相对距离 r_x 将随时间 $t \to +\infty$ 而趋于无穷大，这是明显错误的；因此，C-W 方程仅适于描述近距离的相对运动。

习惯上分别符号 $\boldsymbol{r}$ 和 $\boldsymbol{v}$ 描述相对位置矢量 $\boldsymbol{\rho}$ 及其变化率矢量，即

$$\boldsymbol{r}=\begin{bmatrix}x\\y\\z\end{bmatrix},\quad \boldsymbol{v}=\begin{bmatrix}\dot{x}\\\dot{y}\\\dot{z}\end{bmatrix},\quad \boldsymbol{r}_0=\begin{bmatrix}x_0\\y_0\\z_0\end{bmatrix},\quad \boldsymbol{v}_0=\begin{bmatrix}\dot{x}_0\\\dot{y}_0\\\dot{z}_0\end{bmatrix} \tag{2-69}$$

另记

$$\boldsymbol{\Phi}_{rr}(t)=\begin{bmatrix}1 & 0 & 6[nt-\sin(nt)]\\0 & \cos(nt) & 0\\0 & 0 & 4-3\cos(nt)\end{bmatrix}$$

$$\boldsymbol{\Phi}_{rv}(t)=\begin{bmatrix}\dfrac{1}{n}[4\sin(nt)-3nt] & 0 & \dfrac{2}{n}[1-\cos(nt)]\\0 & \dfrac{\sin(nt)}{n} & 0\\-\dfrac{2}{n}[1-\cos(nt)] & 0 & \dfrac{1}{n}\sin(nt)\end{bmatrix} \tag{2-70}$$

$$\boldsymbol{\Phi}_{vr}(t)=\begin{bmatrix}0 & 0 & 6n[1-\cos(nt)]\\0 & -n\sin(nt) & 0\\0 & 0 & 3n\sin(nt)\end{bmatrix}$$

$$\boldsymbol{\Phi}_{vv}(t)=\begin{bmatrix}-3+4\cos(nt) & 0 & 2\sin(nt)\\0 & \cos(nt) & 0\\-2\sin(nt) & 0 & \cos(nt)\end{bmatrix}$$

则式(2－68)可写作

$$\begin{bmatrix}\boldsymbol{r}(t)\\\boldsymbol{v}(t)\end{bmatrix}=\begin{bmatrix}\boldsymbol{\Phi}_{rr}(t) & \boldsymbol{\Phi}_{rv}(t)\\\boldsymbol{\Phi}_{vr}(t) & \boldsymbol{\Phi}_{vv}(t)\end{bmatrix}\begin{bmatrix}\boldsymbol{r}_0\\\boldsymbol{v}_0\end{bmatrix} \tag{2-71}$$

在仅考虑相对位置情况下，有

$$\boldsymbol{r}(t)=\boldsymbol{\Phi}_{rr}(t)\boldsymbol{r}_0+\boldsymbol{\Phi}_{rv}(t)\boldsymbol{v}_0 \tag{2-72}$$

写作分量形式，有

$$\begin{bmatrix}r_x\\r_y\\r_z\end{bmatrix}=\begin{bmatrix}r_{x0}+6[nt-\sin(nt)]r_{z0}+\dfrac{4\sin(nt)-3nt}{n}V_{x0}+\dfrac{2[1-\cos(nt)]}{n}V_{z0}\\[\cos(nt)]r_{y0}+\dfrac{\sin(nt)}{n}V_{y0}\\[4-3\cos(nt)]r_{z0}+\dfrac{-2[1-\cos(nt)]}{n}V_{x0}+\dfrac{\sin(nt)}{n}V_{z0}\end{bmatrix} \tag{2-73}$$

式中，r_{x0}、r_{y0}和 r_{z0}分别为矢量 $\boldsymbol{r}$ 对应于参考轨道坐标系的三个分量；V_{x0}、V_{y0}和 V_{z0}分别为矢量 $\boldsymbol{v}$ 对应于参考轨道坐标系的三个分量。

若将 $\boldsymbol{r}$ 和 $\boldsymbol{v}$ 写作状态方程形式，则有

$$\begin{bmatrix} \dot{\boldsymbol{r}} \\ \dot{\boldsymbol{v}} \end{bmatrix} = \begin{bmatrix} \boldsymbol{0} & \boldsymbol{I} \\ \boldsymbol{A} & \boldsymbol{B} \end{bmatrix} \begin{bmatrix} \boldsymbol{r} \\ \boldsymbol{v} \end{bmatrix} + \begin{bmatrix} \boldsymbol{0} \\ \boldsymbol{I}_3 \end{bmatrix} \boldsymbol{a}_C \tag{2-74}$$

其中，$\boldsymbol{0}$ 为 3×3 的零矩阵，$\boldsymbol{a}_C$为控制矢量，且有

$$\boldsymbol{A} = \begin{bmatrix} 0 & 0 & 0 \\ 0 & -n^2 & 0 \\ 0 & 0 & 3n^2 \end{bmatrix}, \quad \boldsymbol{B} = \begin{bmatrix} 0 & 0 & 2n \\ 0 & 0 & 0 \\ -2n & 0 & 0 \end{bmatrix} \tag{2-75}$$

2.5.3 LVLH 参考系下的相对运动方程

空间任务中，有时会在当地水平垂直坐标系（local-vertical local-horizontal, LVLH）中进行轨道相对运动的描述（王有亮，2019）。LVLH 坐标系如图 2-8 中的 $Bxyz$ 所示，B 为卫星质心，其 X 轴在当地水平面内指向卫星飞行方向，Y 轴则指向当地天顶方向，Z 轴与 X 轴和 Y 轴构成右手直角坐标系。

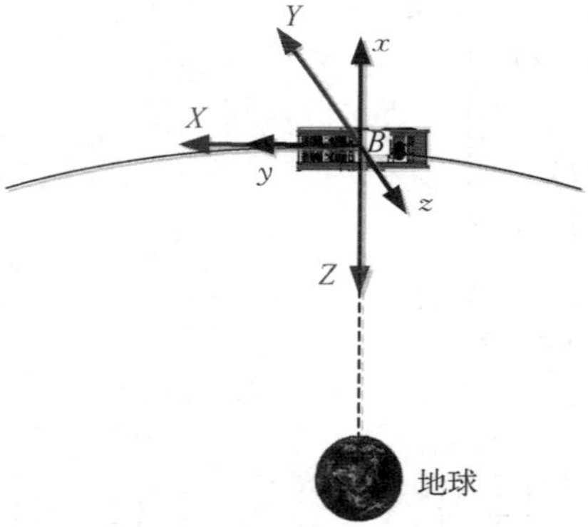

图 2-8 当地水平垂直坐标系与轨道坐标系示意图

在 LVLH 坐标系下，近圆轨道的轨道角速率矢量及其变化率矢量可写作

$$\boldsymbol{n} = [0 \quad 0 \quad n]^{\mathrm{T}}, \quad \dot{\boldsymbol{n}} = [0 \quad 0 \quad \dot{n}]^{\mathrm{T}} \tag{2-76}$$

质点地球引力场梯度差在 LVLH 坐标系下可描述为（孙雪娇，2017；Hintz, 2015）

$$\frac{\mu}{r_B^3}\boldsymbol{r}_B - \frac{\mu}{r_A^3}\boldsymbol{r}_A = -\mu \begin{bmatrix} \dfrac{r_B + x}{[(r_B + x)^2 + y^2 + z^2]^{3/2}} - \dfrac{1}{r_B^2} \\ \dfrac{y}{[(r_B + x)^2 + y^2 + z^2]^{3/2}} \\ \dfrac{z}{[(r_B + x)^2 + y^2 + z^2]^{3/2}} \end{bmatrix} \tag{2-77}$$

式中，A 星的地心距矢量 $\boldsymbol{r}_A$在 LVLH 坐标系中可描述为$[r_B+x,\ y,\ z]$。考虑到 A 星与 B 星相距较近，上式线性化后，各分量可记作

$$\frac{\mu}{r_B^3}\boldsymbol{r}_B - \frac{\mu}{r_A^3}\boldsymbol{r}_A \approx -\frac{\mu}{r_B^2}\begin{bmatrix} -2x \\ y \\ z \end{bmatrix} \tag{2-78}$$

将矢量$\boldsymbol{\rho}$写作 LVLH 坐标系下的分量形式，代入式(2－51)，整理可得

$$\begin{cases} \ddot{x} - 2n\dot{y} - \dot{n}y - 3n^2x = a_{Cx} \\ \ddot{y} + 2n\dot{x} + \dot{n}x = a_{Cy} \\ \ddot{z} + n^2z = a_{Cz} \end{cases} \tag{2-79}$$

上式即为 LVLH 坐标系下描述的卫星相对运动方程。

2.5.4　考虑 J_2 项的相对运动方程

对于执行精确交会、拦截等任务的近地轨道卫星而言，式(2－4)所描述的质点地球引力场模型已不再适用，需采用式(2－17)所描述的考虑地球扁率 J_2 摄动项的地球引力场模型。下面重新检视式(2－51)。

根据式(2－17)，式(2－45)可改写为

$$\begin{aligned} \frac{\mathrm{d}^2\boldsymbol{\rho}}{\mathrm{d}t^2} &= \frac{\mathrm{d}^2\boldsymbol{r}_A}{\mathrm{d}t^2} - \frac{\mathrm{d}^2\boldsymbol{r}_B}{\mathrm{d}t^2} = \left(-\frac{\mu}{r_A^3}\boldsymbol{r}_A + \boldsymbol{d}_{AJ2} + \boldsymbol{a}_{AC}\right) - \left(-\frac{\mu}{r_B^3}\boldsymbol{r}_B + \boldsymbol{d}_{BJ2} + \boldsymbol{a}_{BC}\right) \\ &= \left(\frac{\mu}{r_B^3}\boldsymbol{r}_B - \frac{\mu}{r_A^3}\boldsymbol{r}_A\right) + (\boldsymbol{d}_{AJ2} - \boldsymbol{d}_{BJ2}) + (\boldsymbol{a}_{AC} - \boldsymbol{a}_{BC}) \end{aligned} \tag{2-80}$$

式中，$\boldsymbol{d}_{AJ2}$和$\boldsymbol{d}_{BJ2}$分别表示作用在 A 星和 B 星上的地球扁率 J_2 项摄动作用；等号右侧第一项为考察相对运动的两航天器对应的质点地球引力场梯度差，第二项为地球扁率 J_2 项摄动引力差，第三项为控制量之差。

在 LVLH 坐标系中，对(2－17)中的 J_2 项求梯度函数，有

$$\begin{aligned} \boldsymbol{d}_{J2} &= \nabla U_{J2} = \begin{bmatrix} \dfrac{\partial U_{J2}}{\partial r} & \dfrac{1}{r}\dfrac{\partial U_{J2}}{\partial u} & \dfrac{1}{r\sin u}\dfrac{\partial U_{J2}}{\partial i} \end{bmatrix}^{\mathrm{T}} \\ &= -\frac{3J_2\mu R_e^2}{2r^4}[(1-3\sin^2 i\sin^2 u) \quad \sin^2 i\sin(2u) \quad \sin(2i)\cos u]^{\mathrm{T}} \end{aligned} \tag{2-81}$$

式中，r 为卫星地心距；i 与 u 分别为卫星轨道倾角和纬度幅角；φ 为卫星星下点纬度。

所考察的两航天器通常相距较近，可认为地球扁率 J_2 项在 A 星和 B 星间呈线性变化。以 B 星为基准，地球扁率 J_2 项对 A 星的摄动加速度可记为

$$\boldsymbol{d}_{AJ2} = \boldsymbol{d}_{BJ2} + \nabla J_2|_{r_B}(\boldsymbol{r}_A - \boldsymbol{r}_B) \tag{2-82}$$

式中,地球扁率 J_2 项的梯度张量 ∇J_2 记作:

$$\nabla J_2 = \frac{6J_2\mu R_e^2}{r^5}\begin{bmatrix} 1-3\sin^2 i\sin^2 u & \sin^2 i\sin(2u) & \sin(2i)\sin u \\ \sin^2 i\sin(2u) & \sin^2 i\left(\frac{7}{4}\sin^2 u-\frac{1}{2}\right)-\frac{1}{4} & -\frac{1}{4}\sin(2i)\cos u \\ \sin(2i)\sin u & -\frac{1}{4}\sin(2i)\cos u & \sin^2 i\left(\frac{5}{4}\sin^2 u+\frac{1}{2}\right)-\frac{3}{4} \end{bmatrix} \tag{2-83}$$

在 LVLH 坐标系中,卫星间矢径可描述为 $\boldsymbol{\rho}=[x,\ y,\ z]$,地球扁率 J_2 项摄动对交会双星动力学模型的干扰力矩 $\Delta\boldsymbol{d}_{J2}=\boldsymbol{d}_{AJ2}-\boldsymbol{d}_{BJ2}$ 可描述为

$$\begin{aligned}
\Delta d_{J2x} &= \frac{6J_2\mu R_e^2}{r^5}\{(1-3\sin^2 i\sin^2 u)x+[\sin^2 i\sin(2u)]y+[\sin(2i)\sin u]z\} \\
\Delta d_{J2y} &= \frac{6J_2\mu R_e^2}{r^5}\left\{[\sin^2 i\sin(2u)]x+\left[\sin^2 i\left(\frac{7}{4}\sin^2 u-\frac{1}{2}\right)-\frac{1}{4}\right]y+\left[-\frac{1}{4}\sin(2i)\cos u\right]z\right\} \\
\Delta d_{J2z} &= \frac{6J_2\mu R_e^2}{r^5}\left\{[\sin(2i)\sin u]x+\left[-\frac{1}{4}\sin(2i)\cos u\right]y+\left[\sin^2 i\left(\frac{5}{4}\sin^2 u+\frac{1}{2}\right)-\frac{3}{4}\right]z\right\}
\end{aligned} \tag{2-84}$$

两航天器地心距相差较小,根据式(2-79),相对运动模型可记作

$$\begin{cases} \ddot{x}-2n\dot{y}-\dot{n}y-3n^2x=a_{Cx}+\Delta d_{J2x} \\ \ddot{y}+2n\dot{x}+\dot{n}x=a_{Cy}+\Delta d_{J2y} \\ \ddot{z}+n^2z=a_{Cz}+\Delta d_{J2z} \end{cases} \tag{2-85}$$

2.5.5 相对运动模型的状态方程描述

不妨再从地心惯性坐标系视角来考虑 A 星和 B 星的轨道动力学方程:

$$\begin{aligned} \ddot{\boldsymbol{r}}_A &= \frac{-\mu}{r_A^3}\boldsymbol{r}_A+\frac{\boldsymbol{a}_A+\boldsymbol{d}_A}{m_A} \\ \ddot{\boldsymbol{r}}_B &= \frac{-\mu}{r_B^3}\boldsymbol{r}_B+\frac{\boldsymbol{a}_B+\boldsymbol{d}_B}{m_B} \end{aligned} \tag{2-86}$$

式中,$\boldsymbol{a}_A$ 和 $\boldsymbol{a}_B$ 分别为 A 星和 B 星的控制力;$\boldsymbol{d}_A$ 和 $\boldsymbol{d}_B$ 为空间摄动力;m_A 和 m_B 为卫星质量,简便起见,两颗卫星质量可视为相同,以 m 表示。

令 $\boldsymbol{U}_A=\boldsymbol{a}_A+\boldsymbol{d}_A$, $\boldsymbol{U}_B=\boldsymbol{a}_B+\boldsymbol{d}_B$, $\Delta\boldsymbol{U}=\boldsymbol{U}_A-\boldsymbol{U}_B$, $\boldsymbol{\rho}=\boldsymbol{r}_A-\boldsymbol{r}_B$,易有

$$\ddot{\boldsymbol{\rho}} = \ddot{\boldsymbol{r}}_A - \ddot{\boldsymbol{r}}_B = \frac{-\mu}{r_A^3}\boldsymbol{r}_A + \frac{\mu}{r_B^3}\boldsymbol{r}_B + \frac{\Delta \boldsymbol{U}}{m} \tag{2-87}$$

考虑相对运动时,卫星间距通常远小于卫星到地球的距离,即 $x^2+y^2+z^2 \ll r^2$。将式(2-87)代入式(2-51),忽略高阶小量,可得编队的相对运动学方程,即[同式(2-79)]

$$\begin{cases} \ddot{x} = 2n\dot{y} + \dot{n}y + 3n^2 x + \dfrac{\Delta U_x}{m} \\ \ddot{y} = -2n\dot{x} - \dot{n}x + \dfrac{\Delta U_y}{m} \\ \ddot{z} = -n^2 z + \dfrac{\Delta U_z}{m} \end{cases} \tag{2-88}$$

式中,ΔU_x、ΔU_y和 ΔU_z为 $\Delta \boldsymbol{U}$ 在轨道坐标系各轴上的分量。

令 $\boldsymbol{v} = [\dot{x},\ \dot{y},\ \dot{z}]^{\mathrm{T}}$, 式(2-88)可记作

$$\begin{cases} \dot{\boldsymbol{\rho}} = \boldsymbol{v} \\ \dot{\boldsymbol{v}} = \boldsymbol{H}\boldsymbol{v} + \boldsymbol{D}\boldsymbol{\rho} + \boldsymbol{N} + \Delta \boldsymbol{U}/m \end{cases} \tag{2-89}$$

式中,系数矩阵分别为

$$\boldsymbol{H} = \begin{bmatrix} 0 & 2n & 0 \\ -2n & 0 & 0 \\ 0 & 0 & 0 \end{bmatrix},\quad \boldsymbol{D} = -\frac{\mu}{r^3}\boldsymbol{I}_3 + \begin{bmatrix} n^2 & \dot{n} & 0 \\ -\dot{n} & n^2 & 0 \\ 0 & 0 & 0 \end{bmatrix},\quad \boldsymbol{N} = \mu\left[\frac{1}{a^2} - \frac{a}{r^3},\ 0,\ 0\right]^{\mathrm{T}}$$

定义系统状态为 $\boldsymbol{q}(t) = [x,\ y,\ z,\ \dot{x},\ \dot{y},\ \dot{z}]^{\mathrm{T}}$, 则非线性动力学模型式(2-88)可改写为以下状态空间模型:

$$\begin{cases} \dot{\boldsymbol{q}}(t) = \boldsymbol{A}\boldsymbol{q}(t) + \boldsymbol{G}(\boldsymbol{q},\ t) + \boldsymbol{B}\Delta \boldsymbol{U} \\ y(t) = \boldsymbol{C}\boldsymbol{q}(t) \end{cases} \tag{2-90}$$

式中,系数矩阵 $\boldsymbol{C}$ 为 6 阶单位阵;$\boldsymbol{A}$、$\boldsymbol{G}$ 和 $\boldsymbol{B}$ 分别为

$$\boldsymbol{A} = \begin{bmatrix} 0 & 0 & 0 & 1 & 0 & 0 \\ 0 & 0 & 0 & 0 & 1 & 0 \\ 0 & 0 & 0 & 0 & 0 & 1 \\ 3n^2 & 0 & 0 & 0 & 2n & 0 \\ 0 & 0 & 0 & -2n & 0 & 0 \\ 0 & 0 & -n^2 & 0 & 0 & 0 \end{bmatrix},\quad \boldsymbol{G} = \frac{\mu}{r^2}\left(\begin{bmatrix} 0 \\ 0 \\ 0 \\ 1 \\ 0 \\ 0 \end{bmatrix} - \begin{bmatrix} 0 \\ 0 \\ 0 \\ 1 + x/r \\ y \\ z \end{bmatrix}\right),\quad \boldsymbol{B} = \frac{1}{m}\begin{bmatrix} \boldsymbol{0}_3 \\ \boldsymbol{I}_3 \end{bmatrix}$$

式(2－88)是描述卫星编队相对运动的一般动力学方程,其保留了非线性项,模型精度较高,可应用于任意椭圆轨道的卫星编队飞行系统。

当 B 星轨道为圆轨道时,式(2－88)可进一步简化得到 C－W 方程,即

$$\begin{cases}\ddot{x}=2n\dot{y}+3n^2x+\dfrac{\Delta U_x}{m}\\ \ddot{y}=-2n\dot{x}+\dfrac{\Delta U_y}{m}\\ \ddot{z}=-n^2z+\dfrac{\Delta U_z}{m}\end{cases} \tag{2-91}$$

线性 C－W 方程对应的状态空间表达式可表述为

$$\begin{cases}\dot{\boldsymbol{q}}=\boldsymbol{A}\boldsymbol{q}+\boldsymbol{B}\Delta\boldsymbol{U}\\ \boldsymbol{y}=\boldsymbol{C}\boldsymbol{q}\end{cases} \tag{2-92}$$

2.6 博弈论基础

本节主要介绍航天器在轨博弈所依据的博弈论相关概念与原理方法,包括博弈问题的基本要素、基本模型及博弈解的基本形式,并对常见的用于描述航天器轨道机动的微分博弈模型与相关方法原理进行阐述。

2.6.1 博弈问题的基本描述

随着微分对策技术的快速发展,博弈论相关方法在航天领域得到了较深入的研究;近些年逐步成熟的人工智能技术进一步促进了智能博弈方法在航天器轨道博弈领域的应用。

针对具体的航天器轨道机动任务,首先需判断其是否可进行博弈求解;其次需明确合适的博弈问题求解方法;再次是基于博弈求解方法探索相应的控制策略。因此,本章首先介绍博弈问题的基本概念,总结博弈问题相关策略解的定义;之后介绍针对博弈问题的三种建模方法,即古典博弈、微分博弈和智能博弈;最后总结广泛应用于制导控制领域的微分博弈,具体给出微分对策的两种基本形式,以及微分对策均衡解的求解条件。

2.6.1.1 博弈问题的基本要素

博弈论在数学领域不仅仅是一种问题建模与策略求解的理论方法,它首先包含了对问题要素和博弈过程的规范化描述。博弈的过程一般指多个参与者依据问

题的约束条件,通过分析自身与其余参与者的可选决策,计算出这些策略组合对自身和他人产生的影响或收益,最终作出最为理性的策略选择。一个基本的博弈问题由参与者、策略集及收益(支付)函数确定,这些也被称为博弈问题三要素,其基本定义如下(董航宁,2022)。

1. 参与者

参与者也被称为局中人(Player),是博弈问题的决策方(包含个体参与者和团体组织参与者)。如果一个博弈问题有 $N_p(N_p \geqslant 2)$ 个参与者,则所有参与者通过集合可表示为

$$Player = \{p_i \mid i = 1, \cdots, N_p\} \tag{2-93}$$

其中,p_i指第 i 个博弈参与者。在描述博弈问题时,如无特别说明,一般假设所有博弈参与者都是理性的,即每个参与者均以当前约束下自身利益最大化(或付出最小化)为决策目标。

2. 策略集

博弈过程中,参与者在约束条件下可选择的一个决策动作称为策略。每个博弈参与者都有一组可选择的策略,称为策略集,通过集合可表示为

$$\boldsymbol{S}_i = \{s_{ij} \mid j = 1, \cdots, m_i\}, \ i = 1, \cdots, N_p \tag{2-94}$$

式中,$\boldsymbol{S}_i$为第 i 个参与者的策略集;s_{ij}表示第 i 个参与者的第 j 个策略;m_i为第 i 个参与者的可选策略总数。不失一般性地,在控制系统中,通常以 n 维的控制向量来表示博弈策略,即 $s_{ij} = \boldsymbol{u}_{ij} = [u_{ij1}, \cdots, u_{ijn}]^{\mathrm{T}}$表示控制系统中第 i 个博弈参与者策略集中的第 j 个容许控制策略,而 $\boldsymbol{S}_i = U_i = \{\boldsymbol{u}_{ij} | j = 1, \cdots, m_i\}$ 则表示第 i 个博弈参与者的策略集。

3. 收益(支付)函数

收益(支付)函数又称为性能指标函数,是用于评价参与者所选策略性能优劣的客观指标。在博弈过程中,每个参与者都企图最大化(最小化)自己的性能指标函数;其性能指标函数的结果不仅取决于自身的策略,还与其他博弈参与者的策略相关,同时还会受环境与时间等因素的影响。参与者 i 所选取策略旨在最大化自身的性能指标函数,即有

$$J = \max_{\hat{s}_i} J_i(\hat{s}_i, \hat{s}_{-i}) \tag{2-95}$$

式中,J_i为第 i 个参与者的性能指标函数;$\hat{s}_i \in \boldsymbol{S}_i$ 为其在策略集中选择的当前策略;$\hat{s}_{-i} = \{\hat{s}_1, \cdots, \hat{s}_{i-1}, \hat{s}_{i+1}, \cdots, \hat{s}_{N_p}\}$ 为其余参与者选择的策略。

综合博弈三要素,一个博弈问题可描述为

$$Game = \{N_p; \boldsymbol{S}_1, \cdots, \boldsymbol{S}_{N_p}; J_1, \cdots, J_{N_p}\} \tag{2-96}$$

博弈问题的描述方法与体系相关,故复杂问题的描述并不唯一;状态空间、决策顺序及决策关系等也可用于描述博弈问题。

1. 状态空间(李振瑜,2019)

每个博弈参与者的状态都可以用 l 维的状态矢量 $\boldsymbol{x}_i=[x_{i1},\ \cdots,\ x_{il}]^{\mathrm{T}}$表示,其所有可能的状态矢量构成了状态空间 $X_i=\{x\,|\,x_l\subseteq\mathbb{R}^l\}$。

2. 决策顺序(Basar, 1999)

博弈问题根据决策顺序的不同可描述为静态博弈问题和动态博弈问题。静态博弈问题中,每个博弈参与者的决策优先级相同,即其同时作出决策;动态博弈问题中,博弈参与者具有不同的决策优先级,不同的博弈参与者先后做出决策(如棋类比赛),因此每个博弈者面对的系统状态也有所不同。

3. 决策关系(Fudenbery, 1991)

因博弈参与者间通常存在着利益一致或利益冲突的问题,故博弈系统也就体现在了合作或者非合作的博弈关系。进一步,当多个博弈参与者因利益一致而建立起主动合作关系,共享自身的决策结果、性能指标函数及对应的状态空间等时,其可视为博弈参与者联盟,此时可将整个联盟视为博弈的一方,联盟的整体博弈收益不低于联盟成员独自博弈的收益之和。

2.6.1.2 博弈问题的基本模型

根据问题的不同描述形式以及研究者对问题结果的不同需求,博弈问题通常可构建为古典博弈、微分博弈及智能博弈等。这些博弈模型和方法均可用于解决航天领域中的轨道博弈问题,但其各擅所长并各有优缺点。在求解博弈问题时,均需先明确问题的特征,确定合适的博弈问题模型。

1. 古典博弈

古典博弈又称策略博弈,描述了多个参与者在给定策略集合下进行决策,并根据共同决策结果获得相应收益或效用的过程。策略博弈中的策略集合通常是有限的,参与者只能从一组既定的策略空间中选择策略方案,而博弈的结果由每个参与者选择的策略组合决定。特别地,当参与者策略组合的维度空间为二维时,可使用一个矩阵来表示博弈的收益或效用,故这种情况下的策略博弈又被称为矩阵博弈,该矩阵又被称为支付矩阵(payoff matrix)。在支付矩阵中,每个参与者的策略都对应着矩阵的行和列,矩阵各元素表示对应策略组合下各参与者的收益或效用。分析博弈的支付矩阵,可以确定出纳什均衡点,即在给定其他参与者的策略时,没有任何参与者可以通过改变自己的策略来获得更高的收益或效用。

囚徒困境(Prisoner's Dilemma)问题模型即为典型的矩阵博弈模型(Axelrod, 1981)。囚徒困境问题中,博弈双方所有可能的收益可用如表 2-1 所示的矩阵进行描述,矩阵中的每个元素表示双方执行对应策略组合后的收益值。

表 2-1　囚 徒 困 境

可选择策略		囚徒 B	
		与 A 合作	与 A 决裂
囚徒 A	与 B 合作	A 与 B 均服刑半年	A 服刑 5 年,B 无罪
	与 B 决裂	A 无罪,B 服刑 5 年	A 与 B 均服刑 2 年

在表 2-1 中,矩阵的行表示囚徒 B 的策略集合,列表示囚徒 A 的策略集合,行和列的矩阵节点代表了双方选择策略后的博弈结果。显见两个博弈参与者同时采取合作可使双方都有所受益;但从纯理性角度看,囚徒困境中不论对方作出什么决定,最为利己的策略均是与对方决裂。因此,根据表 2-1 矩阵,最终结果往往是两名囚犯均选择背叛对方,从而双方得到了理性但却不好的结果,即个人的利己行为可能会导致团队利益的受损。

2. 微分博弈(Friedman, 2013)

微分博弈又称为微分对策(differential game),其主要研究可用线性连续系统描述的两选手或者多选手的博弈问题。每个参与者的收益函数可用策略变量的函数表示,而随时间连续变化的策略变量则用微分方程进行描述。其中,每个参与者策略变量的演化方式受到其他参与者的策略影响,并最终形成一个动态的博弈过程。基于此,微分博弈中的每个参与者均在动态环境中选择最优控制策略,并同时考虑其他参与者的控制策略对系统微分方程的作用效果,以此达到自己的控制目标。

以 N_p 个参与者的微分博弈为例,博弈系统的微分方程可以描述为

$$\dot{\boldsymbol{x}} = f(\boldsymbol{x}, \boldsymbol{u}_1, \cdots, \boldsymbol{u}_{N_p}, t) \tag{2-97}$$

当在平等的信息条件下,每个参与者的博弈目的均为最小化自己的性能指标,且第 i 个参与者性能指标函数描述为 $J_i(\boldsymbol{x}, \boldsymbol{u}_1, \cdots, \boldsymbol{u}_i, \cdots, \boldsymbol{u}_{Np})$。

显然,微分博弈可以描述为:寻找策略组合($\boldsymbol{u}_1^*, \cdots, \boldsymbol{u}_{Np}^*$),使之满足:

$$\boldsymbol{u}_i^* = \arg\min_{u_i} J_i(\boldsymbol{x}, \boldsymbol{u}_i, \boldsymbol{u}_{-i}^*) \tag{2-98}$$

式中,$\boldsymbol{u}_{-i}^* = \{\boldsymbol{u}_1^*, \cdots, \boldsymbol{u}_{i-1}^*, \boldsymbol{u}_{i+1}^*, \cdots, \boldsymbol{u}_{Np}^*\}$ 表示除第 i 个参与者之外的其余所有参与者的博弈解策略。

不同问题所对应的微分博弈模型,其解的存在性、唯一性及稳定性等性质通常是相关研究的重点。微分博弈问题并非均有解;在其有解时通常存在唯一解,这意味着在给定条件下只有一个确定的多边最优策略。微分博弈问题解的稳定性从数学角度描述了扰动环境下策略的行为对系统演化的影响。

微分对策是一种动态博弈理论方法,在经济学、管理学、控制科学等领域有着广泛的应用,其也是最早用于解决航天器轨道博弈的模型方法。微分博弈问题的构建有助于更好地理解多方决策者之间的相互作用,从而得出多边最优决策方案,以优化自身目标。

3. 智能博弈(Shoham, 2008)

智能博弈是一种基于人工智能和博弈论的交叉学科,包括智能算法、博弈论和逻辑基础,旨在通过计算机模拟和研究人类决策行为。它结合了人工智能的技术和博弈论的理论,通过算法和策略的设计,使智能代理程序能够在复杂、不确定的环境中进行决策,并寻求达到多边优化问题中的利己结果。智能博弈涉及多个参与者之间的交互行为,每个智能的参与者均根据获知信息和博弈规则选择行动策略,最大可能地实现自身目标。

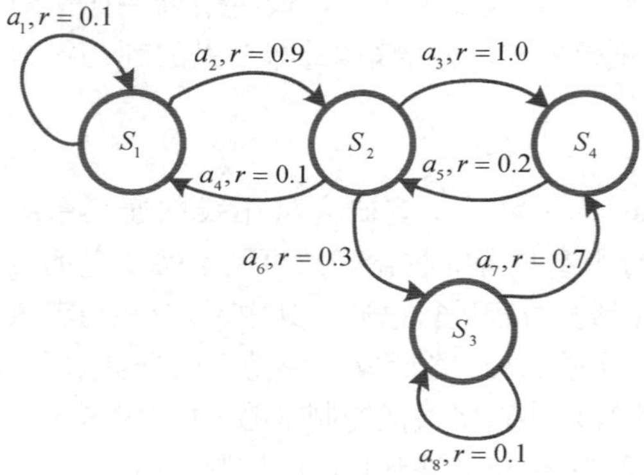

图 2-9 马尔可夫决策过程

深度强化学习(deep reinforcement learning, DRL)是最主要的智能博弈方法,其研究包括博弈模型的建立、算法的设计和优化、策略的分析和评估等方面。对于深度强化学习,通常将问题构建成为一个马尔可夫决策过程(Markov decision process, MDP),并表示为一组状态、动作策略和奖励之间的转换关系,如图 2-9 所示。

在图 2-9 中,$a_{(.)}$ 表示选择的动作策略,$S_{(.)}$ 表示状态,而在指定状态下选择动作策略则对应有奖励值 r。结合马尔可夫决策过程的定义简单总结来说,决策者通过选择动作序列 $\{a_1, a_2, \cdots, a_{\text{end}}\}$ 来最大化累积奖励值。这种求解最优策略的问题在 MDP 中通常使用价值函数来表示状态或状态-动作对的价值,而基于这些价值函数,可使用深度强化学习等算法来生成最优策略。深度强化学习的目的是针对马尔可夫决策过程,训练生成一个最优决策函数或决策神经网络,如深度 Q -网络(deep Q-network, DQN)、深度确定性策略梯度(deep deterministic policy gradient, DDPG)及分布式分布深度确定性策略梯度(distributed distributional deep deterministic policy gradient, D4PG)等算法已经得到相当成熟的应用。贝尔曼算子(Bellman operator)可用于对策略进行评估,其可为价值神经网络的迭代更新提供数据依据。

总结来说,智能博弈结合了人工智能和博弈论的优点和方法:人工智能技术提供了智能代理程序的实现方式,使得代理程序能够根据自身的经验和信息进行学习和优化;博弈论提供了决策分析和策略评估的理论基础,使得代理程序能够理解参与者之间的利益冲突和相互影响。

2.6.1.3 博弈问题解的定义

单边优化问题通常可以求得全局最优解或局部次优解,但博弈问题本质上是双边或多边优化问题,很难给出每个参与者绝对意义上的最优解。针对不同博弈问题的求解需求,本节梳理几种博弈解的相关概念并给出数学化的描述,包括纳什均衡、ε-纳什均衡、斯塔克尔伯格均衡及帕累托最优。

1. 纳什均衡

在具有 N_p 个参与者的博弈控制问题中,每个参与者都在最小化自身的性能指标;此时若存在一种策略组合($\boldsymbol{u}_1^*, \cdots, \boldsymbol{u}_{N_p}^*$)($\boldsymbol{u}_i^*$ 及下文的 $\boldsymbol{u}_i$ 均为第 i 个参与者策略集中的一个容许控制策略),使得第 i 个参与者满足:

$$J_i(\boldsymbol{u}_1^*, \cdots, \boldsymbol{u}_{i-1}^*, \boldsymbol{u}_i^*, \boldsymbol{u}_{i+1}^*, \cdots, \boldsymbol{u}_{N_p}^*) \leqslant J_i(\boldsymbol{u}_1^*, \cdots, \boldsymbol{u}_{i-1}^*, \boldsymbol{u}_i, \boldsymbol{u}_{i+1}^*, \cdots, \boldsymbol{u}_{N_p}^*) \tag{2-99}$$

则策略组合($\boldsymbol{u}_1^*, \cdots, \boldsymbol{u}_{N_p}^*$)即为纳什均衡策略,纳什均衡策略广泛应用于非合作博弈场景。各参与者均采用纳什均衡策略组合中的策略时,博弈系统将构成纳什均衡。在纳什均衡中,任何参与者均不可能通过单方面偏离其纳什均衡策略来优化其性能指标值;即对于第 i 个参与者,如果其余参与者均采用了各自对应的纳什均衡策略,则控制策略 $\boldsymbol{u}_i^*$ 为其当下的最优策略。需要注意的是,对于一些博弈问题,可能并不存在纳什均衡或者多个纳什均衡,因此纳什均衡的存在性和唯一性也是该领域研究的关键问题。

特别地,当博弈问题可以构建成两选手零和博弈时,即 $i=1, 2$ 且有 $J=J_1=-J_2$,则式(2-99)可重新描述为

$$J(\boldsymbol{u}_1^*, \boldsymbol{u}_2) \leqslant J(\boldsymbol{u}_1^*, \boldsymbol{u}_2^*) \leqslant J(\boldsymbol{u}_1, \boldsymbol{u}_2^*) \tag{2-100}$$

假设第1个参与者企图最小化性能指标而第2个参与者企图最大化性能指标,针对这种情况,策略组合($\boldsymbol{u}_1, \boldsymbol{u}_2$)与性能指标函数 $J(\boldsymbol{u}_1, \boldsymbol{u}_2)$ 构成了空间中的三维泛函曲面(马鞍面),而纳什均衡策略($\boldsymbol{u}_1^*, \boldsymbol{u}_2^*$)则是该泛函曲面上的一个鞍点(saddle point)。泛函曲面的鞍点为双边的极值点,因此两选手零和博弈控制问题也称作双边最优控制问题,其鞍点解可表述为

$$(\boldsymbol{u}_1^*, \boldsymbol{u}_2^*) = \arg\min_{\boldsymbol{u}_1} \arg\max_{\boldsymbol{u}_2} J(\boldsymbol{u}_1, \boldsymbol{u}_2) = \arg\max_{\boldsymbol{u}_2} \arg\min_{\boldsymbol{u}_1} J(\boldsymbol{u}_1, \boldsymbol{u}_2) \tag{2-101}$$

式中对应的极大极小值不限制求解顺序。

2. ε-纳什均衡

一些复杂问题模型虽可证明其存在纳什均衡解,但精确求解却很困难。ε-纳

什均衡是一种近似纳什均衡,其采用参数 ε 描述近似解与纳什均衡的近似程度,并将纳什均衡的不等式放宽 ε 数值。因此,一些复杂问题可考虑将纳什均衡的求解转换为 ε-纳什均衡的求解。假定在具有 N_p 个参与者的博弈控制问题中,每个博弈参与者都旨在最小化自身的性能指标,此时若存在不等式对任意 $i \in \{1, \cdots, N_p\}$ 成立:

$$J_i(\boldsymbol{u}_1^{\varepsilon}, \cdots, \boldsymbol{u}_{i-1}^{\varepsilon}, \boldsymbol{u}_i^{\varepsilon}, \boldsymbol{u}_{i+1}^{\varepsilon}, \cdots, \boldsymbol{u}_{N_p}^{\varepsilon}) \leqslant J_i(\boldsymbol{u}_1^{\varepsilon}, \cdots, \boldsymbol{u}_{i-1}^{\varepsilon}, \boldsymbol{u}_i, \boldsymbol{u}_{i+1}^{\varepsilon}, \cdots, \boldsymbol{u}_{N_p}^{\varepsilon}) + \varepsilon \tag{2-102}$$

则策略组合$(\boldsymbol{u}_1^{\varepsilon}, \boldsymbol{u}_2^{\varepsilon}, \cdots, \boldsymbol{u}_{N_p}^{\varepsilon})$称为 ε-纳什均衡策略(标量参数 $\varepsilon \geqslant 0$)。当 $\varepsilon = 0$ 时,ε-纳什均衡等价于纳什均衡,即$(\boldsymbol{u}_1^{\varepsilon}, \boldsymbol{u}_2^{\varepsilon}, \cdots, \boldsymbol{u}_{N_p}^{\varepsilon}) = (\boldsymbol{u}_1^{*}, \boldsymbol{u}_2^{*}, \cdots, \boldsymbol{u}_{N_p}^{*})$,因此,$\varepsilon$ 的取值可衡量 ε-纳什均衡策略与纳什均衡策略的近似程度。

3. 斯塔克尔伯格均衡

实际中,一些复杂问题的博弈参与者并不具有平等的信息结构,此时纳什均衡策略不适用于这种信息不对称下的博弈问题。针对该类博弈问题,引入一种领导者-追随者(leader-follower)形式的博弈均衡解,即斯塔克尔伯格均衡策略。在斯塔克尔伯格博弈中,领导者具有较大的影响力和决策权,而追随者则相对被动,需要根据领导者的行动做出反应;领导者可在追随者之前制定策略,追随者的策略选择将受领导者已定策略的影响。

假定博弈问题中有 1 个领导者(通过下标 l 描述)及 N_p 个追随者(通过下标 i 描述,$i = 1, \cdots, N_p$),且所有的博弈参与者均企图最小化自身的性能指标函数;对于领导者的任意一个容许控制 $\boldsymbol{u}_l$,任一追随者 i 的容许控制集中均存在与领导者控制策略 $\boldsymbol{u}_l$ 相对应的策略映射关系 $F_i(\boldsymbol{u}_l)$,且满足不等式(Li et al., 2022):

$$\begin{aligned} &J_i(\boldsymbol{u}_l, F_1(\boldsymbol{u}_l), \cdots, F_{i-1}(\boldsymbol{u}_l), F_i(\boldsymbol{u}_l), F_{i+1}(\boldsymbol{u}_l), \cdots, F_{N_p}(\boldsymbol{u}_l)) \\ &\leqslant J_i(\boldsymbol{u}_l, F_1(\boldsymbol{u}_l), \cdots, F_{i-1}(\boldsymbol{u}_l), \boldsymbol{u}_i, F_{i+1}(\boldsymbol{u}_l), \cdots, F_{N_p}(\boldsymbol{u}_l)) \end{aligned} \tag{2-103}$$

同时,对于领导者,存在容许控制集中的控制策略 $\hat{\boldsymbol{u}}_l$ 满足不等式:

$$J_l(\hat{\boldsymbol{u}}_l, F_1(\hat{\boldsymbol{u}}_l), \cdots, F_{N_p}(\hat{\boldsymbol{u}}_l)) \leqslant J_l(\boldsymbol{u}_l, F_1(\boldsymbol{u}_l), \cdots, F_{N_p}(\boldsymbol{u}_l)) \tag{2-104}$$

则策略组合$(\hat{\boldsymbol{u}}_l, \hat{\boldsymbol{u}}_1, \cdots, \hat{\boldsymbol{u}}_{N_p})$构成了该博弈问题的斯塔克尔伯格均衡策略,其中 $\hat{\boldsymbol{u}}_i = F_i(\hat{\boldsymbol{u}}_l)$。图 2-10 展示了斯塔克尔伯格博弈中领导者和跟随者的信息结构及均衡策略的逻辑关系(李曼,2023)。

由图 2-10 可知,领导者可以先于追随者制定策略,而追随者只能在领导者制定策略后再进行决策,该先后顺序赋予了领导者操纵效应和优势地位。

4. 帕累托最优

帕累托最优(Pareto optimality)也称为帕累托效率(Pareto efficiency),是合作博

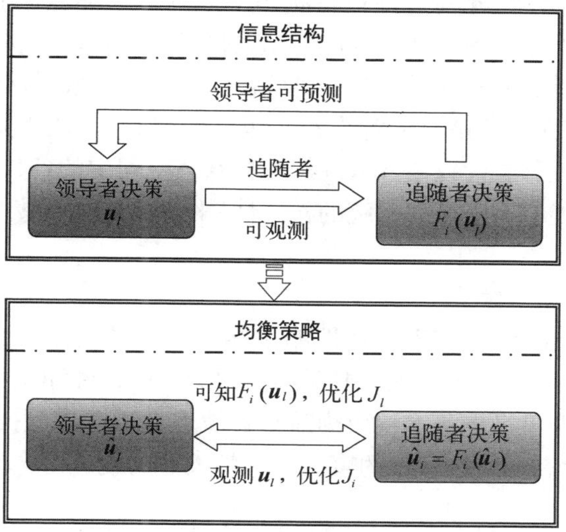

图 2－10　斯塔克尔伯格博弈中的信息结构及均衡策略关系

弈中的一种理想均衡状态：在其他博弈参与者收益不会变得更差的前提下，不存在任何策略使得至少一个参与者的收益变得更好，这就是帕累托改进或帕累托最优化。

假定在具有 N_p 个参与者的博弈控制问题中，它们组成联盟旨在最小化系统的性能指标，此时若不可能存在任意策略组合（$\boldsymbol{u}_1$，…，$\boldsymbol{u}_{N_p}$），使得策略组合（$\tilde{\boldsymbol{u}}_1$，…，$\tilde{\boldsymbol{u}}_{N_p}$）存在不等式关系：

$$J(\tilde{\boldsymbol{u}}_1,\ \cdots,\ \tilde{\boldsymbol{u}}_{N_p}) < J(\boldsymbol{u}_1,\ \cdots,\ \boldsymbol{u}_{N_p}) \tag{2-105}$$

则策略组合（$\tilde{\boldsymbol{u}}_1$，…，$\tilde{\boldsymbol{u}}_{N_p}$）即为帕累托最优策略。

2.6.2　轨道微分博弈问题的基本形式

针对航天器轨道博弈问题，微分对策模型可以概括为定性微分对策（game of kind）和定量微分对策（game of degree）。

2.6.2.1　定性微分对策

若博弈参与者只关注博弈任务能否完成，没有明确数学形式的性能指标，则对应的微分博弈称为定性微分对策。在定性微分对策中，关注的焦点并非博弈的最优策略或博弈状态的演变过程，而是能够引起博弈策略或博弈结果发生重大变化的空间流形，这些空间流形通常称为界栅（或奇异面）。界栅将博弈系统的状态空间划分为多个相互独立的空间区域，分析和确定这些界栅可以求取在不同空间区域内博弈参与者应采取的策略，或者判断某种博弈结果能否实现（廖天，2022）。在航天器轨道追逃博弈中，界栅定性地将状态空间划分为捕获区和逃逸区：在捕获区内，针对逃逸航天器采用的任何容许控制策略，追踪航天器一定存在能够完成捕获任务的容许控制策略；而在逃逸区内，不论追踪航天器采用何种容许控制策略，逃逸航天器一定存在成功逃脱的容许控制策略。因此，定性微分对策的核心任务就是对界栅进行解析构造，以便深入理解博弈状态空间中的各种可能性；通过对界栅的分析和绘制，能够揭示博弈系统的稳定性、平衡点及策略转变的临界条件等重要信息。

2.6.2.2 定量微分对策

在定量微分对策中，参与者通过性能指标函数定量地评估博弈策略对自己的影响。航天器轨道微分博弈首先需要明确问题的约束条件和博弈形式。

首先，轨道博弈遵循的基本约束为航天器轨道动力学模型[式(2－57)]，其决定了航天器过程状态和终端状态约束。N_p个航天器的轨道博弈问题可描述为

$$\dot{\boldsymbol{x}}_i = f_i(\boldsymbol{x}_i,\ \boldsymbol{u}_i,\ t),\ \boldsymbol{x}_i(t_0) = \boldsymbol{x}_{i0} \tag{2-106}$$

式中，t_0指博弈的初始时间；$\boldsymbol{x}_{i0}$为航天器 $i(i = 1,\ \cdots,\ N_p)$的始端状态约束，通常由航天器状态观测或状态预测定义。根据航天器具体任务，相关约束还可能包括某些敏感运动状态约束(即飞行禁区和速度禁区)、控制量约束(即饱和控制加速度)等，此处不细述。

轨道博弈问题难以对航天器的任务响应时间做统一要求。轨道交会等合作博弈问题通常会设定博弈完成时间，追逃、围捕等非合作博弈问题则难以指定任务时间。根据时间是否给定，基于微分对策的航天器轨道博弈可分为以下三种类型(祝海，2020)。

1. 固定逗留期微分对策

若航天器轨道博弈任务须在$[t_0,\ t_f]$区间内完成，则该任务为固定逗留期微分对策问题。对于N_p个航天器的轨道博弈问题，每个航天器在自己的容许控制集内寻求控制策略$\boldsymbol{u}_i(t)$来最小化或最大化自身的性能指标函数J_i(不失一般性，可采用 Bolza 型指标函数)(Bryson，1996)：

$$\begin{aligned} J_i = {} & \varphi_i(\boldsymbol{x}_1(t_f),\cdots,\ \boldsymbol{x}_{N_p}(t_f),\ t_f) \\ & + \int_{t_0}^{t_f} L_i(\boldsymbol{x}_1(t),\cdots,\ \boldsymbol{x}_{N_p}(t),\ \boldsymbol{u}_1(t),\cdots,\ \boldsymbol{u}_{N_p}(t),\ t)\,\mathrm{d}t \end{aligned} \tag{2-107}$$

其中，$\varphi_i(\cdot)$为第 i 个航天器的末值型性能指标函数；$L_i(\cdot)$为积分型性能指标函数。

2. 无限时域微分对策

若航天器轨道博弈任务无法指定任务时间，即任务时间区间为$[t_0,\ +\infty)$，则

该问题为无限时域微分对策问题。此时，对于 N_p 个航天器的轨道博弈问题，各航天器企图优化的性能指标函数可表示为

$$J_i = \int_{t_0}^{+\infty} \hat{L}_i(\boldsymbol{x}_1(t), \cdots, \boldsymbol{x}_{N_p}(t), \boldsymbol{u}_1(t), \cdots, \boldsymbol{u}_{N_p}(t), t)\,\mathrm{d}t \tag{2-108}$$

式中，$\hat{L}_i(\cdot)$ 为积分型性能指标函数。无限时域微分对策常用于分析航天器进行长时间追逃任务时的博弈状态演化规律。

3. 生存型微分对策

若航天器轨道博弈的响应时间为优化变量，且任务能否结束取决于是否满足目标集（或终端集），则称为生存型微分对策问题，博弈的目标集（或终端集）可以描述为

$$\begin{cases} \Lambda = \{(\boldsymbol{x}_1, \cdots, \boldsymbol{x}_{N_p}) \mid \psi(t_f, \boldsymbol{x}_1(t_f), \cdots, \boldsymbol{x}_{N_p}(t_f)) \leqslant \boldsymbol{\delta}\} \\ t_f = \min\{t \in R^+ \mid (t, \boldsymbol{x}_1, \cdots, \boldsymbol{x}_{N_p}) \in \Lambda\} \end{cases} \tag{2-109}$$

式中，$\psi(\cdot)$ 是任务约束；$\boldsymbol{\delta}$ 是与约束维度相匹配的常数矢量。上式还表明，状态量在第一次达到终端目标集时，博弈进程结束。

特别地，在两航天器追逃博弈场景中，假设追踪航天器 P 和逃逸航天器 E 都具备充足的推进能量，则双方的性能指标可以描述为

$$\begin{cases} J_P = t_f \\ J_E = -t_f \end{cases} \tag{2-110}$$

即追踪航天器希望博弈尽快结束（最小化捕获时间），逃逸航天器则恰恰相反。在式（2-110）所描述的航天器追逃微分博弈问题中，两航天器均采用最大控制加速度，此时控制策略映射为推力方向角。

2.6.2.3　轨道微分博弈均衡策略求解基础

求解航天器轨道微分博弈问题需遵循博弈问题解的定义，其解对应的通常为均衡策略，故航天器轨道微分博弈求解方法本质上仍为多边优化的极大-极小值原理。前文已描述过航天器轨道相对动力学方程及性能指标函数形式，本节将进一步介绍求解均衡策略的充要条件和必要条件。

1. 纳什均衡的充要性条件

微分对策中，一种求解纳什均衡策略的方法是利用动态规划原理构造哈密顿-雅可比-贝尔曼（Hamilton-Jacobi-Bellman，HJB）方程。假设航天器均企图最小化自己的性能指标，其最优值函数 V_i 可描述为

$$V_i = \min_{\boldsymbol{u}_i} \begin{Bmatrix} \int_t^{t_f} L_i(\boldsymbol{x}_1(\tau), \cdots, \boldsymbol{x}_{N_p}(\tau), \boldsymbol{u}_1(\tau), \cdots, \boldsymbol{u}_{N_p}(\tau), \tau)\,\mathrm{d}\tau \\ + \varphi_i(\boldsymbol{x}_1(t_f), \cdots, \boldsymbol{x}_{N_p}(t_f), t_f) \end{Bmatrix} \tag{2-111}$$

式中，$i=1, \cdots, N_p$。该式表示各航天器由 t 时刻决定的状态 $\boldsymbol{x}_i(t)$ 递推至博弈终端时刻 t_f 时，其最优状态轨迹对应的性能指标函数值。因此可得最优值函数在递推区间$[t, t+\Delta t]$满足：

$$V_i(\boldsymbol{x}_1, \cdots, \boldsymbol{x}_{N_p}, t) = \min_{\boldsymbol{u}_i}\left\{\begin{aligned}&\int_t^{t+\Delta t} L_i(\boldsymbol{x}_1(\tau), \cdots, \boldsymbol{x}_{N_p}(\tau), \boldsymbol{u}_1(\tau), \cdots, \boldsymbol{u}_{N_p}(\tau), \tau)\mathrm{d}\tau \\ &+ V_i(\boldsymbol{x}_1 + \Delta\boldsymbol{x}_1, \cdots, \boldsymbol{x}_{N_p} + \Delta\boldsymbol{x}_{N_p}, t + \Delta t)\end{aligned}\right\} \tag{2-112}$$

其终端约束满足：

$$V_i(\boldsymbol{x}_1(t_f), \cdots, \boldsymbol{x}_{N_p}(t_f), t_f) = \varphi_i(\boldsymbol{x}_1(t_f), \cdots, \boldsymbol{x}_{N_p}(t_f), t_f) \tag{2-113}$$

对最优值函数利用积分中值定理，并对 $V_i(\boldsymbol{x}_1+\Delta\boldsymbol{x}_1, \cdots, \boldsymbol{x}_{N_p}+\Delta\boldsymbol{x}_{N_p}, t+\Delta t)$ 进行一阶泰勒展开可得

$$-\frac{\partial V_i}{\partial t} = \min_{\boldsymbol{u}_i}\left\{\begin{aligned}&L_i(\boldsymbol{x}_1(t), \cdots, \boldsymbol{x}_{N_p}(t), \boldsymbol{u}_1(t), \cdots, \boldsymbol{u}_{N_p}(t), t) \\ &+ (\nabla_{x_i} V_i)^{\mathrm{T}} f_i(\boldsymbol{x}_i(t), \boldsymbol{u}_i(t), t)\end{aligned}\right\} \tag{2-114}$$

至此，均衡解的求解转换为了偏微分方程的求解。

2. 纳什均衡的必要性条件

极大-极小值原理是求解均衡策略的另一种重要方法。根据极值原理，航天器性能指标函数的极值求解可转换为哈密顿函数极值求解：

$$\begin{aligned}&H_i = L_i(\boldsymbol{x}_1(t), \cdots, \boldsymbol{x}_{N_p}(t), \boldsymbol{u}_1(t), \cdots, \boldsymbol{u}_{N_p}(t), t) + \boldsymbol{\lambda}_i^{\mathrm{T}} f_i(\boldsymbol{x}_i, \boldsymbol{u}_i, t) \\ &i = 1, \cdots, N_p\end{aligned} \tag{2-115}$$

式中，$\boldsymbol{\lambda}_i(\cdot)$为与 $\boldsymbol{x}_i$ 维度相适应的协态变量。

纳什均衡要求满足下面各式。

首先，协态方程应满足：

$$\dot{\boldsymbol{\lambda}}_i(t) = -\frac{\partial H_i}{\partial \boldsymbol{x}_i}, \quad i = 1, \cdots, N_p \tag{2-116}$$

其次，一阶导数和二阶导数应满足：

$$\left\{\begin{aligned}&\frac{\partial H_i}{\partial \boldsymbol{u}_i} = 0 \\ &\frac{\partial^2 H_i}{\partial \boldsymbol{u}_i^2} \geqslant 0\end{aligned}\right., \quad i = 1, \cdots, N_p \tag{2-117}$$

最后，横截条件应满足：

$$\boldsymbol{\lambda}_i(t_f)=\frac{\partial[\varphi_i(t_f)+\boldsymbol{\eta}^{\mathrm{T}}\psi]}{\partial \boldsymbol{x}_i},\ i=1,\ \cdots,\ N_p \tag{2-118}$$

其中，$\boldsymbol{\eta}$ 为拉格朗日乘子。

综上，结合基于动力学描述的状态方程与前述条件，轨道博弈问题将转换为两点边值问题，即

$$\begin{cases}\dot{\boldsymbol{x}}_i=f_i(\boldsymbol{x}_i,\ \boldsymbol{u}_i,\ t)\\ \boldsymbol{x}_i(t_0)=x_{i0}\\ \dot{\boldsymbol{\lambda}}_i(t)=-\dfrac{\partial H_i}{\partial \boldsymbol{x}_i}\\ \boldsymbol{\lambda}_i(t_f)=\partial[\varphi_i(t_f)+\boldsymbol{\eta}^{\mathrm{T}}\psi]/\partial \boldsymbol{x}_i\end{cases},\ i=1,\ \cdots,\ N_p \tag{2-119}$$

需要指出的是，对于时间自由的生存型微分对策问题，还需另外考虑包括不等式约束的哈密顿函数横截条件：

$$H_i(t_f)=\frac{\partial[\varphi_i(t_f)+\boldsymbol{\eta}^{\mathrm{T}}\psi]}{\partial t_f} \tag{2-120}$$

对于上式描述的不等式约束，通常采用内点法等数值方法处理，具体可参考最优控制理论，这里不再展开介绍。

2.7　小结

本章围绕微小卫星集群控制与轨道博弈任务，首先引入描述轨道运动的相关坐标系，推导了地球引力场模型，并基于二体运动模型介绍了描述轨道运动的参数，以及面积积分、拉普拉斯积分及能量积分等定律；之后介绍了描述轨道相对运动的轨道运动方程，并对该运动方程进行线性化，得到 C－W 方程及考虑地球扁率 J_2 项摄动项的相对运动方程；最后，介绍了博弈论基本原理及广泛应用的航天器轨道微分博弈方法，明确了构成博弈问题的基本要素，总结了常用的博弈问题模型与博弈解的定义。

第 3 章

微小卫星集群编队控制技术

3.1 引言

微小卫星集群编队要求各编队卫星对星间相对距离及方位进行精确控制与保持,这对于科学研究、协同作战、在轨服务等都有着十分重要的作用。本章将围绕微小卫星集群编队控制的主题,分别介绍用于科学研究的无拖曳精密编队控制和基于迭代学习算法的编队构型容错控制。

3.2 无拖曳编队控制

无拖曳(drag-free)卫星携带有静电悬浮质量块(proof-mass,检验质量),质量块不与星体接触;卫星敏感质量块与卫星间相对距离的变化,形成控制指令并反馈给执行机构,由微推力器实施轨道及姿态控制,进而实现星体对质量块的跟踪。相应的控制称为无拖曳控制。

空间引力波探测任务要求三颗探测卫星采用无拖曳控制方式保持远距离精密编队,重力场测量任务则要求两颗探测卫星采用无拖曳控制方式保持近距离精密编队。

3.2.1 无拖曳控制原理及分类

无拖曳控制过程中,所有非重力干扰只作用在卫星外壳上,卫星惯性传感器内部的质量块仅受重力作用,故惯性传感器等同于测量卫星所受外扰加速度的加速度计。无拖曳控制可消除卫星上非重力的干扰,实现航天器间的超精密编队,为空间引力波探测、重力场测量等项目提供基础保障。图 3-1 为基于无拖曳控制的星星跟踪系统示意图。

无拖曳控制用于抵消大气阻力等干扰因素对卫星运动的影响,其工作模式可分为位移模式(DM)和加速度计模式(AM)两种。

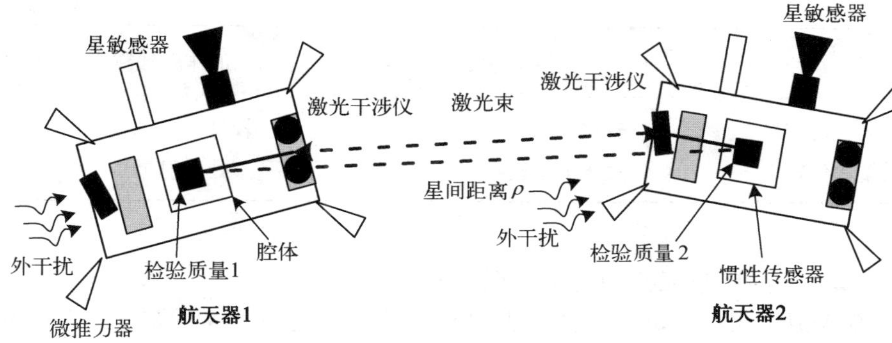

图 3-1　基于无拖曳控制的星星跟踪系统

位移模式为卫星跟踪检验质量：敏感器测量到质量块与星体间的相对位移并反馈给卫星控制系统，微推力用于抵消卫星所受的非保守力，使卫星跟踪质量块保持卫星-质量块间距不变。由于位移模式中检验质量不受控制作用，最大程度减小了其受到的扰动，因此能够提供更高的控制精度，但有限的惯性传感器空间限制了检验质量的运动范围，使得无拖曳控制带宽相对较窄，且对扰动的抑制能力较弱。位移模式无拖曳控制通常被应用于要求更低噪声水平的引力波探测、等效原理验证、测地线效应和参考系拖曳效应验证等基础物理实验任务中。

加速度计模式为检验质量追踪卫星：质量块与星体间距的变化反映为加速度计输出，根据该输出确定控制指令，并由推力器控制卫星，实现对外界干扰的抵消；此过程中，惯性传感器对质量块施加静电悬浮控制，使质量块相对于惯性传感器保持不变。该模式中检验质量作为加速度计使用，静电力的作用使得该模式具有较大的控制带宽，但伴随的噪声和刚度给检验质量引入了附加的扰动，因此加速度计模式一般应用于非保守力较大、卫星姿态变化较大的情况，如重力场测量任务等。

位移模式和加速度计模式的控制逻辑不同，二者的区别如表 3-1 所示。位移模式和加速度计模式使用相同的惯性传感器结构和推进系统，后者还可用作前者的先导模式。重力场测量卫星（如 GRACE、GOCE 等）均采用加速度计模式，将测得的非重力干扰直接输出给卫星。

表 3-1　无拖曳位移模式和加速度计模式的区别

特　点	位移模式	加速度计模式
跟踪方式	卫星跟踪质量块	质量块追踪卫星
精度	干扰小，精度较高	干扰大，精度较低
灵活度	灵活，运动不受限	不灵活，运动受限

续 表

特　点	位移模式	加速度计模式
工艺实现难易	较难	较易
质量块位置	处于卫星质心	不处于卫星质心

3.2.2 无拖曳航天器动力学模型

无拖曳卫星相对运动动力学方程是研究无拖曳卫星动力学的基础。无拖曳卫星动力学研究包括多个方面，如卫星本体与质量块之间的相对动力学、质量块及内部干扰动力学、卫星本体及外部干扰动力学等。

1964 年，B. Lange 在其博士学位论文中首次分析并建立了无拖曳卫星与球形质量块平动上的动力学方程。Canuto 指出 GOCE 卫星与质量块在动力学层面可以解耦（Canuto et al., 2002）；Bortoluzzi 等建立了 LTP（LISA PathFinder）卫星本体与多个立方体质量块的相对运动动力学方程（Bortoluzzi et al., 2003）；W. Fichter 指出位移模式下 LTP 卫星动力学模型包括无拖曳控制回路动力学和质量块悬浮控制回路动力学（Fichter et al., 2005）。

重力场测量主要用于测定重力场的扁率摄动项，此时式（2-45）所采用的二体运动模型已不再适用，须考虑完整的引力摄动模型。考虑摄动影响的重力势函数可表示为

$$V(r,\ z)=\frac{\mu}{r}\left[1-\frac{3}{2}J_2\left(\frac{R_e}{r}\right)^2\left(\frac{z^2}{r^2}-\frac{1}{3}\right)\right]+\delta V \tag{3-1}$$

式中，r 为卫星的地心距；z 为卫星在 J2000 参考系下的 Z 轴坐标；J_2 为地球扁率 J_2 项的系数并有 $J_2=1.083\times10^{-3}$；δV 为地球扁率 J_2 项以上的高阶摄动项及大气阻力、太阳光压、日月引力、潮汐力等摄动因素所组成的摄动项。重力势函数中摄动项对应的梯度包含在式（2-45）中的 $\boldsymbol{a}_C$ 之中。将地球扁率 J_2 摄动项引入式（2-74）中，可得重力场测量编队卫星状态方程形式的相对动力学方程，即

$$\begin{bmatrix}\Delta\dot{\boldsymbol{r}}\\ \Delta\dot{\boldsymbol{v}}\end{bmatrix}=\begin{bmatrix}\boldsymbol{\Xi} & \boldsymbol{I}\\ -\boldsymbol{\Omega}^2 & -\boldsymbol{\Xi}^{\mathrm{T}}\end{bmatrix}\begin{bmatrix}\Delta\boldsymbol{r}\\ \Delta\boldsymbol{v}\end{bmatrix}+\begin{bmatrix}\boldsymbol{0}\\ \boldsymbol{I}\end{bmatrix}(\Delta\boldsymbol{u}_f+\boldsymbol{d}_f(t)+\boldsymbol{g}(\theta)) \tag{3-2}$$

其中，$\Delta\boldsymbol{r}$ 和 $\Delta\boldsymbol{v}$ 分别为相对位置和相对速度；$\Delta\boldsymbol{u}_f$ 为编队控制指令，$\boldsymbol{u}_f$ 为作用到编队系统上的干扰；$\boldsymbol{g}(\theta)$ 为 J_2 项摄动周期性扰动项，另外，矩阵 $\boldsymbol{\Xi}$ 和 $\boldsymbol{\Omega}^2$ 分别为 $\boldsymbol{\Xi}=\begin{bmatrix}0 & -2\omega_f & 0\\ 0 & 0 & 0\\ 0 & 0 & 0\end{bmatrix}$，$\boldsymbol{\Omega}^2=\begin{bmatrix}0 & 0 & 0\\ 0 & \omega_z^2 & 0\\ 0 & 0 & \omega_y^2\end{bmatrix}$。

式(3-2)所述为无拖曳航天器本体的平动运动模型。对于多体、多自由度无拖曳航天器系统而言,其运动还包含有卫星本体的姿态运动模型、检验质量块的平动及姿态运动模型等。检验质量块相对于电极笼的距离的测量量可反馈给无拖曳卫星,用于航天器的精密编队控制,而其平、转运动的控制带宽远高于卫星平台的控制带宽,故在考虑无拖曳航天器编队控制时,可忽略检验质量块的平动与转动运动。

在描述近地航天器姿态时,通常选择星体坐标系相对于轨道坐标系的空间相对方位,并采用3-1-2(偏航-滚转-俯仰)的转序来描述航天器姿态。

设ψ、φ和θ分别为星体姿态的偏航角、滚转角和俯仰角,$q=[q_0,\ q_1,\ q_2,\ q_3]$为对应的姿态四元数,其中$q_0$为四元数标部,$\boldsymbol{q}=[q_1,\ q_2,\ q_3]$为四元数矢部。欧拉角为小量时,卫星本体相对于参考坐标系的四元数向量可近似为

$$\begin{bmatrix} q_0 \\ q_1 \\ q_2 \\ q_3 \end{bmatrix} = \begin{bmatrix} -1 \\ \dfrac{1}{2}\varphi \\ \dfrac{1}{2}\theta \\ \dfrac{1}{2}\psi \end{bmatrix} \tag{3-3}$$

无拖曳航天器的姿态运动学模型为

$$\begin{bmatrix} \dot{q}_0 \\ \dot{q}_1 \\ \dot{q}_2 \\ \dot{q}_3 \end{bmatrix} = \frac{1}{2}\begin{bmatrix} -q_1 & q_0 & -q_3 & q_2 \\ -q_2 & q_3 & q_0 & -q_1 \\ -q_3 & -q_2 & q_1 & q_0 \end{bmatrix}^{\mathrm{T}} \begin{bmatrix} \omega_x \\ \omega_y \\ \omega_z \end{bmatrix} \tag{3-4}$$

写作矢量相乘形式,则有

$$\dot{q} = \frac{1}{2}\boldsymbol{G}(q)\boldsymbol{\omega} \tag{3-5}$$

式中,$\boldsymbol{\omega}$为在b系下描述的卫星相对于o系的角速度矢量,并有

$$\boldsymbol{G}(q) = \begin{bmatrix} -q_1 & q_0 & -q_3 & q_2 \\ -q_2 & q_3 & q_0 & -q_1 \\ -q_3 & -q_2 & q_1 & q_0 \end{bmatrix}^{\mathrm{T}} \tag{3-6}$$

式(3-4)和式(3-5)即为基于姿态四元数描述的卫星姿态运动学方程。

无拖曳航天器相对于质心的动量矩定理为

$$\frac{\mathrm{d}\boldsymbol{h}}{\mathrm{d}t}=\boldsymbol{M}_e \tag{3-7}$$

式中，$\boldsymbol{M}_e$为外部施加在航天器上的力矩；$\mathrm{d}\boldsymbol{h}/\mathrm{d}t$ 表示航天器的动量矩 $\boldsymbol{h}$ 在惯性空间中的变化率。进一步，在星体坐标系下考虑上式，则有

$$\frac{\mathrm{d}\boldsymbol{h}}{\mathrm{d}t}=\frac{\delta\boldsymbol{h}}{\delta t}+\boldsymbol{\omega}\times\boldsymbol{h}=\boldsymbol{M}_e \tag{3-8}$$

式中，航天器的动量矩 $\boldsymbol{h}$ 在星体坐标系中写作 $\boldsymbol{h}=[h_x,\ h_y,\ h_z]^{\mathrm{T}}$；$\delta\boldsymbol{h}/\delta t$ 表示动量矩 $\boldsymbol{h}$ 在星体坐标系中的变化率；$\boldsymbol{\omega}$ 表示星体坐标系相对于惯性空间的旋转角速度。

将上式写作分量形式，可有

$$\begin{aligned}\dot{h}_x+\omega_y h_z-\omega_z h_y&=M_{ex}\\ \dot{h}_y+\omega_z h_x-\omega_x h_z&=M_{ey}\\ \dot{h}_z+\omega_x h_y-\omega_y h_x&=M_{ez}\end{aligned} \tag{3-9}$$

式中，ω_x、ω_y和 ω_z分别为角速度矢量 $\boldsymbol{\omega}$ 在星体三坐标轴上的分量；M_{ex}、M_{ey}和 M_{ez}分别为外力矩 $\boldsymbol{M}_e$在星体坐标系三坐标轴上的分量。

将 $\boldsymbol{h}=\boldsymbol{I}\boldsymbol{\omega}$（$\boldsymbol{I}$ 为航天器惯性张量）代入式(3-8)，则有

$$\boldsymbol{I}\dot{\boldsymbol{\omega}}+\boldsymbol{\omega}\times\boldsymbol{I}\boldsymbol{\omega}=\boldsymbol{M}_e \tag{3-10}$$

通常情况下，卫星会通过质量配平等手段，保证星体坐标轴与刚体惯量主轴相重合，忽略航天器的惯量积，据式(3-9)易有

$$\begin{aligned}I_x\dot{\omega}_x+(I_z-I_y)\omega_y\omega_z&=M_{ex}\\ I_y\dot{\omega}_y+(I_x-I_z)\omega_x\omega_z&=M_{ey}\\ I_z\dot{\omega}_z+(I_y-I_x)\omega_x\omega_y&=M_{ez}\end{aligned} \tag{3-11}$$

式(3-10)和式(3-11)即为航天器采用的卫星姿态动力学方程。作用在无拖曳航天器上、影响其姿态的，除了主动的控制作用外，还有环境扰动力矩，包括重力梯度力矩、陀螺效应力矩、磁干扰力矩、微推力残差力矩等。

3.2.3 无拖曳卫星干扰及噪声模型

作用在卫星本体上的干扰包括大气阻力、太阳光压等外部环境干扰和推力器执行机构噪声。在无拖曳控制作用下，航天器施加的微推力器控制作用将会抵消相应的环境阻力。大气阻力是低轨卫星的主要干扰，与执行机构有关的干扰力大小则取决于卫星的设计。

对于运行在 350 km 高度的卫星而言，大气阻力是主要的干扰，卫星所在高度

的大气密度 $\rho_a = 1 \times 10^{-12}\ \mathrm{kg/m^3}$。由于卫星受到的噪声和干扰都是随机信号，利用功率谱密度等随机信号处理的基础知识来进行描述。图 3－2 右图给出了大气阻力加速度的功率谱密度曲线。

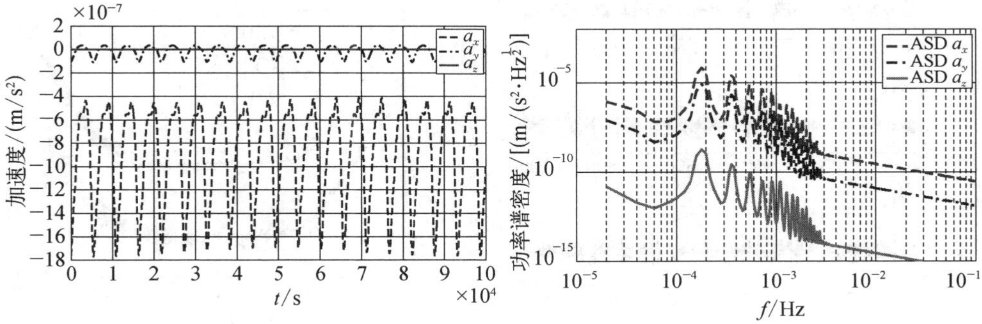

图 3－2　大气阻力引起的干扰加速度曲线（左）及其功率谱密度（ASD）曲线（右）

太阳光压力的大小与太阳常数、卫星距太阳的距离及卫星受晒面积等相关；当太阳光压力中心与卫星质心不重合时，还将产生影响卫星姿态的光压力矩。太阳光压力对应的典型加速度变化曲线如图 3－3 所示。

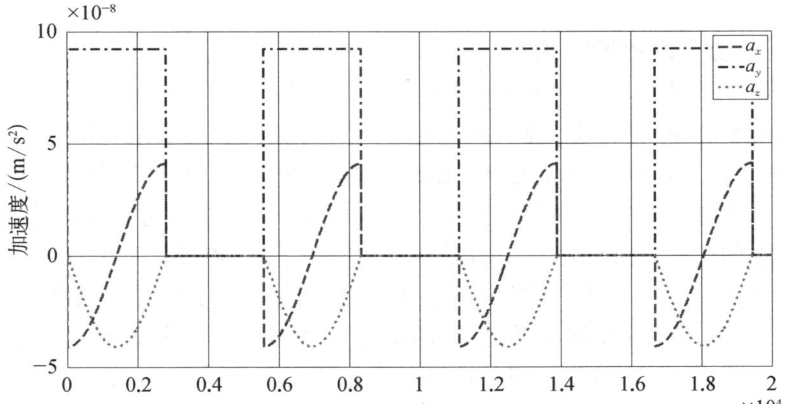

图 3－3　太阳光压曲线

重力梯度力矩与地球引力常数、星地距离、星体惯量及姿态偏差等相关；在姿态稳定之后，重力梯度力矩的高频特性将消失，其将随轨道运动而呈拟周期性变化。

加速度计测量噪声为有色噪声，其三轴中的两个轴测量精度较高，另一轴测量精度相对略低，用于卫星非重力加速度测量时，通常将精度较低的轴沿星体 y 轴安装。参照欧洲 NGGM 对加速度计的噪声功率谱定义，加速度计测量噪声模拟及其功率谱密度曲线如图 3－4 所示。

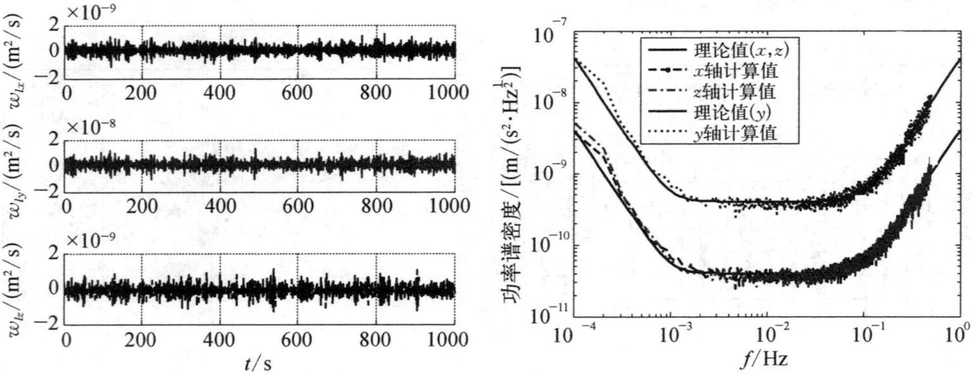

图 3－4　加速度计测量噪声模拟曲线（左）及其功率谱密度曲线（右）

图 3－4 右图中，实曲线为噪声的理论功率谱密度曲线，虚线、点划线等非实曲线表示为噪声的计算功率谱密度。可以看出，噪声的数字模拟符合功率谱密度约束。

3.2.4　功率谱密度约束

常规研究编队的动力学模型以其中一颗卫星作为参考星（leader），另外一颗卫星作为跟踪星（follower）建立相对动力学方程。无拖曳双星编队本质上为松散式编队，两颗卫星采用自身的无拖曳控制抵消太空环境中的大气阻力等干扰，卫星之间并不要求非常精确的相对距离保持。编队控制所产生的非重力加速度本质上是对科学测量的干扰，因此系统对其幅值与功率谱密度要求非常苛刻。

在以重力场测量任务中，编队卫星星间距较小，须基于相对运动考察卫星的编队运行；由于加速度计测量偏差、推力器噪声及控制残差等导致无拖曳编队卫星存在星间距漂移，故须对其实施编队控制。无拖曳控制要求实现编队卫星与其检验质量块相对距离的高精度（纳米级）测量，而星间距控制误差在几十米内。维持编队的推力将会给无拖曳卫星引入非保守的加速度干扰。星间测距和收集数据的频率在 1～10 mHz 的频带范围，无拖曳卫星编队要求检验质量低频段的残余加速度应低于 10^{-8} m/s^2。此外，卫星编队动力学模型各通道间的耦合、轨道摄动等也会引起星间距周期性变化。

一般情况下，无拖曳卫星针对测量频带会有特殊的精度要求，要求 LORF 估计与预测误差在整个时域上的均方根不大于 200 μrad，测量带宽内的 PSD 不大于 4.3 μrad/$\sqrt{\text{Hz}}$，参照 GOCE 卫星的约束边界，如图 3－5 所示。

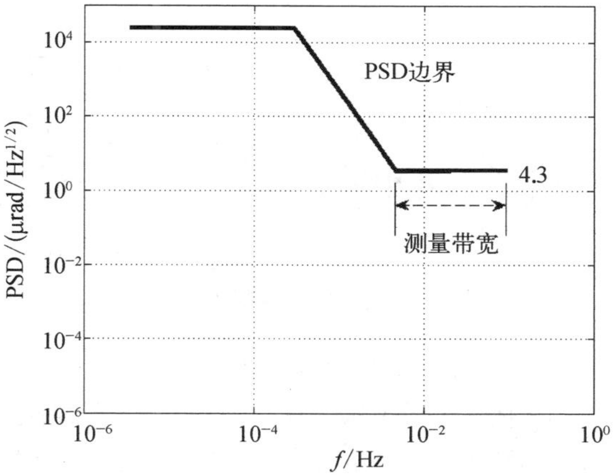

图 3－5　当地轨道坐标系估计的误差功率谱密度约束

在测量频段内,输入噪声需被抑制,而在低频范围,估计误差的约束较为宽松,因此,本书的状态估计器需兼具两项功能:低通滤波和最小方差估计。对于低通滤波器而言,其状态估计矩阵的极点需配置在复平面单位圆内的(1, 0i)附近,同时,离散系统传递函数的零点也决定了低通滤波器对高频信号的压制效果。

卫星控制对误差存在功率谱密度约束,故需要研究频域设计方法,本节选取定量反馈理论(quantitative feedback theory, QFT),研究无拖曳卫星编队控制中的回路整形与解耦方法,通过设计更具一般性的满系数矩阵反馈控制器,解决了被控对象的解耦问题,并解决了不同频段的约束差异。

3.2.5　基于 QFT 的 MIMO 编队控制器设计

3.2.5.1　基于 QFT 的控制理论与设计方法

与经典的 PID 控制与鲁棒控制不同,QFT 是一种基于频域的鲁棒控制理论。运用 QFT 设计控制器时,用作图的方法把设计指标和系统的不确定性用定量的方法在 Nichols 图上形成边界,然后基于这些边界设计满足要求的控制器。将多输入多输出(MIMO)非线性时变系统转化为单输入单输出系统,并将耦合项视为干扰项,可基于 QFT 设计 MIMO 系统控制器,控制器只能为对角线形式。近几年国外发展出更具一般性的 MIMO 耦合控制器处理方法,可以设计非对角线上的控制器,即全系数控制器矩阵。本书研究基于 QFT 的控制器,主要解决无拖曳卫星编队相对动力学在低频段强耦合与控制输出受限的问题。无拖曳编队的控制在频域上有着严格的约束,而 x 轴与 z 轴的输入输出存在强耦合,研究基于 QFT 的控制算法预期可获得良好的控制效果。基于 QFT 控制的系统如图 3－6 所示。

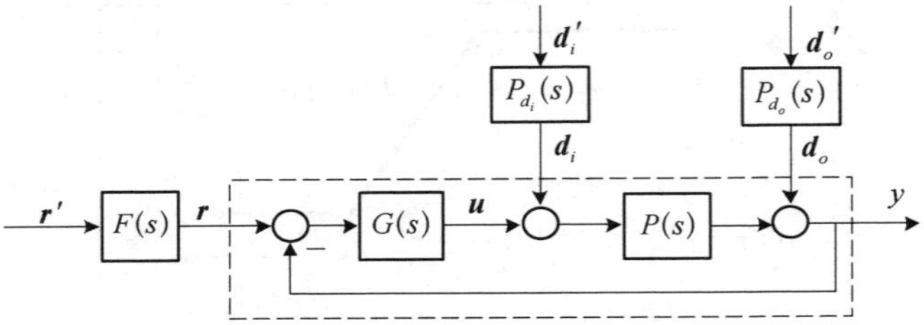

图 3-6 基于 QFT 控制的系统框图

3.2.5.2 基于 QFT 的编队全系数控制器设计

针对重力场测量的无阻力双星编队，其动力学在 x、z 轴彼此耦合，并且约束条件也在频域上描述，首先将相对动力学方程式(3-2)化为 QFT 控制对象形式，如图 3-7 所示，$\boldsymbol{d}_i(t)$、$\boldsymbol{g}(\theta)$ 均为控制输入端的干扰，$\boldsymbol{d}_o(t)$ 为输出干扰，$\Delta\boldsymbol{r}_{\mathrm{ref}}$ 和为期望输入，$\boldsymbol{F}(s)$ 为前置滤波器，$\boldsymbol{G}(s)$ 为控制矩阵，$\boldsymbol{P}(s)$ 为被控对象。

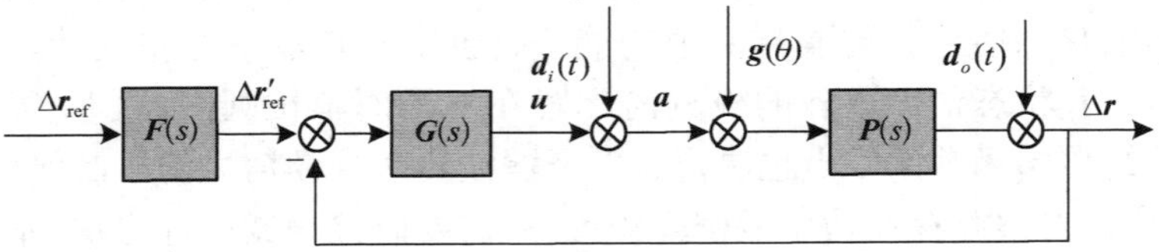

图 3-7 QFT 控制系统结构图

1. 控制对象转化

展开式(3-2)可得

$$
\begin{bmatrix} \Delta\dot{x} \\ \Delta\dot{z} \\ \Delta\dot{y} \\ \Delta\dot{v}_x \\ \Delta\dot{v}_z \\ \Delta\dot{v}_y \end{bmatrix} = \begin{bmatrix} 0 & -2\underline{\omega} & 0 & 1 & 0 & 0 \\ 0 & 0 & 0 & 0 & 1 & 0 \\ 0 & 0 & 0 & 0 & 0 & 1 \\ 0 & 0 & 0 & 0 & 0 & 0 \\ 0 & -\underline{\omega}_z^2 & 0 & 2\underline{\omega} & 0 & 0 \\ 0 & 0 & -\underline{\omega}_y^2 & 0 & 0 & 0 \end{bmatrix} \begin{bmatrix} \Delta x \\ \Delta z \\ \Delta y \\ \Delta v_x \\ \Delta v_z \\ \Delta v_y \end{bmatrix} + \begin{bmatrix} 0 & 0 & 0 \\ 0 & 0 & 0 \\ 0 & 0 & 0 \\ 1 & 0 & 0 \\ 0 & 1 & 0 \\ 0 & 0 & 1 \end{bmatrix} \left(\begin{bmatrix} \Delta u_{fx} \\ \Delta u_{fz} \\ \Delta u_{fy} \end{bmatrix} + \begin{bmatrix} d_{fx}(t) \\ d_{fz}(t) \\ d_{fy}(t) \end{bmatrix} + g(\theta) \right) \tag{3-12}
$$

将系统方程写成传递函数的形式：

$$\Delta x(s)=\frac{s^2+\underline{\omega}_z^2-4\underline{\omega}^2}{s^2}\cdot\frac{1}{s^2+\underline{\omega}_z^2}\Delta u_x(s)+\frac{-2\underline{\omega}}{s}\cdot\frac{1}{s^2+\underline{\omega}_z^2}\Delta u_z(s) \tag{3-13}$$

$$\Delta z(s)=\frac{2\underline{\omega}}{s}\cdot\frac{1}{s^2+\underline{\omega}_z^2}\Delta u_x(s)+\frac{1}{s^2+\underline{\omega}_z^2}\Delta u_z(s) \tag{3-14}$$

$$\frac{\Delta y(s)}{\Delta u_y(s)}=\frac{1}{s^2+\underline{\omega}_y^2} \tag{3-15}$$

设 $\boldsymbol{M}(s)$ 为系统传递函数，则

$$\boldsymbol{M}(s)=\begin{bmatrix}\frac{s^2+\underline{\omega}_z^2-4\underline{\omega}^2}{s^2}\cdot\frac{1}{s^2+\underline{\omega}_z^2} & \frac{-2\underline{\omega}}{s}\cdot\frac{1}{s^2+\underline{\omega}_z^2} & 0\\ \frac{2\underline{\omega}}{s}\cdot\frac{1}{s^2+\underline{\omega}_z^2} & \frac{1}{s^2+\underline{\omega}_z^2} & 0\\ 0 & 0 & \frac{1}{s^2+\underline{\omega}_y^2}\end{bmatrix} \tag{3-16}$$

编队模型的 x、z 轴存在耦合，y 轴与 x 轴、z 轴解耦，故可取非对角形式的控制矩阵为

$$\boldsymbol{G}(s)=\begin{bmatrix}G_{xx} & G_{xz} & 0\\ G_{zx} & G_{zz} & 0\\ 0 & 0 & G_{yy}\end{bmatrix} \tag{3-17}$$

x、z 轴耦合被控对象为

$$\boldsymbol{P}(s)=\begin{bmatrix}\frac{s^2+\underline{\omega}_z^2-4\underline{\omega}^2}{s^2}\cdot\frac{1}{s^2+\underline{\omega}_z^2} & \frac{-2\underline{\omega}}{s}\cdot\frac{1}{s^2+\underline{\omega}_z^2}\\ \frac{2\underline{\omega}}{s}\cdot\frac{1}{s^2+\underline{\omega}_z^2} & \frac{1}{s^2+\underline{\omega}_z^2}\end{bmatrix} \tag{3-18}$$

$$\begin{aligned}\Delta\boldsymbol{r}(s)=&[\boldsymbol{I}+\boldsymbol{M}(s)\boldsymbol{G}(s)]^{-1}\boldsymbol{M}(s)(\boldsymbol{d}_i(s)+\boldsymbol{g}(s))\\&+[\boldsymbol{I}+\boldsymbol{M}(s)\boldsymbol{G}(s)]^{-1}\boldsymbol{M}(s)\boldsymbol{G}(s)\boldsymbol{F}(s)\Delta\boldsymbol{r}_{\mathrm{ref}}(s)\\&+[\boldsymbol{I}+\boldsymbol{M}(s)\boldsymbol{G}(s)]^{-1}\boldsymbol{d}_o(s)\end{aligned} \tag{3-19}$$

$$\boldsymbol{u}(s)=[\boldsymbol{I}+\boldsymbol{M}(s)\boldsymbol{G}(s)]^{-1}\boldsymbol{P}(s)\boldsymbol{G}(s)(\boldsymbol{d}(s)+\boldsymbol{g}(s)) \tag{3-20}$$

2. 控制目标及约束条件转化

QFT 控制设计方法的基本原则为对反映被控对象鲁棒稳定性、灵敏度、干扰抑制的传递函数进行频域约束，使控制系统的闭环传递函数满足综合性能指标，也应对被控对象的参数不确定性问题，本节涉及的指标可定义如下。

1）鲁棒稳定性（张永合，2016）

$$\left|\frac{g_{ii}^{\beta}(\mathrm{j}\omega)[p_{ii}^{x}(s)^{*\mathrm{e}}]^{-1}}{1+g_{ii}^{\beta}(\mathrm{j}\omega)[p_{ii}^{x}(s)^{*\mathrm{e}}]^{-1}}\right|<\mu_1=1.1,\quad i=1,2,3 \tag{3-21}$$

确保闭环系统的稳定，相当于控制系统中的幅值裕度 K_M 与相角裕度 Φ_M：

$$K_M=1+\mu_1^{-1}=5.62\ \mathrm{dB} \tag{3-22}$$

$$\Phi_M=180°-\arccos(0.5\mu_1^{-2}-1)=54.07° \tag{3-23}$$

2）输入干扰抑制及跟踪性能约束

同传统的 QFT 输入干扰抑制定义不同，本节考核的是 u 对输入干扰的响应抑制而非系统输出 Δr 对输入干扰的抑制。而实际上，从输入干扰至控制量的传递函数见式（3-20），其形式与跟踪响应函数和鲁棒稳定裕度相同，进而可联合设计。

QFT 控制指标可通过对式（3-19）进行闭环响应曲线回路成形来实现，文献（郑伟等，2010）中提出了在全频段压低响应（10^{-3}）的方法，虽然控制器阶数较低，但系统闭环响应很慢。本节采用形如式（3-24）的传递函数形式定义边界：

$$\delta(\omega)=\frac{1.2\left(\dfrac{\mathrm{j}\omega}{0.003}+1\right)^2}{\left(\dfrac{\mathrm{j}\omega}{10^{-4}}+1\right)\left(\dfrac{\mathrm{j}\omega}{6\times10^{-4}}+1\right)^2} \tag{3-24}$$

其在[1, 10] mHz 频段上压低至 10^{-4}，而在更低的频段则提高响应幅值，进而提高系统响应速度。同时，为了获得期望的跟踪性能，也对闭环传递函数的上下界进行约束，设计上边界和过阻尼下边界传递函数，建立主对角线控制器回路的上下边界，如式（3-25）所示。

$$\delta_{\inf}(\omega)\leqslant\left|\frac{c_{ii}^{\beta}(\mathrm{j}\omega)[p_{ii}^{x}(s)^{*\mathrm{e}}]^{-1}}{1+c_{ii}^{\beta}(\mathrm{j}\omega)[p_{ii}^{x}(s)^{*\mathrm{e}}]^{-1}}\right|\leqslant\delta_{\sup}(\omega) \tag{3-25}$$

单个闭环传递函数需满足边界函数的合集，满足输入干扰控制量响应抑制和跟踪性能的要求。

对于 x/z 回路，式（3-25）中边界函数设计为

$$\delta_{\inf}(\omega)=\frac{1}{\left(\dfrac{j\omega}{6\times10^{-5}}+1\right)^{2}\left(\dfrac{j\omega}{5.5\times10^{-4}}+1\right)^{2}} \tag{3-26}$$

$$\delta_{\sup}(\omega)=\frac{\left(\dfrac{j\omega}{2.8\times10^{-5}}+1\right)\left(\dfrac{j\omega}{6\times10^{-3}}+1\right)\left(\dfrac{j\omega}{7\times10^{-3}}+1\right)}{\left(\dfrac{j\omega}{1\times10^{-4}}+1\right)^{2}\left(\dfrac{j\omega}{8\times10^{-4}}+1\right)^{2}} \tag{3-27}$$

对于 y 回路,边界函数设计为

$$\delta_{\inf}(\omega)=\frac{1}{\left(\dfrac{j\omega}{7\times10^{-5}}+1\right)^{2}\left(\dfrac{j\omega}{5\times10^{-4}}+1\right)^{2}} \tag{3-28}$$

$$\delta_{\sup}(\omega)=\frac{\left(\dfrac{j\omega}{3\times10^{-5}}+1\right)\left(\dfrac{j\omega}{5\times10^{-3}}+1\right)^{2}}{\left(\dfrac{j\omega}{5\times10^{-5}}+1\right)\left(\dfrac{j\omega}{1\times10^{-4}}+1\right)\left(\dfrac{j\omega}{8\times10^{-4}}+1\right)^{2}} \tag{3-29}$$

3. 设计 X/Z 轴回路控制器

基于 QFT 可设计满系数鲁棒控制矩阵,具体有以下两种形式。

1）控制器分为对角矩阵和非对角矩阵线性相加两部分

$$G_{x/z}=G_d+G_b,\quad G_d=\begin{bmatrix}c_{11}^{d} & 0\\ 0 & c_{22}^{d}\end{bmatrix},\quad G_b=\begin{bmatrix}0 & c_{12}^{b}\\ c_{21}^{b} & 0\end{bmatrix} \tag{3-30}$$

适用于考核系统输出对控制输入端干扰的抑制情况,非对角线的控制项主要用来补偿输入端的干扰。

2）控制器分为对角矩阵和非对角矩阵相乘两部分

$$G_{x/z}=G_\alpha G_\beta,\quad G_\alpha=\begin{bmatrix}g_{11}^{\alpha} & g_{12}^{\alpha}\\ g_{21}^{\alpha} & g_{22}^{\alpha}\end{bmatrix},\quad G_\beta=\begin{bmatrix}g_{11}^{\beta} & 0\\ 0 & g_{22}^{\beta}\end{bmatrix} \tag{3-31}$$

其中,G_α 为预先计算的解耦补偿矩阵,主要目的是使被控对象尽可能对角化；G_β 为设计得到的符合指标性能的对角阵,用以设计满足跟踪性能约束或输出干扰抑制约束的控制器。本节考虑输入干扰到控制量的响应约束,其传递函数与跟踪性能形式相同,故采用如式(3-31)的分解方法。

x/z 轴的动力学方程为双输入双输出系统,通过在频域上计算被控对象的相对增益矩阵(relative gain array, RGA),确定系统中输入输出的关联耦合关系,实施控制矩阵的元素配对，将其分解为多个相对独立的矩阵元，其中每个独立矩阵代表存在较强耦合的相应输入输出通道上的控制器结构，其具体计算方法为

$$RGA(\mathrm{j}\omega)=\boldsymbol{P}(\mathrm{j}\omega)\otimes(\boldsymbol{P}(\mathrm{j}\omega))^{\mathrm{T}} \tag{3-32}$$

式中，⊗表示 Kronecker 乘积。

$$RGA(\omega=10^{-4}\ \mathrm{rad/s})=\begin{bmatrix}\lambda_{11} & \lambda_{12}\\ \lambda_{21} & \lambda_{22}\end{bmatrix}=\begin{bmatrix}-3 & 4\\ 4 & -3\end{bmatrix} \tag{3-33}$$

$$RGA(\omega=10^{-1}\ \mathrm{rad/s})=\begin{bmatrix}\lambda_{11} & \lambda_{12}\\ \lambda_{21} & \lambda_{22}\end{bmatrix}=\begin{bmatrix}1 & 0\\ 0 & 1\end{bmatrix} \tag{3-34}$$

相对增益矩阵幅值、相位随频率变化如图 3-8 所示，在近轨道运动频率处，$\omega=10^{-4}$ rad/s，对角线元素 λ_{11}、λ_{22} 数值为 -3，而非对角线元素 λ_{12}、λ_{21} 的数值为 4，说明被控对象为强耦合输入输出系统。而当频率增加，$\omega=10^{-1}$ rad/s，对角线数值为 1，非对角线数值为 0，表示被控对象是解耦的。由于 P_{11} 存在一右半平面零点，在 1.8×10^{-4} Hz 处，导致了矩阵元素的符号改变。本节所关注的频率为接近轨道频率的低频段，需解决被控对象的解耦问题。

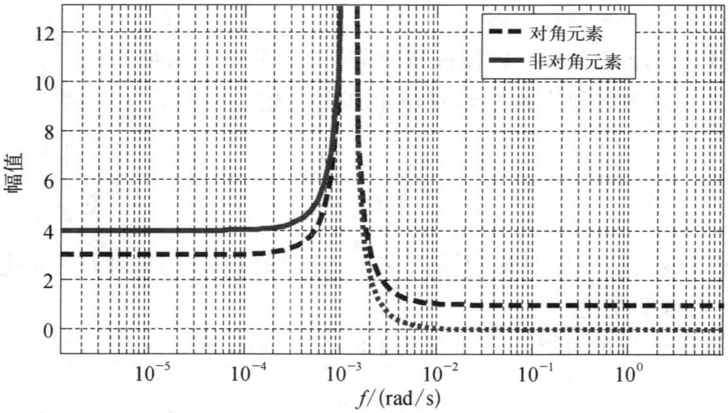

图 3-8 相对增益矩阵幅值、相位随频率变化曲线

设 Δ 为矩阵 $\boldsymbol{P}$ 的行列式，$\boldsymbol{P}_{\mathrm{diag}}$ 为矩阵 $\boldsymbol{P}$ 的对角部分。为使被控对象对角化，可定义：

$$\boldsymbol{G}_{\alpha}=[g_{ij}^{\alpha}]=\boldsymbol{P}^{-1}(s)\boldsymbol{P}_{\mathrm{diag}}=\left[\frac{p_{jj}\Delta_{ji}}{\Delta}\right]_{ij} \tag{3-35}$$

式中，Δ_{ji} 为矩阵 $\boldsymbol{P}$ 的第 ji 个余子式。

对于 2×2 的 MIMO 系统，G_α 计算为

$$
\begin{aligned}
\boldsymbol{G}_\alpha &= \boldsymbol{P}^{-1}(s)\boldsymbol{P}_{\text{diag}} \\
&= \begin{bmatrix} \dfrac{p_{11}p_{22}}{p_{11}p_{22}-p_{12}p_{21}} & \dfrac{-p_{22}p_{12}}{p_{11}p_{22}-p_{12}p_{21}} \\ \dfrac{-p_{11}p_{21}}{p_{11}p_{22}-p_{12}p_{21}} & \dfrac{p_{11}p_{22}}{p_{11}p_{22}-p_{12}p_{21}} \end{bmatrix} \\
&= \begin{bmatrix} \dfrac{s^2+\underline{\omega}_z^2-4\underline{\omega}^2}{s^2}\cdot\dfrac{1}{s^2+\underline{\omega}_z^2}\cdot s^2 & \dfrac{1}{s^2+\underline{\omega}_z^2}(2\omega s) \\ \dfrac{s^2+\underline{\omega}_z^2-4\underline{\omega}^2}{s^2}\cdot\dfrac{1}{s^2+\underline{\omega}_z^2}\cdot(-2\omega s) & \dfrac{1}{s^2+\underline{\omega}_z^2}(s^2+\underline{\omega}_z^2-4\underline{\omega}^2) \end{bmatrix}
\end{aligned}
\tag{3-36}
$$

为了简化形式，由于 $\underline{\omega}_z\approx\underline{\omega}\approx\omega$，则得

$$
\begin{aligned}
\boldsymbol{G}_\alpha(s) &= \frac{s^2+\underline{\omega}_z^2-4\underline{\omega}^2}{s^2+\underline{\omega}_z^2}\begin{bmatrix} 1 & \dfrac{2\omega s}{s^2+\underline{\omega}_z^2-4\underline{\omega}^2} \\ \dfrac{-2\omega}{s} & 1 \end{bmatrix} \\
&\approx \frac{s^2-3\omega^2}{s^2+\omega^2}\begin{bmatrix} 1 & \dfrac{2\omega s}{s^2-3\omega^2} \\ \dfrac{-2\omega}{s} & 1 \end{bmatrix}
\end{aligned}
\tag{3-37}
$$

由于解耦补偿阵 $\boldsymbol{G}_\alpha$ 引入了右半平面零点，为了避免与被控对象中可能出现的右半平面零极点相抵消，对 $\boldsymbol{G}_\alpha$ 进行修正，用 $s^2+2\zeta\omega s+\omega^2$ 代替 $s^2+\omega^2$，用 $(s+\sqrt{3}\omega)^2$ 代替 $s^2-3\omega^2$，其频率响应与原 $\boldsymbol{G}_\alpha$ 相近，但零极点稍有不同，最后可得解耦补偿矩阵的形式为

$$
\boldsymbol{G}'_\alpha(s) = \frac{(s+\sqrt{3}\omega)^2}{s^2+2\zeta\omega s+\omega^2}\begin{bmatrix} 1 & \dfrac{2\omega s}{(s+\sqrt{3}\omega)^2} \\ \dfrac{-2\omega}{s} & 1 \end{bmatrix}
\tag{3-38}
$$

$\boldsymbol{P}^x=\boldsymbol{P}\boldsymbol{G}'_\alpha$，接近于对角阵，矩阵中的项计算为

$$
\begin{aligned}
\boldsymbol{P}^x &= \boldsymbol{P}\boldsymbol{G}_\alpha \\
&= \frac{1}{s^2(s^2+\omega^2)}\begin{bmatrix} s^2-3\omega^2 & -2\omega s \\ 2\omega s & s^2 \end{bmatrix} \cdot \frac{(s+\sqrt{3}\omega)^2}{s^2+2\varsigma\omega s+\omega^2}\begin{bmatrix} 1 & \dfrac{2\omega s}{(s+\sqrt{3}\omega)^2} \\ \dfrac{-2\omega}{s} & 1 \end{bmatrix}
\end{aligned}
\tag{3-39}
$$

$$
\boldsymbol{P}^x(1,1) = \frac{(s+\sqrt{3}\omega)^2}{s^2(s^2+2\varsigma\omega s+\omega^2)} \tag{3-40}
$$

$$
\boldsymbol{P}^x(1,2) = \frac{-4\sqrt{3}\omega^2(s+\sqrt{3}\omega)}{s(s^2+\omega^2)(s^2+2\varsigma\omega s+\omega^2)} = \frac{-12\omega^3-4\sqrt{3}\omega^2 s}{s(s^2+\omega^2)(s^2+2\varsigma\omega s+\omega^2)} \tag{3-41}
$$

$$
\boldsymbol{P}^x(2,1) = 0 \tag{3-42}
$$

$$
\boldsymbol{P}^x(2,2) = \frac{s^2+2\sqrt{3}\omega s+7\omega^2}{(s^2+\omega^2)(s^2+2\varsigma\omega s+\omega^2)} \tag{3-43}
$$

$$
\begin{aligned}
\boldsymbol{P}^x &= \begin{bmatrix} \dfrac{(s+\sqrt{3}\omega)^2}{s^2(s^2+2\varsigma\omega s+\omega^2)} & \dfrac{-12\omega^3-4\sqrt{3}\omega^2 s}{s(s^2+\omega^2)(s^2+2\varsigma\omega s+\omega^2)} \\ 0 & \dfrac{s^2+2\sqrt{3}\omega s+7\omega^2}{(s^2+\omega^2)(s^2+2\varsigma\omega s+\omega^2)} \end{bmatrix} \\
&= \frac{1}{(s^2+2\varsigma\omega s+\omega^2)}\begin{bmatrix} \dfrac{(s+\sqrt{3}\omega)^2}{s^2} & \dfrac{-12\omega^3-4\sqrt{3}\omega^2 s}{s(s^2+\omega^2)} \\ 0 & \dfrac{s^2+2\sqrt{3}\omega s+7\omega^2}{(s^2+\omega^2)} \end{bmatrix}
\end{aligned}
\tag{3-44}
$$

$$
\boldsymbol{P}^x(2,1) = 0 \tag{3-45}
$$

计算 $\boldsymbol{PG}'_\alpha$ 相对增益矩阵，得到主对角项及非主对角项元素，如图 3-9 所示。

获得了 $\boldsymbol{P}^x$，可以开展第一个回路的控制器 g_{11}^{β} 的设计。需先作如下变换：

$$
(\boldsymbol{P}^{x*}) = (\boldsymbol{P}^x)^{-1} = \begin{bmatrix} \dfrac{p_{22}^x}{\det P^x} & -\dfrac{p_{12}^x}{\det P^x} \\ -\dfrac{p_{21}^x}{\det P^x} & \dfrac{p_{11}^x}{\det P^x} \end{bmatrix} = \begin{bmatrix} \dfrac{1}{p_{11}^x} & -\dfrac{p_{12}^x}{p_{11}^x p_{22}^x} \\ 0 & \dfrac{1}{p_{22}^x} \end{bmatrix} \tag{3-46}
$$

$$
[\boldsymbol{P}^{x*}(1,1)]_1 = \boldsymbol{P}^{x*}(1,1) = \frac{1}{\boldsymbol{P}^x(1,1)} \tag{3-47}
$$

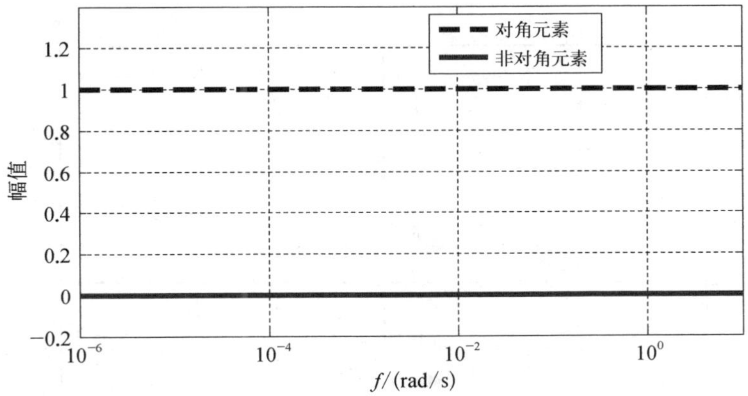

图 3－9　解耦处理后对角元素值与非对角元素值

可见解耦补偿矩阵使得被控对象输入输出解耦,便于主对角控制器的设计。

$$[\boldsymbol{P}^{x*}(1,1)]_1^{-1}=\boldsymbol{P}^{x}(1,1)=\frac{(s+\sqrt{3}\omega)^2}{s^2(s^2+2\varsigma\omega s+\omega^2)} \tag{3-48}$$

利用 QFT 单回路设计方法进行频域上的控制器设计,在 Nichols 图上画出每个频率点对应的边界 $B_{11}(\mathrm{j}\omega)$,其中 ω 取 $[10^{-8},1]$ rad/s 范围内的 11 个离散值:$\{10^{-8},10^{-5},10^{-4},10^{-3},1.5\times10^{-3},2\times10^{-3},5\times10^{-3},1\times10^{-2},5\times10^{-2},0.1,1\}$。

在 Nichols 图上对含控制器的开环传递函数 $L_{11}(\mathrm{j}\omega)=g_{11}^{\beta}(\mathrm{j}\omega)[p_{11}^{x*\mathrm{e}}(\mathrm{j}\omega)]_1^{-1}$ 进行回路整定,相应频率点的幅值需要在对应频率的实线边界以上,虚线边界以下,最终为 $g_{11}^{\beta}(\mathrm{j}\omega)$ 配置了 2 个极低频零点和 4 个极点,控制器如式(3－49)所示,边界 $B_{11}(\mathrm{j}\omega)$ 与 $L_{11}(\mathrm{j}\omega)$ 的幅值在 Nichols 图上对应关系如图 3－10 所示,其对应的阶跃响应如图 3－11 所示。

$$g_{11}^{\beta}=\frac{1.4\times10^{-10}(s+3.45\times10^{-6})(s+8.7\times10^{-6})}{(s+6.6\times10^{-6})(s+3.2\times10^{-4})(s+0.1)} \tag{3-49}$$

对于 z 回路,确定其扩展被控对象 $[\boldsymbol{P}^{x*\mathrm{e}}(2,2)]_2^{-1}$,得到其形式如式(3－50)所示,然后对应设计控制传递函数,其表达式形式如式(3－51),综合设计的边界 $B_{22}(\mathrm{j}\omega)$ 与 $L_{22}(\mathrm{j}\omega)$ 的幅值在 Nichols 图上的对应关系如图 3－12 所示,相应的阶跃响应如图 3－13 所示。

$$[\boldsymbol{P}^{x*\mathrm{e}}(2,2)]_2^{-1}=\frac{s^2+2\sqrt{3}\omega s+7\omega^2}{(s^2+\omega^2)(s^2+2\varsigma\omega s+\omega^2)} \tag{3-50}$$

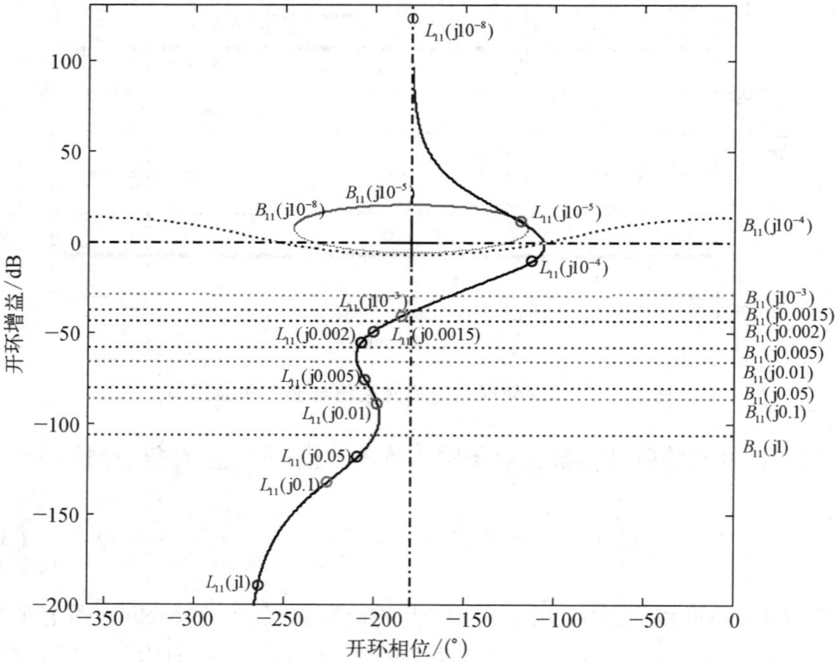

图 3-10 x 轴回路 L_{11} 的 Nichols 图

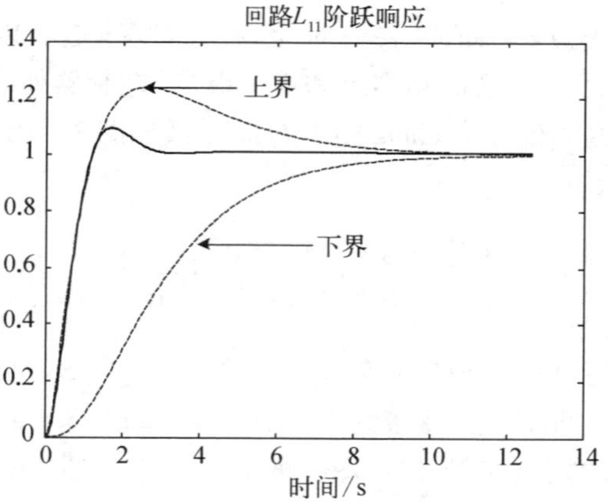

图 3-11 x 轴回路 L_{11} 开环与上下界约束的阶跃响应

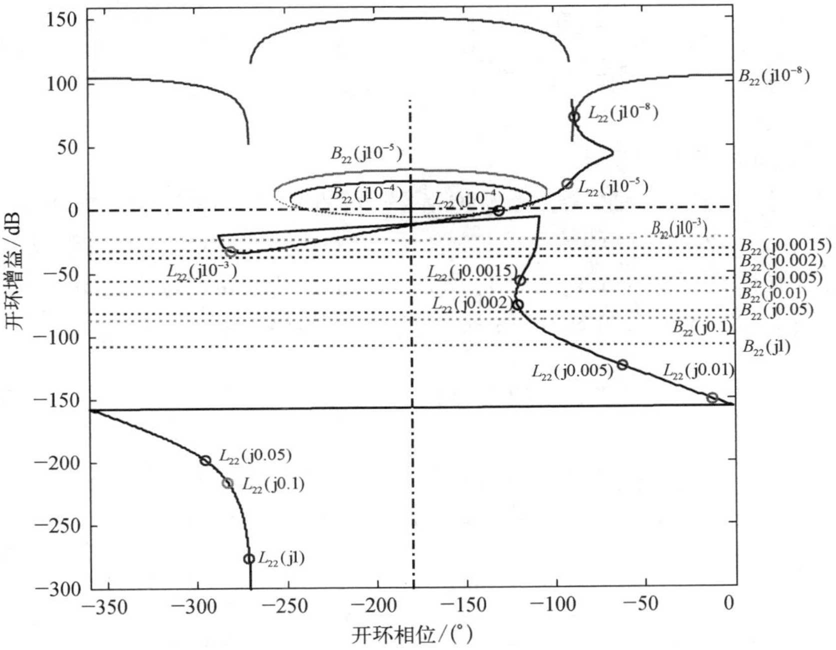

图 3－12　z 轴回路 L_{22} 的 Nichols 图

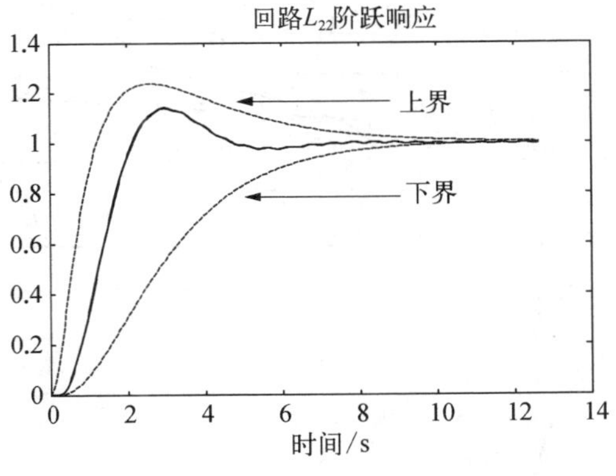

图 3－13　z 轴回路 L_{22} 开环与上下界约束的阶跃响应

$$g_{22}^{\beta}=\frac{1.44\times10^{-14}(s+2.67\times10^{-7})(s+0.01)^2}{s(s+6.03\times10^{-7})(s+3\times10^{-4})^2} \tag{3-51}$$

因此,基于频域设计的 x/z 轴的综合满系数控制器矩阵为

$$\boldsymbol{G}_{x/z} = \frac{(s+\sqrt{3}\omega)^2}{s^2+2\zeta\omega s+\omega^2}\begin{bmatrix} g_{11}^{\beta} & \dfrac{2\omega s}{(s+\sqrt{3}\omega)^2}g_{22}^{\beta} \\ \dfrac{-2\omega}{s}\cdot g_{11}^{\beta} & g_{22}^{\beta} \end{bmatrix} \tag{3-52}$$

4. y 轴回路控制器设计

考虑到 y 轴与 x/z 轴解耦，为 SISO 系统，可直接基于标准 QFT 方法对被控对象进行设计。y 轴的传递函数形式如式(3－53)所示，采用标准的回路成形方法，得到控制器传递函数如式(3－54)所示，其边界 $B_{33}(\mathrm{j}\omega)$ 与 $L_{33}(\mathrm{j}\omega)$ 的幅值在 Nichols 图上的对应关系如图 3－14 所示，对应的阶跃响应如图 3－15 所示。

$$P(3,\ 3) = \frac{1}{s^2+\omega_y^2} \tag{3-53}$$

$$c_{33}^{\beta} = \frac{2.655\times10^{-13}(s+2.37\times10^{-7})(s+1.28\times10^{-3})(s+0.01)}{s(s+2\times10^{-4})^2(s+8.22\times10^{-7})} \tag{3-54}$$

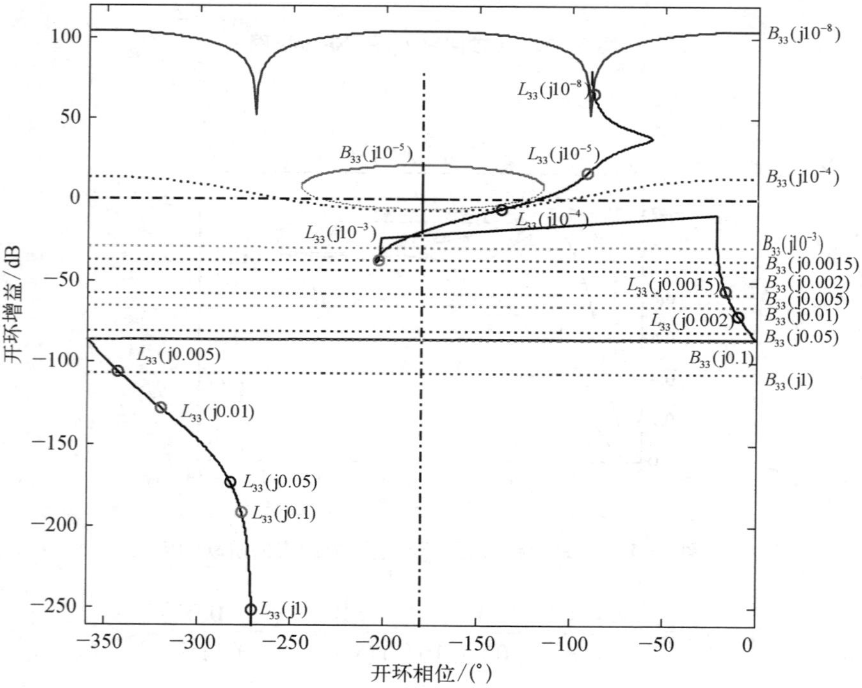

图 3－14　y 轴回路 L_{33} 的 Nichols 图

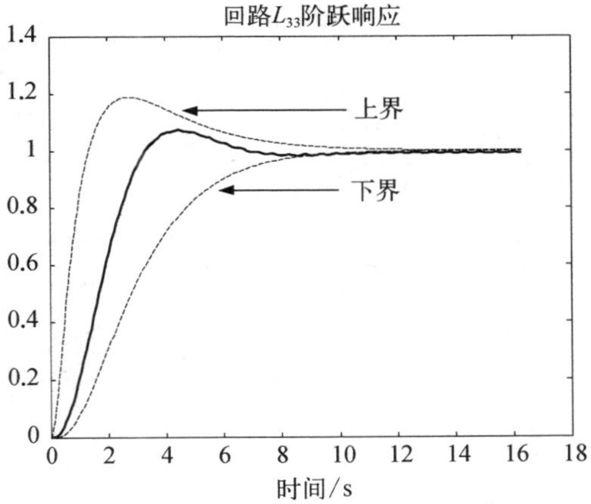

图 3 - 15　y 轴回路 L_{33} 开环与上下界约束的阶跃响应

针对无阻力双星编队动力学模型，利用序列 QFT 满系数矩阵控制设计方法经过回路成形得到的控制器形式如式(3 - 55)所示，根据三通道实际闭环伯德图与给定的闭环回路传递函数上下边界的关系如图 3 - 16 所示，三轴闭环传递函数的幅值曲线处于预先设定的边界之内，且在测量频段[1, 10] mHz 范围内，闭环响应小于 10^{-4}，满足要求，而在<1 mHz 的低频段，闭环响应幅值有所增加。

$$\begin{cases}\Delta u_x = \dfrac{(s+\sqrt{3}\omega)^2}{s^2+2\varsigma\omega s+\omega^2}\cdot c_{11}^{\beta}\cdot\Delta x+\dfrac{2\omega}{s^2+2\varsigma\omega s+\omega^2}\cdot c_{22}^{\beta}\cdot\Delta z\\ \Delta u_z = \dfrac{-2\omega}{s}\cdot\dfrac{-2\omega(s+\sqrt{3}\omega)^2}{s^2+2\varsigma\omega s+\omega^2}\cdot c_{11}^{\beta}\cdot\Delta x+\dfrac{(s+\sqrt{3}\omega)^2}{s^2+2\varsigma\omega s+\omega^2}\cdot c_{22}^{\beta}\cdot\Delta z\\ \Delta u_y = \dfrac{2.655\times10^{-13}(s+2.37\times10^{-7})(s+1.28\times10^{-3})(s+0.01)}{s(s+2\times10^{-4})^2(s+8.22\times10^{-7})}\cdot\Delta y\end{cases} \tag{3-55}$$

5. 陷波器设计

尽管基于 QFT 的 MIMO 控制器通过闭环回路响应形状整定，降低了对 J_2 干扰项的响应，避免了因为 J_2 项干扰而导致的推力饱和，但是设计一个针对 $g(\theta)$ 的陷波器可以将特定周期的重力扰动项隔离，可以降低控制量，节省燃料。因此，本节针对轨道频率 f_0 及 2 倍频 $2f_0$ 设计了 4 阶陷波器，陷波器的伯德图见图 3 - 17。

在控制过程中，陷波器用于对两颗卫星的相对位置信息进行预处理，隔离 $g(\theta)$ 引起的干扰。

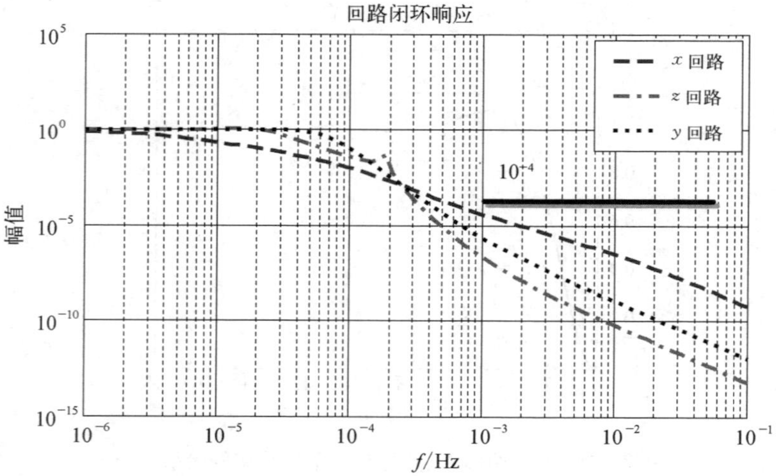

图 3-16 三个回路的闭环传函响应图

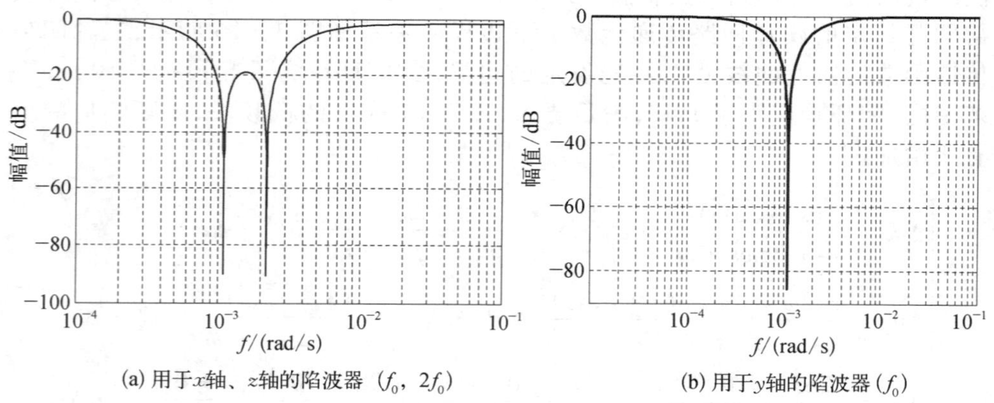

图 3-17 陷波器的伯德图

3.2.6 仿真验证与分析

为验证 QFT 控制器的有效性,选取仿真参数如下：卫星轨道为 400 km 的低轨,轨道倾角 $i = 89.5°$,偏心率为 0.001,单颗的无拖曳卫星质量为 $m = 500$ kg,两星初始相对位置 $\Delta \boldsymbol{R}_0 = 10^5 \times [1.003 \quad 0.001 \quad 0]^{\mathrm{T}}$ m，期望相对位置为 $\Delta \boldsymbol{R}_d = 10^5 \times [1 \quad 0 \quad 0]^{\mathrm{T}}$ m，为了比较,前半段未加入陷波器,在 10^6秒时,两星相对距离较期望距离±100 m 以内,引入陷波器。仿真结果参见如图 3-18~图 3-27。

两星瞬时相对位置的偏差位移变化曲线如图 3-18、图 3-20 与图 3-22 所

示,即 $\delta \boldsymbol{R} = \Delta \boldsymbol{R} - \Delta \boldsymbol{R}_d$, 由于限定了推力器的最大推力 2 mN,最大控制加速度的约束为 10^{-5} m/s^2,两星相对位置在 10^6 s 左右收敛到期望值。所施加的控制加速度指令曲线图 3-19、图 3-21、图 3-23 所示,在未引入陷波器以前,控制加速度指令随轨道周期而变化, 均未超出加速度的最大值, 控制加速度的幅值在 $|u_f| = 10^{-5}$ m/s^2 范围内,满足微推力的执行机构饱和约束。图 3-24 是相对距离

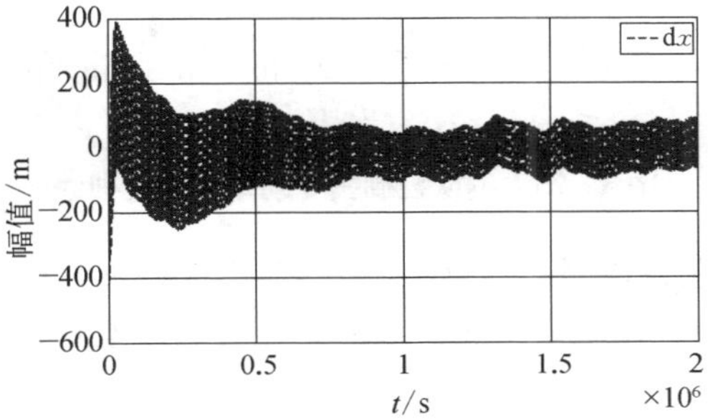

图 3-18　*x* 轴相对位置变化仿真曲线

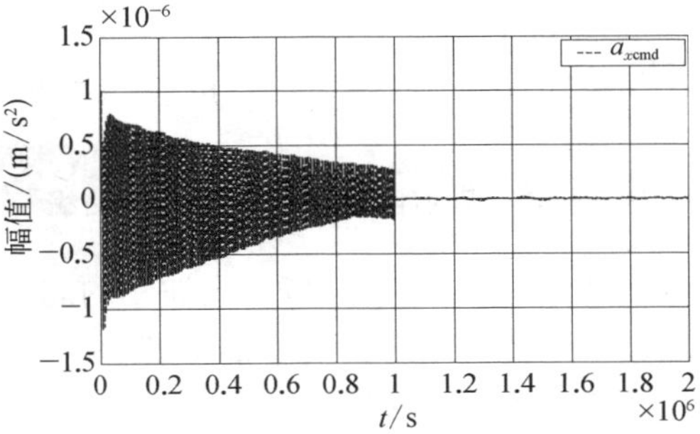

图 3-19　*x* 轴加速度控制指令

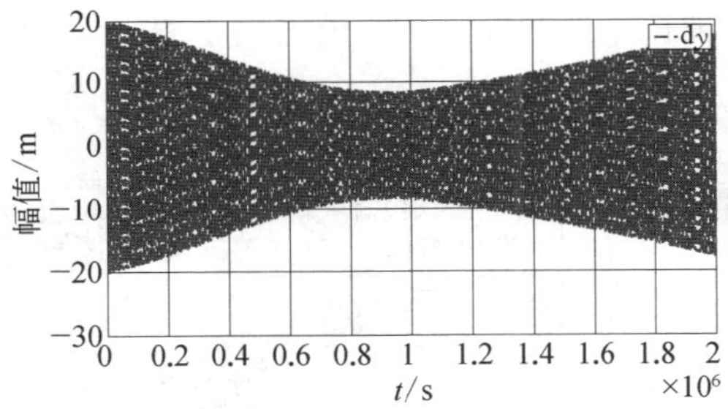

图 3-20　*y* 轴相对位置变化仿真曲线

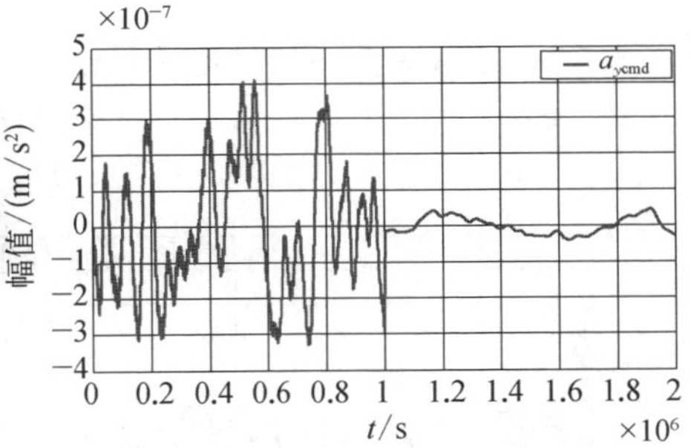

图 3-21　*y* 轴加速度控制指令

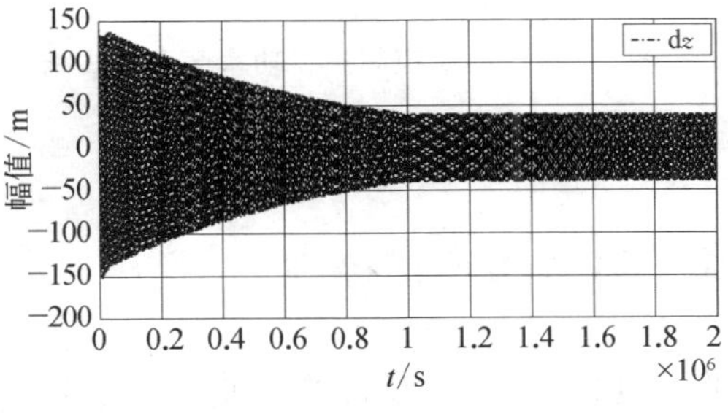

图 3-22　*z* 轴相对位置变化仿真曲线

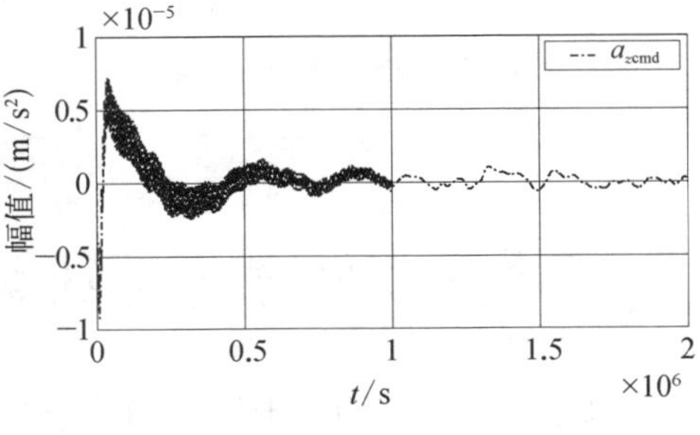

图 3-23　*z* 轴加速度控制指令

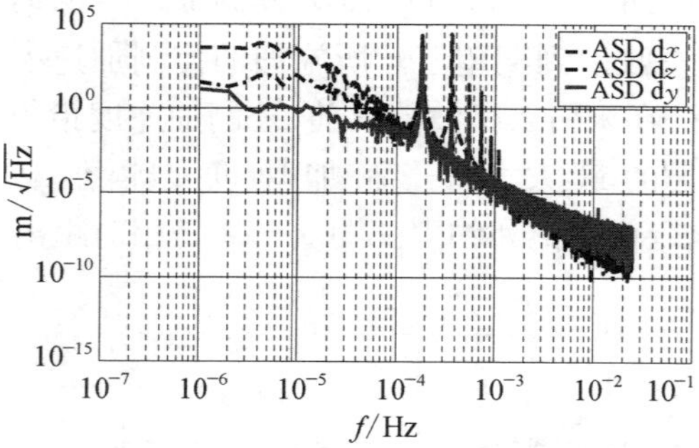

图 3-24 相对距离误差功率谱密度曲线

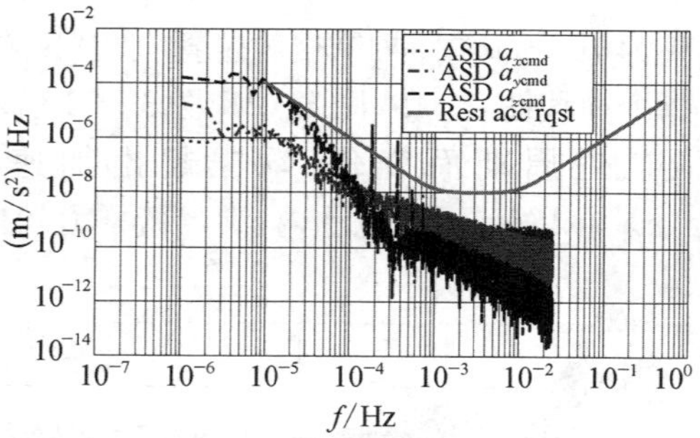

图 3-25 编队控制指令功率谱密度曲线

的功率谱密度曲线，可以看出波动的周期在轨道周期的倍数上，图 3-25 是加入陷波器以后控制指令的功率谱密度，在所关注的频段[1 mHz 10 mHz]内，加速度频谱小于 10^{-8} m/s²，符合控制约束，不会对科学测量产生影响。

在完全不引入陷波器的情况进行了仿真，得到的相对距离曲线如下图所示，可以看出相对距离持续减少，在功率谱密度图 3-27 中，x、z 轴控制量在 f_0，$2f_0$ 处的幅值达到 10^{-4} m/s²，而图 3-25 幅值仅为 10^{-6} m/s²，说明陷波器降低了系统的响应，有利于减小推力消耗。图 3-27 中 y 轴在 f_0 处的控制量幅值也高于图 3-25 中的对应幅值。

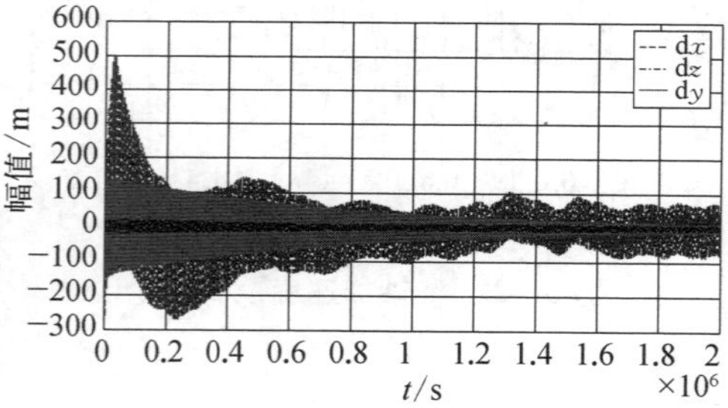

图 3-26 相对距离变化曲线

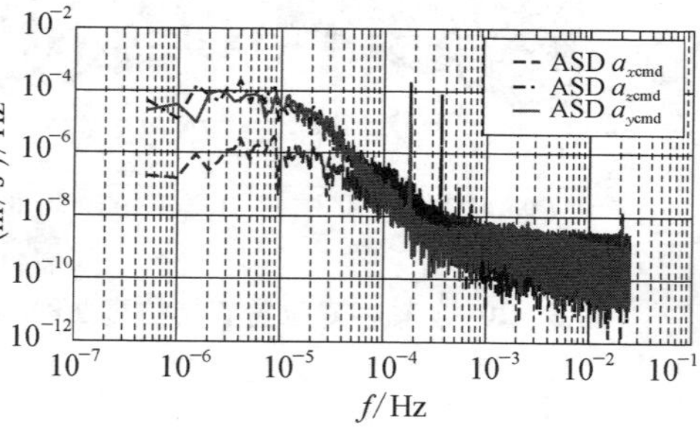

图 3-27 编队控制指令功率谱密度曲线

3.3 基于迭代学习算法的卫星编队构型容错控制

航天器的编队构型维持是编队控制的关键技术之一，其目的是使卫星编队在一定精度范围内长期稳定在所需构型，抵抗各种轨道扰动。针对卫星编队的维持控制问题，已经有大量的国内外学者在文献中提出了各种方法。本节主要介绍卫星编队构型的容错控制方法。

3.3.1　故障描述

卫星的变轨、编队构型维持和构型变换等均离不开推力器，推力器的工作效率将直接影响整个系统的安全性和可靠性。根据故障发生的原因不同，推力器的在轨故障主要有表 3－2 中几种类型。

表 3－2　推力器故障分类

故障类型	故 障 原 因	故 障 表 征
失效	温度过高，喷管烧穿而失效	无推力/持续喷气
泄露	推进剂泄露	推力器效率下降且不稳定
堵塞	多余物导致推力器通道阻塞	推力减小

按照不同的分类标准，推力器故障可以分为不同种类。根据时变特性，故障可以分为突变常值故障和缓变故障，如图 3－28 所示，其中 t_f 为故障发生的时间。

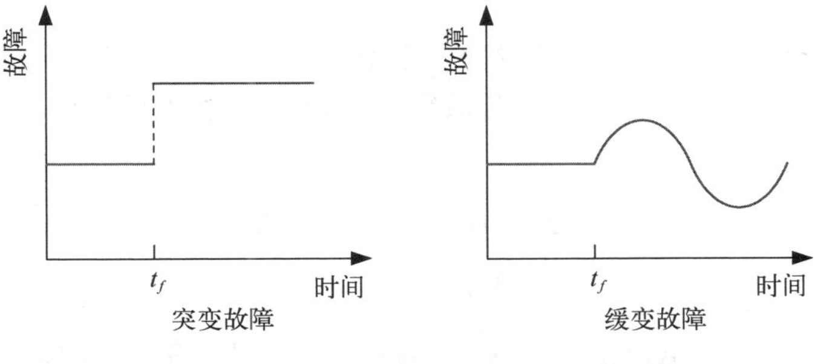

图 3－28　基于时变特性划分的故障类型

按照故障在动力学模型中的表示形式，故障可分为加性故障和乘性故障。加性故障可看作外部给卫星编队系统的一个未知输入，独立出现于系统状态方程中，类似外界干扰或噪声；推力器正常工作时，加性故障数值为零。乘性故障可改变系统中某些参数，进而导致系统输出发生变化；乘性故障可表示执行机构的失效程度，故也常被称为控制系统的失效性故障。

3.3.2　故障动力学模型

1. 考虑加性故障的卫星编队动力学模型

假设卫星编队系统主星仅受到地球引力的作用，在式（2－88）的基础上考虑 A

星推力器故障 $\boldsymbol{F}(t)$ 和作用于从星的空间摄动 $\boldsymbol{d}(t)$，可以得到卫星编队飞行的动力学方程为

$$\begin{cases} \ddot{x} = 2n\dot{y} + 3n^2 x + \dfrac{\Delta U_x + F_x}{m} \\ \ddot{y} = -2n\dot{x} + \dfrac{\Delta U_y + F_y}{m} \\ \ddot{z} = -n^2 z + \dfrac{\Delta U_z + F_z}{m} \end{cases} \tag{3-56}$$

式中，$\Delta \boldsymbol{U} = [\Delta U_x, \Delta U_y, \Delta U_z]$ 为参与编队的 A 星和 B 星所受到的控制力及空间摄动力之差；$\boldsymbol{F}(t) = [F_x, F_y, F_z]$ 为 A 星各轴出现的推力故障。

据系统状态 $\boldsymbol{q}(t) = [x, y, z, \dot{x}, \dot{y}, \dot{z}]^{\mathrm{T}}$，可以将上式写作状态空间形式，即

$$\begin{cases} \dot{\boldsymbol{q}}_i = \boldsymbol{A}\boldsymbol{q}_i + \boldsymbol{B}\boldsymbol{u}_i + \boldsymbol{E}\boldsymbol{d}_i(t) + \boldsymbol{H}\boldsymbol{F}_i(t) \\ \boldsymbol{y}_i = \boldsymbol{C}\boldsymbol{q}_i \end{cases} \tag{3-57}$$

式中，$\boldsymbol{E}$ 和 $\boldsymbol{H}$ 分别为空间摄动 $\boldsymbol{d}(t)$ 和故障 $\boldsymbol{F}(t)$ 的系数矩阵，由（式 3－56）可知，$\boldsymbol{E} = \boldsymbol{H} = \boldsymbol{B}$ 成立。

2. 考虑乘性故障的卫星编队动力学模型

在式（3－57）的基础上考虑乘性故障和空间摄动时，卫星编队飞行的动力学方程可以表示为

$$\begin{cases} \dot{\boldsymbol{q}}_i = \boldsymbol{A}\boldsymbol{q}_i + \boldsymbol{B}\boldsymbol{\Gamma}_i\boldsymbol{u}_i + \boldsymbol{E}\boldsymbol{d}_i \\ \boldsymbol{y}_i = \boldsymbol{C}\boldsymbol{q}_i \end{cases} \tag{3-58}$$

式中，对角矩阵 $\boldsymbol{\Gamma} = \mathrm{diag}([p_1, p_2, p_3])$ 被称为有效性因子，表示推力器的有效性。具体地，对角元素 $p_j = 0$ 表示第 j 个推力器完全失效，无法工作；$p_j = 1$ 表示第 j 个推力器完全正常，没有发生故障；$p_j \in (0, 1)$ 表示第 j 个推力器部分失效，但仍然工作。

为了重构推力器故障，基于上述模型给出如下假设和引理：

假设 3.1： 空间摄动 $\boldsymbol{d}(t)$ 的范数有界，满足

$$\|\boldsymbol{d}(t)\| \leqslant d_{\max} \tag{3-59}$$

式中，$d_{\max}$ 为有界正实数。

引理 3.1： 对于已知矩阵 $\boldsymbol{Q} \in \mathbb{R}^{m\times m}$，当且仅当存在正定对称矩阵 $\boldsymbol{P} \in \mathbb{R}^{m\times m}$ 使得下式成立：

$$\begin{bmatrix} -P & P(Q-\Theta I_m) \\ * & -r^2P \end{bmatrix} < 0 \tag{3-60}$$

则矩阵 $\boldsymbol{Q}$ 的特征值全部位于圆形稳定域 $S(\Theta, r)$ 中,其中 Θ 和 r 分别为圆心和半径,$*$ 为对称项。

注 3.1:空间摄动主要包括地球非球形摄动、大气阻力摄动、太阳光压摄动以及地球磁场摄动。与卫星受到的地球中心引力相比,这些摄动力均为小量,因此**假设 3.1** 是合理假设。

3.3.3 加性故障构型维持容错控制

3.3.3.1 基于迭代学习观测器的加性故障重构

1. 迭代学习观测器(ILO)设计

针对推力器加性故障,建立如下的 ILO:

$$\begin{cases} \dot{\hat{\boldsymbol{q}}}_i(t) = \boldsymbol{A}\hat{\boldsymbol{q}}_i(t) + \boldsymbol{B}\boldsymbol{u}_i(t) + \boldsymbol{H}\hat{\boldsymbol{F}}_i(t) + \boldsymbol{L}_{1i}(\boldsymbol{y}_i(t) - \hat{\boldsymbol{y}}_i(t)) + \gamma_i \mathrm{sign}(\boldsymbol{y}_i(t) - \hat{\boldsymbol{y}}_i(t)) \\ \hat{\boldsymbol{y}}_i(t) = \boldsymbol{C}\hat{\boldsymbol{q}}_i(t) \\ \hat{\boldsymbol{F}}_i(t) = \boldsymbol{Q}_{1i}\hat{\boldsymbol{F}}_i(t-\tau) + Q_{2i}\boldsymbol{L}_{2i}(\boldsymbol{y}_i(t) - \hat{\boldsymbol{y}}_i(t)) \end{cases} \tag{3-61}$$

式中,$\hat{\boldsymbol{q}}_i \in \mathbb{R}^6$ 和 $\hat{\boldsymbol{y}}_i \in \mathbb{R}^6$ 分别为状态估计向量和测量输出的估计向量;$\hat{\boldsymbol{F}}_i(t)$ 为轨控推力器的故障重构信号,其由 $t-\tau$ 时刻的故障重构值和当前时刻的输出估计误差递推得到。对角矩阵 $\boldsymbol{Q}_{1i} = \mathrm{diag}\{\sigma_1, \sigma_2, \sigma_3\}$ 满足 $\sigma \in (0, 1]$,$\boldsymbol{L}_{1i}$ 和 $\boldsymbol{L}_{2i}$ 为待设计的观测器增益矩阵,γ_i 和 Q_{2i} 为正标量,$\mathrm{sign}(\cdot)$ 为符号函数。

将第 i 个从星的状态估计误差、输出估计误差和推力器故障重构误差定义为

$$\begin{cases} \boldsymbol{e}_{qi}(t) = \boldsymbol{q}_i(t) - \hat{\boldsymbol{q}}_i(t) \\ \boldsymbol{e}_{yi}(t) = \boldsymbol{y}_i(t) - \hat{\boldsymbol{y}}_i(t) \\ \boldsymbol{e}_{Fi}(t) = \boldsymbol{F}_i(t) - \hat{\boldsymbol{F}}_i(t) \end{cases} \tag{3-62}$$

根据式(3-57)、式(3-61)和式(3-62),可以得到估计误差方程为

$$\begin{cases} \dot{\boldsymbol{e}}_{qi}(t) = (\boldsymbol{A} - \boldsymbol{L}_{1i}\boldsymbol{C})\boldsymbol{e}_{qi}(t) + \boldsymbol{H}\boldsymbol{e}_{Fi}(t) + \boldsymbol{E}\boldsymbol{d}_i(t) - \gamma_i \boldsymbol{C}\mathrm{sign}(\boldsymbol{e}_{qi}) \\ \boldsymbol{e}_{yi}(t) = \boldsymbol{C}\boldsymbol{e}_{qi}(t) \end{cases} \tag{3-63}$$

2. 迭代学习观测器稳定性分析

为了证明 ILO 的稳定性和收敛性,给出以下定理。

定理 3.1:若**假设 3.1** 成立且存在正定对称矩阵 $\boldsymbol{P}_i \in \mathbb{R}^{6\times6}$,$\boldsymbol{Q}_{1i} \in \mathbb{R}^{3\times3}$ 和矩阵 $\boldsymbol{L}_{2i} \in \mathbb{R}^{3\times6}$,$\boldsymbol{Y}_i \in \mathbb{R}^{6\times6}$ 以及正标量 γ_i 使得如下条件成立:

$$P_iA + A^{\mathrm{T}}P_i - Y_iC - C^{\mathrm{T}}Y_i^{\mathrm{T}} < 0 \tag{3-64}$$

$$(L_{2i}C)^{\mathrm{T}} = P_iH \tag{3-65}$$

$$(\eta_i + \varpi_i)Q_{1i}^2 - I_3 \leqslant 0 \tag{3-66}$$

$$\gamma_i \geqslant d_{\max} \tag{3-67}$$

式中，$\varpi_i > 0$，$\eta_i = 1 + \mu_i$ 且 $\mu_i \geqslant 0$，则状态估计误差 $e_{qi}(t)$ 和推力器加性故障重构误差 $e_{Fi}(t)$ 最终一致有界，且矩阵 L_{1i} 可以由 $L_{1i} = P_i^{-1}Y_i$ 确定。

证明：定义

$$\begin{cases}\Delta f_i(t) = F_i(t) - Q_{1i}F_i(t-\tau) \\ \Delta\hat{f}_i(t) = \hat{F}_i(t) - Q_{1i}\hat{F}_i(t-\tau)\end{cases} \tag{3-68}$$

基于上式可进一步得

$$\Delta f_i(t) - \Delta\hat{f}_i(t) = e_{Fi}(t) - Q_{1i}e_{Fi}(t-\tau) \tag{3-69}$$

根据式(3-69)，故障重构误差 $e_{Fi}(t)$ 可以进一步表示为

$$e_{Fi}(t) = Q_{1i}e_{Fi}(t-\tau) + \Delta f_i(t) - \Delta\hat{f}_i(t) \tag{3-70}$$

将上式代入式(3-63)可得状态估计误差方程的表达式为

$$\begin{aligned}\dot{e}_{qi}(t) = {} & (A - L_{1i}C)e_{qi}(t) + H[Q_{1i}e_{Fi}(t-\tau) \\ & + \Delta f_i(t) - \Delta\hat{f}_i(t)] + Ed_i(t) - \gamma_i C\mathrm{sign}(e_{qi})\end{aligned} \tag{3-71}$$

根据式(3-61)和式(3-68)可进一步得到

$$L_{2i}Ce_{qi} = \frac{1}{Q_{2i}}[\hat{F}_i(t) - Q_{1i}\hat{F}_i(t-\tau)] = \frac{1}{Q_{2i}}\Delta\hat{f}_i(t) \tag{3-72}$$

选取如下 Lyapunov 函数：

$$V(t) = \sum_{i=1}^{N}[e_{qi}^{\mathrm{T}}(t)P_ie_{qi}(t) + \sum_{i=1}^{N}\beta\int_{t-\tau}^{t}e_{Fi}^{\mathrm{T}}(s)e_{Fi}(s)\,\mathrm{d}s] \tag{3-73}$$

式中，P_i 为正定对称矩阵，$\beta > 0$。上述 Lyapunov 函数关于时间 t 的导数为

$$\begin{aligned}\dot{V}(t) = \sum_{i=1}^{N}\{ & e_{qi}^{\mathrm{T}}[(A - L_{1i}C)^{\mathrm{T}}P_i + P_i(A - L_{1i}C)]e_{qi} + 2e_{qi}^{\mathrm{T}}P_iH[Q_{1i}e_{Fi}(t-\tau) \\ & + \Delta f_i(t) - \Delta\hat{f}_i(t)] - 2\gamma_ie_{qi}^{\mathrm{T}}P_iC\mathrm{sign}(e_{qi}) + 2e_{qi}^{\mathrm{T}}P_iEd_i(t) \\ & - \beta\mu_ie_{Fi}^{\mathrm{T}}(t)e_{Fi}(t) + \beta\eta_ie_{Fi}^{\mathrm{T}}(t)e_{Fi}(t) - \beta e_{Fi}^{\mathrm{T}}(t-\tau)e_{Fi}(t-\tau)\}\end{aligned} \tag{3-74}$$

式中,N 为从星的总个数; $\eta_i = 1 + \mu_i$, $\mu_i > 0$。

根据式(3-70),可以得下式:

$$\begin{aligned}\beta\eta_i \boldsymbol{e}_{Fi}^{\mathrm{T}}(t)\boldsymbol{e}_{Fi}(t) = \beta\eta_i [&\boldsymbol{e}_{Fi}^{\mathrm{T}}(t-\tau)\boldsymbol{Q}_{1i}^{\mathrm{T}}\boldsymbol{Q}_{1i}\boldsymbol{e}_{Fi}(t-\tau) + \Delta\boldsymbol{f}_i^{\mathrm{T}}(t)\Delta\boldsymbol{f}_i(t) \\ &+ \Delta\hat{\boldsymbol{f}}_i^{\mathrm{T}}(t)\Delta\hat{\boldsymbol{f}}_i(t) + 2\boldsymbol{e}_{Fi}^{\mathrm{T}}(t-\tau)\boldsymbol{Q}_{1i}^{\mathrm{T}}\Delta\boldsymbol{f}_i(t) \\ &- 2\Delta\hat{\boldsymbol{f}}_i^{\mathrm{T}}(t)\Delta\boldsymbol{f}_i(t) - 2\Delta\hat{\boldsymbol{f}}_i^{\mathrm{T}}(t)\boldsymbol{Q}_{1i}\boldsymbol{e}_{Fi}(t-\tau)]\end{aligned} \tag{3-75}$$

据杨氏不等式(Peng et al., 2014),易有

$$2\eta_i\boldsymbol{e}_{Fi}^{\mathrm{T}}(t-\tau)\boldsymbol{Q}_{1i}^{\mathrm{T}}\Delta\boldsymbol{f}_i(t) \leqslant \varpi_i\boldsymbol{e}_{Fi}^{\mathrm{T}}(t-\tau)\boldsymbol{Q}_{1i}^{\mathrm{T}}\boldsymbol{Q}_{1i}\boldsymbol{e}_{Fi}(t-\tau) + \frac{\eta_i^2}{\varpi_i}\Delta\boldsymbol{f}_i^{\mathrm{T}}(t)\Delta\boldsymbol{f}_i(t) \tag{3-76}$$

式中, $\varpi_i > 0$。

将式(3-76)代入式(3-75)可以得

$$\begin{aligned}\beta\eta_i\boldsymbol{e}_{Fi}^{\mathrm{T}}(t)\boldsymbol{e}_{Fi}(t) \leqslant\ &\beta(\eta_i + \varpi_i)\boldsymbol{e}_{Fi}^{\mathrm{T}}(t-\tau)\boldsymbol{Q}_{1i}^{\mathrm{T}}\boldsymbol{Q}_{1i}\boldsymbol{e}_{Fi}(t-\tau) \\ &+ \beta\left(\eta_i + \frac{\eta_i^2}{\varpi_i}\right)\Delta\boldsymbol{f}_i^{\mathrm{T}}(t)\Delta\boldsymbol{f}_i(t) \\ &+ \beta\eta_i[\Delta\hat{\boldsymbol{f}}_i^{\mathrm{T}}(t)\Delta\hat{\boldsymbol{f}}_i(t) - 2\Delta\hat{\boldsymbol{f}}_i^{\mathrm{T}}(t)\Delta\boldsymbol{f}_i(t) \\ &- 2\Delta\hat{\boldsymbol{f}}_i^{\mathrm{T}}(t)\boldsymbol{Q}_{1i}\boldsymbol{e}_{Fi}(t-\tau)]\end{aligned} \tag{3-77}$$

基于式(3-72)及定理3.1中的式(3-65),可得

$$2\boldsymbol{e}_{qi}^{\mathrm{T}}\boldsymbol{P}_i\boldsymbol{H} = \frac{2}{Q_{2i}}\Delta\hat{\boldsymbol{f}}_i^{\mathrm{T}}(t) \tag{3-78}$$

定义 $Q_{2i} = 1/\beta\eta_i$, 则根据式(3-78)可得

$$\begin{aligned}&2\boldsymbol{e}_{qi}^{\mathrm{T}}\boldsymbol{P}_i\boldsymbol{H}[\boldsymbol{Q}_{1i}\boldsymbol{e}_{Fi}(t-\tau) + \Delta\boldsymbol{f}_i(t) - \Delta\hat{\boldsymbol{f}}_i(t)] \\ &= \frac{2}{Q_{2i}}\Delta\hat{\boldsymbol{f}}_i^{\mathrm{T}}(t)[\boldsymbol{Q}_{1i}\boldsymbol{e}_{Fi}(t-\tau) + \Delta\boldsymbol{f}_i(t) - \Delta\hat{\boldsymbol{f}}_i(t)] \\ &= 2\beta\eta_i\Delta\hat{\boldsymbol{f}}_i^{\mathrm{T}}(t)[\boldsymbol{Q}_{1i}\boldsymbol{e}_{Fi}(t-\tau) + \Delta\boldsymbol{f}_i(t) - \Delta\hat{\boldsymbol{f}}_i(t)] \\ &= \beta\eta_i[2\Delta\hat{\boldsymbol{f}}_i^{\mathrm{T}}(t)\boldsymbol{Q}_{1i}\boldsymbol{e}_{Fi}(t-\tau) + 2\Delta\hat{\boldsymbol{f}}_i^{\mathrm{T}}(t)\Delta\boldsymbol{f}_i(t) - 2\Delta\hat{\boldsymbol{f}}_i^{\mathrm{T}}(t)\Delta\hat{\boldsymbol{f}}_i(t)]\end{aligned} \tag{3-79}$$

将式(3-77)和式(3-79)代入式(3-74)可进一步得

$$
\begin{aligned}
\dot{V}(t) \leqslant & \sum_{i=1}^{N} \{ \boldsymbol{e}_{qi}^{\mathrm{T}}(t)[(\boldsymbol{A}-\boldsymbol{L}_{1i}\boldsymbol{C})^{\mathrm{T}}\boldsymbol{P}_i+\boldsymbol{P}_i(\boldsymbol{A}-\boldsymbol{L}_{1i}\boldsymbol{C})]\boldsymbol{e}_{qi}(t) \\
& -2\gamma_i \boldsymbol{e}_{qi}^{\mathrm{T}}\boldsymbol{P}_i \mathrm{sign}(\boldsymbol{e}_{qi})+2\boldsymbol{e}_{qi}^{\mathrm{T}}\boldsymbol{P}_i\boldsymbol{E}\boldsymbol{d}_i(t) \\
& -\beta\mu_i\boldsymbol{e}_{Fi}^{\mathrm{T}}(t)\boldsymbol{e}_{Fi}(t)+\beta\boldsymbol{e}_{Fi}^{\mathrm{T}}(t-\tau)[(\eta_i+\varpi_i)\boldsymbol{Q}_{1i}^2-\boldsymbol{I}_3]\boldsymbol{e}_{Fi}(t-\tau) \\
& +\beta(\eta_i+\eta_i^2/\varpi_i)\Delta\boldsymbol{f}_i^{\mathrm{T}}(t)\Delta\boldsymbol{f}_i(t)\} \\
= & \sum_{i=1}^{N} \{ \boldsymbol{e}_{qi}^{\mathrm{T}}(t)[(\boldsymbol{A}-\boldsymbol{L}_{1i}\boldsymbol{C})^{\mathrm{T}}\boldsymbol{P}_i+\boldsymbol{P}_i(\boldsymbol{A}-\boldsymbol{L}_{1i}\boldsymbol{C})]\boldsymbol{e}_{qi}(t) \\
& -2\boldsymbol{e}_{qi}^{\mathrm{T}}\boldsymbol{P}_i[\gamma_i \mathrm{sign}(\boldsymbol{e}_{qi})-\boldsymbol{E}\boldsymbol{d}_i(t)] \\
& -\beta\mu_i\boldsymbol{e}_{Fi}^{\mathrm{T}}(t)\boldsymbol{e}_{Fi}(t)+\beta\boldsymbol{e}_{Fi}^{\mathrm{T}}(t-\tau)[(\eta_i+\varpi_i)\boldsymbol{Q}_{1i}^2-\boldsymbol{I}_3]\boldsymbol{e}_{Fi}(t-\tau) \\
& +\beta(\eta_i+\eta_i^2/\varpi_i)\Delta\boldsymbol{f}_i^{\mathrm{T}}(t)\Delta\boldsymbol{f}_i(t)\}
\end{aligned}
\tag{3-80}
$$

由式(3-68)可以得

$$
\|\Delta\boldsymbol{f}_i(t)\| \leqslant \|\boldsymbol{F}_i(t)\| + \|\boldsymbol{Q}_{1i}\| \cdot \|\boldsymbol{F}_i(t-\tau)\| \tag{3-81}
$$

上式表明 $\Delta\boldsymbol{f}(t)$ 有界。

令

$$
\begin{cases}
\boldsymbol{\Phi}_i=(\boldsymbol{A}-\boldsymbol{L}_{1i}\boldsymbol{C})^{\mathrm{T}}\boldsymbol{P}_i+\boldsymbol{P}_i(\boldsymbol{A}-\boldsymbol{L}_{1i}\boldsymbol{C}) \\
\Delta_{fi}=\beta\left(\eta_i+\dfrac{\eta_i^2}{\varpi_i}\right)\Delta\boldsymbol{f}_i^{\mathrm{T}}(t)\Delta\boldsymbol{f}_i(t)
\end{cases}
\tag{3-82}
$$

如果不等式(3-64)、式(3-66)和式(3-67)成立，则式(3-80)可以简化为

$$
\begin{aligned}
\dot{V}(t) \leqslant & \sum_{i=1}^{N}[-\lambda(-\boldsymbol{\Phi}_i)\boldsymbol{e}_{qi}^{\mathrm{T}}(t)\boldsymbol{e}_{qi}(t)-\beta\mu_i\boldsymbol{e}_{Fi}^{\mathrm{T}}(t)\boldsymbol{e}_{Fi}(t) \\
& +\beta(\eta_i+\eta_i^2/\varpi_i)\Delta\boldsymbol{f}_i^{\mathrm{T}}(t)\Delta\boldsymbol{f}_i(t)] \\
\leqslant & \sum_{i=1}^{N}[-\delta_i\|\zeta_i(t)\|_2^2+\Delta_{fi}]
\end{aligned}
\tag{3-83}
$$

式中，$\delta_i=\min[\lambda_{\min}(-\boldsymbol{\Phi}_i),\beta\mu_i]$；$\zeta_i(t)=[\boldsymbol{e}_{qi}(t)^{\mathrm{T}},\boldsymbol{e}_{Fi}(t)^{\mathrm{T}}]^{\mathrm{T}}$。

由式(3-83)可知，当 $\delta_i\|\zeta_i(t)\|_2^2>\Delta_{fi}$ 时，有 $\dot{V}(t)<0$。$\Delta\boldsymbol{f}_i(t)$ 为有界小量，因此基于 Lyapunov 稳定性理论可得 ILO 的状态估计误差 $\boldsymbol{e}_{qi}(t)$ 和推力器加性故障重构误差 $\boldsymbol{e}_{Fi}(t)$ 最终一致有界。证明完毕。

注 3.2：为了保证鲁棒 ILO 式(3-61)可以精确地重构卫星的推力器时变故障，需要适当地选择 ILO 式(3-61)和定理 3.1 中的参数，使得 Δ_{fi} 中的 η_i^2/ϖ_i 和 $\Delta\boldsymbol{f}_i^{\mathrm{T}}(t)\Delta\boldsymbol{f}_i(t)$ 充分小。首先，为了保证 η_i^2/ϖ_i 充分小，应选取充分小的正标量 μ_i。

其次，为了保证 $\Delta \boldsymbol{f}_i^{\mathrm{T}}(t)\Delta \boldsymbol{f}_i(t)$ 充分小，需选取充分小的学习间隔 τ，而且增益矩阵 $\boldsymbol{Q}_{1i}$ 应该逼近单位阵 $\boldsymbol{I}_3$。通过不等式(3－66)可知，为保证增益矩阵 $\boldsymbol{Q}_{1i}$ 逼近单位阵 $\boldsymbol{I}_3$，标量 ϖ_i 需要充分小。需要指出的是，充分小的标量 ϖ_i 会导致 η_i^2/ϖ_i 的值变大，但是增益矩阵 $\boldsymbol{Q}_{1i}$ 的选取对 ILO 的故障重构性能具有更大的影响。因此，为保证故障重构性能，应基于不等式(3－66)选取充分小的标量 ϖ_i。

注 3.3：为了保证 ILO 式(3－61)的故障重构速度，可以将矩阵 $\boldsymbol{A}-\boldsymbol{L}_{1i}\boldsymbol{C}$ 的所有特征值均配置到圆形稳定域 $S(\Theta, r)$ 内。基于**引理 3.1**，可以得到如下条件：

$$\begin{bmatrix} -\boldsymbol{P}_i & \boldsymbol{P}_i\boldsymbol{A}-\boldsymbol{Y}_i\boldsymbol{C}-\Theta\boldsymbol{P}_i \\ * & -r^2\boldsymbol{P}_i \end{bmatrix} < 0 \tag{3-84}$$

通过求解不等式(3－64)与式(3－84)及等式(3－65)即可获得 ILO 的增益矩阵 $\boldsymbol{L}_{1i}$ 和 $\boldsymbol{L}_{2i}$。

注 3.4：条件(3－84)和**定理 3.1** 中的条件(3－64)是标准的矩阵不等式，可以使用 Matlab 中的 LMI 工具箱求解。为了使用 LMI 工具箱同时求解矩阵不等式(3－64)和式(3－84)及式(3－65)中的线性矩阵方程，可以通过 Schur 补引理(Jia et al., 2016)将式中的等式条件转化为

$$\begin{bmatrix} -v\boldsymbol{I}_3 & \boldsymbol{H}^{\mathrm{T}}\boldsymbol{P}_i-\boldsymbol{L}_{2i}\boldsymbol{C} \\ * & -\boldsymbol{I}_6 \end{bmatrix} < 0 \tag{3-85}$$

此时，不等式(3－64)与式(3－84)及等式(3－65)的求解问题便被转化为如下的最小值问题：

$$\text{Min } v, \text{ s. t.式}(3-64)\text{、式}(3-84)\text{ 和式}(3-85)$$

为解决上述的最小值问题，可以选择充分小的正标量 v，然后基于 Matlab/LMI 工具箱中的求解器 feasp 求解不等式(3－64)、式(3－84)和式(3－85)，进而得到矩阵 $\boldsymbol{P}_i$、$\boldsymbol{Y}_i$ 和 $\boldsymbol{L}_{2i}$。此外，还可以使用 Matlab/LMI 工具箱中的 minx 求解器解决上述最小值问题。

根据**定理 3.1**，所提 ILO 的设计步骤如下：

步骤 1：选择合适的正标量 β 和 μ_i，计算参数 $\eta_i=1+\mu_i$ 及 $Q_{2i}=1/\beta\eta_i$；

步骤 2：选择充分小的正标量 ϖ_i，然后通过式(3－78)求解矩阵 $\boldsymbol{Q}_{1i}$；

步骤 3：选择充分小的正标量 v，然后使用 Matlab/LMI 工具箱中的求解器 feasp 求解不等式(3－64)、式(3－84)和式(3－85)，得到 $\boldsymbol{P}_i$、$\boldsymbol{Y}_i$ 和 $\boldsymbol{L}_{2i}$；

步骤 4：基于步骤 3 中获得的矩阵 P_i 和 $\boldsymbol{Y}_i$，计算矩阵 $\boldsymbol{L}_{1i}=\boldsymbol{P}_i^{-1}\boldsymbol{Y}_i$；

步骤 5：选择合适的学习间隔 τ，然后基于以上步骤获得的矩阵和参数建立 ILO。

注 5：式(3－61)中的 $\gamma_i \mathrm{sign}(\boldsymbol{y}_i(t)-\hat{\boldsymbol{y}}_i(t))$ 项用于实现 ILO 对外部空间摄动的鲁棒性。为达到这一目的，在**定理 3.1** 中给出了参数 γ_i 和空间摄动需要满足的条件(3－67)。显然，所提的 ILO 式(3－61)可以在空间摄动的情况下精确地重构推力器故障。

基于**定理 3.1**，针对卫星编队控制系统出现推力器故障的情况，可以得到以下推论。

推论 3.1：假设 $\boldsymbol{Q}_{1i}=\boldsymbol{I}_3$，如果存在正定对称矩阵 $\boldsymbol{P}_i\in\mathbb{R}^{6\times6}$，矩阵 $\boldsymbol{L}_{2i}\in\mathbb{R}^{3\times6}$，$\boldsymbol{Y}_i\in\mathbb{R}^{6\times6}$ 及正标量 γ_i 使得式(3－64)、式(3－65)和式(3－67)成立，则所提的 ILO 式(3－61)可以渐近重构推力器故障，观测器矩阵 $\boldsymbol{L}_{1i}=\boldsymbol{P}_i^{-1}\boldsymbol{Y}_i$。

证明：推论 3.1 的详细证明过程与**定理 3.1** 相似，因此省略其证明过程。

注 6：基于**假设 3.1**，根据**定理 3.1** 设计的鲁棒 ILO 可以保证状态估计误差和故障重构误差最终一致有界，从而可以精确重构推力器故障。由式(3－68)可知，当推力器出现常值故障且 ILO 增益矩阵 $\boldsymbol{Q}_{1i}=\boldsymbol{I}_3$ 时，$\Delta\boldsymbol{f}_i(t)\equiv0$。因此，基于推论 3.1 设计的 ILO 可以实现推进器常值故障的渐近重构和无偏重构。

3.3.3.2 基于 LSF²TC 的构型维持容错控制

本小节针对卫星编队控制系统，基于鲁棒 ILO 重构的推进器故障信号设计了一种学习状态反馈容错控制器(LSF²TC)方法，保证了编队系统在出现推力器故障和存在空间扰动的情况下，可以精确地跟踪期望构型、保持稳定。跟踪容错控制系统的结构图如图 3－29 所示。

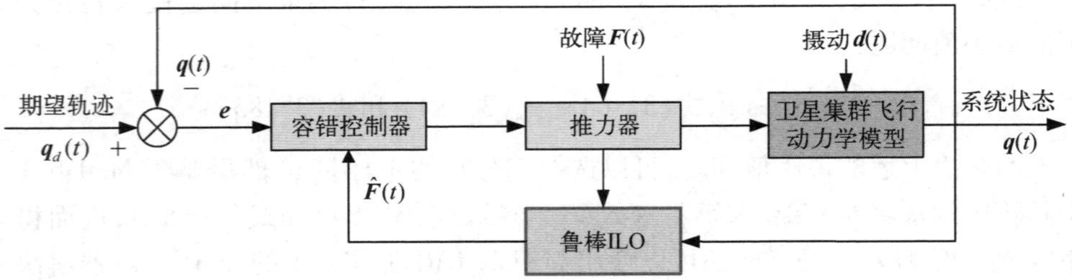

图 3－29　构型维持容错控制结构图

1. 学习状态反馈容错控制器设计

定义无控和无摄动作用的标称构型如下：

$$\begin{cases}\dot{\boldsymbol{q}}_{0i}=\boldsymbol{A}\boldsymbol{q}_{0i}\\ \boldsymbol{y}_{0i}=\boldsymbol{C}\boldsymbol{q}_{0i}\end{cases}\tag{3-86}$$

式中，$\boldsymbol{q}_{0i}$ 是标称构型的系统状态。定义状态跟踪误差 $\boldsymbol{e}_{qi}(t)$ 和输出跟踪误差 $\boldsymbol{e}_{yi}(t)$ 为

$$\begin{cases} \boldsymbol{e}_{qi}(t) = \boldsymbol{q}_{0i}(t) - \boldsymbol{q}_i(t) \\ \boldsymbol{e}_{yi}(t) = \boldsymbol{y}_{0i}(t) - \boldsymbol{y}_i(t) \end{cases} \tag{3-87}$$

由式(2－90)、式(3－86)和式(3－87)可得卫星编队构型跟踪误差的动力学模型为

$$\begin{cases} \dot{\boldsymbol{e}}_{qi} = \boldsymbol{A}\boldsymbol{e}_{qi} - \boldsymbol{B}\boldsymbol{u}_i - \boldsymbol{E}\boldsymbol{d}_i(t) - \boldsymbol{H}\boldsymbol{F}_i(t) \\ \boldsymbol{e}_{yi} = \boldsymbol{C}\boldsymbol{e}_{qi} \end{cases} \tag{3-88}$$

为了跟踪标称系统的期望状态,实现在推力器故障和空间摄动影响下的构型维持,基于 ILO 获得的故障重构信号,建立如下的学习状态反馈容错跟踪控制器:

$$\boldsymbol{u}_{fi}(t) = \pi_i(t)\boldsymbol{K}_i\boldsymbol{e}_{qi}(t) - \boldsymbol{B}^{+}\boldsymbol{E}\boldsymbol{O}_i(t) - \boldsymbol{B}^{+}\boldsymbol{H}\hat{\boldsymbol{F}}_i(t) \tag{3-89}$$

式中,$\boldsymbol{O}_i(t)$ 是空间摄动力和故障重构误差的综合补偿项;$\boldsymbol{B}^{+}\boldsymbol{H}\hat{\boldsymbol{F}}_i(t)$ 为故障补偿项;$\boldsymbol{B}^{+}$ 是 $\boldsymbol{B}$ 的广义逆矩阵;$\boldsymbol{K}_i \in \mathbb{R}^{3\times 6}$ 是待设计的增益矩阵;$\pi_i(t)$ 是一个学习参数,用于处理潜在的不确定性,其可由如下的迭代学习算法得到:

$$\pi_i(t) = G_{1i}\pi_i(t-\tau) + G_{2i}\boldsymbol{e}_{qi}^{\mathrm{T}}\boldsymbol{K}_i^{\mathrm{T}}K_i\boldsymbol{e}_{qi} \tag{3-90}$$

式中,对角矩阵 G_{1i} 和 G_{2i} 为待设计的标量。

学习参数 $\boldsymbol{O}_i(t)$ 由如下的迭代学习算法得到:

$$\boldsymbol{O}_i(t) = \boldsymbol{G}_{3i}\boldsymbol{O}_i(t-\tau) + G_{4i}\boldsymbol{K}_i\boldsymbol{e}_{qi}(t) \tag{3-91}$$

式中,$\boldsymbol{G}_{3i} = \mathrm{diag}\{g_1, g_2, g_3\}$, $g_j > 0$, $j = 1, 2, 3$;G_{4i} 为标量。

将式(3－89)代入式(3－88),可得卫星编队的闭环跟踪误差系统为

$$\begin{cases} \dot{\boldsymbol{e}}_{qi} = (\boldsymbol{A} - \boldsymbol{B}\pi_i\boldsymbol{K}_i)\boldsymbol{e}_{q_i}(t) - \boldsymbol{E}\boldsymbol{e}_{hi}(t) \\ \boldsymbol{e}_{yi} = \boldsymbol{C}\boldsymbol{e}_{qi} \end{cases} \tag{3-92}$$

式中,$\boldsymbol{e}_{hi}(t) = \boldsymbol{h}_i(t) - \boldsymbol{O}_i(t)$, $\boldsymbol{h}_i(t) = \boldsymbol{d}_i(t) + \boldsymbol{e}_{Fi}(t)$ 为包含空间摄动力和故障重构误差的综合干扰力。

2. 学习状态反馈容错控制器稳定性分析

为了保证集群构型跟踪误差动力学系统(3－88)在控制器(3－89)的作用下具有稳定性和收敛性,下面详细给出闭环构型跟踪误差动力学(3－92)的稳定性证明及所需定理。

定理 3.2:考虑在控制器(3－89)作用下的集群构型跟踪误差动力学系统(3－92),如果存在正定对称矩阵 $\tilde{\boldsymbol{P}}_i \in \mathbb{R}^{6\times 6}$、$\boldsymbol{Q}_i \in \mathbb{R}^{6\times 6}$ 和 $\boldsymbol{G}_{3i} \in \mathbb{R}^{3\times 3}$,矩阵 $\boldsymbol{K}_i \in \mathbb{R}^{3\times 6}$ 和标量 G_{1i} 使得如下条件成立:

$$\tilde{\boldsymbol{P}}_i\boldsymbol{A} + \boldsymbol{A}^{\mathrm{T}}\tilde{\boldsymbol{P}}_i - \tilde{\boldsymbol{P}}_i\boldsymbol{B}\boldsymbol{B}^{\mathrm{T}}\tilde{\boldsymbol{P}}_i = -\boldsymbol{Q}_i \tag{3-93}$$

$$\boldsymbol{K}_i = \boldsymbol{B}^{\mathrm{T}}\tilde{\boldsymbol{P}}_i \tag{3-94}$$

$$(1+\mu_{1i}+\gamma_{3i})G_{1i}^2 - 1 < 0 \tag{3-95}$$

$$(1+\mu_{1i}+\gamma_{2i})\boldsymbol{G}_3^{\mathrm{T}}\boldsymbol{G}_3 - I_3 < 0 \tag{3-96}$$

式中，μ_{1i}、γ_{2i} 和 γ_{3i} 均为正标量，则集群闭环构型跟踪误差动力学(3-92)最终一致有界。

证明：定义

$$\begin{cases}\boldsymbol{\rho}_{1i}(t) = \boldsymbol{h}_i(t) - \boldsymbol{G}_{3i}\boldsymbol{h}_i(t-\tau)\\ \boldsymbol{\rho}_{2i}(t) = \boldsymbol{O}_i(t) - \boldsymbol{G}_{3i}\boldsymbol{O}_i(t-\tau)\\ \rho_{3i}(t) = \Sigma_i(t) - G_{1i}\Sigma(t-\tau)\\ \rho_{4i}(t) = \pi_i(t) - G_{1i}\pi_i(t-\tau)\end{cases} \tag{3-97}$$

式中，$\Sigma_i(t)$ 为 $\pi_i(t)$ 的自适应学习项。

将式(3-90)和式(3-91)代入式(3-97)可得

$$\begin{cases}\boldsymbol{\rho}_{2i}(t) = G_{4i}\boldsymbol{K}_i\boldsymbol{e}_{qi}(t)\\ \rho_{4i}(t) = G_{2i}\boldsymbol{e}_{qi}^{\mathrm{T}}\boldsymbol{K}_i\boldsymbol{K}_i\boldsymbol{e}_{qi}(t)\end{cases} \tag{3-98}$$

令 $e_{\Gamma i}(t) = \Sigma_i(t) - \pi_i(t)$，则有

$$\begin{cases}\boldsymbol{e}_{hi}(t) = \boldsymbol{\rho}_{1i}(t) - \boldsymbol{\rho}_{2i}(t) + \boldsymbol{G}_{3i}\boldsymbol{e}_{hi}(t-\tau)\\ e_{\Gamma i}(t) = \rho_{3i}(t) - \rho_{4i}(t) + G_{1i}e_{\Gamma i}(t-\tau)\end{cases} \tag{3-99}$$

基于上式，可得 $\pi_i(t)$ 的另一种表达式为

$$\begin{aligned}\pi_i(\boldsymbol{t}) &= \Sigma_i(\boldsymbol{t}) - e_{\Gamma i}(\boldsymbol{t})\\ &= \Sigma_i(\boldsymbol{t}) - [\rho_{3i}(t) - \rho_{4i}(t) + G_{1i}e_{\Gamma i}(t-\tau)]\end{aligned} \tag{3-100}$$

将式(3-100)代入式(3-92)可得

$$\begin{aligned}\dot{\boldsymbol{e}}_{qi}(t) = {} & (\boldsymbol{A} - \boldsymbol{B}\Sigma_i\boldsymbol{K}_i)\boldsymbol{e}_{qi}(t) + \boldsymbol{B}[G_1 e_{\Gamma i}(t-\tau) + \rho_{3i}(t) - \rho_{4i}(t)]\boldsymbol{K}_i\boldsymbol{e}_{qi}(t)\\ & - \boldsymbol{B}[\boldsymbol{G}_{3i}\boldsymbol{e}_{hi}(t-\tau) + \boldsymbol{\rho}_{1i}(t) - \boldsymbol{\rho}_{2i}(t)]\end{aligned} \tag{3-101}$$

选取如下的 Lyapunov 函数：

$$\boldsymbol{V}(\boldsymbol{t}) = \sum_{i=1}^{N}\left[\boldsymbol{e}_{qi}^{\mathrm{T}}\tilde{\boldsymbol{P}}_i\boldsymbol{e}_{qi} + \beta_1\int_{t-\tau}^{t}\boldsymbol{e}_{hi}^{\mathrm{T}}(\boldsymbol{s})\boldsymbol{e}_{hi}(\boldsymbol{s})\mathrm{d}s + \boldsymbol{l}\int_{t-\tau}^{t}e_{\Gamma i}^{\mathrm{T}}(\boldsymbol{s})e_{\Gamma i}(\boldsymbol{s})\mathrm{d}\boldsymbol{s}\right] \tag{3-102}$$

式中，$\beta_1 > 0,\ l > 0$。对上式中的 Lyapunov 函数求导可得

$$\begin{aligned}\dot{V}(t) = \sum_{i=1}^{N} \{ & \boldsymbol{e}_{qi}^{\mathrm{T}}(\tilde{\boldsymbol{P}}_i\boldsymbol{A} + \boldsymbol{A}^{\mathrm{T}}\tilde{\boldsymbol{P}}_i - 2\Sigma_i\tilde{\boldsymbol{P}}_i\boldsymbol{B}\boldsymbol{K}_i)\boldsymbol{e}_{qi} + 2\boldsymbol{e}_{qi}^{\mathrm{T}}\tilde{\boldsymbol{P}}_i\boldsymbol{B}[G_1 e_{\Gamma i}(t-\tau) + \rho_{3i}(t) \\ & - \rho_{4i}(t)]\boldsymbol{K}_i\boldsymbol{e}_{qi} - 2\boldsymbol{e}_{qi}^{\mathrm{T}}\tilde{\boldsymbol{P}}_i\boldsymbol{B}[\boldsymbol{G}_{3i}\boldsymbol{e}_{hi}(t-\tau) + \rho_{1i}(t) - \rho_{2i}(t)] \\ & + \beta_1[-\mu_{1i}\boldsymbol{e}_{hi}^{\mathrm{T}}(t)\boldsymbol{e}_h(t) + (1+\mu_{1i})\boldsymbol{e}_{hi}^{\mathrm{T}}(t)\boldsymbol{e}_{hi}(t) \\ & - \boldsymbol{e}_{hi}^{\mathrm{T}}(t-\tau)\boldsymbol{e}_{hi}(t-\tau)] + l[-\mu_{1i}e_{\Gamma i}^{\mathrm{T}}(t)e_{\Gamma i}(t) \\ & + (1+\mu_{1i})e_{\Gamma i}^{\mathrm{T}}(t)e_{\Gamma i}(t) - e_{\Gamma i}^{\mathrm{T}}(t-\tau)e_{\Gamma i}(t-\tau)]\}\end{aligned} \tag{3-103}$$

式中，$\mu_1 \geqslant 0$。将式(3-99)代入式(3-103)可进一步得到

$$\begin{aligned}\dot{V}(t) = \sum_{i=1}^{N} \{ & \boldsymbol{e}_{qi}^{\mathrm{T}}(\tilde{\boldsymbol{P}}_i\boldsymbol{A} + \boldsymbol{A}^{\mathrm{T}}\tilde{\boldsymbol{P}}_i - 2\Sigma_i\tilde{\boldsymbol{P}}_i\boldsymbol{B}\boldsymbol{K}_i)\boldsymbol{e}_{qi} + 2\boldsymbol{e}_{qi}^{\mathrm{T}}\tilde{\boldsymbol{P}}_i\boldsymbol{B}[G_{1i}e_{\Gamma i}(t-\tau) \\ & + \rho_{3i}(t) - \rho_{4i}(t)]\boldsymbol{K}_i\boldsymbol{e}_{qi} - 2\boldsymbol{e}_{qi}^{\mathrm{T}}\tilde{\boldsymbol{P}}_i\boldsymbol{B}[\boldsymbol{G}_{3i}\boldsymbol{e}_{hi}(t-\tau) + \boldsymbol{\rho}_{1i}(t) \\ & - \boldsymbol{\rho}_{2i}(t)] - \beta_1\mu_{1i}\boldsymbol{e}_{hi}^{\mathrm{T}}(t)\boldsymbol{e}_{hi}(t) + \beta_1(1+\mu_{1i})[\boldsymbol{\rho}_{1i}^{\mathrm{T}}(t)\boldsymbol{\rho}_{1i}(t) \\ & + \boldsymbol{\rho}_{2i}^{\mathrm{T}}(t)\boldsymbol{\rho}_{2i}(t) + \boldsymbol{e}_{hi}^{\mathrm{T}}(t-\tau)\boldsymbol{G}_{3i}^{\mathrm{T}}\boldsymbol{G}_{3i}\boldsymbol{e}_{hi}(t-\tau) + 2\boldsymbol{e}_{hi}^{\mathrm{T}}(t-\tau)\boldsymbol{G}_{3i}^{\mathrm{T}}\boldsymbol{\rho}_{1i}(t) \\ & - 2\boldsymbol{\rho}_{2i}^{\mathrm{T}}(t)\boldsymbol{G}_{3i}\boldsymbol{e}_{hi}(t-\tau) - 2\rho_{2i}^{\mathrm{T}}(t)\rho_{1i}(t)] - \beta_1\boldsymbol{e}_{hi}^{\mathrm{T}}(t-\tau)\boldsymbol{e}_{hi}(t-\tau) \\ & - l\mu_{1i}e_{\Gamma i}^{\mathrm{T}}(t)e_{\Gamma i}(t) + l(1+\mu_{1i})[\rho_{3i}^{\mathrm{T}}(t)\rho_{3i}(t) + \rho_{4i}^{\mathrm{T}}(t)\rho_{4i}(t) \\ & + e_{\Gamma i}^{\mathrm{T}}(t-\tau)G_{1i}^{\mathrm{T}}G_{1i}e_{\Gamma i}(t-\tau) + 2e_{\Gamma i}^{\mathrm{T}}(t-\tau)G_{1i}^{\mathrm{T}}\rho_{3i}(t) - 2\rho_{4i}^{\mathrm{T}}(t)G_{1i}e_{\Gamma i}(t-\tau) \\ & - 2\rho_{4i}^{\mathrm{T}}(t)\rho_{3i}(t)] - le_{\Gamma i}^{\mathrm{T}}(t-\tau)e_{\Gamma i}(t-\tau)\}\end{aligned} \tag{3-104}$$

若**定理 3.2** 中的条件(3-93)成立，则根据式(3-98)可以得到

$$\begin{cases} 2\boldsymbol{e}_{qi}^{\mathrm{T}}\tilde{\boldsymbol{P}}_i\boldsymbol{B}\boldsymbol{K}_i\boldsymbol{e}_{qi} = 2\rho_4/G_{2i} \\ 2\boldsymbol{e}_{qi}^{\mathrm{T}}\tilde{\boldsymbol{P}}_i\boldsymbol{B} = 2\boldsymbol{\rho}_{2i}^{\mathrm{T}}/G_{4i} \end{cases} \tag{3-105}$$

进一步定义 $G_{2i} = 1/l(1+\mu_{1i})$，$G_{4i} = -1/\beta_1(1+\mu_{1i})$，则式(3-104)可以被简化为

$$\begin{aligned}\dot{\boldsymbol{V}}(\boldsymbol{t}) \leqslant \sum_{i=1}^{N} \{ & \boldsymbol{e}_{qi}^{\mathrm{T}}(\tilde{\boldsymbol{P}}_i\boldsymbol{A} + \boldsymbol{A}^{\mathrm{T}}\tilde{\boldsymbol{P}}_i - 2\Sigma_i\tilde{\boldsymbol{P}}_i\boldsymbol{B}\boldsymbol{K}_i)\boldsymbol{e}_{qi} - \beta_1\mu_{1i}\boldsymbol{e}_{hi}^{\mathrm{T}}(t)\boldsymbol{e}_{hi}(t) \\ & + \beta_1(1+\mu_{1i})[\boldsymbol{\rho}_{1i}^{\mathrm{T}}(t)\boldsymbol{\rho}_{1i}(t) + \boldsymbol{e}_{hi}^{\mathrm{T}}(t-\tau)\boldsymbol{G}_{3i}^{\mathrm{T}}\boldsymbol{G}_{3i}\boldsymbol{e}_{hi}(t-\tau) \\ & + 2\boldsymbol{e}_{hi}^{\mathrm{T}}(t-\tau)\boldsymbol{G}_{3i}^{\mathrm{T}}\boldsymbol{\rho}_{1i}(t)] - \beta_1\boldsymbol{e}_{hi}^{\mathrm{T}}(t-\tau)\boldsymbol{e}_{hi}(t-\tau) \\ & - l\mu_{1i}e_{\Gamma i}^{\mathrm{T}}(t)e_{\Gamma i}(t) + l(1+\mu_{1i})[\rho_{3i}^{\mathrm{T}}(t)\rho_{3i}(t) + e_{\Gamma i}^{\mathrm{T}}(t-\tau)G_{1i}^{\mathrm{T}}G_{1i}e_{\Gamma i}(t-\tau) \\ & + 2e_{\Gamma i}^{\mathrm{T}}(t-\tau)G_{1i}^{\mathrm{T}}\rho_{3i}(t)] - le_{\Gamma i}^{\mathrm{T}}(t-\tau)e_{\Gamma i}(t-\tau)\}\end{aligned} \tag{3-106}$$

基于杨氏不等式,可知如下不等式成立:

$$\begin{cases}2(1+\mu_{1i})\boldsymbol{e}_{hi}^{\mathrm{T}}(t-\tau)\boldsymbol{G}_{3i}^{\mathrm{T}}\boldsymbol{\rho}_{1i}(t)\leqslant\gamma_{2i}\boldsymbol{e}_{hi}^{\mathrm{T}}(t-\tau)\boldsymbol{G}_{3i}^{\mathrm{T}}\boldsymbol{G}_{3i}\boldsymbol{e}_{hi}(t-\tau)+\dfrac{(1+\mu_{1i})^2}{\gamma_{2i}}\boldsymbol{\rho}_{1i}^{\mathrm{T}}(t)\boldsymbol{\rho}_{1i}(t)\\2(1+\mu_{1i})\boldsymbol{e}_{\Gamma i}^{\mathrm{T}}(t-\tau)\boldsymbol{G}_{1i}^{\mathrm{T}}\boldsymbol{\rho}_{3i}(t)\leqslant\gamma_{3i}\boldsymbol{e}_{\Gamma i}^{\mathrm{T}}(t-\tau)\boldsymbol{G}_{1i}^{\mathrm{T}}\boldsymbol{G}_{1i}\boldsymbol{e}_{\Gamma i}(t-\tau)+\dfrac{(1+\mu_{1i})^2}{\gamma_{3i}}\boldsymbol{\rho}_{3i}^{\mathrm{T}}(t)\boldsymbol{\rho}_{3i}(t)\end{cases}\tag{3-107}$$

式中,$\gamma_{2i}>0$,$\gamma_{3i}>0$。

根据式(3-107),不等式(3-106)可被简化为

$$\begin{aligned}\dot{\boldsymbol{V}}(\boldsymbol{t})\leqslant{}&\boldsymbol{e}_{qi}^{\mathrm{T}}[\tilde{\boldsymbol{P}}_i\boldsymbol{A}+\boldsymbol{A}^{\mathrm{T}}\tilde{\boldsymbol{P}}_i-2\Sigma_i\boldsymbol{K}_i^{\mathrm{T}}\boldsymbol{K}_i]\boldsymbol{e}_{qi}-\beta_1\mu_{1i}\boldsymbol{e}_{hi}^{\mathrm{T}}(t)\boldsymbol{e}_{hi}(t)-l\mu_{1i}\boldsymbol{e}_{\Gamma i}^{\mathrm{T}}(t)\boldsymbol{e}_{\Gamma i}(t)\\&+\beta_1\boldsymbol{e}_{hi}^{\mathrm{T}}(t-\tau)[(\eta_{1i}+\gamma_{2i})\boldsymbol{G}_{3i}^2-\boldsymbol{I}_3]\boldsymbol{e}_{hi}(t-\tau)+\beta_1\left(\eta_{1i}+\frac{\eta_1^2}{\gamma_{2i}}\right)\boldsymbol{\rho}_{1i}^{\mathrm{T}}(t)\boldsymbol{\rho}_{1i}(t)\\&+\boldsymbol{l}\boldsymbol{e}_{\Gamma i}^{\mathrm{T}}(t-\tau)[(\eta_{1i}+\gamma_{3i})\boldsymbol{G}_{1i}^2-1]\boldsymbol{e}_{\Gamma i}(t-\tau)+\boldsymbol{l}\left(\eta_{1i}+\frac{\eta_1^2}{\gamma_{3i}}\right)\boldsymbol{\rho}_{3i}^{\mathrm{T}}(t)\boldsymbol{\rho}_{3i}(t)\end{aligned}\tag{3-108}$$

式中,$\eta_{1i}=1+\mu_{1i}$。

若**定理 3.2** 中的条件(3-95)和(3-96)成立,则不等式(3-108)可进一步被简化为

$$\begin{aligned}\dot{\boldsymbol{V}}(\boldsymbol{t})\leqslant{}&\boldsymbol{e}_{qi}^{\mathrm{T}}[\tilde{\boldsymbol{P}}_i\boldsymbol{A}+\boldsymbol{A}^{\mathrm{T}}\tilde{\boldsymbol{P}}_i-2\Sigma_i\boldsymbol{K}_i^{\mathrm{T}}\boldsymbol{K}_i]\boldsymbol{e}_{qi}-\beta_1\mu_{1i}\boldsymbol{e}_{hi}^{\mathrm{T}}(t)\boldsymbol{e}_{hi}(t)-l\mu_{1i}\boldsymbol{e}_{\Gamma i}^{\mathrm{T}}(t)\boldsymbol{e}_{\Gamma i}(t)\\&+\beta_1\left(\eta_{1i}+\frac{\eta_1^2}{\gamma_{2i}}\right)\boldsymbol{\rho}_{1i}^{\mathrm{T}}(t)\boldsymbol{\rho}_{1i}(t)+\boldsymbol{l}\left(\eta_{1i}+\frac{\eta_1^2}{\gamma_{3i}}\right)\boldsymbol{\rho}_{3i}^{\mathrm{T}}(t)\boldsymbol{\rho}_{3i}(t)\end{aligned}\tag{3-109}$$

根据式(3-97)可得如下条件:

$$\begin{cases}\|\boldsymbol{\rho}_{1i}\|\leqslant\|\boldsymbol{h}_i(t)\|+\|\boldsymbol{G}_{3i}\|\cdot\|\boldsymbol{h}_i(t-\tau)\|\leqslant\|\boldsymbol{\rho}_{1i}\|_{\max}\\\|\boldsymbol{\rho}_{3i}\|\leqslant\|\Sigma_i(t)\|+\|\boldsymbol{G}_{1i}\|\cdot\|\Sigma_i(t-\tau)\|\leqslant\|\boldsymbol{\rho}_{3i}\|_{\max}\end{cases}\tag{3-110}$$

上式表明 $\boldsymbol{\rho}_{1i}(t)$ 和均为有界量。选择 $2\Sigma_{i\min}\geqslant1$,则根据 Lyapunov 稳定性理论,可得状态跟踪误差 $\boldsymbol{e}_{qi}(t)$,输出跟踪误差 $\boldsymbol{e}_{yi}(t)$ 和综合干扰补偿误差 $\boldsymbol{e}_{hi}(t)$ 最终一致有界。证明完毕。

进一步,给出基于**定理 3.2** 的学习状态反馈容错控制器设计步骤:

步骤 1:选择适当标量 l、β_1 和 μ_{1i},然后计算 $G_{2i}=1/l(1+\mu_{1i})$ 和 $G_{4i}=$

$-1/\beta_1(1+\mu_{1i})$；

步骤 2：选择适当矩阵 $\boldsymbol{Q}_i$，然后求解式和式(3-94)，可得矩阵 $\tilde{\boldsymbol{P}}_i$ 和 $\boldsymbol{K}_i$；

步骤 3：选择适当标量 γ_{2i} 和 γ_{3i}，然后根据式(3-95)和式(3-96)，求解 $\boldsymbol{G}_{1i}$ 和 $\boldsymbol{G}_{3i}$；

步骤 4：选择适当的学习间隔 τ，然后基于上述矩阵和标量参数设计控制器式(3-89)。

3.3.4　乘性故障构型维持容错控制

本节针对推力器乘性故障，基于线性动力学模型(3-58)提出另一种新型 ILO 实现乘性故障的快速精确重构，并基于迭代学习算法提出状态反馈主动容错控制方法，实现卫星编队构型的精确维持。

3.3.4.1　基于迭代学习观测器的乘性故障重构

1. 迭代学习观测器设计

$\boldsymbol{\Gamma}_i$ 为对角阵，由此可得

$$\boldsymbol{\Gamma}_i(t)\boldsymbol{u}_i(t)=\tilde{\boldsymbol{u}}_i(t)\boldsymbol{F}_i(t) \tag{3-111}$$

式中，$\tilde{\boldsymbol{u}}_i(t)=\mathrm{diag}\{u_x,\ u_y,\ u_z\}$；$\boldsymbol{F}_i(t)=[p_1,\ p_2,\ p_3]^{\mathrm{T}}$。因此，故障系统模型(3-58)可以表示为

$$\begin{cases}\dot{\boldsymbol{q}}_i=\boldsymbol{A}\boldsymbol{q}_i+\boldsymbol{B}\tilde{\boldsymbol{u}}_i\boldsymbol{F}_i+\boldsymbol{E}\boldsymbol{d}_i\\ \boldsymbol{y}_i=\boldsymbol{C}\boldsymbol{q}_i\end{cases} \tag{3-112}$$

针对推力器乘性故障，基于式(3-112)建立如下的 ILO：

$$\begin{cases}\dot{\hat{\boldsymbol{q}}}_i=\boldsymbol{A}\hat{\boldsymbol{q}}_i+\boldsymbol{B}\tilde{\boldsymbol{u}}_i\hat{\boldsymbol{F}}_i+\boldsymbol{L}_{1i}(\boldsymbol{y}_i(t)-\hat{\boldsymbol{y}}_i(t))+\gamma_i\mathrm{sign}(\boldsymbol{y}_i(t)-\hat{\boldsymbol{y}}_i(t))\\ \hat{\boldsymbol{y}}_i=\boldsymbol{C}\hat{\boldsymbol{q}}_i\\ \hat{\boldsymbol{F}}_i(t)=\boldsymbol{Q}_{1i}\hat{\boldsymbol{F}}_i(t-\tau)+\boldsymbol{Q}_{2i}\tilde{\boldsymbol{u}}_i\boldsymbol{L}_{2i}(\boldsymbol{y}_i(t)-\hat{\boldsymbol{y}}_i(t))\end{cases} \tag{3-113}$$

式中，$\hat{\boldsymbol{q}}_i\in\mathbb{R}^6$ 和 $\hat{\boldsymbol{y}}_i\in\mathbb{R}^6$ 分别为状态估计向量和测量输出估计向量；$\hat{\boldsymbol{F}}_i(t)$ 为乘性故障重构信号，对角矩阵 $\boldsymbol{Q}_{1i}=\mathrm{diag}\{\sigma_1,\ \sigma_2,\ \sigma_3\}$ 满足 $\sigma_j\in(0,\ 1]$，$j=1,\ 2,\ 3$；$\boldsymbol{L}_{1i}$ 和 $\boldsymbol{L}_{2i}$ 为待设计的 ILO 增益矩阵；γ_i 和 Q_{2i} 为正标量。

令系统的状态估计误差和乘性故障重构误差与式(3-62)中的定义相同，则估计误差方程可表示为

$$\dot{\boldsymbol{e}}_{qi}(t)=(\boldsymbol{A}-\boldsymbol{L}_{1i}\boldsymbol{C})\boldsymbol{e}_{qi}+\boldsymbol{B}\tilde{\boldsymbol{u}}_i\boldsymbol{e}_{Fi}+\boldsymbol{E}\boldsymbol{d}_i(t)-\gamma_i\boldsymbol{C}\mathrm{sign}(\boldsymbol{e}_{qi}) \tag{3-114}$$

为了利用 ILO[式(3-114)]重构推力器乘性故障，给出如下假设：

假设 3.2：$\boldsymbol{u}_i(t)$ 的分量 $u_{ji}(t)$，$j=x,\ y,\ z$ 满足持续激励条件，即存在正标量 ϕ_1、ϕ_2 和 Δt 使得如下条件成立：

$$\phi_1 \leqslant \int_t^{t+\Delta t} \boldsymbol{u}_{ji}(\boldsymbol{s})\boldsymbol{u}_{ji}(\boldsymbol{s})\,\mathrm{d}s \leqslant \phi_2,\ \forall \boldsymbol{t} \tag{3-115}$$

2. 迭代学习观测器稳定性分析

为了证明 ILO 的稳定性和收敛性，给出以下定理。

定理 3.3：若假设 3.1 和假设 3.2 成立且存在正定对称矩阵 $\boldsymbol{P}_i \in \mathbb{R}^{6\times6}$，$\boldsymbol{Q}_{1i} \in \mathbb{R}^{3\times3}$ 和矩阵 $\boldsymbol{L}_{2i} \in \mathbb{R}^{3\times6}$，$\boldsymbol{Y}_i \in \mathbb{R}^{6\times6}$ 以及正标量 γ_i 使得如下条件成立：

$$\boldsymbol{P}_i\boldsymbol{A} + \boldsymbol{A}^{\mathrm{T}}\boldsymbol{P}_i - \boldsymbol{Y}_i\boldsymbol{C} - \boldsymbol{C}^{\mathrm{T}}\boldsymbol{Y}_i^{\mathrm{T}} < 0 \tag{3-116}$$

$$(\boldsymbol{L}_{2i}\boldsymbol{C})^{\mathrm{T}} = \boldsymbol{P}_i\boldsymbol{B} \tag{3-117}$$

$$(\eta_i + \varpi_i)\boldsymbol{Q}_{1i}^2 - \boldsymbol{I}_3 \leqslant 0 \tag{3-118}$$

$$\gamma_i \geqslant \boldsymbol{d}_{\max} \tag{3-119}$$

式中，$\varpi_i > 0$，$\eta_i = 1 + \mu_i$ 且 $\mu_i \geqslant 0$，则状态估计误差 $\boldsymbol{e}_{qi}(t)$ 和推力器乘性故障重构误差 $\boldsymbol{e}_{Fi}(t)$ 最终一致有界，且矩阵 $\boldsymbol{L}_{1i} = \boldsymbol{P}_i^{-1}\boldsymbol{Y}_i$。

证明：定理 3.3 的证明与定理 3.1 相似，此处省略其证明过程。

注 3.7：不等式(3-116)和等式(3-117)的求解方法与定理 1 相同，此处不再赘述。

3.3.4.2 基于 $\mathrm{LSF^2TC}$ 的构型维持容错控制

本小节针对出现乘性故障的卫星编队控制系统，基于 ILO[式(3-113)]和迭代学习算法设计了另一种 $\mathrm{LSF^2TC}$，保证了编队系统可以精确地跟踪期望构型。

1. 学习状态反馈容错控制器设计

根据式(3-58)、式(3-86)和式(3-87)可得构型跟踪误差的动力学模型为

$$\begin{cases}\dot{\boldsymbol{e}}_{qi}(t) = \boldsymbol{A}\boldsymbol{e}_{qi}(t) - \boldsymbol{B}\hat{\boldsymbol{\Gamma}}_i\boldsymbol{u}_i - \boldsymbol{E}\boldsymbol{d}_i(t) - \boldsymbol{B}\boldsymbol{e}_{\Gamma i}\boldsymbol{u}_i \\ \boldsymbol{e}_{yi} = \boldsymbol{C}\boldsymbol{e}_{qi}\end{cases} \tag{3-120}$$

式中，$\boldsymbol{e}_{\Gamma i} = \Gamma_i - \hat{\Gamma}_i$。

为实现卫星编队系统在推力器故障和空间摄动影响下的构型维持，基于 ILO[式(3-113)]重构的故障信号，设计如下的学习状态反馈容错跟踪控制器：

$$\boldsymbol{u}_{fi} = \hat{\boldsymbol{\Gamma}}_i\boldsymbol{K}_i\boldsymbol{e}_{qi}(t) - \boldsymbol{B}^{+}\boldsymbol{E}\boldsymbol{O}_i(t) \tag{3-121}$$

式中，$\boldsymbol{B}^{+}$ 是 $\boldsymbol{B}$ 的广义逆矩阵；$\boldsymbol{K}_i \in \mathbb{R}^{3\times6}$ 是待设计的增益矩阵；$\boldsymbol{O}_i(t)$ 是空间摄动力和乘性故障重构误差的综合补偿项，其更新算法可以表示为

$$\boldsymbol{O}_i(t)=\boldsymbol{G}_{1i}\boldsymbol{O}_i(t-\tau)-\boldsymbol{K}_i\boldsymbol{e}_{qi}(t) \tag{3-122}$$

式中，$\boldsymbol{G}_{1i}=\mathrm{diag}\{\boldsymbol{g}_1,\boldsymbol{g}_2,\boldsymbol{g}_3\}$，$\boldsymbol{g}_j>0$，$j=1,2,3$。

将式(3－121)代入式(3－120)可得闭环构型跟踪误差系统为

$$\dot{\boldsymbol{e}}_{qi}(t)=(\boldsymbol{A}-\boldsymbol{B}\hat{\boldsymbol{\Gamma}}_i\boldsymbol{K}_i)\boldsymbol{e}_{qi}(t)-\boldsymbol{E}\boldsymbol{e}_{si}(t) \tag{3-123}$$

式中，$\boldsymbol{e}_{si}(t)=\boldsymbol{s}_i(t)-\boldsymbol{O}_i(t)$ 为综合干扰力估计误差，$\boldsymbol{s}_i(t)=\boldsymbol{d}_i(t)+\boldsymbol{e}_{\Gamma i}(t)\boldsymbol{u}_i(t)$ 为包含空间摄动力和故障重构误差的综合干扰力。

2. 学习状态反馈容错控制器稳定性分析

为设计控制器矩阵 $\boldsymbol{K}_i$ 和 $\boldsymbol{G}_{1i}$，使所提学习状态反馈容错控制器能够快速精确地维持卫星编队构型，给出如下定理。

定理 3.4： 考虑卫星编队构型跟踪误差[式(3－123)]，如果存在正定对称矩阵 $\tilde{\boldsymbol{P}}_i\in\mathbb{R}^{6\times6}$，$\boldsymbol{Q}_i\in\mathbb{R}^{3\times3}$，$\boldsymbol{G}_{1i}\in\mathbb{R}^{3\times3}$ 和矩阵 $\boldsymbol{K}_i\in\mathbb{R}^{3\times6}$ 使得如下条件成立：

$$\tilde{\boldsymbol{P}}_i\boldsymbol{A}+\boldsymbol{A}^{\mathrm{T}}\tilde{\boldsymbol{P}}_i-\frac{2}{\eta_i}\hat{\Gamma}_{i\min}\tilde{\boldsymbol{P}}_i\boldsymbol{B}\boldsymbol{B}^{\mathrm{T}}\tilde{\boldsymbol{P}}_i=-\boldsymbol{Q}_i \tag{3-124}$$

$$\boldsymbol{B}^{\mathrm{T}}\tilde{\boldsymbol{P}}_i=\eta_i\boldsymbol{K}_i \tag{3-125}$$

$$(\eta_i+\gamma_{4i})\boldsymbol{G}_{1i}^{\mathrm{T}}\boldsymbol{G}_{1i}-\boldsymbol{I}_3<0 \tag{3-126}$$

式中，$\gamma_{4i}>0$；$\eta_i=1+\mu_i$ 且 $\mu_1\geqslant0$，则状态跟踪误差 $\boldsymbol{e}_{qi}(t)$ 和综合干扰估计误差 $\boldsymbol{e}_{si}(t)$ 最终一致有界。

证明： 根据式(3－122)，$\boldsymbol{e}_{si}(t)$ 可以描述为

$$\begin{aligned}\boldsymbol{e}_{si}(t)&=\boldsymbol{s}_i(t)-\boldsymbol{G}_{1i}\boldsymbol{O}_i(t-\tau)+\boldsymbol{K}_i\boldsymbol{e}_{qi}(t)+\boldsymbol{G}_{1i}\boldsymbol{s}_i(t-\tau)-\boldsymbol{G}_{1i}\boldsymbol{s}_i(t-\tau)\\&=\boldsymbol{G}_{1i}\boldsymbol{e}_{si}(t-\tau)+\boldsymbol{K}_i\boldsymbol{e}_{qi}(t)+\tilde{\boldsymbol{s}}_i(t)\end{aligned} \tag{3-127}$$

式中，$\tilde{\boldsymbol{s}}_i(t)=\boldsymbol{s}_i(t)-\boldsymbol{G}_{1i}\boldsymbol{s}_i(t-\tau)$。基于上式可以得

$$\begin{aligned}\boldsymbol{e}_{si}^{\mathrm{T}}(t)\boldsymbol{e}_{si}(t)=&\,\boldsymbol{e}_{si}^{\mathrm{T}}(t-\tau)\boldsymbol{G}_{1i}^{\mathrm{T}}\boldsymbol{G}_{1i}\boldsymbol{e}_{si}(t-\tau)+2\boldsymbol{e}_{qi}^{\mathrm{T}}\boldsymbol{K}_i^{\mathrm{T}}\boldsymbol{G}_{1i}\boldsymbol{e}_{si}(t-\tau)+2\boldsymbol{e}_{qi}^{\mathrm{T}}\boldsymbol{K}_i^{\mathrm{T}}\tilde{\boldsymbol{s}}_i(t)\\&+2\boldsymbol{e}_{si}^{\mathrm{T}}(t-\tau)\boldsymbol{G}_{1i}^{\mathrm{T}}\tilde{\boldsymbol{s}}_i(t)+\boldsymbol{e}_{qi}^{\mathrm{T}}\boldsymbol{K}_i^{\mathrm{T}}\boldsymbol{K}_i\boldsymbol{e}_{qi}+\tilde{\boldsymbol{s}}_i^{\mathrm{T}}(t)\tilde{\boldsymbol{s}}_i(t)\end{aligned} \tag{3-128}$$

考虑如下的 Lyapunov 函数：

$$\boldsymbol{V}(t)=\sum_{i=1}^{N}\left[\boldsymbol{e}_{qi}^{\mathrm{T}}\tilde{\boldsymbol{P}}_i\boldsymbol{e}_{qi}+\int_{t-\tau}^{t}\boldsymbol{e}_{si}^{\mathrm{T}}(s)\boldsymbol{e}_{si}(s)\,\mathrm{d}s\right] \tag{3-129}$$

将式(3－129)对时间求导，可以得

$$\dot{\boldsymbol{V}}(t)=\sum_{i=1}^{N}[\boldsymbol{e}_{qi}^{\mathrm{T}}(\tilde{\boldsymbol{P}}_i\boldsymbol{A}+\boldsymbol{A}^{\mathrm{T}}\tilde{\boldsymbol{P}}_i-\tilde{\boldsymbol{P}}_i\boldsymbol{B}\hat{\boldsymbol{\Gamma}}_i\boldsymbol{K}_i-\boldsymbol{K}_i^{\mathrm{T}}\hat{\boldsymbol{\Gamma}}_i\boldsymbol{B}^{\mathrm{T}}\tilde{\boldsymbol{P}}_i)\boldsymbol{e}_{qi}-2\boldsymbol{e}_{qi}^{\mathrm{T}}\tilde{\boldsymbol{P}}_i\boldsymbol{E}\boldsymbol{e}_{si}(t)$$
$$-\mu_i\boldsymbol{e}_{si}^{\mathrm{T}}(t)\boldsymbol{e}_{si}(t)+\eta_i\boldsymbol{e}_{si}^{\mathrm{T}}(t)\boldsymbol{e}_{si}(t)-\boldsymbol{e}_{si}^{\mathrm{T}}(t-\tau)\boldsymbol{e}_{si}(t-\tau)] \tag{3-130}$$

式中，$\eta_i=1+\mu_i$，$\mu_1\geqslant 0$。将式(3－127)和式(3－128)代入式(3－130)可以得

$$\dot{\boldsymbol{V}}(t)=\sum_{i=1}^{N}\{\boldsymbol{e}_{qi}^{\mathrm{T}}(\tilde{\boldsymbol{P}}_i\boldsymbol{A}+\boldsymbol{A}^{\mathrm{T}}\tilde{\boldsymbol{P}}_i-\tilde{\boldsymbol{P}}_i\boldsymbol{B}\hat{\boldsymbol{\Gamma}}_i\boldsymbol{K}_i-\boldsymbol{K}_i^{\mathrm{T}}\hat{\boldsymbol{\Gamma}}_i\boldsymbol{B}^{\mathrm{T}}\tilde{\boldsymbol{P}}_i)\boldsymbol{e}_{qi}$$
$$-2\boldsymbol{e}_{qi}^{\mathrm{T}}(t)(\tilde{\boldsymbol{P}}_i\boldsymbol{B}-\eta_i\boldsymbol{K}_i^{\mathrm{T}})\boldsymbol{G}_{1i}\boldsymbol{e}_{si}(t-\tau)$$
$$-\boldsymbol{e}_{qi}^{\mathrm{T}}(t)(2\tilde{\boldsymbol{P}}_i\boldsymbol{B}-\eta_i\boldsymbol{K}_i^{\mathrm{T}})\boldsymbol{K}_i\boldsymbol{e}_{qi}(t)-2\boldsymbol{e}_{qi}^{\mathrm{T}}(t)(\tilde{\boldsymbol{P}}_i\boldsymbol{B}-\eta_i\boldsymbol{K}_i^{\mathrm{T}})\tilde{\boldsymbol{s}}_i(t)$$
$$-\mu_i\boldsymbol{e}_{si}^{\mathrm{T}}(t)\boldsymbol{e}_{si}(t)+\eta_i[\boldsymbol{e}_{si}^{\mathrm{T}}(t-\tau)\boldsymbol{G}_{1i}^{\mathrm{T}}\boldsymbol{G}_{1i}\boldsymbol{e}_{si}(t-\tau)+2\boldsymbol{e}_{si}^{\mathrm{T}}(t-\tau)\boldsymbol{G}_{1i}^{\mathrm{T}}\tilde{\boldsymbol{s}}_i(t)$$
$$+\tilde{\boldsymbol{s}}_i^{\mathrm{T}}(t)\tilde{\boldsymbol{s}}_i(t)]-\boldsymbol{e}_{si}^{\mathrm{T}}(t-\tau)\boldsymbol{e}_{si}(t-\tau)\} \tag{3-131}$$

若式(3－125)成立，则式(3－131)可简化为

$$\dot{\boldsymbol{V}}(t)\leqslant\sum_{i=1}^{N}\begin{bmatrix}\boldsymbol{e}_{qi}^{\mathrm{T}}\left(\tilde{\boldsymbol{P}}_i\boldsymbol{A}+\boldsymbol{A}^{\mathrm{T}}\tilde{\boldsymbol{P}}_i-\dfrac{2}{\eta_1}\hat{\boldsymbol{\Gamma}}_i\tilde{\boldsymbol{P}}_1\boldsymbol{B}\boldsymbol{B}^{\mathrm{T}}\tilde{\boldsymbol{P}}_i\right)\boldsymbol{e}_{qi}-\mu_i\boldsymbol{e}_{si}^{\mathrm{T}}(t)\boldsymbol{e}_{si}(t)\\+\eta_i\tilde{\boldsymbol{s}}_i^{\mathrm{T}}(t)\tilde{\boldsymbol{s}}_i(t)+\eta_i\boldsymbol{e}_{si}^{\mathrm{T}}(t-\tau)\boldsymbol{G}_{1i}^{\mathrm{T}}\boldsymbol{G}_{1i}\boldsymbol{e}_{si}(t-\tau)\\+2\eta_i\boldsymbol{e}_{si}^{\mathrm{T}}(t-\tau)\boldsymbol{G}_{1i}^{\mathrm{T}}\tilde{\boldsymbol{s}}_i(t)-\boldsymbol{e}_{si}^{\mathrm{T}}(t-\tau)\boldsymbol{e}_{si}(t-\tau)\end{bmatrix} \tag{3-132}$$

基于杨氏不等式，可得

$$2\eta_i\boldsymbol{e}_{si}^{\mathrm{T}}(t-\tau)\boldsymbol{G}_{1i}^{\mathrm{T}}\tilde{\boldsymbol{s}}_i(t)\leqslant\gamma_{4i}\boldsymbol{e}_{si}^{\mathrm{T}}(t-\tau)\boldsymbol{G}_{1i}^{\mathrm{T}}\boldsymbol{G}_{1i}\boldsymbol{e}_{si}(t-\tau)+\frac{\eta_i^2}{\gamma_{4i}}\tilde{\boldsymbol{s}}_i^{\mathrm{T}}(t)\tilde{\boldsymbol{s}}_i(t) \tag{3-133}$$

基于上式，式(3－132)可转化为

$$\dot{\boldsymbol{V}}(t)\leqslant\sum_{i=1}^{N}\left\{\begin{matrix}\boldsymbol{e}_{qi}^{\mathrm{T}}\left(\tilde{\boldsymbol{P}}_i\boldsymbol{A}+\boldsymbol{A}^{\mathrm{T}}\tilde{\boldsymbol{P}}_i-\dfrac{2}{\eta_i}\hat{\boldsymbol{\Gamma}}_i\tilde{\boldsymbol{P}}_1\boldsymbol{B}\boldsymbol{B}^{\mathrm{T}}\tilde{\boldsymbol{P}}_i\right)\boldsymbol{e}_{qi}-\mu_i\boldsymbol{e}_{si}^{\mathrm{T}}(t)\boldsymbol{e}_{si}(t)\\+\boldsymbol{e}_{si}^{\mathrm{T}}(t-\tau)[(\eta_i+\gamma_{4i})\boldsymbol{G}_{1i}^{\mathrm{T}}\boldsymbol{G}_{1i}-\boldsymbol{I}_3]\boldsymbol{e}_{si}(t-\tau)\\+\left(\eta_i+\dfrac{\eta_i^2}{\gamma_{4i}}\right)\tilde{\boldsymbol{s}}_i^{\mathrm{T}}(t)\tilde{\boldsymbol{s}}_i(t)\end{matrix}\right\} \tag{3-134}$$

由 $\tilde{\boldsymbol{s}}_i(t)$ 的定义可知其为有界量，则根据 Lyapunov 稳定性理论可知，当定理

3.4 中的条件满足时,系统(3-123)是渐近稳定的,状态跟踪误差 $\boldsymbol{e}_{qi}(t)$ 和综合干扰估计误差 $\boldsymbol{e}_{si}(t)$ 最终一致有界。证明完毕。

3.3.5 仿真分析

验证上述所提的故障重构方法和构型维持容错控制方法的有效性和优越性,本节以卫星编队系统中第一颗从星(即 $i=1$)为例,对所提方法进行仿真验证。取主星的轨道高度为 511 km,与“天绘二号”卫星系统的主星轨道高度相同。

3.3.5.1 加性故障构型维持容错控制仿真

选择卫星编队的空间摄动模型如下:

$$\boldsymbol{d}_1(t)=A_0\begin{bmatrix}1-1.5\sin(nt)\\0.5\sin(2nt)\\\sin(nt)\end{bmatrix}$$

式中,$A_0=1.2\times10^{-3}$ N。

考虑如下推力器故障场景:

(1) 当 $t\geqslant 1\,500$ s 时,x 轴上的推力器具有恒定故障,其值为 0.1 N;

(2) y 轴上的推力器没有故障;

(3) 当 $t\geqslant 2\,000$ s 时,z 轴上的推力器发生时变故障,其故障值设置为 $0.25\sin\left(0.05t+\dfrac{\pi}{4}\right)-0.2e^{-0.1t}$ N。具体的推力器故障工况如下:

$$F_x(t)=\begin{cases}0\ \text{N} & t\leqslant 1\,500\ \text{s}\\0.1\ \text{N} & t>1\,500\ \text{s}\end{cases}$$

$$F_y(t)=0\ \text{N}$$

$$F_z(t)=\begin{cases}0\ \text{N} & t\leqslant 2\,000\ \text{s}\\0.25\sin\left(0.05t+\dfrac{\pi}{4}\right)-0.2e^{-0.1t}\ \text{N} & t>2\,000\ \text{s}\end{cases}$$

1. 基于 ILO 的推力器加性故障重构仿真

选择 $\mu_1=0.001$, $\varpi_1=0.019\,3$ 和 $\beta=1$, 可得 $Q_{21}=0.999$, $Q_{11}=\mathrm{diag}\{0.99, 0.99, 0.99\}$。根据空间摄动 $\boldsymbol{d}_1(t)$ 选取 $\gamma_1=3.231\times10^{-3}$ 以满足定理 3.1 中的条件。为了保证 ILO 的动态性能,将矩阵 $\boldsymbol{A}-\boldsymbol{L}_{11}\boldsymbol{C}$ 的全部特征值配置到稳定区域 $S(-5, 2)$。令 $v=10^{-8}$,利用 Matlab/LMI 工具箱求解不等式(3-89)、式(3-109)和式(3-110),可得观测器矩阵 $\boldsymbol{L}_{21}$ 和 $\boldsymbol{L}_{11}$ 分别为

$$\boldsymbol{L}_{21}=\begin{bmatrix}0&0&0&456.259\,7&0&0\\0&0&0&0&456.256\,5&0\\0&0&0&0&0&456.260\,9\end{bmatrix}$$

$$
\boldsymbol{L}_{11} = \begin{bmatrix} 4.547\,1 & 0 & 0 & 1.000\,0 & 0 & 0 \\ 0 & 4.547\,1 & 0 & 0 & 1.000\,0 & 0 \\ 0 & 0 & 4.547\,1 & 0 & 0 & 1.000\,0 \\ 0 & 0 & 0 & 4.547\,0 & 0.003\,0 & 0 \\ 0 & 0 & 0 & -0.003\,0 & 4.547\,1 & 0 \\ 0 & 0 & 0 & 0 & 0 & 4.547\,1 \end{bmatrix}
$$

将仿真步长和学习间隔 τ 均设置为 0.001 s，建立 ILO 的数学仿真模型，对出现上述推力器故障的卫星编队构型控制系统进行仿真。图 3－30 给出了基于 ILO 的推力器故障重构仿真结果和故障重构误差仿真结果。图 3－30 表明基于定理 3.1 所设计的 ILO 不仅可以精确地重构 x 轴推力器的突变常值故障，还能够精确地重构 z 轴推力器的缓变故障。此外，所提 ILO 也可以对 y 轴推力器的无故障工况进行精确重构。

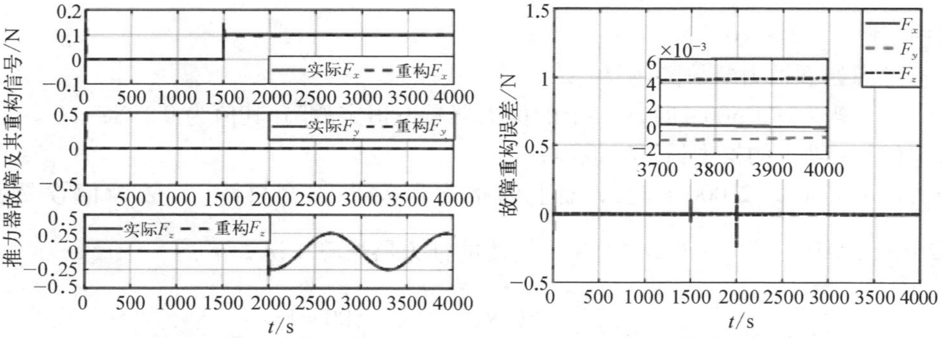

(a) 推力器加性故障重构结果　　(b) 推力器加性故障重构误差曲线

图 3－30　推力器加性故障重构结果和故障重构误差曲线图(定理 3.1)

图 3－31 给出了 ILO 的相对位置估计误差和相对速度的估计误差。结果表

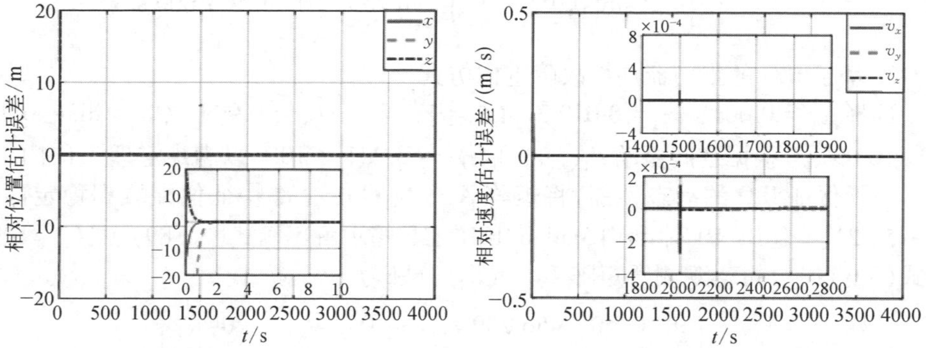

(a) 相对位置估计误差曲线图　　(b) 相对速度估计误差曲线图

图 3－31　基于 ILO 的相对位置和相对速度估计误差曲线图(定理 3.1)

明，在出现故障之前，所提 ILO 可以精确快速地估计卫星编队系统的相对位置和相对速度。出现不同故障时，运动状态的估计误差会小幅度地增加，但之后会在较短的时间内快速收敛到零域。因此，所提 ILO 可以在不同的故障工况下，实现对卫星编队系统相对位置和相对速度的精确估计。

2. 基于 LSF^{2}TC 的构型维持容错控制仿真

选择 $\mu_{1i} = 1 \times 10^{-4}$，$l = 1$ 和 $\beta_1 = 1$，可得 $G_{21} = 0.9999$，$G_{41} = -0.9999$。取 $\gamma_{2i} = 0.0009$，$\gamma_{3i} = 0.0009$，可进一步得到 $G_{1i} = 0.999$，$\boldsymbol{G}_{3i} = \mathrm{diag}\{0.999,\ 0.999,\ 0.999\}$。基于上述参数求解式(3－93)和式(3－94)可得

$$\tilde{P}_1 = \begin{bmatrix} 0.0007 & 0 & 0 & 0.0063 & 0.0002 & 0 \\ 0 & 0.0007 & 0 & -0.0002 & 0.0063 & 0 \\ 0 & 0 & 0.0007 & 0 & 0 & 0.0063 \\ 0.0063 & -0.0002 & 0 & 0.1127 & 0 & 0 \\ 0.0002 & 0.0063 & 0 & 0 & 0.1126 & 0 \\ 0 & 0 & 0.0063 & 0 & 0 & 0.1126 \end{bmatrix}$$

$$\boldsymbol{K}_1 = \begin{bmatrix} 0.0063 & -0.0002 & 0 & 0.1127 & 0 & 0 \\ 0.0002 & 0.0063 & 0 & 0 & 0.1126 & 0 \\ 0 & 0 & 0.0063 & 0 & 0 & 0.1126 \end{bmatrix}$$

将期望状态和实际跟踪状态的初始值设置为

$$\begin{cases} \boldsymbol{q}_0(0) = [-15,\ -688.6364,\ 20,\ -0.37875,\ 0.033,\ 0]^{\mathrm{T}} \\ \boldsymbol{q}(0) = [0,\ 0,\ 0,\ 0,\ 0,\ 0]^{\mathrm{T}} \end{cases}$$

将仿真步长和学习间隔 τ 均设置为 0.001 s，建立学习状态反馈容错控制器和卫星编队构型跟踪误差动力学模型，并对其进行仿真。

图 3－32 给出了构型维持过程中相对位置和相对速度的跟踪误差变化曲线。为了说明 LSF^{2}TC 方法的有效性和优越性，图 3－32 也给出了基于传统状态反馈容错控制（conventional state feedback fault tolerant control，CSF^{2}TC）方法（Yang et al.，2013）的构型维持仿真结果。由图 3－32（a）可知，基于 CSF^{2}TC 方法的相对位置跟踪误差在故障发生之后会增大，具体表现为偏离零域（x 轴）或者以一定的幅值上下波动（z 轴）；而基于 LSF^{2}TC 方法的相对位置跟踪误差以更高的精度收敛到零域。此外，与 CSF^{2}TC 方法相比，基于 LSF^{2}TC 方法的相对位置和相对速度跟踪误差在收敛过程中具有更小的超调量，表明其具有更好的动态控制性能。

表 3－3 给出了在相同仿真输入条件下，基于 LSF^{2}TC 方法和 CSF^{2}TC 方法的相对位置跟踪误差。由表中数据可以看出，LSF^{2}TC 方法和 CSF^{2}TC 方法的相对位置

(a) 相对位置跟踪误差曲线图　　　　　　　(b) 相对速度跟踪误差曲线图

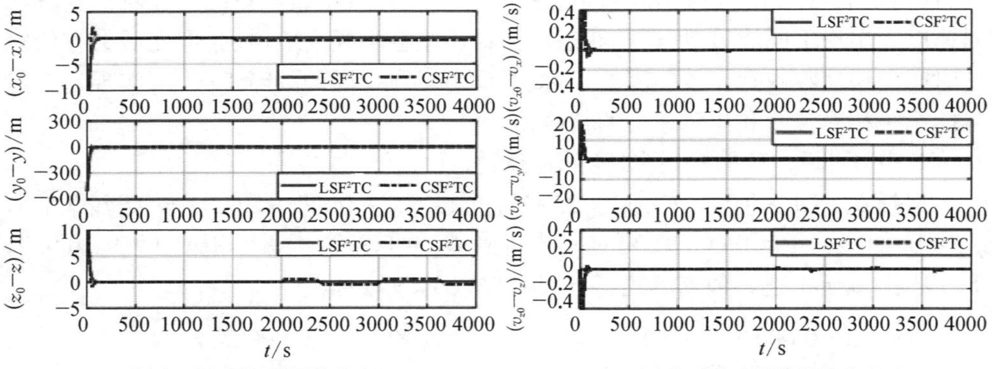

图 3－32　基于不同控制方法相对位置和相对速度跟踪误差曲线图(定理 3.2)

跟踪误差分别为 10^{-2} 和 10^{-1} 数量级,表明本节针对卫星编队系统所提的 LSF^2TC 方法具有更高的控制精度。

表 3－3　相对位置跟踪误差比较结果(定理 3.2)

误　差　项	LSF^2TC	CSF^2TC
$(x_0 - x)/\text{m}$	$-0.051\,0$	$-0.512\,3$
$(y_0 - y)/\text{m}$	$0.001\,0$	$0.010\,0$
$(z_0 - z)/\text{m}$	$-0.051\,0$	$-0.514\,6$

图 3－33 给出了基于两种控制方法的卫星编队构型维持三维跟踪轨迹,可以看出,LSF^2TC 方法比 CSF^2TC 方法具有更高的跟踪精度。结合图 3－32、图 3－33 以及表 3－3 可以得知,LSF^2TC 方法比 CSF^2TC 方法具有更好的构型维持控制性能。

图 3－34 给出了综合干扰力及其估计信号的仿真结果,可以看出所提迭代学习算法 $\boldsymbol{O}_i(t)$ 可以精确地估计综合干扰在各个坐标轴上的分量,这是 LSF^2TC 方法比 CSF^2TC 方法具有更好控制性能的主要原因。因此,本节基于 ILO 所设计的 LSF^2TC 方法可以在存在空间摄动和推力器故障的情况下实现高精度的构型维持,保证卫星编队系统的性能。

3.3.5.2　乘性故障构型维持容错控制仿真

选择如下空间摄动模型:

$$\boldsymbol{d}_1(t) = A_0 \begin{bmatrix} 5\sin(2nt) \\ 7\cos(2nt) \\ 3\cos(3nt) \end{bmatrix}$$

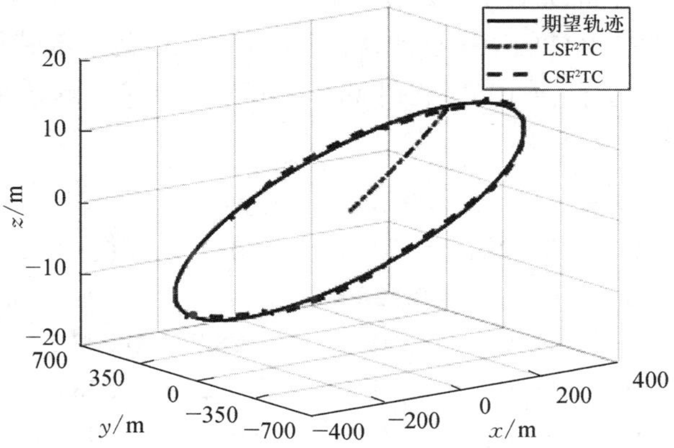

图 3-33　基于不同控制方法的构型维持三维跟踪轨迹曲线图(定理 3.2)

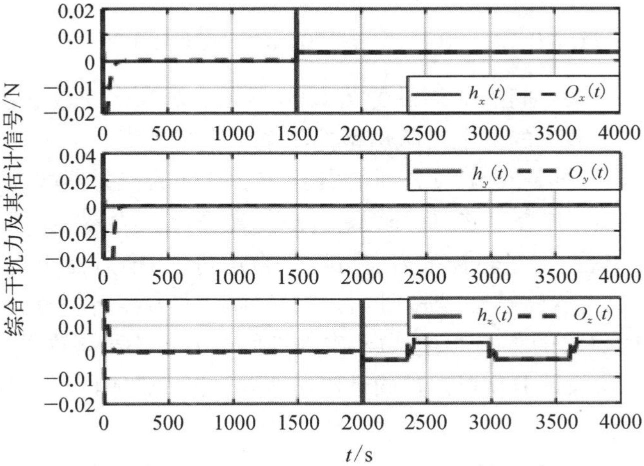

图 3-34　综合干扰力及其估计信号(定理 3.2)

式中,$A_0 = 1 \times 10^{-3}$ N。假设 x 轴推力器出现乘性突变故障,z 轴推力器出现乘性缓变故障,y 轴推力器没有出现故障,有效性因子的具体形式如下:

$$p_1(t) = \begin{cases} 100\% & t \leqslant 1\,000 \text{ s} \\ 50\% & t > 1\,000 \text{ s} \end{cases},\ p_2(t) = 100\%$$

$$p_3(t) = \begin{cases} 100\% & t \leqslant 1\,500 \text{ s} \\ [20\sin(3nt) + 70]\% & t > 1\,500 \text{ s} \end{cases}$$

1. 基于 ILO 的推力器乘性故障重构仿真

选择 $\mu_1 = 0.001$,$\varpi_1 = 0.019\,3$ 和 $\beta = 1$,可得 $Q_{21} = 0.999$,$Q_{11} = \text{diag}\{0.99$,

0.99, 0.99}。根据空间摄动模型 $\boldsymbol{d}_1(t)$ 选取 $\gamma_1 = 7.62 \times 10^{-3}$ 以满足定理 3.3 中的条件。为了保证所提 ILO 的动态性能，将矩阵 $\boldsymbol{A} - \boldsymbol{L}_{11}\boldsymbol{C}$ 的全部特征值配置到稳定区域 $S(-3, 2)$。选择 $v = 10^{-8}$，利用 Matlab/LMI 工具箱求解条件和，可得观测器矩阵 $\boldsymbol{L}_{11}$ 和 $\boldsymbol{L}_{21}$ 为

$$\boldsymbol{L}_{11} = \begin{bmatrix} 2.528\,8 & 0 & 0 & 1.000\,0 & 0 & 0 \\ 0 & 2.528\,8 & 0 & 0 & 1.000\,0 & 0 \\ 0 & 0 & 2.528\,8 & 0 & 0 & 1.000\,0 \\ 0 & 0 & 0 & 2.528\,9 & 0.002\,2 & 0 \\ 0 & 0 & 0 & -0.002\,2 & 2.528\,8 & 0 \\ 0 & 0 & 0 & 0 & 0 & 2.528\,9 \end{bmatrix}$$

$$\boldsymbol{L}_{21} = \begin{bmatrix} 0 & 0 & 0 & 461.441\,5 & 0 & 0 \\ 0 & 0 & 0 & 0 & 461.458\,8 & 0 \\ 0 & 0 & 0 & 0 & 0 & 461.433\,9 \end{bmatrix}$$

将仿真步长和学习间隔 τ 均设置为 0.001 s，建立 ILO 的数学仿真模型，对出现上述推力器乘性故障的卫星编队构型控制系统进行仿真。

图 3-35(a)和图 3-35(b)分别给出了基于 ILO 的推力器故障重构仿真结果和故障重构误差仿真结果。图 3-35(a)表明，当卫星推力器无故障时，观测器的估计值收敛于 1，说明卫星轨控推力器可以正常运行；当推力器出现突变常值故障和时变故障后，观测器能够在较短时间内快速重构推力器有效性因子。图 3-35(b)表明，在空间摄动的影响下，推力器有效性因子的重构稳态误差小于 0.015。因此，利用定理 3.3 所设计 ILO 可以精确且快速地重构推力器不同形式的乘性故障。

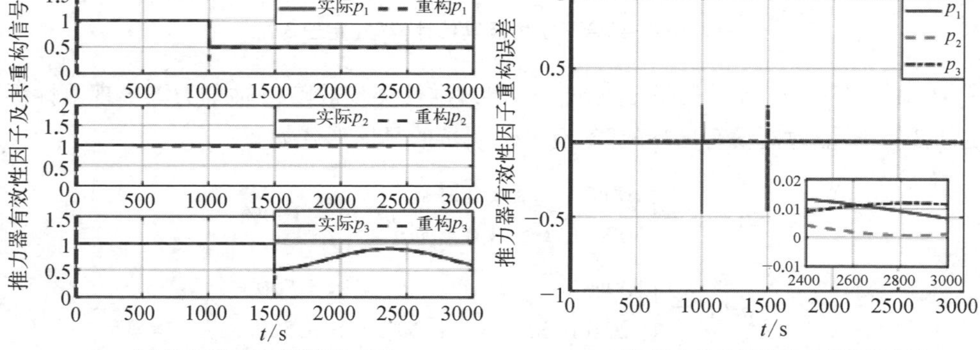

(a) 推力器乘性故障重构结果　　(b) 推力器乘性故障重构误差曲线

图 3-35　推力器乘性故障重构结果和故障重构误差曲线图(定理 3.3)

图 3-36(a)和图 3-36(b)分别给出了所提 ILO 的相对位置估计误差和相对速度估计误差。由图可知，在推力器出现故障前，相对位置估计误差和相对速度估计误差可以快速收敛到零域；出现故障之后，所提 ILO 仍能够精确估计卫星的相对位置和相对速度，其中相对速度的估计误差小于 3×10^{-5} m/s。

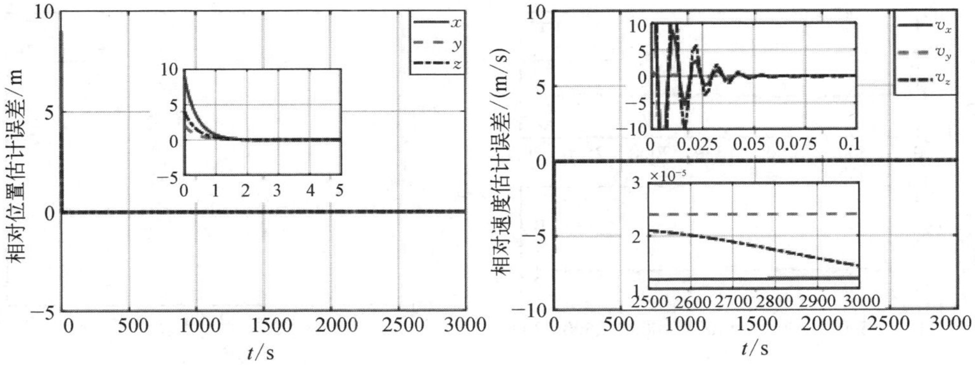

(a) 相对位置估计误差曲线图　　(b) 相对速度估计误差曲线图

图 3-36　基于 ILO 的相对位置和相对速度估计误差曲线图(定理 3.3)

2. 基于 LSF²TC 的构型维持控制仿真

选择 $\mu_1 = 1\times10^{-4}$，$\gamma_{4i} = 9\times10^{-4}$，可得 $\boldsymbol{G}_{11} = \mathrm{diag}\{0.999,\ 0.999,\ 0.999\}$。基于上述参数求解式和式可得

$$\tilde{\boldsymbol{P}}_1 = \begin{bmatrix} 0 & 0 & 0 & 0.001\,1 & 0 & 0 \\ 0 & 0 & 0 & 0 & 0.001\,1 & 0 \\ 0 & 0 & 0 & 0 & 0 & 0.001\,1 \\ 0.001\,1 & 0 & 0 & 0.053\,0 & 0 & 0 \\ 0 & 0.001\,1 & 0 & 0 & 0.052\,8 & 0 \\ 0 & 0 & 0.001\,1 & 0 & 0 & 0.052\,8 \end{bmatrix}$$

$$\boldsymbol{K}_1 = \begin{bmatrix} 0.001\,1 & 0 & 0 & 0.053\,0 & 0 & 0 \\ 0 & 0.001\,1 & 0 & 0 & 0.052\,8 & 0 \\ 0 & 0 & 0.001\,1 & 0 & 0 & 0.052\,8 \end{bmatrix}$$

将期望状态和实际跟踪状态的初始值设置为

$$\begin{cases} \boldsymbol{q}_0(0) = [250,\ 27.169\,8,\ 423,\ 0.015,\ -0.552\,1,\ 0.015]^{\mathrm{T}} \\ \boldsymbol{q}(0) = [0,\ 0,\ 0,\ 0,\ 0,\ 0]^{\mathrm{T}} \end{cases}$$

将仿真步长和学习间隔 τ 均设置为 0.001 s，建立学习状态反馈容错控制器和卫星编队构型跟踪误差动力学模型，并对其进行仿真。图 3-37 给出了基于

LSF^2TC 方法和 CSF^2TC 方法(Agarwal et al., 2016)的构型维持相对位置跟踪误差,可以看出基于 LSF^2TC 方法的相对位置跟踪误差在故障发生前后始终收敛于零域,且收敛过程中超调量更小。与 LSF^2TC 方法相比,基于 CSF^2TC 方法的相对位置跟踪误差较大,且误差值在故障发生后会进一步增加。

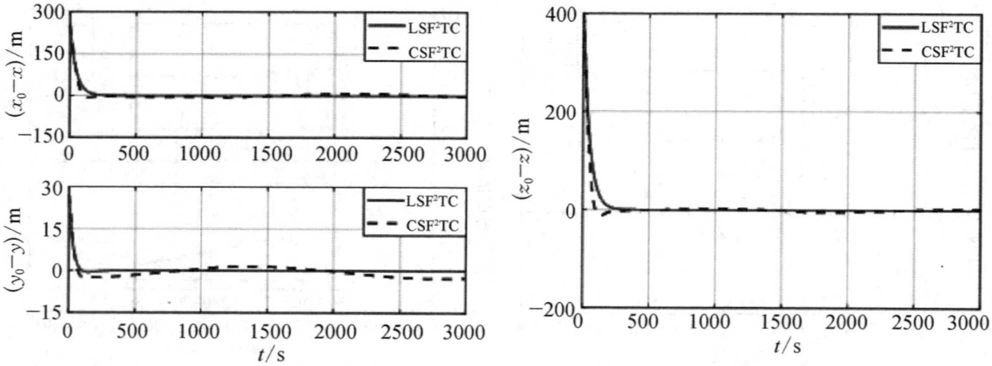

(a) x 轴和 y 轴的相对位置跟踪误差曲线图　　(b) z 轴的相对位置跟踪误差曲线图

图 3-37　基于不同控制方法相对位置跟踪误差曲线图(定理 3.4)

图 3-38 给出了基于 LSF^2TC 方法和 CSF^2TC 方法(Agarwal et al., 2016)的构型维持相对速度跟踪误差,可以看出两种 FTC 方法下的相对速度跟踪误差都可以收敛到零域,但 LSF^2TC 方法具有更高的收敛精度。结合图 3-37 和图 3-38 可以得知所提的 LSF^2TC 方法比 CSF^2TC 方法具有更好的构型维持容错控制性能。

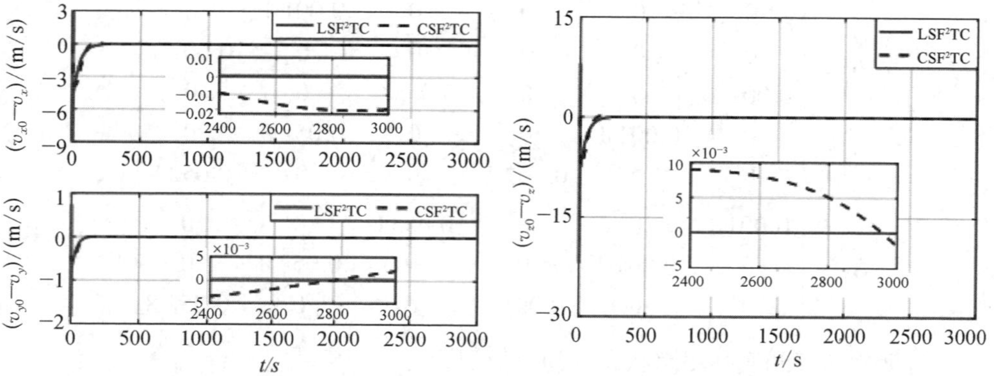

(a) x 轴和 y 轴的相对速度跟踪误差曲线图　　(b) z 轴的相对速度跟踪误差曲线图

图 3-38　基于不同控制方法相对速度跟踪误差曲线图(定理 3.4)

图 3-39 清楚地给出了迭代学习算法 $\boldsymbol{O}_i(t)$ 对综合干扰 $\boldsymbol{s}_i(t)$ 的估计信号变化曲线,可以看出迭代学习算法 $\boldsymbol{O}_i(t)$ 在故障发生前后均可以精确、快速地估计具有

不同时变特性的综合干扰信号，进而保证了 LSF^2TC 方法比 CSF^2TC 方法具有更快的收敛速度和更高的控制精度。

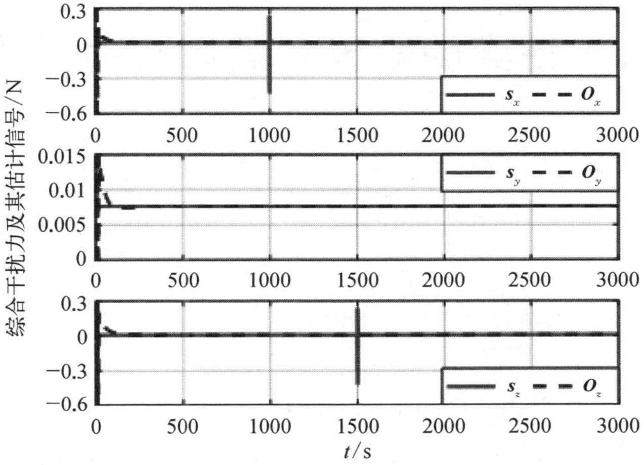

图 3－39　综合干扰力及其估计信号(定理 3.4)

3.4　本章小结

本章分析了微小卫星的相对运动，并构建了描述近圆编队卫星相对运动的 C－W 方程，并考虑了 J2 项摄动因素的影响。以重力场精确测量任务为牵引，本章介绍了无拖曳编队系统的特点，针对编队卫星相对动力学在低频时 x 轴、z 轴通道强耦合特点，基于功率谱密度约束条件提出了基于 QFT 的 MIMO 频域解耦控制方法，设计了满系数矩阵，同时解决了动力学 J2 项内干扰抑制与通道解耦的问题；针对初始收敛时间长的特点，探索了相对位置有限时间滑模控制方法，用于建立系统的初始状态。另外，本章还基于 ILO 研究了卫星编队的构型维持容错控制问题。针对卫星轨控推力器出现加性故障和乘性故障的情况设计了两种鲁棒 ILO，并基于 LMI 优化技术提供了部分 ILO 增益矩阵的系统计算方法，实现了故障的精确重构。此外，本章基于迭代学习算法创新性地设计了两种 LSF^2TC 方案，实现了在空间摄动和不同推力器故障影响下的卫星编队构型维持。最后通过数值仿真验证了所提推力器故障重构方法和构型维持容错控制方法的有效性和优越性。值得一提的是，本章研究的基于 ILO 的鲁棒推力器故障重构方法和 LSF^2TC 方法扩展了迭代学习算法在分布式卫星系统控制领域的应用。

第 4 章

基于采样博弈的航天器近端交会问题研究

4.1 引言

航天器轨道近端交会是指两个航天器在较近距离内实现位置与速度逼近的技术，该技术可应用于空间站对接、卫星维修、空间器件组装等领域，能够实现航天器间的资源共享、协同作业及重要载荷转移。相较于远程段交会，航天器近端交会对终端时刻相对位置与相对速度的控制精度要求更高，但液体晃动、挠性振动、太阳光压、引力摄动等星体及环境扰动将导致依赖于精确动力学模型的控制策略性能下降。状态依赖黎卡提方程(state dependent Riccati equation, SDRE)控制(Ogundele, 2022)和模型预测控制(model predictive control, MPC)(Weiss et al., 2015)等可用于求解航天器轨道转移期间的非线性问题，不过多数控制方法需要连续的状态获取，或存在冗余的策略计算。

本章主要关注适应航天器载荷数据采样特征且具备扰动抑制能力的控制方法。将系统的非线性项与扰动项视为虚拟的博弈参与者，可将航天器常见的主动-被动交会(静态目标航天器交会)问题转化为 worst-case 扰动均衡的极大-极小值问题，实现对航天器非线性系统的处理，并推导开环控制下的控制策略解析解。针对两个航天器均受控的协同交会问题，引入采样博弈的概念，通过适应于载荷采样频率特征的航天器状态信息获取，完成采样博弈/worst-case 均衡控制器的求解。采样博弈/worst-case 均衡控制器求解方法对系统非线性、扰动等具有较强的鲁棒性，也适用于主动-被动交会问题。

4.2 航天器近端交会的相对运动模型

对于近端航天器协同交会问题，受控航天器间的相对距离远小于地球半径，故可指定附近的某参考航天器质心(虚拟点)为 LVLH 坐标系原点，各受控航天器均可由动力学方程式(2－79)描述其在 LVLH 坐标系中的运动。两航天器的相对位置关系如图 4－1 所示。

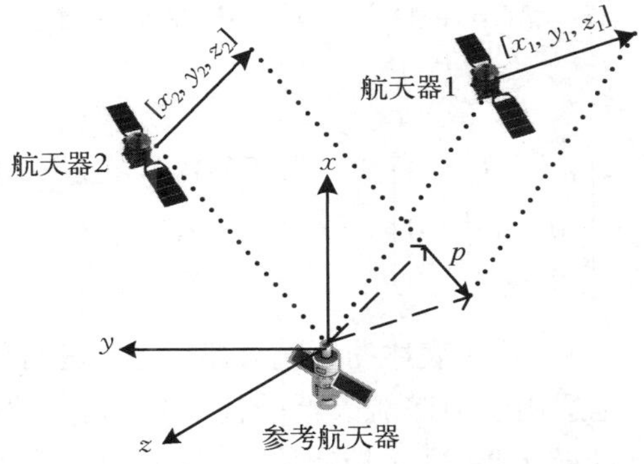

图 4－1　LVLH 中两航天器近端交会相对状态

如图 4－1 所示，为便于描述组合交会任务中两航天器之间的相对运动关系，分别定义相对位置向量 $\boldsymbol{p}$ 与相对速度向量 $\boldsymbol{v}$ 为

$$\begin{cases}\boldsymbol{p} = [x_1 - x_2,\ y_1 - y_2,\ z_1 - z_2]^{\mathrm{T}} \\ \boldsymbol{v} = [\dot{x}_1 - \dot{x}_2,\ \dot{y}_1 - \dot{y}_2,\ \dot{z}_1 - \dot{z}_2]^{\mathrm{T}}\end{cases} \tag{4-1}$$

式(2－79)所描述的相对轨道运动模型忽略了轨道摄动及交会双方轨道高度差的影响。将摄动、扰动等打包成博弈项，相应的相对运动模型可记作

$$\begin{cases}\ddot{x} - 2n\dot{y} - \dot{n}y - 3n^2x = a_{Cx} \\ \ddot{y} + 2n\dot{x} + \dot{n}x = a_{Cy} \\ \ddot{z} + n^2z = a_{Cz}\end{cases} \tag{4-2}$$

此外，将每个受控航天器在 LVLH 坐标系内动力学的非线性项及摄动项用向量符号 $\hat{\boldsymbol{d}}_i$ 表示，其数学定义为

$$\hat{\boldsymbol{d}}_i = \begin{bmatrix} -\dfrac{\mu(r_0 + x_i)}{[(r_0 + x_i)^2 + y_i^2 + z_i^2]^{\frac{3}{2}}} + \dfrac{\mu}{r_0^2} + d_{xi} \\ -\dfrac{\mu y_i}{[(r_0 + x_i)^2 + y_i^2 + z_i^2]^{\frac{3}{2}}} + d_{yi} \\ -\dfrac{\mu z_i}{[(r_0 + x_i)^2 + y_i^2 + z_i^2]^{\frac{3}{2}}} + d_{zi} \end{bmatrix} \tag{4-3}$$

基于上述数学描述，针对组合交会问题，两航天器间的相对动力学方程可描述

为关于相对位置向量 $\boldsymbol{p}$ 与相对速度向量 $\boldsymbol{v}$ 的一阶微分方程组，即

$$\begin{cases}\dot{\boldsymbol{p}} = \boldsymbol{v}, \\ \dot{\boldsymbol{v}} = \boldsymbol{M}_1\boldsymbol{p} + \boldsymbol{M}_2\boldsymbol{v} + \boldsymbol{u}_1 - \hat{\boldsymbol{d}}_1 + \boldsymbol{u}_2 - \hat{\boldsymbol{d}}_2\end{cases} \tag{4-4}$$

其中，

$$\boldsymbol{M}_1 = \begin{bmatrix}\omega^2 & 0 & 0 \\ 0 & \omega^2 & 0 \\ 0 & 0 & 0\end{bmatrix}, \boldsymbol{M}_2 = \begin{bmatrix}0 & 2\omega^2 & 0 \\ -2\omega^2 & 0 & 0 \\ 0 & 0 & 0\end{bmatrix} \tag{4-5}$$

一阶微分方程组式(4-3)所表述的两航天器交会问题可用于描述两航天器均受控的协同交会问题，也适用于追踪航天器受控而目标航天器稳态运行的经典交会问题。若目标航天器(航天器 2)无控制输入，通常以其质心为原点建立 LVLH 坐标系，相对运动方程式(4-4)中有

$$\begin{aligned}&\boldsymbol{p}(t) = [x_1(t), y_1(t), z_1(t)]^{\mathrm{T}} \\ &\boldsymbol{v}(t) = [\dot{x}_1(t), \dot{y}_1(t), \dot{z}_1(t)]^{\mathrm{T}} \\ &\boldsymbol{u}_2(t) \equiv \hat{\boldsymbol{d}}_2(t) \equiv 0_{3\times1}\end{aligned} \tag{4-6}$$

4.3 基于 worst-case 扰动均衡的静态目标航天器交会控制

下面针对式(4-4)描述的航天器相对运动模型，基于 worst-case 扰动均衡理论设计针对非线性系统的航天器控制器，用于实现受控航天器对运行于静态轨道目标的交会任务。

4.3.1 worst-case 扰动均衡理论

worst-case 扰动均衡核心是将最优控制的单边最值问题(最小化或最大化)转化为 min-max 控制问题。min-max 控制算法由 Campo 和 Morari 最早提出，设控制输入 $\boldsymbol{u}$ 致力于最小化性能指标函数，而控制输入 $\boldsymbol{\kappa}$ 致力于最大化性能指标函数时，min-max 问题的数学形式为

$$\begin{aligned}&\min_{u}\max_{\kappa} J(\boldsymbol{x}, \boldsymbol{u}, \boldsymbol{\kappa}) \\ &\text{s.t. } \dot{\boldsymbol{x}}(t) = f(\boldsymbol{x}, \boldsymbol{u}, \boldsymbol{\kappa}) \\ &\boldsymbol{u} \in U, \boldsymbol{\kappa} \in K\end{aligned} \tag{4-7}$$

式中，$\boldsymbol{\kappa}$ 代指系统中的扰动变量，而扰动变量的集合 K 是一个包含了原点的紧

集,min-max 问题则演变为 worst-case 扰动均衡求解问题。在 worst-case 扰动均衡理论中,扰动被视为企图使性能指标函数趋于最差的虚拟的博弈参与者,分析并求解这种条件下的最优控制策略,可对未知扰动进行有效抑制。这种假设下的最优控制输入与最坏情况扰动,即构成了 worst-case 扰动均衡,如**定义 4.1** 所述。

定义 4.1: 对于系统 $\dot{\boldsymbol{x}}(t)=f(\boldsymbol{x}, \boldsymbol{u}, \boldsymbol{k})$,若存在扰动函数 $\boldsymbol{\kappa}^*(\boldsymbol{u})\in K$,并且满足不等式:

$$J(\boldsymbol{u}, \boldsymbol{\kappa}) \leqslant J(\boldsymbol{u}, \boldsymbol{\kappa}^*(\boldsymbol{u})) \tag{4-8}$$

且在控制策略 $\boldsymbol{u}^*\in U$ 满足不等式:

$$J(\boldsymbol{u}^*, \boldsymbol{\kappa}^*(\boldsymbol{u}^*)) \leqslant J(\boldsymbol{u}, \boldsymbol{\kappa}^*(\boldsymbol{u})) \tag{4-9}$$

参数 $\boldsymbol{u}^*$ 可称为 worst-case 扰动均衡控制策略,而 $\boldsymbol{\kappa}^*(\boldsymbol{u}^*)$ 为对应的最坏情况扰动。

4.3.2　worst-case 扰动均衡下的静态目标交会问题

对于指定任务时间的航天器组合交会问题,任务目标是保证两航天器间的相对距离与相对速度均趋近于0。对于式(4-4)描述的静态目标交会任务,设航天器2为静态目标,问题为寻找航天器1的控制策略 $\boldsymbol{u}_1(t)$,使其满足:

$$\boldsymbol{p}(t_f)\rightarrow[0\quad 0\quad 0]^{\mathrm{T}},\ \boldsymbol{v}(t_f)\rightarrow[0\quad 0\quad 0]^{\mathrm{T}} \tag{4-10}$$

其中,t_f 为期望完成交会任务的时刻。

定义静态目标航天器交会问题之前,须对航天器作如下假设。

假设 4.1: 航天器2不受控制输入作用,以航天器2为参考航天器建立 LVLH 坐标系,航天器交会问题的系统模型在本节可简化为

$$\begin{cases}\dot{\boldsymbol{p}} = \boldsymbol{v}\\ \dot{\boldsymbol{v}} = \boldsymbol{M}_1\boldsymbol{p} + \boldsymbol{M}_2\boldsymbol{v} + \boldsymbol{u}_1 - \hat{\boldsymbol{d}}_1\end{cases} \tag{4-11}$$

基于上述任务目的和假设条件,静态目标交会问题的性能指标函数可以初步定义为

$$J = \frac{1}{2}[\boldsymbol{p}^{\mathrm{T}}(t_f)\boldsymbol{Q}_p\boldsymbol{p}(t_f) + \boldsymbol{v}^{\mathrm{T}}(t_f)\boldsymbol{Q}_v\boldsymbol{v}(t_f)] + \frac{1}{2}\int_{t_0}^{t_f}\boldsymbol{u}_1^{\mathrm{T}}\boldsymbol{R}_u\boldsymbol{u}_1\mathrm{d}t \tag{4-12}$$

其中,t_0 为任务初始时刻;$\boldsymbol{Q}_p\in\mathbb{R}^{3\times3}$、$\boldsymbol{Q}_v\in\mathbb{R}^{3\times3}$ 及 $\boldsymbol{R}_u\in\mathbb{R}^{3\times3}$ 均为正定矩阵。

式(4-12)描述的静态目标交会问题可通过**定义 4.2** 进行初步描述。

定义 4.2: 考虑系统方程由(4-11)描述,性能指标函数由(4-12)定义,若存

在 $\boldsymbol{u}_1^* \in U_1$，使得不等式

$$J(\boldsymbol{u}_1^*) \leqslant J(\boldsymbol{u}_1) \tag{4-13}$$

对策略集内的任意 $\boldsymbol{u}_1$ 成立，则称 $\boldsymbol{u}_1^*$ 为航天器 1 实现与航天器 2 组合交会的最优控制策略。

上述定义描述的交会问题为经典的航天器最优交会控制问题；由于该系统模型显然具有较强的非线性，通常采用打靶法、配点法等数值方法进行求解，但是最优轨迹的数值求解也会带来不容忽视的计算负担。本节把系统方程中的非线性项和扰动项 $\hat{\boldsymbol{d}}_1$ 设为虚拟参与者，将以航天器 2 为静态目标的交会任务定义为 worst-case 均衡问题，使得系统方程可解释为由相对位置 $\boldsymbol{p}$、相对速度 $\boldsymbol{\nu}$、控制输入 $\boldsymbol{u}_1$ 及虚拟博弈项 $\hat{\boldsymbol{d}}_1$ 线性表出，以求取航天器 1 的轨道转移策略的解析解。结合 worst-case 扰动均衡理论的**定义 4.1**，静态目标航天器交会问题的数学描述定义于**问题 4.1**。

问题 4.1：考虑受控航天器的相对动力学通过(4-11)描述，交会任务的性能指标函数定义为

$$J = \frac{1}{2}[\boldsymbol{p}^{\mathrm{T}}(t_f)\boldsymbol{Q}_p\boldsymbol{p}(t_f) + \boldsymbol{\nu}^{\mathrm{T}}(t_f)\boldsymbol{Q}_v\boldsymbol{\nu}(t_f)] + \frac{1}{2}\int_{t_0}^{t_f}(\boldsymbol{u}_1^{\mathrm{T}}\boldsymbol{R}_u\boldsymbol{u}_1 - \hat{\boldsymbol{d}}_1^{\mathrm{T}}\boldsymbol{R}_d\hat{\boldsymbol{d}}_1)\mathrm{d}t \tag{4-14}$$

则静态目标航天器交会问题可表示为求解最坏扰动 $\hat{\boldsymbol{d}}_1^*(\boldsymbol{u})$ 下的均衡策略 $\boldsymbol{u}_1^*$，使不等式：

$$J(\boldsymbol{u}_1, \hat{\boldsymbol{d}}_1) \leqslant J(\boldsymbol{u}_1, \hat{\boldsymbol{d}}_1^*(\boldsymbol{u}_1)) \tag{4-15}$$

$$J(\boldsymbol{u}_1^*, \hat{\boldsymbol{d}}_1^*(\boldsymbol{u}_1^*)) \leqslant J(\boldsymbol{u}_1, \hat{\boldsymbol{d}}_1^*(\boldsymbol{u}_1)) \tag{4-16}$$

对策略集内的任意控制策略 $\boldsymbol{u}_1$ 均成立。

4.3.3 worst-case 均衡静态目标交会控制器设计

针对**问题 4.1** 定义的航天器组合交会问题，求取的控制器即为基于 worst-case 扰动均衡的最优控制策略，其本质是 min-max 问题的微分对策解。本小节将依据微分对策问题的必要性条件，推导其解析解形式。静态目标航天器交会问题的 worst-case 扰动均衡控制器可概括为如下**定理 4.1**。

定理 4.1：考虑航天器 1 的任务目标是通过自主的在轨控制实现于指定任务时间的交会，其相对运动方程和性能指标函数分别如式(4-11)和式(4-14)所示。那么，在任务时间 $t \in [t_0, t_f]$ 内，当航天器 1 的控制策略 $\boldsymbol{u}_1^*(t)$ 与受到扰动项注入 $\hat{\boldsymbol{d}}_1^*$ 满足如下解析表达式时：

$$\begin{cases} \boldsymbol{u}_1^* = -\boldsymbol{R}_u^{-1}[\boldsymbol{\phi}_2^{\mathrm{T}}(t_f, t)\boldsymbol{Q}_p, \boldsymbol{\phi}_4^{\mathrm{T}}(t_f, t)\boldsymbol{Q}_v]\boldsymbol{T}^{-1}\boldsymbol{\Phi}(t_f, t_0)\begin{bmatrix}\boldsymbol{p}(t_0)\\ \boldsymbol{v}(t_0)\end{bmatrix} \\ \hat{\boldsymbol{d}}_1^* = \boldsymbol{R}_d^{-1}[\boldsymbol{\phi}_2^{\mathrm{T}}(t_f, t)\boldsymbol{Q}_p, \boldsymbol{\phi}_4^{\mathrm{T}}(t_f, t)\boldsymbol{Q}_v]\boldsymbol{T}^{-1}\boldsymbol{\Phi}(t_f, t_0)\begin{bmatrix}\boldsymbol{p}(t_0)\\ \boldsymbol{v}(t_0)\end{bmatrix} \end{cases} \tag{4-17}$$

其中,

$$\boldsymbol{\Phi}(t_f, t) = \begin{bmatrix}\boldsymbol{\phi}_1(t_f, t), \boldsymbol{\phi}_2(t_f, t)\\ \boldsymbol{\phi}_3(t_f, t), \boldsymbol{\phi}_4(t_f, t)\end{bmatrix} = e^{\begin{bmatrix}\boldsymbol{0}_{3\times3} & \boldsymbol{I}_{3\times3}\\ \boldsymbol{M}_1 & \boldsymbol{M}_2\end{bmatrix}(t_f-t)} \tag{4-18}$$

$$\begin{aligned} &\boldsymbol{T} = \begin{bmatrix} I_{3\times3} + \boldsymbol{S}_{22}\boldsymbol{Q}_p & \boldsymbol{S}_{24}\boldsymbol{Q}_v \\ \boldsymbol{S}_{24}\boldsymbol{Q}_p & I_{3\times3} + \boldsymbol{S}_{44}\boldsymbol{Q}_v \end{bmatrix} \\ &\boldsymbol{S}_{mn} = \int_{t_0}^{t_f}[\boldsymbol{\phi}_m(t_f, \tau)\boldsymbol{E}\boldsymbol{\phi}_n^{\mathrm{T}}(t_f, \tau)]\mathrm{d}\tau \\ &\boldsymbol{E} = \boldsymbol{R}_u^{-1} - \boldsymbol{R}_d^{-1}, \quad m = 1, \cdots, 4, \quad n = 1, \cdots, 4 \end{aligned} \tag{4-19}$$

则 $\{\boldsymbol{u}_1^*, \hat{\boldsymbol{d}}_1^*\}$ 满构成了**问题 4.1** 的 worst-case 扰动均衡。

证明: 首先,基于系统方程式(4-11)和性能指标函数式(4-14),构造哈密顿方程:

$$H = \frac{1}{2}\boldsymbol{u}_1^{\mathrm{T}}\boldsymbol{R}_u\boldsymbol{u}_1 - \frac{1}{2}\hat{\boldsymbol{d}}_1^{\mathrm{T}}\boldsymbol{R}_d\hat{\boldsymbol{d}}_1 + \boldsymbol{\lambda}_p^{\mathrm{T}}\boldsymbol{v} + \boldsymbol{\lambda}_v^{\mathrm{T}}(\boldsymbol{M}_1\boldsymbol{p} + \boldsymbol{M}_2\boldsymbol{v} + \boldsymbol{u}_1 + \hat{\boldsymbol{d}}_1) \tag{4-20}$$

其中,$\boldsymbol{\lambda}_p$ 与 $\boldsymbol{\lambda}_v$ 为三维协态向量(拉格朗日乘子)。不失一般性,基于庞特里亚金极值原理,受控航天器的控制策略与 worst-case 扰动项应分别满足:

$$\begin{cases} \dfrac{\partial H_1}{\partial \boldsymbol{u}_1} = \boldsymbol{R}_u\boldsymbol{u}_1 + \boldsymbol{\lambda}_v = 0 \\ \dfrac{\partial H_1}{\partial \hat{\boldsymbol{d}}_1} = -\boldsymbol{R}_d\hat{\boldsymbol{d}}_1 + \boldsymbol{\lambda}_v = 0 \end{cases} \tag{4-21}$$

$$\begin{cases} \dot{\boldsymbol{\lambda}}_p = -\dfrac{\partial H_1}{\partial \boldsymbol{p}} = -\boldsymbol{M}_1^{\mathrm{T}}\boldsymbol{\lambda}_v \\ \dot{\boldsymbol{\lambda}}_v = -\dfrac{\partial H_1}{\partial \boldsymbol{v}} = -\boldsymbol{\lambda}_p + \boldsymbol{M}_2^{\mathrm{T}}\boldsymbol{\lambda}_v \end{cases} \tag{4-22}$$

$$\begin{cases} \boldsymbol{\lambda}_p(t_f) = \boldsymbol{Q}_p\boldsymbol{p}(t_f) \\ \boldsymbol{\lambda}_v(t_f) = \boldsymbol{Q}_v\boldsymbol{v}(t_f) \end{cases} \tag{4-23}$$

至此,完成了必要条件的求解。此外,由式(4-22)可以直观地得出:

$$\begin{bmatrix}\dot{\boldsymbol{\lambda}}_p\\ \dot{\boldsymbol{\lambda}}_v\end{bmatrix}=-\begin{bmatrix}\boldsymbol{0}_{3\times3} & \boldsymbol{I}_{3\times3}\\ \boldsymbol{M}_1 & \boldsymbol{M}_2\end{bmatrix}^{\mathrm{T}}\begin{bmatrix}\boldsymbol{\lambda}_p\\ \boldsymbol{\lambda}_v\end{bmatrix} \tag{4-24}$$

因此根据系统的状态转移方程可得

$$\begin{cases}\boldsymbol{\lambda}_p=\boldsymbol{\phi}_1^{\mathrm{T}}(t_f,\ t)\boldsymbol{\lambda}_p(t_f)+\boldsymbol{\phi}_3^{\mathrm{T}}(t_f,\ t)\boldsymbol{\lambda}_v(t_f)\\ \boldsymbol{\lambda}_v=\boldsymbol{\phi}_2^{\mathrm{T}}(t_f,\ t)\boldsymbol{\lambda}_p(t_f)+\boldsymbol{\phi}_4^{\mathrm{T}}(t_f,\ t)\boldsymbol{\lambda}_v(t_f)\end{cases} \tag{4-25}$$

$$\begin{bmatrix}\boldsymbol{\phi}_1(t_f,\ t),\boldsymbol{\phi}_2(t_f,\ t)\\ \boldsymbol{\phi}_3(t_f,\ t),\boldsymbol{\phi}_4(t_f,\ t)\end{bmatrix}=e^{\begin{bmatrix}\boldsymbol{0}_{3\times3} & \boldsymbol{I}_{3\times3}\\ \boldsymbol{M}_1 & \boldsymbol{M}_2\end{bmatrix}(t_f-t)} \tag{4-26}$$

随后,将式(4-25)代入式(4-21),可得控制输入和扰动项的变形表达式:

$$\begin{cases}\boldsymbol{u}_1=-\boldsymbol{R}_u^{-1}[\boldsymbol{\phi}_2^{\mathrm{T}}(t_f,\ t)\boldsymbol{\lambda}_p(t_f)+\boldsymbol{\phi}_4^{\mathrm{T}}(t_f,\ t)\boldsymbol{\lambda}_v(t_f)]\\ \hat{\boldsymbol{d}}_1=\boldsymbol{R}_d^{-1}[\boldsymbol{\phi}_2^{\mathrm{T}}(t_f,\ t)\boldsymbol{\lambda}_p(t_f)+\boldsymbol{\phi}_4^{\mathrm{T}}(t_f,\ t)\boldsymbol{\lambda}_v(t_f)]\end{cases} \tag{4-27}$$

将式(4-27)代入系统方程式(4-11)可得

$$\begin{cases}\boldsymbol{p}(t_f)=\boldsymbol{\phi}_1(t_f,\ t_0)\boldsymbol{p}(t_0)+\boldsymbol{\phi}_2(t_f,\ t_0)\boldsymbol{v}(t_0)\\ \qquad -\int_{t_0}^{t_f}[\boldsymbol{\phi}_2(t_f,\ \tau)(\boldsymbol{R}_u^{-1}-\boldsymbol{R}_d^{-1})\boldsymbol{\phi}_2^{\mathrm{T}}(t_f,\ \tau)]\mathrm{d}\tau\boldsymbol{\lambda}_p(t_f)\\ \qquad -\int_{t_0}^{t_f}[\boldsymbol{\phi}_2(t_f,\ \tau)(\boldsymbol{R}_u^{-1}-\boldsymbol{R}_d^{-1})\boldsymbol{\phi}_4^{\mathrm{T}}(t_f,\ \tau)]\mathrm{d}\tau\boldsymbol{\lambda}_v(t_f)\\ \boldsymbol{v}(t_f)=\boldsymbol{\phi}_3(t_f,\ t_0)\boldsymbol{p}(t_0)+\boldsymbol{\phi}_4(t_f,\ t_0)\boldsymbol{v}(t_0)\\ \qquad -\int_{t_0}^{t_f}[\boldsymbol{\phi}_2(t_f,\ \tau)(\boldsymbol{R}_u^{-1}-\boldsymbol{R}_d^{-1})\boldsymbol{\phi}_4^{\mathrm{T}}(t_f,\ \tau)]\mathrm{d}\tau\boldsymbol{\lambda}_p(t_f)\\ \qquad -\int_{t_0}^{t_f}[\boldsymbol{\phi}_4(t_f,\ \tau)(\boldsymbol{R}_u^{-1}-\boldsymbol{R}_d^{-1})\boldsymbol{\phi}_4^{\mathrm{T}}(t_f,\ \tau)]\mathrm{d}\tau\boldsymbol{\lambda}_v(t_f)\end{cases} \tag{4-28}$$

为便于书写,定义$\boldsymbol{E}=\boldsymbol{R}_u^{-1}-\boldsymbol{R}_d^{-1}$。将边界条件式(4-23)代入式(4-28),可得终端位置和终端速度的表达式,即

$$\begin{bmatrix}\boldsymbol{p}(t_f)\\ \boldsymbol{v}(t_f)\end{bmatrix}=-\begin{bmatrix}\boldsymbol{S}_{22}\boldsymbol{Q}_p & \boldsymbol{S}_{24}\boldsymbol{Q}_v\\ \boldsymbol{S}_{24}\boldsymbol{Q}_p & \boldsymbol{S}_{44}\boldsymbol{Q}_v\end{bmatrix}\begin{bmatrix}\boldsymbol{p}(t_f)\\ \boldsymbol{v}(t_f)\end{bmatrix}+\begin{bmatrix}\boldsymbol{\phi}_1(t_f,\ t_0),\boldsymbol{\phi}_2(t_f,\ t_0)\\ \boldsymbol{\phi}_3(t_f,\ t_0),\boldsymbol{\phi}_4(t_f,\ t_0)\end{bmatrix}\begin{bmatrix}\boldsymbol{p}(t_0)\\ \boldsymbol{v}(t_0)\end{bmatrix} \tag{4-29}$$

其中,$\boldsymbol{S}_{mn}$定义为

$$\boldsymbol{S}_{mn} \triangleq \int_{t_0}^{t_f} [\boldsymbol{\phi}_m(t_f, \tau)\boldsymbol{E}\boldsymbol{\phi}_n^{\mathrm{T}}(t_f, \tau)]\mathrm{d}\tau, \quad m = 1, \cdots, 4, \quad n = 1, \cdots, 4 \tag{4-30}$$

对式(4-29)整理可得

$$\begin{bmatrix} \boldsymbol{p}(t_f) \\ \boldsymbol{v}(t_f) \end{bmatrix} = \boldsymbol{T}^{-1}\begin{bmatrix} \boldsymbol{p}(t_f) \\ \boldsymbol{v}(t_f) \end{bmatrix} + \boldsymbol{\Phi}(t_f, t_0)\begin{bmatrix} \boldsymbol{p}(t_0) \\ \boldsymbol{v}(t_0) \end{bmatrix} \tag{4-31}$$

其中,$\boldsymbol{T}$ 与 $\boldsymbol{\Phi}(t_f, t)$ 的定义为

$$\boldsymbol{T} = \begin{bmatrix} \boldsymbol{I}_{3\times3} + \boldsymbol{S}_{22}\boldsymbol{Q}_p & \boldsymbol{S}_{24}\boldsymbol{Q}_v \\ \boldsymbol{S}_{24}\boldsymbol{Q}_p & \boldsymbol{I}_{3\times3} + \boldsymbol{S}_{44}\boldsymbol{Q}_v \end{bmatrix}, \quad \boldsymbol{\Phi}(t_f, t) = \begin{bmatrix} \boldsymbol{\phi}_1(t_f, t), \boldsymbol{\phi}_2(t_f, t) \\ \boldsymbol{\phi}_3(t_f, t), \boldsymbol{\phi}_4(t_f, t) \end{bmatrix} \tag{4-32}$$

至此,完成了对控制策略、相对位置与相对速度的解析表达式的表述。

将式(4-31)代入协态变量边界条件式(4-23),可得协态变量终端值的变形表达式:

$$\begin{bmatrix} \boldsymbol{\lambda}_p(t_f) \\ \boldsymbol{\lambda}_v(t_f) \end{bmatrix} = \begin{bmatrix} \boldsymbol{Q}_p & \boldsymbol{0}_{3\times3} \\ \boldsymbol{0}_{3\times3} & \boldsymbol{Q}_v \end{bmatrix} \boldsymbol{T}^{-1}\boldsymbol{\Phi}(t_f, t_0)\begin{bmatrix} \boldsymbol{p}(t_0) \\ \boldsymbol{v}(t_0) \end{bmatrix} \tag{4-33}$$

联立协态变量的终端表达式(4-33)与控制输入和扰动项式(4-27),可得

$$\begin{cases} \boldsymbol{u}_1 = -\boldsymbol{R}_u^{-1}[\boldsymbol{\phi}_2^{\mathrm{T}}(t_f, t)\boldsymbol{Q}_p, \boldsymbol{\phi}_4^{\mathrm{T}}(t_f, t)\boldsymbol{Q}_v]\boldsymbol{T}^{-1}\boldsymbol{\Phi}(t_f, t_0)\begin{bmatrix} \boldsymbol{p}(t_0) \\ \boldsymbol{v}(t_0) \end{bmatrix} \\ \hat{\boldsymbol{d}}_1 = \boldsymbol{R}_d^{-1}[\boldsymbol{\phi}_2^{\mathrm{T}}(t_f, t)\boldsymbol{Q}_p, \boldsymbol{\phi}_4^{\mathrm{T}}(t_f, t)\boldsymbol{Q}_v]\boldsymbol{T}^{-1}\boldsymbol{\Phi}(t_f, t_0)\begin{bmatrix} \boldsymbol{p}(t_0) \\ \boldsymbol{v}(t_0) \end{bmatrix} \end{cases} \tag{4-34}$$

至此,**定理 4.1** 证毕。

注 4.1:最坏情况扰动 $\hat{\boldsymbol{d}}_1^*$ 并非指航天器 1 在实际的轨道转移过程中受到了 $\hat{\boldsymbol{d}}_1^*$ 所定义的扰动,而是当系统非线性项和受到的实际扰动为 $\hat{\boldsymbol{d}}_1^*$ 时,会给最优控制下的期望轨迹带来最糟糕的负面影响。在实际任务中,非线性项及受到的扰动值函数恰巧为 $\hat{\boldsymbol{d}}_1^*$ 的概率可忽略不计。由**问题 4.1** 中的不等式(4-15)可知,在控制策略 $\boldsymbol{u}_1^*$ 作用下,航天器 1 的轨道转移性能几乎不会差于最坏假设下的 worst-case 扰动均衡轨迹性能。

定理 4.1 表明受控航天器会努力确保自己不受干扰所带来的最坏情况的影响权重矩阵 $\boldsymbol{R}_d$模拟了受控航天器对虚拟扰动输入的期望,可解释为用于评估风险规避的参数。若空间任务中预计只存在较小的扰动项$\hat{\boldsymbol{d}}_1$会破坏受控航天器的期望轨

迹，则可将 $\boldsymbol{R}_d$ 调整为较大的数值来解释这样的情况。

4.4 基于采样博弈的两航天器协同交会控制

前述介绍了经典的静态目标航天器交会问题，通过引入 worst-case 扰动均衡的思想设计了具有处理非线性系统能力的控制策略，并推导了该控制策略开环解析解。本节将讨论两受控航天器的协同交会问题，各航天器只关注自身的轨道转移代价。首先介绍基于多选手微分博弈理论的线性二次型问题中数值解的基本形式；之后比较分析开环博弈问题与闭环博弈问题的特点，并将采样博弈的概念引入两航天器协同交会问题的定义；最后，结合线性二次型形式的多选手纳什均衡理论基础，推导适用于两航天器协同交会任务的采样博弈/worst-case 均衡控制策略。

4.4.1 线性二次型微分博弈的纳什均衡

从系统控制角度看，多人微分博弈是一个由多个独立的控制器（参与者）进行控制的系统，各参与者试图最优化不同的性能指标函数，并访问不同的信息集。若各性能指标函数之和为零，称为零和博弈，否则称为非零和博弈。若系统可由系统状态量及多个控制器线性组合表示，且各自的性能指标均可构造成线性二次型函数，该博弈控制问题可称为线性二次型微分博弈。线性二次型微分博弈问题数学上可由**定义 4.3** 进行描述。

定义 4.3：对于有 N_p 个参与者的多选手微分博弈问题，博弈问题关注的状态变量定义为 $\boldsymbol{x}$，博弈系统各参与者的控制策略定义为 $\boldsymbol{u}_i$，博弈系统可定义为线性系统，即表示为

$$\begin{cases}\dot{\boldsymbol{x}}(t) = \boldsymbol{A}(t)\boldsymbol{x}(t) + \sum_{i=1}^{N_p}\boldsymbol{B}_i(t)\boldsymbol{u}_i(t) \\ \boldsymbol{x}(t_0) = \boldsymbol{x}_0\end{cases} \tag{4-35}$$

其中，$\boldsymbol{x}$ 和 $\boldsymbol{u}_i$ 分别表示状态变量和控制策略；$\boldsymbol{A}(t)$ 与 $\boldsymbol{B}_i(t)$ 为线性函数。此外，每个参与者的性能指标函数均定义为二次型形式，即

$$J_i = \frac{1}{2}\boldsymbol{x}^{\mathrm{T}}(t_f)\boldsymbol{Q}_i\boldsymbol{x}(t_f) + \frac{1}{2}\int_{t_0}^{t_f}\boldsymbol{u}_i^{\mathrm{T}}\boldsymbol{R}_{ui}\boldsymbol{u}_i\mathrm{d}t,\quad i = 1,\cdots,N_p \tag{4-36}$$

其中，$\boldsymbol{Q}_i$ 与 $\boldsymbol{R}_{ui}$ 为适应维度的正定矩阵。那么，式(4-35)与式(4-36)构成了 N_p 参与者的线性二次型微分博弈问题。

为便于书写，下文分别以 $\boldsymbol{A}$ 和 $\boldsymbol{B}_i$ 代指 $\boldsymbol{A}(t)$ 与 $\boldsymbol{B}_i(t)$。

对于**定义 4.3** 所描述的线性二次型微分博弈问题,其博弈的解通常为式(2-99)描述的纳什均衡策略。不失一般性,该定义下的纳什均衡解策略可以通过下述引理表示。

引理 4.1:对于系统式(4-35)描述的多参与者微分博弈问题,若性能指标函数定义式(4-36),则纳什均衡解策略$\{\boldsymbol{u}_1^*, \cdots, \boldsymbol{u}_{Np}^*\}$的解可表示为

$$\boldsymbol{u}_i^* = -\boldsymbol{R}_{ui}^{-1}\boldsymbol{B}_i^{\mathrm{T}}\boldsymbol{P}_i\boldsymbol{x}^*, \quad i = 1, \cdots, N_p \tag{4-37}$$

其中,$\boldsymbol{P}_i$为下式联立黎卡提方程组的解:

$$\begin{cases}\dot{\boldsymbol{P}}_i = -\boldsymbol{A}^{\mathrm{T}}\boldsymbol{P}_i - \boldsymbol{P}_i A + \boldsymbol{P}_i\boldsymbol{B}_i\boldsymbol{R}_{ui}^{-1}\boldsymbol{B}_i^{\mathrm{T}}\boldsymbol{P}_i + \boldsymbol{P}_i\sum\limits_{k=1,\ k\neq i}^{N_p}\boldsymbol{B}_k\boldsymbol{R}_{ui}^{-1}\boldsymbol{B}_k^{\mathrm{T}}\boldsymbol{P}_i \\ \boldsymbol{P}_i(t_f) = \boldsymbol{Q}_i\end{cases} \tag{4-38}$$

说明:对于开环问题,$\boldsymbol{x}^*$由系统的初始状态$\boldsymbol{x}_0$与最优轨迹下的系统状态转移矩阵导出。此时,性能指标函数式(4-36)可由$\boldsymbol{x}_0$线性表出,定义为

$$\begin{cases}J_i^* = \dfrac{1}{2}\boldsymbol{x}_0^{\mathrm{T}}\boldsymbol{K}_i(t_0)\boldsymbol{x}_0 \\ \boldsymbol{K}_i(t_f) = \boldsymbol{Q}_i\end{cases} \tag{4-39}$$

其中,$\boldsymbol{K}_i$为对应维度的时间函数。

4.4.2　基于采样博弈/worst-case 均衡的协同交会问题

对于两个受控航天器主动寻求组合交会的任务,如果选取位于两航天器附近的一个虚拟航天器质心作为参考坐标原点,则该问题的系统模型可由式(4-4)表示。基于此,两航天器的协同交会的任务目的可以描述为寻求控制策略$\boldsymbol{u}_1(t)$与$\boldsymbol{u}_2(t)$,使得在指定的任务时间t_f满足终端需求式(4-10)。

不同于 5.3 节所讨论的静态目标航天器交会问题,本节所讨论的问题中终端位置向量$\boldsymbol{p}(t_f)$和终端速度向量$\boldsymbol{v}(t_f)$由航天器 1 与航天器 2 所选择的转移轨迹共同决定,因此任意一方做出决策时都需要考虑对方基于自身决策所做出的应对策略共同对任务结果带来的影响。因此,两航天器的协同交会问题可以描述为经典的两参与者微分博弈问题。

基于上述描述,该博弈问题中各航天器的性能指标函数可初步定义为

$$\begin{cases}J_1 = \dfrac{1}{2}[\boldsymbol{p}^{\mathrm{T}}(t_f)\boldsymbol{Q}_{p1}\boldsymbol{p}(t_f) + \boldsymbol{v}^{\mathrm{T}}(t_f)\boldsymbol{Q}_{v1}\boldsymbol{v}(t_f)] + \dfrac{1}{2}\displaystyle\int_{t_0}^{t_f}\boldsymbol{u}_1^{\mathrm{T}}\boldsymbol{R}_{u1}\boldsymbol{u}_1\mathrm{d}t \\ J_2 = \dfrac{1}{2}[\boldsymbol{p}^{\mathrm{T}}(t_f)\boldsymbol{Q}_{p2}\boldsymbol{p}(t_f) + \boldsymbol{v}^{\mathrm{T}}(t_f)\boldsymbol{Q}_{v2}\boldsymbol{v}(t_f)] + \dfrac{1}{2}\displaystyle\int_{t_0}^{t_f}\boldsymbol{u}_2^{\mathrm{T}}\boldsymbol{R}_{u2}\boldsymbol{u}_2\mathrm{d}t\end{cases} \tag{4-40}$$

其中，$\boldsymbol{Q}_{pi}\in\mathbb{R}^{3\times3}$、$\boldsymbol{Q}_{vi}\in\mathbb{R}^{3\times3}$及$\boldsymbol{R}_{ui}\in\mathbb{R}^{3\times3}$均为正定矩阵，分别用于评估航天器 i 对任务终端时刻交会距离、交会速度及能量消耗的期望。

此外，为了处理系统模型式(4-4)中的非线性项，同样将 worst-case 扰动均衡的思想引入本节所讨论的协同交会任务，则构成了纳什/worst-case 均衡问题。在进一步对该问题讨论之前，引用**定义 4.1** 中的符号声明，首先给出多参与者博弈问题中纳什/worst-case 均衡的定义。

定义 4.4(Engwerda, 2017)：对于具有 N_p 个参与者的博弈问题，定义 $\boldsymbol{u}=(\boldsymbol{u}_i,\cdots,\boldsymbol{u}_{N_p})$ 为系统的控制输入，对于第 i 个博弈参与者，如果存在不等式

$$J_i(\boldsymbol{u},\boldsymbol{\kappa}_i^*(\boldsymbol{u}))\geqslant J_i(\boldsymbol{u},\boldsymbol{\kappa}_i^*(\boldsymbol{u})),\quad i=1,\cdots,N_p \tag{4-41}$$

对所有的 $\boldsymbol{\kappa}_i\in K$ 成立，同时对所有的 $\boldsymbol{u}\in\boldsymbol{U}_1\times\cdots\times\boldsymbol{U}_{N_p}$ 如果存在不等式：

$$J_i(\boldsymbol{u}^*,\boldsymbol{\kappa}_i^*(\boldsymbol{u}^*))\leqslant J_i((\boldsymbol{u}_i,\boldsymbol{u}_{-i}^*),\boldsymbol{\kappa}_i^*(\boldsymbol{u}_i,\boldsymbol{u}_{-i}^*)) \tag{4-42}$$

其中，$\boldsymbol{u}_{-i}=(\boldsymbol{u}_1,\cdots,\boldsymbol{u}_{i-1},\boldsymbol{u}_{i+1},\cdots,\boldsymbol{u}_{N_p})$ 代指除了 $\boldsymbol{u}_i$ 之外的策略输入，那么 $\{\boldsymbol{u}_1^*,\cdots,\boldsymbol{u}_{N_p}^*\}$ 与 $\{\kappa_1^*(\boldsymbol{u}^*),\cdots,\kappa_N^*(\boldsymbol{u}^*)\}$ 构成了纳什/worst-case 均衡。

因此，通过将每个航天器非线性项和扰动项的整合项 $\hat{\boldsymbol{d}}_i$ 视为虚拟的博弈参与者并引入性能指标函数式(4-40)，可以进一步将两航天器的协同交会问题描述于下述假设与定义。

假设 4.2：每个参与协同交会任务的航天器均为理性的智能体，即在博弈逻辑中只选择会对自身性能指标函数带来最好评价的控制策略。

定义 4.5：考虑两个受控航天器在完成协同交会任务时，用于评价自身轨道转移性能的指标函数定义为

$$\begin{cases} J_1=\dfrac{1}{2}[\boldsymbol{p}^{\mathrm{T}}(t_f)\boldsymbol{Q}_{p1}\boldsymbol{p}(t_f)+\boldsymbol{v}^{\mathrm{T}}(t_f)\boldsymbol{Q}_{v1}\boldsymbol{v}(t_f)]+\dfrac{1}{2}\displaystyle\int_{t_0}^{t_f}(\boldsymbol{u}_1^{\mathrm{T}}\boldsymbol{R}_{u1}\boldsymbol{u}_1-\hat{\boldsymbol{d}}_1^{\mathrm{T}}\boldsymbol{R}_{u1}\hat{\boldsymbol{d}}_1)\mathrm{d}t \\ J_2=\dfrac{1}{2}[\boldsymbol{p}^{\mathrm{T}}(t_f)\boldsymbol{Q}_{p2}\boldsymbol{p}(t_f)+\boldsymbol{v}^{\mathrm{T}}(t_f)\boldsymbol{Q}_{v2}\boldsymbol{v}(t_f)]+\dfrac{1}{2}\displaystyle\int_{t_0}^{t_f}(\boldsymbol{u}_2^{\mathrm{T}}\boldsymbol{R}_{u2}\boldsymbol{u}_2-\hat{\boldsymbol{d}}_2^{\mathrm{T}}\boldsymbol{R}_{u2}\hat{\boldsymbol{d}}_2)\mathrm{d}t \end{cases} \tag{4-43}$$

如果对两个航天器的控制输入分别存在 $\boldsymbol{u}_1^*\in\boldsymbol{U}_1$ 与 $\boldsymbol{u}_2^*\in\boldsymbol{U}_2$ 以及对应的虚拟扰动的映射关系 $\hat{\boldsymbol{d}}_1^*(\boldsymbol{u}_1,\boldsymbol{u}_2)$ 与 $\hat{\boldsymbol{d}}_2^*(\boldsymbol{u}_1,\boldsymbol{u}_2)$，满足不等式组：

$$\begin{aligned} &J_i(\boldsymbol{u}_1^*,\boldsymbol{u}_2^*,\hat{\boldsymbol{d}}_i(\boldsymbol{u}_1^*,\boldsymbol{u}_2^*),\hat{\boldsymbol{d}}_{-i}^*(\boldsymbol{u}_1^*,\boldsymbol{u}_2^*)) \\ \leqslant\ &J_i(\boldsymbol{u}_1^*,\boldsymbol{u}_2^*,\hat{\boldsymbol{d}}_1^*(\boldsymbol{u}_1^*,\boldsymbol{u}_2^*),\hat{\boldsymbol{d}}_2^*(\boldsymbol{u}_1^*,\boldsymbol{u}_2^*)) \\ \leqslant\ &J_i(\boldsymbol{u}_i,\boldsymbol{u}_{-i}^*,\hat{\boldsymbol{d}}_1^*(\boldsymbol{u}_i,\boldsymbol{u}_{-i}^*),\hat{\boldsymbol{d}}_2^*(\boldsymbol{u}_i,\boldsymbol{u}_{-i}^*)),\quad i=1,2 \end{aligned} \tag{4-44}$$

那么 $\boldsymbol{u}_1^*$ 与 $\boldsymbol{u}_2^*$ 即分别为航天器 1 与航天器 2 关于协同交会任务的纳什/worst-case 均衡策略，而 $\hat{\boldsymbol{d}}_1^*(\boldsymbol{u}_1^*,\ \boldsymbol{u}_2^*)$ 与 $\hat{\boldsymbol{d}}_2^*(\boldsymbol{u}_1^*,\ \boldsymbol{u}_2^*)$ 则为当执行 $\boldsymbol{u}_1^*$ 与 $\boldsymbol{u}_2^*$ 时，会对系统性能带来最糟糕负面影响的非线性项取值。

说明：式(4－43)中各航天器性能指标函数 J_i 虽不显含 $\boldsymbol{u}_{-i}$ 与 $\hat{\boldsymbol{d}}_{-i}$，但系统状态向量即相对位置和相对速度受 $\boldsymbol{u}_1$、$\boldsymbol{u}_2$、$\hat{\boldsymbol{d}}_1$ 及 $\hat{\boldsymbol{d}}_2$ 的影响；最坏情况扰动项与控制策略的映射关系表示为 $\hat{\boldsymbol{d}}_i^*(\boldsymbol{u}_1,\ \boldsymbol{u}_2)$，性能指标函数表示为 $J_i(\boldsymbol{u}_1,\ \boldsymbol{u}_2,\ \hat{\boldsymbol{d}}_1(\boldsymbol{u}_1,\ \boldsymbol{u}_2),\ \hat{\boldsymbol{d}}_2(\boldsymbol{u}_1,\ \boldsymbol{u}_2))$。为便于书写，本节将 $\hat{\boldsymbol{d}}_i^*(\boldsymbol{u}_1,\ \boldsymbol{u}_2)$ 简记作 $\hat{\boldsymbol{d}}_i$。

对于**定义 4.5** 所描述的两航天器协同交会控制策略，可分为两种形式的解策略：开环博弈策略与闭环博弈策略。开环控制只与时间有关，闭环控制与时间和系统状态均相关。在多参与者博弈中，即使在理想条件下，开环控制和闭环控制也会产生不同的状态轨迹(Abeleda, 2016; Pan et al., 2013)，这与单控制器的最优控制问题不同；其原因在于状态变量对各控制器的作用不同，这导致各控制器的控制策略设计不同，且依赖于控制器可用的信息结构。因此，在确定控制策略之前，控制器是否实现开环或闭环控制很重要，并且必须传达给系统中的所有参与者以促使信息结构的一致性。

开环博弈策略和闭环博弈策略并无绝对的优劣之分，二者各具优缺点，分别适用于不同的轨道转移场景。为直观理解采样博弈方法运用于航天器协同交会任务的意义，在介绍采样博弈的定义之前首先对开环博弈与闭环博弈的特征进行比较分析，如表 4－1 所示。

表 4－1　开环控制与闭环控制比较

控制形式	优　势	不　足
开环控制	(1) 开环控制方法相对直接，实施相对简单，不需要实时的反馈信息 (2) 通常可以通过最优控制理论等数学工具进行分析和求解，计算效率较高 (3) 对于确定性环境和系统模型准确的情况下，开环策略能够提供良好的性能	(1) 开环控制无法根据实时系统状态进行调整，对于环境变化和不确定性的响应能力较弱 (2) 开环控制对系统模型的准确性要求较高，对于模型误差较大或者环境变化剧烈的情况可能表现不佳
闭环控制	(1) 闭环控制能够根据实时反馈信息对系统进行调整，具有更好的适应性和鲁棒性 (2) 闭环控制可以通过反馈信息来考虑环境变化和不确定性，提高了系统的稳定性和性能 (3) 闭环控制相对灵活，适用性广	(1) 闭环控制需要实时状态捕获与反馈机制，实施起来相对困难 (2) 闭环控制涉及实时的控制调整，可能会增加系统的计算负荷和复杂度

由上述分析可知,对于简单的任务和确定性环境,开环博弈策略可能是一个更合适的选择;而对于复杂的任务和不确定性环境,闭环博弈策略则可能更为适用,但是也需要考虑能否实现状态的实时感知。

需要指出,对于本节所讨论的两航天器协同交会任务,考虑系统非线性的同时,在轨道转移的实际执行当中并不能保证每个航天器能够依据**假设 4.2** 严格执行理性决策;另一方面,对于独立的两个在轨航天器,通过载荷获取对方实时的空间状态显然也是难以克服的困难。

通过上述关于开环与闭环控制以及两种常见的求解与执行方法的特性分析,考虑其优势与适用问题,本节的研究目的是选择一种更适用于航天器空间任务特性的控制方法,即在满足载荷周期性采样特性的同时尽可能增强系统鲁棒性,并且尽可能避免冗余计算以节约星载计算机的算力资源。因此,本节进一步将采样博弈(sampled-data game)的概念引入航天器协同交会问题的**定义 4.5**,构成本节意图解决的采样博弈/worst-case 均衡解的求解问题。进一步给出该问题的数学定义之前,首先对采样博弈与其依据的条件假设进行简单说明。

假设 4.3:博弈参与者获取系统的状态信息是在 n_t 个离散的采样时刻 t_j,即 $t_j \in [t_0, t_f)$ 且 $t_j < t_{j+1}$, $j = 0, \cdots, n_t - 1$。

定义 4.6(Imaan et al., 1973):对于具有 n 个博弈参与者的问题,每个参与者的目的均为最小化自身的性能指标,那么如果存在控制策略 $\boldsymbol{u}_i^*(j, t, \boldsymbol{x}(t_j))$ 使得不等式

$$J_i(\boldsymbol{u}_i^*(j, t, \boldsymbol{x}(t_j)), \boldsymbol{u}_{-i}^*(j, t, \boldsymbol{x}(t_j))) \leqslant J_i(\boldsymbol{u}_i(j, t, \boldsymbol{x}(t_j)), \boldsymbol{u}_{-i}^*(j, t, \boldsymbol{x}(t_j))) \tag{4-45}$$

对所有的 $\boldsymbol{u}_i \in \boldsymbol{U}_i$, $i = 1, \cdots, n$, $j = 0, \cdots, n_t - 1$ 均成立,那么控制策略 $\boldsymbol{u}_i^*(j, t, \boldsymbol{x}(t_j))$ 被称为采样纳什策略。

注 4.2:采样时刻 t_j 在整个时间区间 $[t_0, t_f]$ 可以是均匀分布或不均匀分布,对于空间任务中的航天器载荷通常假设为定频率采样。

注 4.3(Imaan et al., 1973):采样控制的结构与开环控制不同,开环控制在每个时刻都依赖于游戏开始时的状态,而闭环控制在每个时刻都依赖于状态向量的瞬时实际值。因此,采样数据控制可以被认为是在离散时刻对开环控制的更新,但是这种更新不必像闭环控制那样连续进行。

可以看出**假设 4.3** 与航天器的载荷特性具有高度的匹配度。因此,考虑航天器协同交会问题的特征,结合**定义 4.5** 与**定义 4.6**,本节讨论并解决的问题可以通过下述**问题 4.2**。

问题 4.2:考虑两个受控航天器近距离在轨运行,它们的相对运动系统通过式(4-4)描述,性能指标函数定义于式(4-43),那么求解分段连续控制策略 $\boldsymbol{u}_i^*(j, t, \boldsymbol{p}(t_j), \boldsymbol{v}(t_j))$,使得对任意 $t \in [t_j, t_{j+1})$,在最坏情况虚拟扰动项 $\hat{\boldsymbol{d}}_i(j, \boldsymbol{u}_1, \boldsymbol{u}_2)$

的影响下存在不等式：

$$
\begin{aligned}
& J_i(\boldsymbol{u}_1^*(j,\ t,\ \boldsymbol{p}(t_j),\ \boldsymbol{v}(t_j)),\ \boldsymbol{u}_2^*(j,\ t,\ \boldsymbol{p}(t_j),\ \boldsymbol{v}(t_j)),\ \hat{\boldsymbol{d}}_i(j,\ \boldsymbol{u}_1^*,\ \boldsymbol{u}_2^*),\ \hat{\boldsymbol{d}}_{-i}^*(j,\ \boldsymbol{u}_1^*,\ \boldsymbol{u}_2^*)) \\
\leqslant\ & J_i(\boldsymbol{u}_1^*(j,\ t,\ \boldsymbol{p}(t_j),\ \boldsymbol{v}(t_j)),\ \boldsymbol{u}_2^*(j,\ t,\ \boldsymbol{p}(t_j),\ \boldsymbol{v}(t_j)),\ \hat{\boldsymbol{d}}_1^*(j,\ \boldsymbol{u}_1^*,\ \boldsymbol{u}_2^*),\ \hat{\boldsymbol{d}}_2^*(j,\ \boldsymbol{u}_1^*,\ \boldsymbol{u}_2^*)) \\
\leqslant\ & J_i(\boldsymbol{u}_i^*(j,\ t,\ \boldsymbol{p}(t_j),\ \boldsymbol{v}(t_j)),\ \boldsymbol{u}_{-i}^*(j,\ t,\ \boldsymbol{p}(t_j),\ \boldsymbol{v}(t_j)),\ \hat{\boldsymbol{d}}_1^*(j,\ \boldsymbol{u}_i^*,\ \boldsymbol{u}_{-i}^*),\ \hat{\boldsymbol{d}}_2^*(j,\ \boldsymbol{u}_i^*,\ \boldsymbol{u}_{-i}^*))
\end{aligned}
\tag{4-46}
$$

对所有 $\boldsymbol{u}_i(j,\ t,\ \boldsymbol{p}(t_j),\ \boldsymbol{v}(t_j)) \in \boldsymbol{U}_i,\ i=1,\ 2,\ j=0,\ \cdots,\ n_t-1$ 均成立。

为了书写的简洁性，后文中分别以 $\boldsymbol{u}_{ij}$ 表示 $\boldsymbol{u}_i(j,\ t,\ \boldsymbol{p}(t_j),\ \boldsymbol{v}(t_j))$，以 $\hat{\boldsymbol{d}}_{ij}$ 表示 $\hat{\boldsymbol{d}}_i(j,\ \boldsymbol{u}_1,\ \boldsymbol{u}_2)$。

4.4.3　采样博弈/worst-case 均衡协同交会控制器设计

对于第 4.4.2 小节描述的**问题 4.2**，本小节将分别给出参与协同交会任务的两个航天器控制器的数值解求解方程，并且通过构造哈密顿函数与极值原理，严格地给出数学证明。控制器的设计定义于下述**定理 4.2**。

定理 4.2：假设存在两个运行于指定的 LVLH 坐标系内的受控航天器，它们的任务是通过自主地在轨控制实现指定任务时间的组合交会，任务目标描述于**问题 4.2**。那么，对于任意的载荷数据采样区间 $[t_j,\ t_{j+1})$，其中 $t_j < t_{j+1}$ 且 $t_{j+1} \leqslant t_f$，在任意受控时刻 $t \in [t_j,\ t_{j+1})$，对任意航天器 $i(i=1,\ 2)$ 若存在策略对 $\{\boldsymbol{u}_{ij}^*(t),\ \hat{\boldsymbol{d}}_{ij}^*(t)\}$，其定义为

$$
\begin{cases}
\boldsymbol{u}_{ij} = -\boldsymbol{R}_{ui}^{-1}[(\boldsymbol{P}_{3,i,j}\boldsymbol{\phi}_1 + \boldsymbol{P}_{4,i,j}\boldsymbol{\phi}_3)\boldsymbol{p}(t_j) + (\boldsymbol{P}_{3,i,j}\boldsymbol{\phi}_2 + \boldsymbol{P}_{4,i,j}\boldsymbol{\phi}_4)\boldsymbol{v}(t_j)] \\
\hat{\boldsymbol{d}}_{ij} = \boldsymbol{R}_{di}^{-1}[(\boldsymbol{P}_{3,i,j}\boldsymbol{\phi}_1 + \boldsymbol{P}_{4,i,j}\boldsymbol{\phi}_3)\boldsymbol{p}(t_j) + (\boldsymbol{P}_{3,i,j}\boldsymbol{\phi}_2 + \boldsymbol{P}_{4,i,j}\boldsymbol{\phi}_4)\boldsymbol{v}(t_j)]
\end{cases}
\tag{4-47}
$$

其中，

$$
\begin{bmatrix}
\boldsymbol{\phi}_1(t,\ t_j) & \boldsymbol{\phi}_2(t,\ t_j) \\
\boldsymbol{\phi}_3(t,\ t_j) & \boldsymbol{\phi}_4(t,\ t_j)
\end{bmatrix} = e^{\Omega(t-t_j)}
\tag{4-48}
$$

$$
\boldsymbol{\Omega}_{6\times 6} = \begin{bmatrix}
\boldsymbol{0}_{3\times 3} & \boldsymbol{I}_{3\times 3} \\
\boldsymbol{M}_1 - \boldsymbol{E}_1\boldsymbol{P}_{3,1,j} + \boldsymbol{E}_2\boldsymbol{P}_{3,2,j} & \boldsymbol{M}_2 - \boldsymbol{E}_1\boldsymbol{P}_{4,1,j} + \boldsymbol{E}_2\boldsymbol{P}_{4,2,j}
\end{bmatrix}
\tag{4-49}
$$

$$
\boldsymbol{E}_i = \boldsymbol{R}_{ui}^{-1} - \boldsymbol{R}_{di}^{-1}
\tag{4-50}
$$

$$
\begin{cases}
\dot{\boldsymbol{P}}_{1,i,j} = -\boldsymbol{P}_{2,i,j}(\boldsymbol{M}_1 - \boldsymbol{E}_1\boldsymbol{P}_{3,1,j} + \boldsymbol{E}_2\boldsymbol{P}_{3,2,j}) - \boldsymbol{M}_1^{\mathrm{T}}\boldsymbol{P}_{3,i,j} \\
\dot{\boldsymbol{P}}_{2,i,j} = -\boldsymbol{P}_{1,i,j} - \boldsymbol{P}_{2,i,j}(\boldsymbol{M}_2 - \boldsymbol{E}_1\boldsymbol{P}_{4,1,j} + \boldsymbol{E}_2\boldsymbol{P}_{4,2,j}) - \boldsymbol{M}_1^{\mathrm{T}}\boldsymbol{P}_{4,i,j} \\
\dot{\boldsymbol{P}}_{3,i,j} = -\boldsymbol{P}_{4,i,j}(\boldsymbol{M}_1 - \boldsymbol{E}_1\boldsymbol{P}_{3,1,j} + \boldsymbol{E}_2\boldsymbol{P}_{3,2,j}) - (\boldsymbol{P}_{1,i,j} - \boldsymbol{M}_2^{\mathrm{T}}\boldsymbol{P}_{3,i,j}) \\
\dot{\boldsymbol{P}}_{4,i,j} = -\boldsymbol{P}_{3,i,j} - \boldsymbol{P}_{4,i,j}(\boldsymbol{M}_2 - \boldsymbol{E}_1\boldsymbol{P}_{4,1,j} + \boldsymbol{E}_2\boldsymbol{P}_{4,2,j}) - (\boldsymbol{P}_{2,i,j} - \boldsymbol{M}_2^{\mathrm{T}}\boldsymbol{P}_{4,i,j})
\end{cases}
\tag{4-51}
$$

且该黎卡提方程组的边值条件满足：

$$\begin{aligned}&\boldsymbol{P}_{1,i,j}(t_{j+1})=\boldsymbol{K}_{1,i,j+1}(t_{j+1}),\ \boldsymbol{P}_{2,i,j}(t_{j+1})=\boldsymbol{K}_{2,i,j+1}(t_{j+1})\\&\boldsymbol{P}_{3,i,j}(t_{j+1})=\boldsymbol{K}_{3,i,j+1}(t_{j+1}),\ \boldsymbol{P}_{4,i,j}(t_{j+1})=\boldsymbol{K}_{4,i,j+1}(t_{j+1})\end{aligned}\tag{4-52}$$

其中，

$$\begin{cases}\dot{\boldsymbol{K}}_{1,i,j}=-\boldsymbol{M}_1^{\mathrm{T}}\boldsymbol{P}_{3,i,j}-\boldsymbol{K}_{2,i,j}\boldsymbol{M}_1+\boldsymbol{K}_{2,i,j}\boldsymbol{E}_1\boldsymbol{P}_{3,1,j}+\boldsymbol{K}_{2,i,j}\boldsymbol{E}_2\boldsymbol{P}_{3,2,j}\\\qquad+\boldsymbol{P}_{3,1,j}^{\mathrm{T}}\boldsymbol{E}_1\boldsymbol{K}_{3,i,j}+\boldsymbol{P}_{3,2,j}^{\mathrm{T}}\boldsymbol{E}_2\boldsymbol{K}_{3,i,j}-\boldsymbol{P}_{3,i,j}^{\mathrm{T}}\boldsymbol{E}_1\boldsymbol{P}_{3,i,j}\\\dot{\boldsymbol{K}}_{2,i,j}=-\boldsymbol{K}_{1,i,j}-\boldsymbol{M}_1^{\mathrm{T}}\boldsymbol{P}_{4,i,j}-\boldsymbol{K}_{2,i,j}\boldsymbol{M}_2+\boldsymbol{K}_{2,i,j}\boldsymbol{E}_1\boldsymbol{P}_{4,1,j}+\boldsymbol{K}_{2,i,j}\boldsymbol{E}_2\boldsymbol{P}_{4,2,j}\\\qquad+\boldsymbol{P}_{3,1,j}^{\mathrm{T}}\boldsymbol{E}_1\boldsymbol{K}_{4,i,j}+\boldsymbol{P}_{3,2,j}^{\mathrm{T}}\boldsymbol{E}_2\boldsymbol{K}_{4,i,j}-\boldsymbol{P}_{3,i,j}^{\mathrm{T}}\boldsymbol{E}_1\boldsymbol{P}_{3,i,j}\\\dot{\boldsymbol{K}}_{3,i,j}=-\boldsymbol{P}_{1,i,j}-\boldsymbol{M}_2^{\mathrm{T}}\boldsymbol{P}_{3,i,j}-\boldsymbol{K}_{4,i,j}\boldsymbol{M}_1+\boldsymbol{K}_{4,i,j}\boldsymbol{E}_1\boldsymbol{P}_{3,1,j}+\boldsymbol{K}_{4,i,j}\boldsymbol{E}_2\boldsymbol{P}_{3,2,j}\\\qquad+\boldsymbol{P}_{4,1,j}^{\mathrm{T}}\boldsymbol{E}_1\boldsymbol{K}_{3,i,j}+\boldsymbol{P}_{4,2,j}^{\mathrm{T}}\boldsymbol{E}_2\boldsymbol{K}_{3,i,j}-\boldsymbol{P}_{4,i,j}^{\mathrm{T}}\boldsymbol{E}_1\boldsymbol{P}_{3,i,j}\\\dot{\boldsymbol{K}}_{4,i,j}=-\boldsymbol{P}_{2,i,j}-\boldsymbol{K}_{3,i,j}-\boldsymbol{M}_2^{\mathrm{T}}\boldsymbol{P}_{4,i,j}-\boldsymbol{K}_{4,i,j}\boldsymbol{M}_2+\boldsymbol{K}_{4,i,j}\boldsymbol{E}_1\boldsymbol{P}_{4,1,j}+\boldsymbol{K}_{4,i,j}\boldsymbol{E}_2\boldsymbol{P}_{4,2,j}\\\qquad+\boldsymbol{P}_{4,1,j}^{\mathrm{T}}\boldsymbol{E}_1\boldsymbol{K}_{4,i,j}+\boldsymbol{P}_{4,2,j}^{\mathrm{T}}\boldsymbol{E}_2\boldsymbol{K}_{4,i,j}-\boldsymbol{P}_{4,i,j}^{\mathrm{T}}\boldsymbol{E}_1\boldsymbol{P}_{4,i,j}\end{cases}\tag{4-53}$$

$$\begin{aligned}&\boldsymbol{K}_{1,i,j}(t_{j+1})=\boldsymbol{K}_{1,i,j+1}(t_{j+1}),\ \boldsymbol{K}_{2,i,j}(t_{j+1})=\boldsymbol{K}_{2,i,j+1}(t_{j+1})\\&\boldsymbol{K}_{3,i,j}(t_{j+1})=\boldsymbol{K}_{3,i,j+1}(t_{j+1}),\ \boldsymbol{K}_{4,i,j}(t_{j+1})=\boldsymbol{K}_{4,i,j+1}(t_{j+1})\\&\boldsymbol{K}_{1,i,f}(t_f)=\boldsymbol{Q}_{pi},\ \boldsymbol{K}_{2,i,f}(t_f)=\boldsymbol{0}_{3\times3},\ \boldsymbol{K}_{3,i,f}(t_f)=\boldsymbol{0}_{3\times3},\ \boldsymbol{K}_{4,i,f}(t_f)=\boldsymbol{Q}_{vi}\end{aligned}\tag{4-54}$$

则称 $\{\boldsymbol{u}_{ij}^*(t),\ \hat{\boldsymbol{d}}_{ij}^*(t)\}$ 为采样博弈/worst-case 扰动抑制策略。

证明：基于上述求解逻辑，首先假设在受控时间区间 $[t_j,\ t_{j+1})$ 内，第 1 个航天器与第 2 个航天器的交会问题存在博弈解策略对 $(\boldsymbol{u}_1^*(t),\ \boldsymbol{u}_2^*(t))$ 与 worst-case 扰动策略对 $(\hat{\boldsymbol{d}}_1^*(t),\ \hat{\boldsymbol{d}}_2^*(t))$，则对任意时刻 $t\in[t_{j+1},\ t_f)$，对于任意航天器 $i(i=1,2)$，其性能指标函数式(4-43)的值函数可以表述为

$$\begin{aligned}V_i(t)=&\frac{1}{2}\boldsymbol{p}^{\mathrm{T}}(t_f)\boldsymbol{Q}_{pi}\boldsymbol{p}^{\mathrm{T}}(t_f)+\frac{1}{2}\boldsymbol{v}^{\mathrm{T}}(t_f)\boldsymbol{Q}_{vi}\boldsymbol{v}^{\mathrm{T}}(t_f)\\&+\frac{1}{2}\int_t^{t_f}(\boldsymbol{u}_i^{*T}\boldsymbol{R}_{ui}\boldsymbol{u}_i^*-\hat{\boldsymbol{d}}_i^{*\mathrm{T}}\boldsymbol{R}_{di}\hat{\boldsymbol{d}}_i^*)\,\mathrm{d}t\end{aligned}\tag{4-55}$$

随后，将式(4-55)代入性能指标函数式(4-43)中，可以进一步针对时间区间 $[t_j,\ t_{j+1})$ 将性能指标函数描述为

$$J_{ij}=V_{i,j+1}+\frac{1}{2}\int_{t_j}^{t_{j+1}}(\boldsymbol{u}_{ij}^{\mathrm{T}}\boldsymbol{R}_{ui}\boldsymbol{u}_{ij}-\hat{\boldsymbol{d}}_{ij}^{\mathrm{T}}\boldsymbol{R}_{di}\hat{\boldsymbol{d}}_{ij})\,\mathrm{d}t\tag{4-56}$$

其中，

$$V_{i,\,j+1}=V_i(\boldsymbol{p}(t_{j+1}),\ \boldsymbol{v}(t_{j+1}),\ t_{j+1}) \tag{4-57}$$

是将 $t=t_{j+1}$ 代入式(4-55)所求的函数值。此处，$\boldsymbol{u}_{ij}$ 与 $\boldsymbol{d}_{ij}$ 分别为只针对时间区间 $[t_j,\ t_{j+1})$ 的控制输入与扰动输入。至此，式(4-56)与式(4-57)即完成了对任意采样区间 $[t_j,\ t_{j+1})$ 的性能指标函数与其端点处的值函数构造。

随后，为求解性能指标式(4-56)所描述的采样数据下的博弈解策略，针对式(4-4)构建作用于时间区间 $[t_j,\ t_{j+1})$ 的哈密顿函数，如下所示：

$$\begin{aligned}H_{ij}&=\frac{1}{2}\boldsymbol{u}_{ij}^{\mathrm{T}}\boldsymbol{R}_{ui}\boldsymbol{u}_{ij}-\frac{1}{2}\hat{\boldsymbol{d}}_{ij}^{\mathrm{T}}\boldsymbol{R}_{di}\hat{\boldsymbol{d}}_{ij}+\boldsymbol{\lambda}_{ij}^{\mathrm{T}}f(\boldsymbol{p},\ \boldsymbol{v},\ \boldsymbol{u}_{1j},\ \boldsymbol{u}_{2j})\\&=\frac{1}{2}\boldsymbol{u}_{ij}^{\mathrm{T}}\boldsymbol{R}_{ui}\boldsymbol{u}_{ij}-\frac{1}{2}\hat{\boldsymbol{d}}_{ij}^{\mathrm{T}}\boldsymbol{R}_{di}\hat{\boldsymbol{d}}_{ij}+\boldsymbol{\lambda}_{pij}^{\mathrm{T}}\boldsymbol{v}+\boldsymbol{\lambda}_{vij}^{\mathrm{T}}(\boldsymbol{M}_1\boldsymbol{p}+\boldsymbol{M}_2\boldsymbol{v}+\boldsymbol{u}_{1j}-\boldsymbol{u}_{2j}+\hat{\boldsymbol{d}}_{1j}-\hat{\boldsymbol{d}}_{2j})\end{aligned} \tag{4-58}$$

其中，$i=1,\ 2$；$\boldsymbol{\lambda}_{ij}=[\boldsymbol{\lambda}_{pij}^{\mathrm{T}},\ \boldsymbol{\lambda}_{vij}^{\mathrm{T}}]^{\mathrm{T}}$，而 $\boldsymbol{\lambda}_{pij}$ 与 $\boldsymbol{\lambda}_{vij}$ 为对应的三维协态向量(即拉格朗日乘子)。不失一般性地，基于庞特里亚金极值原理，对任意一个参与协同交会的两个航天器，其控制策略与 worst-case 扰动项应分别满足：

$$\begin{cases}\dfrac{\partial H_{1j}}{\partial \boldsymbol{u}_{1j}}=0\\[2ex]\dfrac{\partial H_{1j}}{\partial \hat{\boldsymbol{d}}_{1j}}=0\end{cases}\quad\begin{cases}\dfrac{\partial H_{2j}}{\partial \boldsymbol{u}_{2j}}=0\\[2ex]\dfrac{\partial H_{2j}}{\partial \hat{\boldsymbol{d}}_{2j}}=0\end{cases} \tag{4-59}$$

同样，每个航天器的协态变量应满足等式约束：

$$\begin{cases}\dot{\boldsymbol{\lambda}}_{p1j}=-\dfrac{\partial H_{1j}}{\partial \boldsymbol{p}}\\[2ex]\dot{\boldsymbol{\lambda}}_{v1j}=-\dfrac{\partial H_{1j}}{\partial \boldsymbol{v}}\end{cases}\quad\begin{cases}\dot{\boldsymbol{\lambda}}_{p2j}=-\dfrac{\partial H_{2j}}{\partial \boldsymbol{p}}\\[2ex]\dot{\boldsymbol{\lambda}}_{v2j}=-\dfrac{\partial H_{2j}}{\partial \boldsymbol{v}}\end{cases} \tag{4-60}$$

$$\begin{cases}\boldsymbol{\lambda}_{p1j}(t_{j+1})=\dfrac{\partial V_{1,\,j+1}}{\partial \boldsymbol{p}(t_{j+1})}\\[2ex]\boldsymbol{\lambda}_{v1j}(t_{j+1})=\dfrac{\partial V_{1,\,j+1}}{\partial \boldsymbol{v}(t_{j+1})}\end{cases}\quad\begin{cases}\boldsymbol{\lambda}_{p2j}(t_{j+1})=\dfrac{\partial V_{2,\,j+1}}{\partial \boldsymbol{p}(t_{j+1})}\\[2ex]\boldsymbol{\lambda}_{v2j}(t_{j+1})=\dfrac{\partial V_{2,\,j+1}}{\partial \boldsymbol{v}(t_{j+1})}\end{cases} \tag{4-61}$$

进一步地，将哈密顿函数式(4-58)代入等式约束式(4-59)，可以得到每个航天器的控制策略与对应的 worst-case 扰动应满足如下条件：

$$\begin{cases}\boldsymbol{u}_{1j} = -\boldsymbol{R}_{u1}^{-1}\boldsymbol{\lambda}_{v1j} \\ \hat{\boldsymbol{d}}_{1j} = \boldsymbol{R}_{d1}^{-1}\boldsymbol{\lambda}_{v1j}\end{cases} \quad \begin{cases}\boldsymbol{u}_{2j} = -\boldsymbol{R}_{u2}^{-1}\boldsymbol{\lambda}_{v2j} \\ \hat{\boldsymbol{d}}_{2j} = \boldsymbol{R}_{d2}^{-1}\boldsymbol{\lambda}_{v2j}\end{cases} \tag{4-62}$$

需要额外说明的是,由于符号下标较多,当出现两个及以上数字下标时,为了便于阅读将每个下标之间通过逗号分隔,例如 $(\cdot)_{123} = (\cdot)_{1,2,3}$。

此外,将哈密顿函数式(4-58)代入等式约束式(4-60),可以求解得出协态变量满足的一阶方程,即

$$\begin{cases}\dot{\boldsymbol{\lambda}}_{p1j} = -\dfrac{\partial H_{1j}}{\partial \boldsymbol{p}} = -\boldsymbol{M}_1^{\mathrm{T}}\boldsymbol{\lambda}_{v1j} \\ \dot{\boldsymbol{\lambda}}_{v1j} = -\dfrac{\partial H_{1j}}{\partial \boldsymbol{v}} = -\boldsymbol{\lambda}_{p1j} + \boldsymbol{M}_2^{\mathrm{T}}\boldsymbol{\lambda}_{v1j}\end{cases} \tag{4-63}$$

$$\begin{cases}\dot{\boldsymbol{\lambda}}_{p2j} = -\dfrac{\partial H_{2j}}{\partial \boldsymbol{p}} = -\boldsymbol{M}_1^{\mathrm{T}}\boldsymbol{\lambda}_{v2j} \\ \dot{\boldsymbol{\lambda}}_{v2j} = -\dfrac{\partial H_{2j}}{\partial \boldsymbol{v}} = -\boldsymbol{\lambda}_{p2j} + \boldsymbol{M}_2^{\mathrm{T}}\boldsymbol{\lambda}_{v2j}\end{cases} \tag{4-64}$$

接下来,假设存在关于时间 t 的正定矩阵 $\boldsymbol{K}_{i,j+1} \in \mathbb{R}^{6\times 6}(i = 1, 2)$,那么通过回顾**引理 4.1**,性能指标函数的值函数在采样端点时刻 t_{j+1} 的值,即 $\boldsymbol{V}_{i,j+1}$,可以表示为

$$V_{i,j+1} = \frac{1}{2}[\boldsymbol{p}^{\mathrm{T}}(t_{j+1}), \boldsymbol{v}^{\mathrm{T}}(t_{j+1})]^{\mathrm{T}}\boldsymbol{K}_{i,j+1}(t_{j+1})[\boldsymbol{p}(t_{j+1}), \boldsymbol{v}(t_{j+1})], i = 1, 2 \tag{4-65}$$

将式(4-65)代入两航天器协态变量的边值条件式(4-61),则可以进一步得到关于每个航天器协态变量的边值条件表达式:

$$\begin{cases}\boldsymbol{\lambda}_{p1j}(t_{j+1}) = \dfrac{\partial V_{1,j+1}}{\partial \boldsymbol{p}(t_{j+1})} = \boldsymbol{K}_{1,1,j+1}(t_{j+1})\boldsymbol{p}(t_{j+1}) + \boldsymbol{K}_{2,1,j+1}(t_{j+1})\boldsymbol{v}(t_{j+1}) \\ \boldsymbol{\lambda}_{v1j}(t_{j+1}) = \dfrac{\partial V_{1,j+1}}{\partial \boldsymbol{v}(t_{j+1})} = \boldsymbol{K}_{3,1,j+1}(t_{j+1})\boldsymbol{p}(t_{j+1}) + \boldsymbol{K}_{4,1,j+1}(t_{j+1})\boldsymbol{v}(t_{j+1})\end{cases} \tag{4-66}$$

$$\begin{cases}\boldsymbol{\lambda}_{p2j}(t_{j+1}) = \dfrac{\partial V_{2,j+1}}{\partial \boldsymbol{p}(t_{j+1})} = \boldsymbol{K}_{1,2,j+1}(t_{j+1})\boldsymbol{p}(t_{j+1}) + \boldsymbol{K}_{2,2,j+1}(t_{j+1})\boldsymbol{v}(t_{j+1}) \\ \boldsymbol{\lambda}_{v2j}(t_{j+1}) = \dfrac{\partial V_{2,j+1}}{\partial \boldsymbol{v}(t_{j+1})} = \boldsymbol{K}_{3,2,j+1}(t_{j+1})\boldsymbol{p}(t_{j+1}) + \boldsymbol{K}_{4,2,j+1}(t_{j+1})\boldsymbol{v}(t_{j+1})\end{cases} \tag{4-67}$$

其中,

$$\boldsymbol{K}_{1,\,j+1}=\begin{bmatrix}\boldsymbol{K}_{1,\,1,\,j+1} & \boldsymbol{K}_{2,\,1,\,j+1}\\ \boldsymbol{K}_{3,\,1,\,j+1} & \boldsymbol{K}_{4,\,1,\,j+1}\end{bmatrix},\quad \boldsymbol{K}_{2,\,j+1}=\begin{bmatrix}\boldsymbol{K}_{1,\,2,\,j+1} & \boldsymbol{K}_{2,\,2,\,j+1}\\ \boldsymbol{K}_{3,\,2,\,j+1} & \boldsymbol{K}_{4,\,2,\,j+1}\end{bmatrix} \tag{4-68}$$

从式(4-63)~式(4-67)可以看出,协态变量可以由相对位置向量与相对速度向量线性表出。进一步将其映射关系定义为

$$\begin{cases}\boldsymbol{\lambda}_{p1j}(t)=\boldsymbol{P}_{1,\,1,\,j}\boldsymbol{p}+\boldsymbol{P}_{2,\,1,\,j}\boldsymbol{v}\\ \boldsymbol{\lambda}_{v1j}(t)=\boldsymbol{P}_{3,\,1,\,j}\boldsymbol{p}+\boldsymbol{P}_{4,\,1,\,j}\boldsymbol{v}\end{cases} \tag{4-69}$$

$$\begin{cases}\boldsymbol{\lambda}_{p2j}(t)=\boldsymbol{P}_{1,\,2,\,j}\boldsymbol{p}+\boldsymbol{P}_{2,\,2,\,j}\boldsymbol{v}\\ \boldsymbol{\lambda}_{v2j}(t)=\boldsymbol{P}_{3,\,2,\,j}\boldsymbol{p}+\boldsymbol{P}_{4,\,2,\,j}\boldsymbol{v}\end{cases} \tag{4-70}$$

其中,向量 $\boldsymbol{P}_{c,\,i,\,j}\in\mathbb{R}^{3\times3}(i=1,\,2,\,c=1,\,2,\,3,\,4)$ 为关于时间 t 的函数。接下来,将式(4-69)与式(4-70)代入等式约束式(4-62)可以得到控制输入和 worst-case 扰动输入的变形式:

$$\begin{cases}\boldsymbol{u}_{1j}=-\boldsymbol{R}_{u1}^{-1}(\boldsymbol{P}_{3,\,1,\,j}\boldsymbol{p}+\boldsymbol{P}_{4,\,1,\,j}\boldsymbol{v})\\ \boldsymbol{d}_{1j}=\boldsymbol{R}_{d1}^{-1}(\boldsymbol{P}_{3,\,1,\,j}\boldsymbol{p}+\boldsymbol{P}_{4,\,1,\,j}\boldsymbol{v})\end{cases} \tag{4-71}$$

$$\begin{cases}\boldsymbol{u}_{2j}=-\boldsymbol{R}_{u2}^{-1}(\boldsymbol{P}_{3,\,2,\,j}\boldsymbol{p}+\boldsymbol{P}_{4,\,2,\,j}\boldsymbol{v})\\ \boldsymbol{d}_{2j}=\boldsymbol{R}_{d2}^{-1}(\boldsymbol{P}_{3,\,2,\,j}\boldsymbol{p}+\boldsymbol{P}_{4,\,2,\,j}\boldsymbol{v})\end{cases} \tag{4-72}$$

并将上式的结果进一步代入相对运动方程式(4-4),可以求得

$$\begin{cases}\dot{\boldsymbol{p}}=\boldsymbol{v},\\ \dot{\boldsymbol{v}}=(\boldsymbol{M}_1-\boldsymbol{E}_1\boldsymbol{P}_{3,\,1,\,j}+\boldsymbol{E}_2\boldsymbol{P}_{3,\,2,\,j})\boldsymbol{p}+(\boldsymbol{M}_2-\boldsymbol{E}_1\boldsymbol{P}_{4,\,1,\,j}+\boldsymbol{E}_2\boldsymbol{P}_{4,\,2,\,j})\boldsymbol{v}\end{cases} \tag{4-73}$$

其中,$\boldsymbol{E}_i=\boldsymbol{R}_{ui}^{-1}-\boldsymbol{R}_{di}^{-1}(i=1,\,2)$。

因此,根据状态轨迹的一阶方程式(4-73)容易得出,系统的状态方程为齐次微分方程。进而,结合控制系统状态空间表达式的求解方法,能够判断得出系统的状态变量关于时间 t 有唯一确定解(刘豹等,2011):

$$\begin{cases}\boldsymbol{p}(t)=\phi_1(t,\,t_j)\boldsymbol{p}(t_j)+\phi_2(t,\,t_j)\boldsymbol{v}(t_j)\\ \boldsymbol{v}(t)=\phi_3(t,\,t_j)\boldsymbol{p}(t_j)+\phi_4(t,\,t_j)\boldsymbol{v}(t_j)\end{cases} \tag{4-74}$$

其中,$\phi_{(\cdot)}(t,\,t_j)\in\mathbb{R}^{3\times3}$ 为在 $t\in[t_j,\,t_{j+1})$ 时间内,其对应的相对位置向量与相对速度向量的状态转移矩阵,定义为

$$\begin{bmatrix} \phi_1(t,\ t_j) & \phi_2(t,\ t_j) \\ \phi_3(t,\ t_j) & \phi_4(t,\ t_j) \end{bmatrix} = e^{\begin{bmatrix} \mathbf{0}_{3\times3} & \mathbf{I}_{3\times3} \\ \mathbf{M}_1-\mathbf{E}_1\mathbf{P}_{3,\,1,\,j}+\mathbf{E}_2\mathbf{P}_{3,\,2,\,j} & \mathbf{M}_2-\mathbf{E}_1\mathbf{P}_{4,\,1,\,j}+\mathbf{E}_2\mathbf{P}_{4,\,2,\,j} \end{bmatrix}(t-t_j)} \tag{4-75}$$

在后文中，为了书写的简洁性，将在时间区间 $t\in[t_j,\ t_{j+1})$ 内的状态转移矩阵简化书写为 $\phi_{(\cdot)}$，例如：$\phi_1=\phi_1(t,\ t_j)$。接下来，将此系统方程式(4－74)分别代入两航天器协态变量的表达式(4－69)与式(4－70)，可以进一步将系统的协态变量表示为

$$\begin{cases} \boldsymbol{\lambda}_{p,\,1,\,j}(t)=\boldsymbol{P}_{1,\,1,\,j}[\phi_1\boldsymbol{p}(t_j)+\phi_2\boldsymbol{v}(t_j)]+\boldsymbol{P}_{2,\,1,\,j}[\phi_3\boldsymbol{p}(t_j)+\phi_4\boldsymbol{v}(t_j)] \\ \qquad\qquad\ =(\boldsymbol{P}_{1,\,1,\,j}\phi_1+\boldsymbol{P}_{2,\,1,\,j}\phi_3)\boldsymbol{p}(t_j)+(\boldsymbol{P}_{1,\,1,\,j}\phi_2+\boldsymbol{P}_{2,\,1,\,j}\phi_4)\boldsymbol{v}(t_j) \\ \boldsymbol{\lambda}_{v,\,1,\,j}(t)=\boldsymbol{P}_{3,\,1,\,j}[\phi_1\boldsymbol{p}(t_j)+\phi_2\boldsymbol{v}(t_j)]+\boldsymbol{P}_{4,\,1,\,j}[\phi_3\boldsymbol{p}(t_j)+\phi_4\boldsymbol{v}(t_j)] \\ \qquad\qquad\ =(\boldsymbol{P}_{3,\,1,\,j}\phi_1+\boldsymbol{P}_{4,\,1,\,j}\phi_3)\boldsymbol{p}(t_j)+(\boldsymbol{P}_{3,\,1,\,j}\phi_2+\boldsymbol{P}_{4,\,1,\,j}\phi_4)\boldsymbol{v}(t_j) \end{cases} \tag{4-76}$$

$$\begin{cases} \boldsymbol{\lambda}_{p,\,2,\,j}(t)=\boldsymbol{P}_{1,\,2,\,j}[\phi_1\boldsymbol{p}(t_j)+\phi_2\boldsymbol{v}(t_j)]+\boldsymbol{P}_{2,\,2,\,j}[\phi_3\boldsymbol{p}(t_j)+\phi_4\boldsymbol{v}(t_j)] \\ \qquad\qquad\ =(\boldsymbol{P}_{1,\,2,\,j}\phi_1+\boldsymbol{P}_{2,\,2,\,j}\phi_3)\boldsymbol{p}(t_j)+(\boldsymbol{P}_{1,\,2,\,j}\phi_2+\boldsymbol{P}_{2,\,2,\,j}\phi_4)\boldsymbol{v}(t_j) \\ \boldsymbol{\lambda}_{v,\,2,\,j}(t)=\boldsymbol{P}_{3,\,2,\,j}[\phi_1\boldsymbol{p}(t_j)+\phi_2\boldsymbol{v}(t_j)]+\boldsymbol{P}_{4,\,2,\,j}[\phi_3\boldsymbol{p}(t_j)+\phi_4\boldsymbol{v}(t_j)] \\ \qquad\qquad\ =(\boldsymbol{P}_{3,\,2,\,j}\phi_1+\boldsymbol{P}_{4,\,2,\,j}\phi_3)\boldsymbol{p}(t_j)+(\boldsymbol{P}_{3,\,2,\,j}\phi_2+\boldsymbol{P}_{4,\,2,\,j}\phi_4)\boldsymbol{v}(t_j) \end{cases} \tag{4-77}$$

随后，将两个航天器协态变量的表达式(4－76)与式(4－77)分别代入式(4－62)，可以得到控制策略与 worst-case 扰动输入的表达式，即

$$\begin{cases} \boldsymbol{u}_{1j}=-\boldsymbol{R}_{u1}^{-1}[(\boldsymbol{P}_{3,\,1,\,j}\phi_1+\boldsymbol{P}_{4,\,1,\,j}\phi_3)\boldsymbol{p}(t_j)+(\boldsymbol{P}_{3,\,1,\,j}\phi_2+\boldsymbol{P}_{4,\,1,\,j}\phi_4)\boldsymbol{v}(t_j)] \\ \hat{\boldsymbol{d}}_{1j}=\boldsymbol{R}_{d1}^{-1}[(\boldsymbol{P}_{3,\,1,\,j}\phi_1+\boldsymbol{P}_{4,\,1,\,j}\phi_3)\boldsymbol{p}(t_j)+(\boldsymbol{P}_{3,\,1,\,j}\phi_2+\boldsymbol{P}_{4,\,1,\,j}\phi_4)\boldsymbol{v}(t_j)] \end{cases} \tag{4-78}$$

$$\begin{cases} \boldsymbol{u}_{2j}=-\boldsymbol{R}_{u2}^{-1}[(\boldsymbol{P}_{3,\,2,\,j}\phi_1+\boldsymbol{P}_{4,\,2,\,j}\phi_3)\boldsymbol{p}(t_j)+(\boldsymbol{P}_{3,\,2,\,j}\phi_2+\boldsymbol{P}_{4,\,2,\,j}\phi_4)\boldsymbol{v}(t_j)] \\ \hat{\boldsymbol{d}}_{2j}=\boldsymbol{R}_{d2}^{-1}[(\boldsymbol{P}_{3,\,2,\,j}\phi_1+\boldsymbol{P}_{4,\,2,\,j}\phi_3)\boldsymbol{p}(t_j)+(\boldsymbol{P}_{3,\,2,\,j}\phi_2+\boldsymbol{P}_{4,\,2,\,j}\phi_4)\boldsymbol{v}(t_j)] \end{cases} \tag{4-79}$$

至此，**定理 4.2** 中的(4－47)得证。

此外，联立式(4－63)、式(4－64)与式(4－69)、式(4－70)，可得

$$\begin{cases} \dot{\boldsymbol{\lambda}}_{p1j}=-\boldsymbol{M}_1^{\mathrm{T}}\boldsymbol{\lambda}_{v1j}=-\boldsymbol{M}_1^{\mathrm{T}}\boldsymbol{P}_{3,\,1,\,j}\boldsymbol{p}-\boldsymbol{M}_1^{\mathrm{T}}\boldsymbol{P}_{4,\,1,\,j}\boldsymbol{v} \\ \dot{\boldsymbol{\lambda}}_{v1j}=-\boldsymbol{\lambda}_{p1j}+\boldsymbol{M}_2^{\mathrm{T}}\boldsymbol{\lambda}_{v1j}=-(\boldsymbol{P}_{1,\,1,\,j}-\boldsymbol{M}_2^{\mathrm{T}}\boldsymbol{P}_{3,\,1,\,j})\boldsymbol{p}-(\boldsymbol{P}_{2,\,1,\,j}-\boldsymbol{M}_2^{\mathrm{T}}\boldsymbol{P}_{4,\,1,\,j})\boldsymbol{v} \end{cases} \tag{4-80}$$

$$\begin{cases}\dot{\boldsymbol{\lambda}}_{p2j}=-\boldsymbol{M}_1^{\mathrm{T}}\boldsymbol{\lambda}_{v2j}=-\boldsymbol{M}_1^{\mathrm{T}}\boldsymbol{P}_{3,2,j}\boldsymbol{p}-\boldsymbol{M}_1^{\mathrm{T}}\boldsymbol{P}_{4,2,j}\boldsymbol{v}\\ \dot{\boldsymbol{\lambda}}_{v2j}=-\boldsymbol{\lambda}_{p2j}+\boldsymbol{M}_2^{\mathrm{T}}\boldsymbol{\lambda}_{v2j}=-(\boldsymbol{P}_{1,2,j}-\boldsymbol{M}_2^{\mathrm{T}}\boldsymbol{P}_{3,2,j})\boldsymbol{p}-(\boldsymbol{P}_{2,2,j}-\boldsymbol{M}_2^{\mathrm{T}}\boldsymbol{P}_{4,2,j})\boldsymbol{v}\end{cases}\tag{4-81}$$

同时，对协态变量表达式(4－69)与式(4－70)求导，并将相对位置与相对速度的一阶方程式(4－73)代入求导式可得

$$\begin{cases}\dot{\boldsymbol{\lambda}}_{p1j}=[\dot{\boldsymbol{P}}_{1,1,j}+\boldsymbol{P}_{2,1,j}(\boldsymbol{M}_1-\boldsymbol{E}_1\boldsymbol{P}_{3,1,j}+\boldsymbol{E}_2\boldsymbol{P}_{3,2,j})]\boldsymbol{p}\\ \qquad+[\dot{\boldsymbol{P}}_{2,1,j}+\boldsymbol{P}_{1,1,j}+\boldsymbol{P}_{2,1,j}(\boldsymbol{M}_2-\boldsymbol{E}_1\boldsymbol{P}_{4,1,j}+\boldsymbol{E}_2\boldsymbol{P}_{4,2,j})]\boldsymbol{v}\\ \dot{\boldsymbol{\lambda}}_{v1j}=[\dot{\boldsymbol{P}}_{3,1,j}+\boldsymbol{P}_{4,1,j}(\boldsymbol{M}_1-\boldsymbol{E}_1\boldsymbol{P}_{3,1,j}+\boldsymbol{E}_2\boldsymbol{P}_{3,2,j})]\boldsymbol{p}\\ \qquad+[\dot{\boldsymbol{P}}_{4,1,j}+\boldsymbol{P}_{3,1,j}+\boldsymbol{P}_{4,1,j}(\boldsymbol{M}_2-\boldsymbol{E}_1\boldsymbol{P}_{4,1,j}+\boldsymbol{E}_2\boldsymbol{P}_{4,2,j})]\boldsymbol{v}\end{cases}\tag{4-82}$$

$$\begin{cases}\dot{\boldsymbol{\lambda}}_{p2j}=[\dot{\boldsymbol{P}}_{1,2,j}+\boldsymbol{P}_{2,2,j}(\boldsymbol{M}_1-\boldsymbol{E}_1\boldsymbol{P}_{3,1,j}+\boldsymbol{E}_2\boldsymbol{P}_{3,2,j})]\boldsymbol{p}\\ \qquad+[\dot{\boldsymbol{P}}_{2,2,j}+\boldsymbol{P}_{1,2,j}+\boldsymbol{P}_{2,2,j}(\boldsymbol{M}_2-\boldsymbol{E}_1\boldsymbol{P}_{4,1,j}+\boldsymbol{E}_2\boldsymbol{P}_{4,2,j})]\boldsymbol{v}\\ \dot{\boldsymbol{\lambda}}_{v2j}=[\dot{\boldsymbol{P}}_{3,2,j}+\boldsymbol{P}_{4,2,j}(\boldsymbol{M}_1-\boldsymbol{E}_1\boldsymbol{P}_{3,1,j}+\boldsymbol{E}_2\boldsymbol{P}_{3,2,j})]\boldsymbol{p}\\ \qquad+[\dot{\boldsymbol{P}}_{4,2,j}+\boldsymbol{P}_{3,2,j}+\boldsymbol{P}_{4,2,j}(\boldsymbol{M}_2-\boldsymbol{E}_1\boldsymbol{P}_{4,1,j}+\boldsymbol{E}_2\boldsymbol{P}_{4,2,j})]\boldsymbol{v}\end{cases}\tag{4-83}$$

因此，联立式(4－80)～式(4－83)，即可得到在时间区间$[t_j,t_{j+1})$关于系统状态量的黎卡提方程组：

$$\begin{cases}\dot{\boldsymbol{P}}_{1,1,j}=-\boldsymbol{P}_{2,1,j}(\boldsymbol{M}_1-\boldsymbol{E}_1\boldsymbol{P}_{3,1,j}+\boldsymbol{E}_2\boldsymbol{P}_{3,2,j})-\boldsymbol{M}_1^{\mathrm{T}}\boldsymbol{P}_{3,1,j}\\ \dot{\boldsymbol{P}}_{2,1,j}=-\boldsymbol{P}_{1,1,j}-\boldsymbol{P}_{2,1,j}(\boldsymbol{M}_2-\boldsymbol{E}_1\boldsymbol{P}_{4,1,j}+\boldsymbol{E}_2\boldsymbol{P}_{4,2,j})-\boldsymbol{M}_1^{\mathrm{T}}\boldsymbol{P}_{4,1,j}\\ \dot{\boldsymbol{P}}_{3,1,j}=-\boldsymbol{P}_{4,1,j}(\boldsymbol{M}_1-\boldsymbol{E}_1\boldsymbol{P}_{3,1,j}+\boldsymbol{E}_2\boldsymbol{P}_{3,2,j})-(\boldsymbol{P}_{1,1,j}-\boldsymbol{M}_2^{\mathrm{T}}\boldsymbol{P}_{3,1,j})\\ \dot{\boldsymbol{P}}_{4,1,j}=-\boldsymbol{P}_{3,1,j}-\boldsymbol{P}_{4,1,j}(\boldsymbol{M}_2-\boldsymbol{E}_1\boldsymbol{P}_{4,1,j}+\boldsymbol{E}_2\boldsymbol{P}_{4,2,j})-(\boldsymbol{P}_{2,1,j}-\boldsymbol{M}_2^{\mathrm{T}}\boldsymbol{P}_{4,1,j})\\ \dot{\boldsymbol{P}}_{1,2,j}=-\boldsymbol{P}_{2,2,j}(\boldsymbol{M}_1-\boldsymbol{E}_1\boldsymbol{P}_{3,1,j}+\boldsymbol{E}_2\boldsymbol{P}_{3,2,j})-\boldsymbol{M}_1^{\mathrm{T}}\boldsymbol{P}_{3,2,j}\\ \dot{\boldsymbol{P}}_{2,2,j}=-\boldsymbol{P}_{1,2,j}-\boldsymbol{P}_{2,2,j}(\boldsymbol{M}_2-\boldsymbol{E}_1\boldsymbol{P}_{4,1,j}+\boldsymbol{E}_2\boldsymbol{P}_{4,2,j})\boldsymbol{M}_1^{\mathrm{T}}\boldsymbol{P}_{4,2,j}\\ \dot{\boldsymbol{P}}_{3,2,j}=-\boldsymbol{P}_{4,2,j}(\boldsymbol{M}_1-\boldsymbol{E}_1\boldsymbol{P}_{3,1,j}+\boldsymbol{E}_2\boldsymbol{P}_{3,2,j})-(\boldsymbol{P}_{1,2,j}-\boldsymbol{M}_2^{\mathrm{T}}\boldsymbol{P}_{3,2,j})\\ \dot{\boldsymbol{P}}_{4,2,j}=-\boldsymbol{P}_{3,2,j}-\boldsymbol{P}_{4,2,j}(\boldsymbol{M}_2-\boldsymbol{E}_1\boldsymbol{P}_{4,1,j}+\boldsymbol{E}_2\boldsymbol{P}_{4,2,j})-(\boldsymbol{P}_{2,2,j}-\boldsymbol{M}_2^{\mathrm{T}}\boldsymbol{P}_{4,2,j})\end{cases}\tag{4-84}$$

此外，将式(4－65)代入等式约束式(4－61)，并将式(4－69)与式(4－70)联立可得上述黎卡提方程组的边值条件：

$$\begin{aligned}&\boldsymbol{P}_{1,i,j}(t_{j+1})=\boldsymbol{K}_{1,i,j+1}(t_{j+1}),\ \boldsymbol{P}_{2,i,j}(t_{j+1})=\boldsymbol{K}_{2,i,j+1}(t_{j+1})\\ &\boldsymbol{P}_{3,i,j}(t_{j+1})=\boldsymbol{K}_{3,i,j+1}(t_{j+1}),\ \boldsymbol{P}_{4,i,j}(t_{j+1})=\boldsymbol{K}_{4,i,j+1}(t_{j+1})\end{aligned}\tag{4-85}$$

至此**定理 4.2** 中的式(4－51)与式(4－52)得证，即完成了联立黎卡提方程组

的构造。随后,需要构造联立方程组以求解上述黎卡提方程组的边值条件。基于此求解目的,联立并求导式(4-65)与式(4-55),可以得到

$$
\begin{aligned}
&\dot{\boldsymbol{K}}_{1,i,j}+\boldsymbol{M}_1^{\mathrm{T}}\boldsymbol{P}_{3,i,j}+\boldsymbol{K}_{2,i,j}\boldsymbol{M}_1-\boldsymbol{K}_{2,i,j}\boldsymbol{E}_1\boldsymbol{P}_{3,1,j}-\boldsymbol{K}_{2,i,j}\boldsymbol{E}_2\boldsymbol{P}_{3,2,j}\\
&\quad-\boldsymbol{P}_{3,1,j}^{\mathrm{T}}\boldsymbol{E}_1\boldsymbol{K}_{3,i,j}-\boldsymbol{P}_{3,2,j}^{\mathrm{T}}\boldsymbol{E}_2\boldsymbol{K}_{3,i,j}=-\boldsymbol{P}_{3,i,j}^{\mathrm{T}}\boldsymbol{E}_i\boldsymbol{P}_{3,i,j}\\
&\boldsymbol{K}_{1,i,j}+\dot{\boldsymbol{K}}_{2,i,j}+\boldsymbol{M}_1^{\mathrm{T}}\boldsymbol{P}_{4,i,j}+\boldsymbol{K}_{2,i,j}\boldsymbol{M}_2-\boldsymbol{K}_{2,i,j}\boldsymbol{E}_1\boldsymbol{P}_{4,1,j}\\
&\quad-\boldsymbol{K}_{2,i,j}\boldsymbol{E}_2\boldsymbol{P}_{4,2,j}-\boldsymbol{P}_{3,1,j}^{\mathrm{T}}\boldsymbol{E}_1\boldsymbol{K}_{4,i,j}-\boldsymbol{P}_{3,2,j}^{\mathrm{T}}\boldsymbol{E}_2\boldsymbol{K}_{4,i,j}=-\boldsymbol{P}_{3,i,j}^{\mathrm{T}}\boldsymbol{E}_i\boldsymbol{P}_{4,i,j}\\
&\boldsymbol{P}_{1,i,j}+\dot{\boldsymbol{K}}_{3,i,j}+\boldsymbol{M}_2^{\mathrm{T}}\boldsymbol{P}_{3,i,j}+\boldsymbol{K}_{4,i,j}\boldsymbol{M}_1-\boldsymbol{K}_{4,i,j}\boldsymbol{E}_1\boldsymbol{P}_{3,1,j}\\
&\quad-\boldsymbol{K}_{4,i,j}\boldsymbol{E}_2\boldsymbol{P}_{3,2,j}-\boldsymbol{P}_{4,1,j}^{\mathrm{T}}\boldsymbol{E}_1\boldsymbol{K}_{3,i,j}-\boldsymbol{P}_{4,2,j}^{\mathrm{T}}\boldsymbol{E}_2\boldsymbol{K}_{3,i,j}=-\boldsymbol{P}_{4,i,j}^{\mathrm{T}}\boldsymbol{E}_i\boldsymbol{P}_{3,i,j}\\
&\boldsymbol{P}_{2,i,j}+\boldsymbol{K}_{3,i,j}+\dot{\boldsymbol{K}}_{4,i,j}+\boldsymbol{M}_2^{\mathrm{T}}\boldsymbol{P}_{4,i,j}+\boldsymbol{K}_{4,i,j}\boldsymbol{M}_2-\boldsymbol{K}_{4,i,j}\boldsymbol{E}_1\boldsymbol{P}_{4,1,j}\\
&\quad-\boldsymbol{K}_{4,i,j}\boldsymbol{E}_2\boldsymbol{P}_{4,2,j}-\boldsymbol{P}_{4,1,j}^{\mathrm{T}}\boldsymbol{E}_1\boldsymbol{K}_{4,i,j}-\boldsymbol{P}_{4,2,j}^{\mathrm{T}}\boldsymbol{E}_2\boldsymbol{K}_{4,i,j}=-\boldsymbol{P}_{4,i,j}^{\mathrm{T}}\boldsymbol{E}_i\boldsymbol{P}_{4,i,j}
\end{aligned}
\tag{4-86}
$$

将上述结果整理可得

$$
\begin{cases}
\dot{\boldsymbol{K}}_{1,1,j}=-\boldsymbol{M}_1^{\mathrm{T}}\boldsymbol{P}_{3,1,j}-\boldsymbol{K}_{2,1,j}\boldsymbol{M}_1+\boldsymbol{K}_{2,1,j}\boldsymbol{E}_1\boldsymbol{P}_{3,1,j}+\boldsymbol{K}_{2,1,j}\boldsymbol{E}_2\boldsymbol{P}_{3,2,j}\\
\qquad+\boldsymbol{P}_{3,1,j}^{\mathrm{T}}\boldsymbol{E}_1\boldsymbol{K}_{3,1,j}+\boldsymbol{P}_{3,2,j}^{\mathrm{T}}\boldsymbol{E}_2\boldsymbol{K}_{3,1,j}-\boldsymbol{P}_{3,1,j}^{\mathrm{T}}\boldsymbol{E}_1\boldsymbol{P}_{3,1,j}\\
\dot{\boldsymbol{K}}_{2,1,j}=-\boldsymbol{K}_{1,1,j}-\boldsymbol{M}_1^{\mathrm{T}}\boldsymbol{P}_{4,1,j}-\boldsymbol{K}_{2,1,j}\boldsymbol{M}_2+\boldsymbol{K}_{2,1,j}\boldsymbol{E}_1\boldsymbol{P}_{4,1,j}+\boldsymbol{K}_{2,1,j}\boldsymbol{E}_2\boldsymbol{P}_{4,2,j}\\
\qquad+\boldsymbol{P}_{3,1,j}^{\mathrm{T}}\boldsymbol{E}_1\boldsymbol{K}_{4,1,j}+\boldsymbol{P}_{3,2,j}^{\mathrm{T}}\boldsymbol{E}_2\boldsymbol{K}_{4,1,j}-\boldsymbol{P}_{3,1,j}^{\mathrm{T}}\boldsymbol{E}_1\boldsymbol{P}_{3,1,j}\\
\dot{\boldsymbol{K}}_{3,1,j}=-\boldsymbol{P}_{1,1,j}-\boldsymbol{M}_2^{\mathrm{T}}\boldsymbol{P}_{3,1,j}-\boldsymbol{K}_{4,1,j}\boldsymbol{M}_1+\boldsymbol{K}_{4,1,j}\boldsymbol{E}_1\boldsymbol{P}_{3,1,j}+\boldsymbol{K}_{4,1,j}\boldsymbol{E}_2\boldsymbol{P}_{3,2,j}\\
\qquad+\boldsymbol{P}_{4,1,j}^{\mathrm{T}}\boldsymbol{E}_1\boldsymbol{K}_{3,1,j}+\boldsymbol{P}_{4,2,j}^{\mathrm{T}}\boldsymbol{E}_2\boldsymbol{K}_{3,1,j}-\boldsymbol{P}_{4,1,j}^{\mathrm{T}}\boldsymbol{E}_1\boldsymbol{P}_{3,1,j}\\
\dot{\boldsymbol{K}}_{4,1,j}=-\boldsymbol{P}_{2,1,j}-\boldsymbol{K}_{3,1,j}-\boldsymbol{M}_2^{\mathrm{T}}\boldsymbol{P}_{4,1,j}-\boldsymbol{K}_{4,1,j}\boldsymbol{M}_2+\boldsymbol{K}_{4,1,j}\boldsymbol{E}_1\boldsymbol{P}_{4,1,j}+\boldsymbol{K}_{4,1,j}\boldsymbol{E}_2\boldsymbol{P}_{4,2,j}\\
\qquad+\boldsymbol{P}_{4,1,j}^{\mathrm{T}}\boldsymbol{E}_1\boldsymbol{K}_{4,1,j}+\boldsymbol{P}_{4,2,j}^{\mathrm{T}}\boldsymbol{E}_2\boldsymbol{K}_{4,1,j}-\boldsymbol{P}_{4,1,j}^{\mathrm{T}}\boldsymbol{E}_1\boldsymbol{P}_{4,1,j}\\
\dot{\boldsymbol{K}}_{1,2,j}=-\boldsymbol{M}_1^{\mathrm{T}}\boldsymbol{P}_{3,2,j}-\boldsymbol{K}_{2,2,j}\boldsymbol{M}_1+\boldsymbol{K}_{2,2,j}\boldsymbol{E}_1\boldsymbol{P}_{3,1,j}+\boldsymbol{K}_{2,2,j}\boldsymbol{E}_2\boldsymbol{P}_{3,2,j}+\boldsymbol{P}_{3,1,j}^{\mathrm{T}}\boldsymbol{E}_1\boldsymbol{K}_{3,2,j}\\
\qquad+\boldsymbol{P}_{3,2,j}^{\mathrm{T}}\boldsymbol{E}_2\boldsymbol{K}_{3,2,j}-\boldsymbol{P}_{3,2,j}^{\mathrm{T}}\boldsymbol{E}_2\boldsymbol{P}_{3,2,j}\\
\dot{\boldsymbol{K}}_{2,2,j}=-\boldsymbol{K}_{1,2,j}-\boldsymbol{M}_1^{\mathrm{T}}\boldsymbol{P}_{4,2,j}-\boldsymbol{K}_{2,2,j}\boldsymbol{M}_2+\boldsymbol{K}_{2,2,j}\boldsymbol{E}_1\boldsymbol{P}_{4,1,j}+\boldsymbol{K}_{2,2,j}\boldsymbol{E}_2\boldsymbol{P}_{4,2,j}\\
\qquad+\boldsymbol{P}_{3,1,j}^{\mathrm{T}}\boldsymbol{E}_1\boldsymbol{K}_{4,2,j}+\boldsymbol{P}_{3,2,j}^{\mathrm{T}}\boldsymbol{E}_2\boldsymbol{K}_{4,2,j}-\boldsymbol{P}_{3,2,j}^{\mathrm{T}}\boldsymbol{E}_2\boldsymbol{P}_{3,2,j}\\
\dot{\boldsymbol{K}}_{3,2,j}=-\boldsymbol{P}_{1,2,j}-\boldsymbol{M}_2^{\mathrm{T}}\boldsymbol{P}_{3,2,j}-\boldsymbol{K}_{4,2,j}\boldsymbol{M}_1+\boldsymbol{K}_{4,2,j}\boldsymbol{E}_1\boldsymbol{P}_{3,1,j}+\boldsymbol{K}_{4,2,j}\boldsymbol{E}_2\boldsymbol{P}_{3,2,j}\\
\qquad+\boldsymbol{P}_{4,1,j}^{\mathrm{T}}\boldsymbol{E}_1\boldsymbol{K}_{3,2,j}+\boldsymbol{P}_{4,2,j}^{\mathrm{T}}\boldsymbol{E}_2\boldsymbol{K}_{3,2,j}-\boldsymbol{P}_{4,2,j}^{\mathrm{T}}\boldsymbol{E}_2\boldsymbol{P}_{3,2,j}\\
\dot{\boldsymbol{K}}_{4,2,j}=-\boldsymbol{P}_{2,2,j}-\boldsymbol{K}_{3,2,j}-\boldsymbol{M}_2^{\mathrm{T}}\boldsymbol{P}_{4,2,j}-\boldsymbol{K}_{4,2,j}\boldsymbol{M}_2+\boldsymbol{K}_{4,2,j}\boldsymbol{E}_1\boldsymbol{P}_{4,1,j}+\boldsymbol{K}_{4,2,j}\boldsymbol{E}_2\boldsymbol{P}_{4,2,j}\\
\qquad+\boldsymbol{P}_{4,1,j}^{\mathrm{T}}\boldsymbol{E}_1\boldsymbol{K}_{4,2,j}+\boldsymbol{P}_{4,2,j}^{\mathrm{T}}\boldsymbol{E}_2\boldsymbol{K}_{4,2,j}-\boldsymbol{P}_{4,2,j}^{\mathrm{T}}\boldsymbol{E}_2\boldsymbol{P}_{4,2,j}
\end{cases}
\tag{4-87}
$$

并且边界条件满足:

$$
\begin{aligned}
&\boldsymbol{K}_{1,i,j}(t_{j+1})=\boldsymbol{K}_{1,i,j+1}(t_{j+1}),\ \boldsymbol{K}_{2,i,j}(t_{j+1})=\boldsymbol{K}_{2,i,j+1}(t_{j+1})\\
&\boldsymbol{K}_{3,i,j}(t_{j+1})=\boldsymbol{K}_{3,i,j+1}(t_{j+1}),\ \boldsymbol{K}_{4,i,j}(t_{j+1})=\boldsymbol{K}_{4,i,j+1}(t_{j+1})
\end{aligned}
\tag{4-88}
$$

同时,对于任务终端时刻 t_f的边值条件,通过回顾线性二次型博弈问题的**引理 4.1** 可以得

$$
\boldsymbol{K}_{1,i,f}(t_f)=\boldsymbol{Q}_{pi},\ \boldsymbol{K}_{2,i,f}(t_f)=\boldsymbol{0}_{3\times3},\ \boldsymbol{K}_{3,i,f}(t_f)=\boldsymbol{0}_{3\times3},\ \boldsymbol{K}_{4,i,f}(t_f)=\boldsymbol{Q}_{vi}
\tag{4-89}
$$

联立黎卡提方程的边值条件,方程组得证。

至此,**定理 4.2** 证毕。■

注 4.4：对于证明所依据的递推归纳前提条件,即在采样区间 $[t_{j+1},\ t_f)$ 存在博弈解策略对 $(\boldsymbol{u}_1^*,\ \boldsymbol{u}_2^*)$ 与 worst-case 扰动对 $(\boldsymbol{d}_1^*,\ \boldsymbol{d}_2^*)$,本质上将该问题转化为了针对 $t\in[t_{j+1},\ t_f)$ 的固定逗留期线性二次型微分对策问题的存在性条件,因此可以基于**引理 4.1** 较为直接地论证与求解。

注 4.5：从方程组式(4－84)~式(4－89)可以看出,采样博弈控制器的求解从终端时刻 t_f 逆向求解,直到达到初始时刻 t_0。而在每个采样区间 $[t_j,\ t_{j+1})$ 黎卡提方程组式(4－84)具有相同的形式,不同的是边值条件需由另一个线性微分方程组式(4－87)求解更新。

注 4.6：当采样周期趋近于零时,即 $t_{j+1}-t_j\to0$ 采样博弈策略等效为闭环博弈策略(Imaan et al., 1973)。

显然,采样博弈控制基于动态规划思想,通过从最后一个博弈区间开始的反向平移方法得到,并使用值函数方法求解每个区间的开环博弈控制策略。也就是说,所提出的采样博弈策略采用了从最后一个区间递归求解边界条件与黎卡提方程组的方案,保证了整体策略的性能,并保证了以每次采样状态数据时间点为起始点的轨迹均为博弈优化轨迹。这样的实现只需要在预先指定的时刻测量状态向量,因此与连续闭环控制相比,它更实用,成本更低,但是与开环控制相比,系统的鲁棒性得到了提高。

因此,基于上述分析,该方案最显著的特点是它通过一系列时间测量来实现制导,从而为载荷提供了很大的自由度,并且通过考虑博弈策略的干扰,对扰动注入具有较为显著的鲁棒性。

需要额外指出的是,所提出的策略也可以扩展并应用到经典的静态目标航天器轨道交会任务。由于博弈制导控制策略是一种理性的保守策略,虽然该博弈制导策略针对理想的静态交会问题,从最优性的角度来讲可能逊色于如**定理 4.1** 等单边优化的制导策略,但是可以为工程任务中被动卫星意外偏离预定轨道的情况提供切实可行的解决方案。

4.5 数值仿真与分析

针对第 4.3 节所讨论的静态目标航天器经典交会问题及第 4.4 节所讨论的两受控航天器协同交会问题，本节将分别构建仿真算例以验证所提出的控制策略的有效性。具体而言，第 4.5.1 小节中将通过一个仿真算例，验证了 worst-case 均衡控制在处理航天器非线性模型交会问题上的有效性；第 4.5.2 小节进一步测试了采样博弈/worst-case 均衡控制在两航天器协同交会任务中的仿真场景，并且通过三个不同的仿真算例，分别验证了该方案在无额外扰动的场景、存在额外扰动的场景，以及只有一个航天器执行轨道机动（即退化为静态目标航天器经典交会）的场景下的有效性。

4.5.1 基于 worst-case 扰动均衡的静态目标航天器交会算例

4.5.1.1 问题配置

针对第 4.3 节所讨论静态目标航天器经典交会问题及 worst-case 扰动均衡控制算法，选取运行于 500 km 轨道高度的目标航天器作为参考航天器构建 LVLH 坐标系，即目标航天器在任务期间的状态向量始终为 $\mathbf{0}_{6\times 1}$。而执行交会任务的受控航天器设定为距离目标航天器 10 km 的位置，其在 LVLH 中的初始状态如表 4－2 所示。

表 4－2 静态目标交会任务算例的航天器初始状态

x/m	y/m	z/m	$\dot{x}$/(m/s)	$\dot{y}$/(m/s)	$\dot{z}$/(m/s)
－5 000	0	8 660.254	0	9.962	0

该算例中，任务开始时间假设 $t_0 = 0$，交会任务期望完成时间 $t_f = 1\ 800$ s。性能指标函数式(4－14)中的权重矩阵参数设置如下所示：

$$\boldsymbol{Q}_p = \boldsymbol{Q}_v = \begin{bmatrix} 10 & 0 & 0 \\ 0 & 10 & 0 \\ 0 & 0 & 10 \end{bmatrix}$$

$$\boldsymbol{R}_u = \begin{bmatrix} 100 & 0 & 0 \\ 0 & 100 & 0 \\ 0 & 0 & 100 \end{bmatrix},\quad \boldsymbol{R}_d = \begin{bmatrix} 1\ 500 & 0 & 0 \\ 0 & 1\ 500 & 0 \\ 0 & 0 & 1\ 500 \end{bmatrix}$$

此外，为分析比较，算例仿真中在相同的仿真条件与问题配置下补充了基于 CW 方程的预测控制仿真结果。

4.5.1.2　结果与分析

为直观展示，航天器在 LVLH 坐标系中的运动轨迹如图 4－2 所示，其中实线为**定理 4.1** 中 worst-case 扰动均衡控制器作用下的受控航天器运动轨迹，而虚线为用于对比的预测控制作用下的受控航天器运动轨迹。由图可知，两种控制作用下航天器均到达了预期的交会位置，即图中坐标原点。

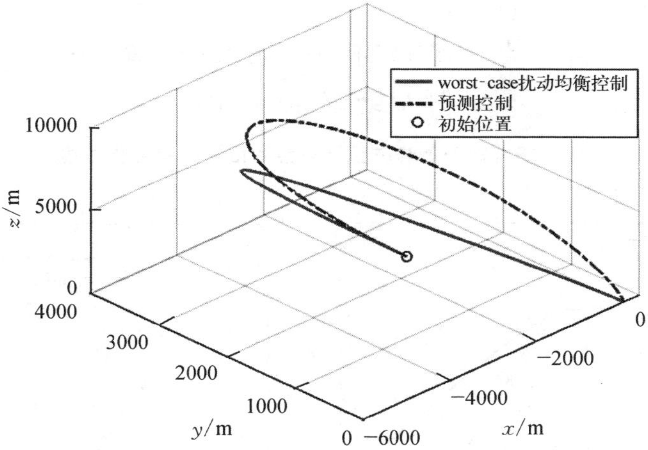

图 4－2　航天器静态目标交会运动轨迹

为进一步分析控制作用下的相对状态变化，受控航天器在两种控制作用下的相对位置和相对速度曲线分别如图 4－3 和图 4－4 所示。

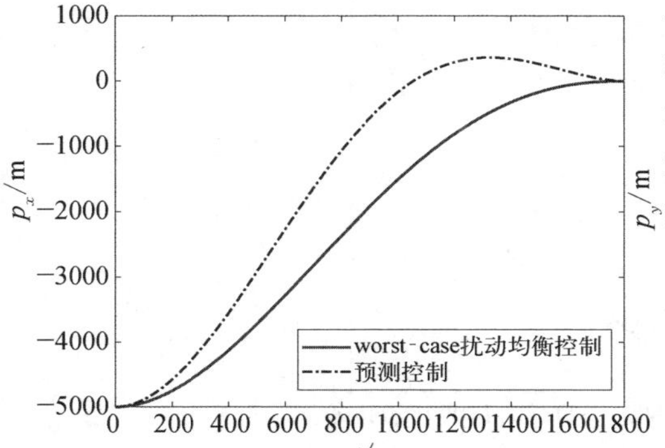

(a) x方向的相对位置曲线

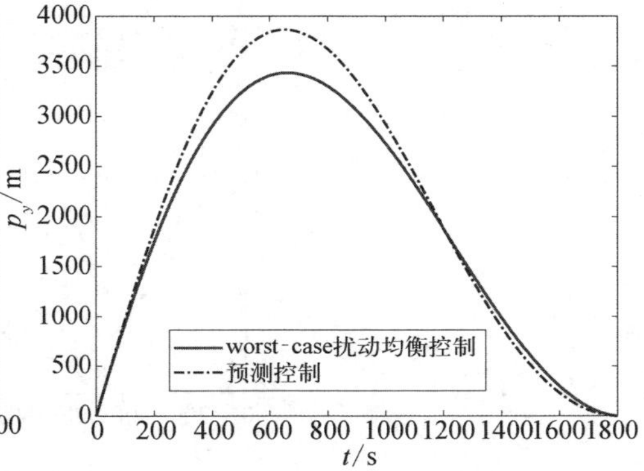

(b) y方向的相对位置曲线

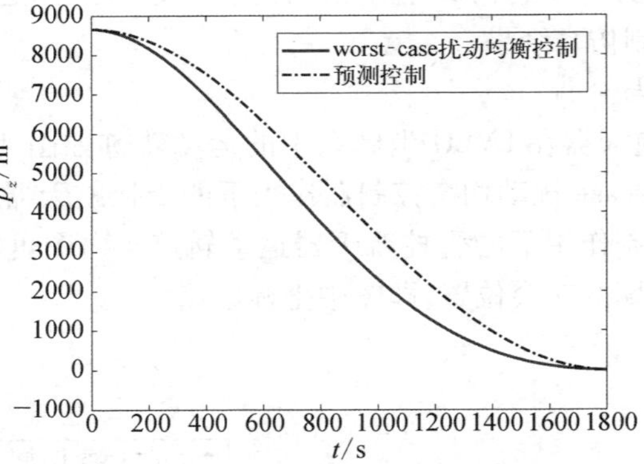

(c) z方向的相对位置曲线

图 4－3　航天器静态目标交会的相对位置变化曲线

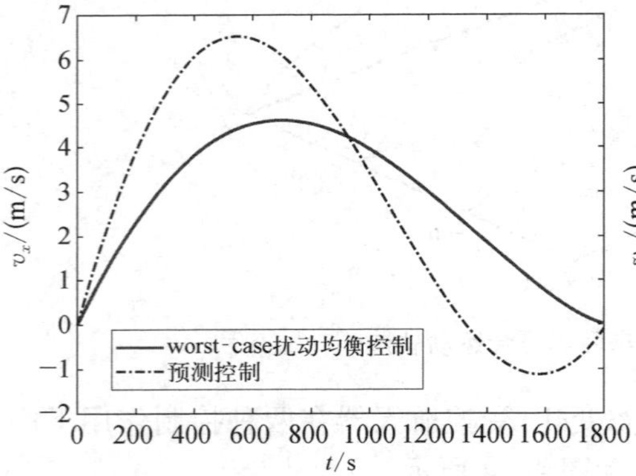

(a) x方向的相对速度曲线

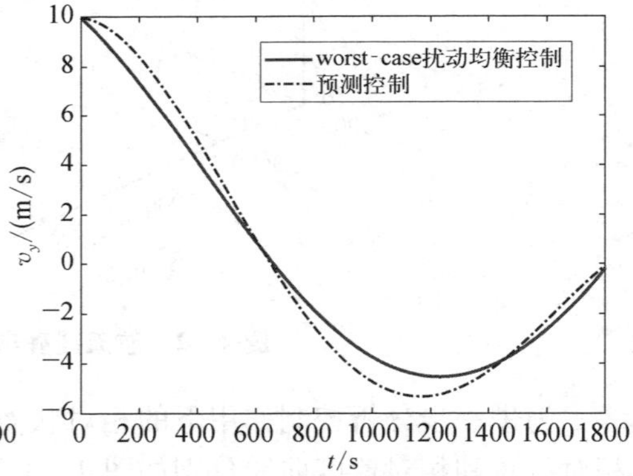

(b) y方向的相对速度曲线

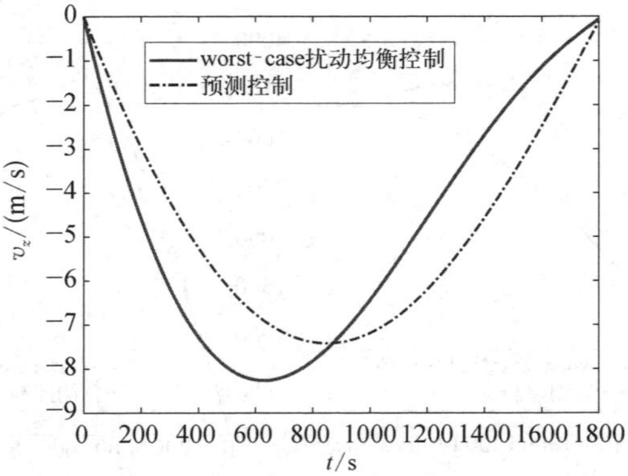

(c) z方向的相对速度曲线

图 4－4　航天器静态目标交会的相对速度变化曲线

从数值角度讲，worst-case 扰动均衡控制作用下，受控航天器在终端时刻 $t_f = 1\,800$ s 时的相对位置与相对速度向量分别为 $\boldsymbol{p} = [-0.001\,3,\ 0.011\,8,\ 0.003\,7]^{\mathrm{T}}$ m 和 $\boldsymbol{v} = [0.015\,0,\ -0.186\,2,\ -0.058\,6]^{\mathrm{T}}$ m/s，符合近端交会的任务需求。

从运动轨迹图和相对状态终端数据可看出，该开环控制策略能较好地适用于非线性精确模型下的航天器静态目标交会任务；由于解策略具有解析形式，其在处理静态目标交会问题时具有算力资源的优势。

4.5.2 基于采样博弈/worst-case 均衡的两航天器协同交会算例

4.5.2.1 问题配置

针对第 4.4 节所讨论的两受控航天器协同交会问题及采样博弈/worst-case 均衡控制算法，选取运行于 500 km 轨道高度的航天器作为参考航天器构建 LVLH 坐标系。参与协同交会任务的两个受控航天器在 LVLH 中的初始状态如表 4-3 所示。

表 4-3　两航天器在协同交会任务中的初始状态

航天器	x/m	y/m	z/m	$\dot{x}$/(m/s)	$\dot{y}$/(m/s)	$\dot{z}$/(m/s)
航天器 1	-2 500.0	0	4 330.1	0	5.0	0
航天器 2	5 000.0	0	-8 660.3	0	-10.0	0

针对该问题与求解方法，讨论并测试了基于三种不同场景假设的算例。为证明算法涉及的参数具有足够的适应性，即其并非针对某具体场景所设计选取，所有算例的性能指标权重矩阵均选取如下：

$$\boldsymbol{Q}_{p1} = \boldsymbol{Q}_{p2} = \boldsymbol{Q}_{v1} = \boldsymbol{Q}_{v2} = \begin{bmatrix} 10 & 0 & 0 \\ 0 & 10 & 0 \\ 0 & 0 & 10 \end{bmatrix}$$

$$\boldsymbol{R}_{u1} = \boldsymbol{R}_{u2} = \begin{bmatrix} 100 & 0 & 0 \\ 0 & 100 & 0 \\ 0 & 0 & 100 \end{bmatrix},\quad \boldsymbol{R}_{d1} = \boldsymbol{R}_{d2} = \begin{bmatrix} 150 & 0 & 0 \\ 0 & 150 & 0 \\ 0 & 0 & 150 \end{bmatrix}$$

对于采样博弈参数，数据采样周期定为 1 s，对于期望的交会时间 $t_f = 1\,800$ s，其采样数量 $n_t = 1\,800$。基于 CW 模型的闭环结构的微分对策仿真结果用于参照比较。

4.5.2.2 结果与分析

1. 算例一

本算例中不考虑不确定性扰动注入，两个受控航天器均执行期望的控制策略。

两航天器在 LVLH 坐标系内的相对运动轨迹如图 4－5 所示，其中红色和黑色实线分别代表采样博弈/worst-case 均衡策略作用下航天器 1 和航天器 2 的运动轨迹，蓝色和绿色虚线则代表微分对策作用下航天器 1 和航天器 2 的运动轨迹。由图可知，当两航天器均执行期望的博弈策略，且不受额外扰动因素影响时，采样博弈下的轨迹与微分对策下的轨迹相似；两种控制策略下，轨迹的差异主要是因为采样博弈中采用了 worst-case 扰动均衡处理非线性项和摄动项，最终达到了采样博弈/worst-case 均衡的轨迹状态。

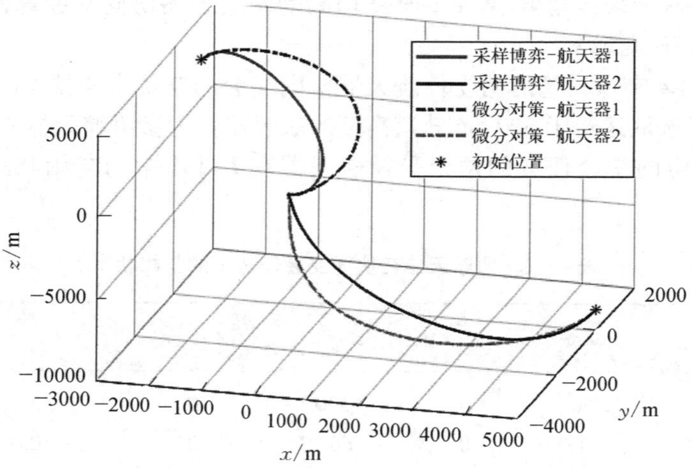

图 4－5　两航天器协同交会运动轨迹

图 4－6 和图 4－7 分别描述了系统相对位置与相对速度各轴向分量在两种控制方法下的变化曲线。可以看出，采样博弈/worst-case 均衡控制下的相对位置三坐标方向上的变化幅度相对于微分对策均较小，但其相对速度 z 轴分量有较大变

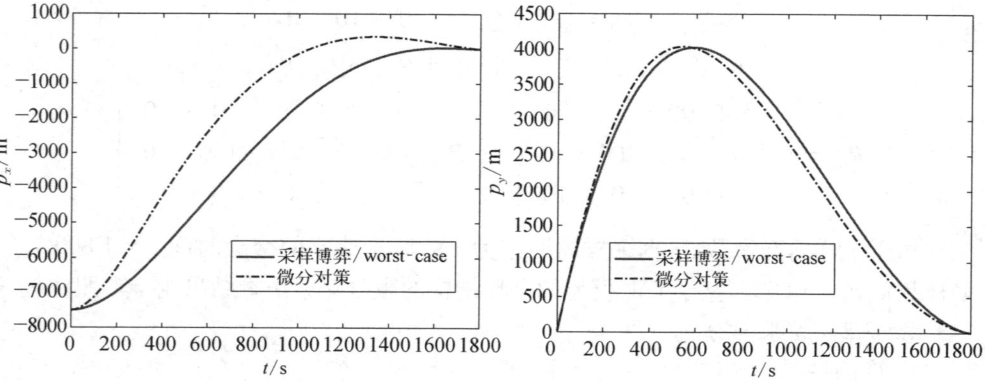

(a) x方向的相对位置曲线　　(b) y方向的相对位置曲线

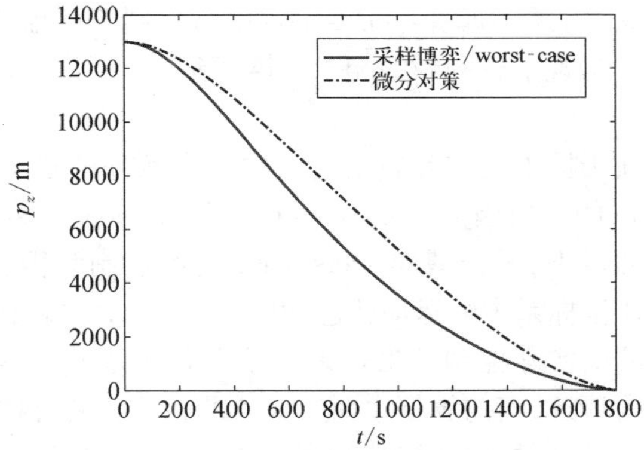

(c) z方向的相对位置曲线

图4-6　两航天器协同交会相对位置变化曲线

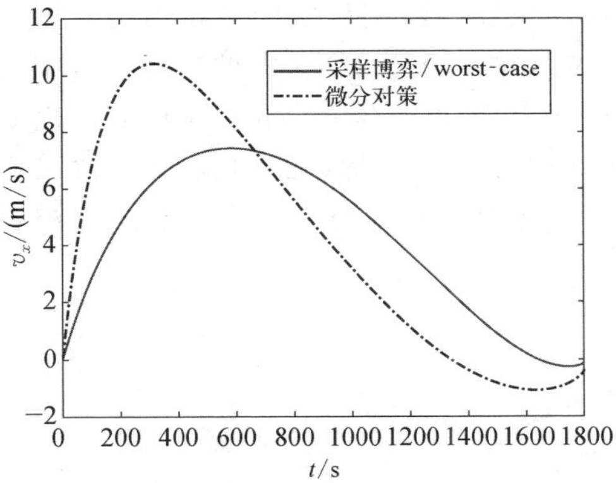

(a) x方向的相对速度曲线

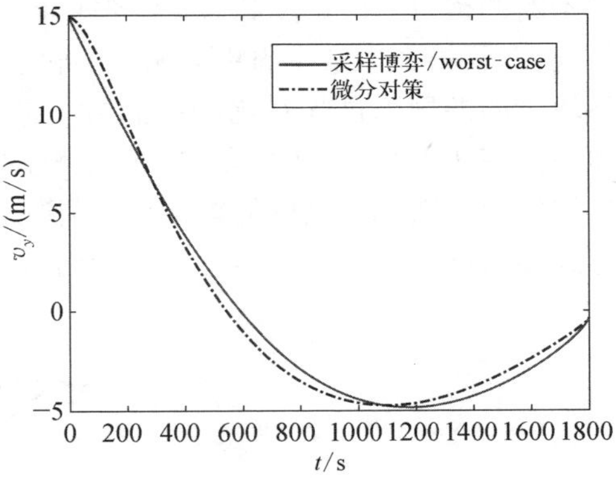

(b) y方向的相对速度曲线

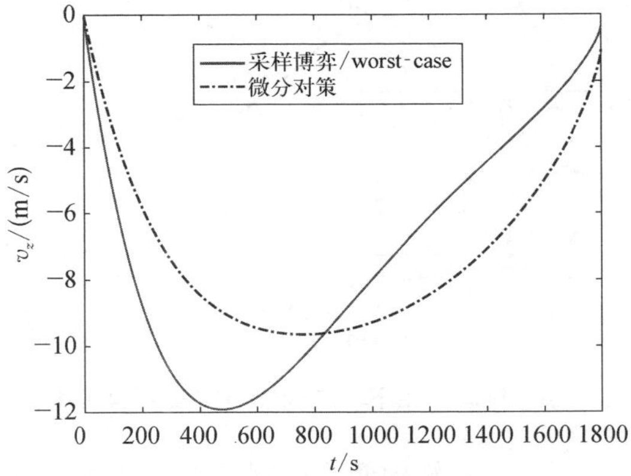

(c) z方向的相对速度曲线

图4-7　两航天器协同交会相对速度变化曲线

化。即在该算例场景中，采样博弈/worst-case 均衡控制下两航天器在参考航天器轨道面的法向方向上出现了较剧烈的相对速度调整。

2. 算例二

本算例中假设航天器 1 在实际轨道转移中存在额外的扰动影响，定义为参考航天器轨道角速度 ω 的三角函数：$10^{-2}\times[\sin(\omega t),\ \cos(\omega t),\ \sin(\omega t)]^{\mathrm{T}}\ \mathrm{m/s^2}$。

在注入扰动的假设下，采样博弈/worst-case 均衡控制和微分对策控制下的两受控航天器在 LVLH 坐标系中的运动轨迹如图 4－8 所示。显然，额外扰动的注入给上述两种控制策略的实际控制效果带来了较显著的差异。不同于图 4－5 中两航天器较平滑地对向逼近，当前算例中两航天器的轨迹在两种控制作用下均有“曲折”，最明显的是航天器 2 的转移轨迹，可看出其在任务期间运动方向出现了较明显的调整。另一方面，两种控制方法作用下航天器运动轨迹呈现出不同的倾向。具体而言，微分对策下航天器 1 与图 4－5 中理想条件下的轨迹相似，而航天器 2 则不断调整自身的运动状态；采样博弈下两航天器的轨迹与微分对策作用下相差甚远，航天器 2 也呈现出更为明显的轨迹方向调整。本算例中，两种控制策略作用下轨迹的差异源自其对扰动抑制方式的不同，采样博弈/worst-case 均衡中将扰动项视为博弈参与者，在博弈构建与求解的过程中实现了对扰动的抑制，并通过采样反馈的形式强化了系统的鲁棒性；而微分对策则是通过本节中所采用的闭环控制方式在执行过程中实现实时的反馈调整。

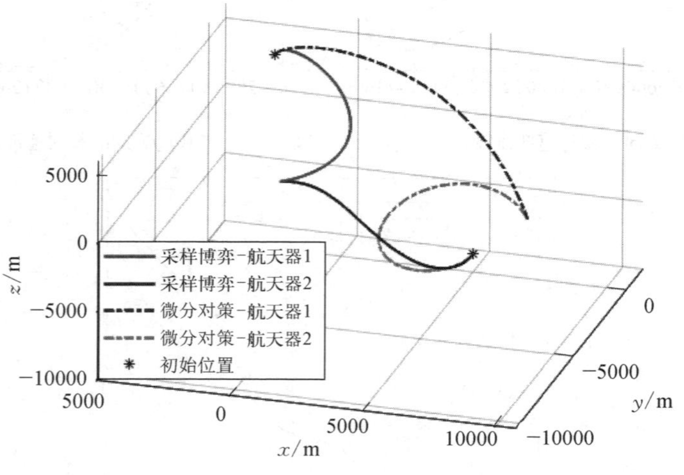

图 4－8　扰动作用下两航天器协同交会运动轨迹

两种控制策略作用下交会系统中两航天器的相对位置与相对速度的变化曲线分别如图 4－9 与图 4－10 所示。由图可知，扰动影响下的交会场景中，两种控制策略对应的相对位置与相对速度变化趋势与算例一理想场景中的情况相似；在采样博弈控制作用下,相对位置 y 轴分量变化幅度的差异性相较于算例一更明显,这是导致空间轨迹出现差异性的主要原因。

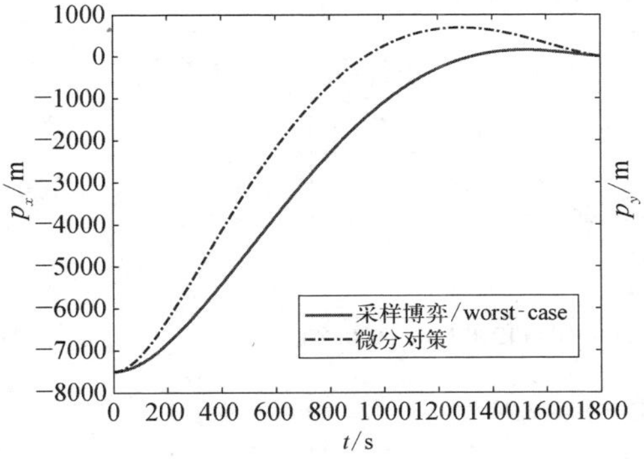

(a) x方向的相对位置曲线

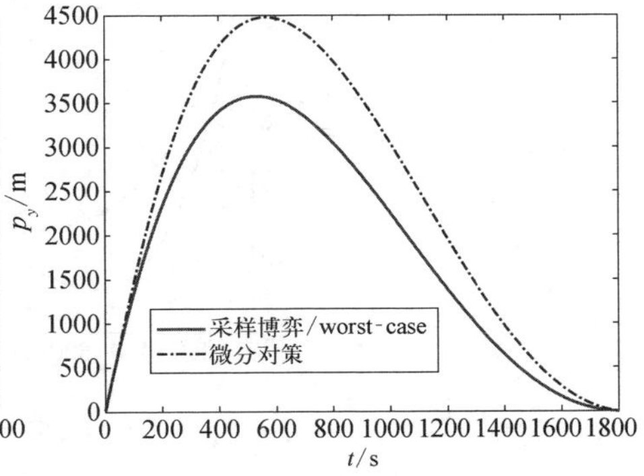

(b) y方向的相对位置曲线

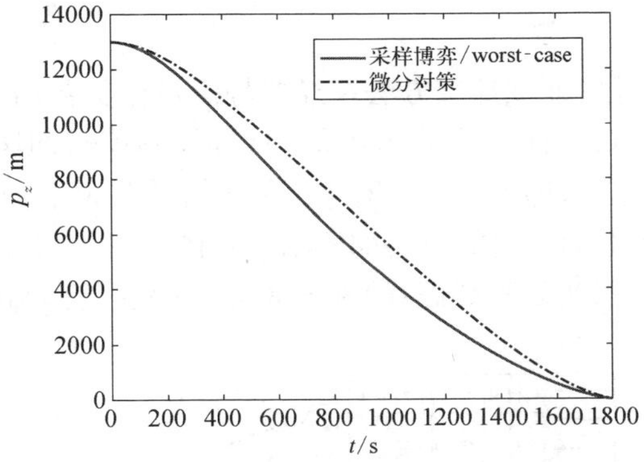

(c) z方向的相对位置曲线

图 4－9　扰动作用下两航天器协同交会相对位置变化曲线

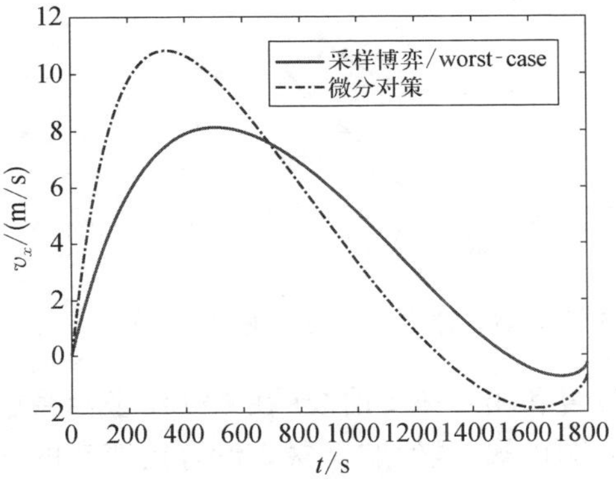

(a) x方向的相对速度曲线

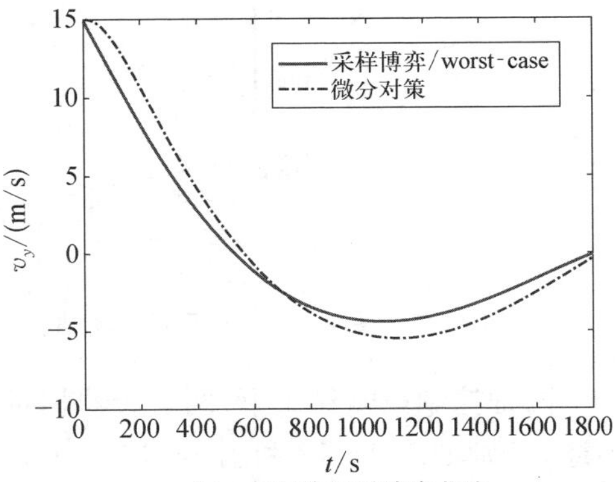

(b) y方向的相对速度曲线

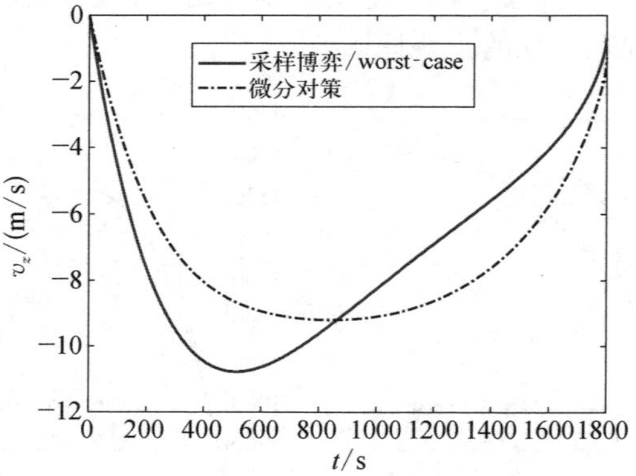

(c) z方向的相对速度曲线

图 4-10 扰动作用下两航天器协同交会相对速度变化曲线

3. 算例三

本算例的目的是验证该控制方法在经典静态目标交会场景中的适用性。两个航天器均为博弈参与者,且假设对方会采取博弈控制策略,但航天器 2 在实际轨道转移中不实施控制作用,即 $\boldsymbol{u}_2(t) = \boldsymbol{0}_{3\times1}$。在此场景假设下,两航天器在进行协同交会时,其在 LVLH 坐标系内的轨迹如所示。由图 4-11 可知,两种控制策略下航天器 2 的运动轨迹(黑实线和绿虚线)完全重合,这是因航天器 2 不受控所致。

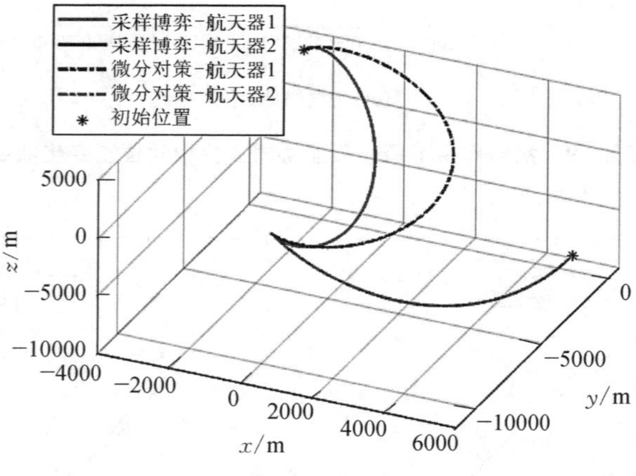

图 4-11 航天器 2 不执行控制下两航天器交会运动轨迹

两种控制策略作用下,两航天器相对位置和相对速度曲线(在 LVLH 坐标系中描述)分别如图 4-12 和图 4-13 所示。由图可知,虽然航天器 2 没有按博弈的期望轨迹运行,但航天器 1 依然可通过采样反馈的优势实现向航天器 2 的单方面接

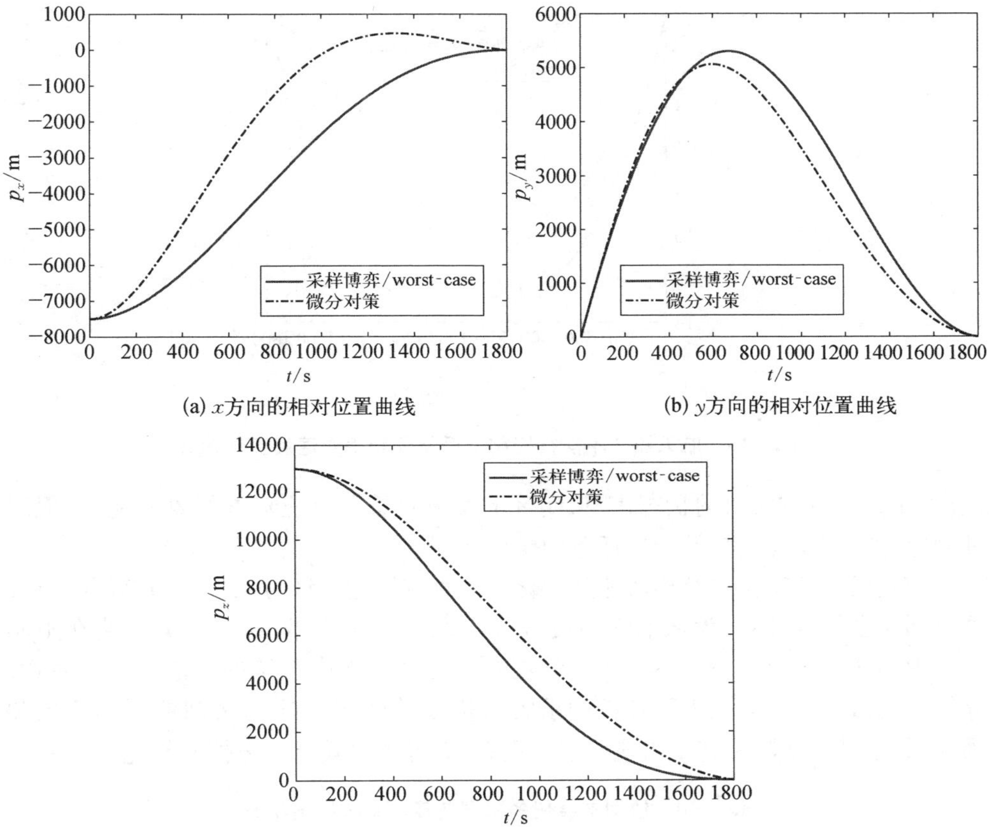

(a) x方向的相对位置曲线

(b) y方向的相对位置曲线

(c) z方向的相对位置曲线

图 4-12　航天器 2 不执行控制下两航天器相对位置变化曲线

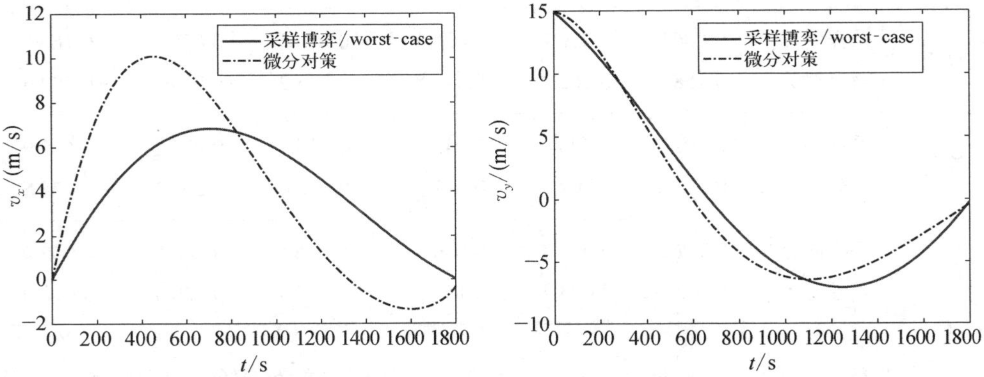

(a) x方向的相对速度曲线

(b) y方向的相对速度曲线

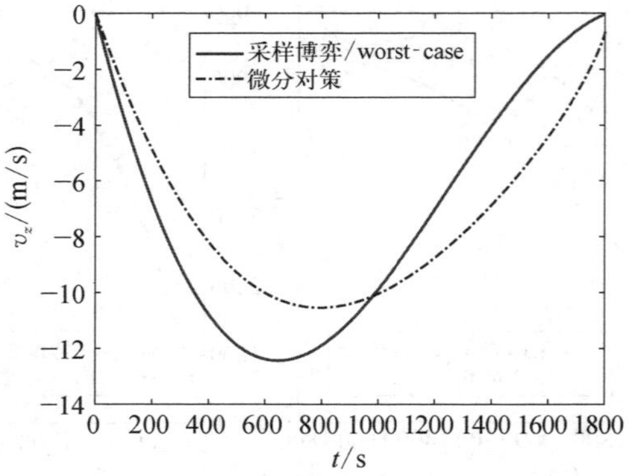

(c) z方向的相对速度曲线

图 4-13 航天器 2 不执行控制下两航天器相对速度变化曲线

近；由于具有双方实时的状态信息，闭环的微分对策具有应对本场景的能力，但闭环微分对策在实际的多航天器任务中难以实现。

前述通过相对位置及相对速度变化曲线直观描述了针对三个典型算例的航天器协同交会仿真场景，为从数学角度进一步说明采样博弈/worst-case 策略在不同场景中的任务完成能力，表 4-4 统计汇总了三个算例中系统的终端状态。注意，算例中的微分对策虽基于闭环控制求解与执行，但由于 CW 方程忽略了高阶项和摄动项，故其在实际中将不可避免引入误差，并导致终端状态数据非最优。

表 4-4 协同交会任务问题各算例系统终端状态

算例	算 法	终端位置			终端速度		
		p_x/m	p_y/m	p_z/m	v_x/(m/s)	v_y/(m/s)	v_z/(m/s)
算例 1	采样博弈	0.006 7	0.020 7	0.021 2	−0.010 5	−0.035 7	−0.166 2
	微分对策	0.158 7	0.162 2	0.449 8	−0.035 2	−0.035 7	−0.399 5
算例 2	采样博弈	0.202 4	0.024 4	0.440 6	−0.275 0	−0.075 1	−0.685 9
	微分对策	0.313 4	0.107 7	0.607 3	−0.626 0	−0.267 1	−1.275 5
算例 2	采样博弈	−0.007 2	0.035 3	0.006 3	0.046 6	−0.246 8	−0.045 4
	微分对策	0.075 6	0.073 2	0.152 1	−0.335 0	−0.320 4	−0.670 0

本章所提出的采样博弈/worst-case 均衡策略能够有效处理航天器轨道交会问题的非线性，其平衡了开环博弈和闭环博弈，适用于实际空间任务数据采样特征，

在存在控制误差的轨道交会问题中仍可达到较高的水平，并对博弈者未执行期望控制的特殊场景具有较强的鲁棒性（与闭环控制相同）。

4.6　本章小结

本章针对航天器近端在轨交会问题，考虑了非线性模型与扰动作用的影响，基于采样博弈和 worst-case 扰动抑制理论，研究了静态目标交会问题及两航天器协同交会问题的控制策略，并通过仿真算例验证了所提方法针对两种在轨交会问题的有效性。进一步，针对静态目标交会的控制策略本质上虽为开环控制，但由于具备扰动抑制的优势，故针对该经典问题所提算法在终端性能上并不逊色于预测控制，且具有解析形式；而针对协同交会问题，与近似线性化假设下的闭环微分对策相比，在无扰动注入的场景下，二者均具有较好的终端性能，但在扰动注入场景下，采样博弈/worst-case 均衡策略终端性能更好，稳定性更佳。

第 5 章

基于计算博弈的航天器在轨追逃问题研究

5.1 引言

第 4 章针对合作目标的轨道交会问题设计了基于采样博弈方法的扰动抑制控制器，本章将博弈问题拓展至非合作目标的轨道追逃对抗，分别讨论在轨航天器一对一追逃与多对一协同追逃的博弈问题。此外，本章引入计算博弈的理论架构与模型方法，分别构建上述两种在轨追逃问题的计算博弈模型，并通过优化搜索方法设计具有快速响应潜力的博弈求解流程。

针对非合作目标的轨道博弈问题，可构造二次型博弈模型，采用基于微分博弈/差分博弈的控制方法实现追逃捕获；经典微分博弈方法可较好解决一对一和多对一追逃问题，但难以解决更为复杂且较难建模的智能围捕问题，相关博弈控制策略无法直接迁移。本章重点研究计算博弈方法对航天器轨道博弈问题的适用性与可行性。类比于生物群体的捕猎行为，围捕更关注的是围猎群体协同逼近目标，其最终目的是逼迫/诱导目标进入至少一个追捕者的捕获范围。针对复杂任务场景所对应的上述不连续、非线性且难以数学定量的问题，计算博弈具有高度的适应能力。此外，随着计算技术的进步，计算博弈模型优化搜索方法的求解效率得到了显著提升，这为航天器在轨博弈的高效响应提供了可能。

5.2 计算博弈理论及其纳什均衡求解方法

5.2.1 计算博弈理论基础

计算博弈主要研究如何通过优化搜索方式有效求解博弈问题的博弈解策略，包括策略博弈、部分智能博弈及部分基于数值优化方法的博弈。其中，策略博弈模型是一种经典的静态博弈模型（孙传鹏，2014），也是最常用、最直观的一种计算博弈。两选手计算博弈中博弈模型可以模型化为直观的矩阵博弈形式，多参与者的计算博弈模型其本质是博弈树(game tree)。博弈树是一种由参与者可选的有限策略作为节点的路径树结构,描述了计算博弈中所有可能的参与者博弈策略组合及对应的策略结果。通过对博弈树的遍历,可以计算求得每个参与者最佳的响应策略及能够获得的博弈结果。

回顾 2.6.1 小节中博弈问题的基本要素,计算博弈问题的构建通常包括两个必要性假设和三个必要性要素,总结如表 5－1 所示。基于上述博弈三要素则可构成有限空间大小的博弈树,且每个树路径对应了确切且唯一的博弈结果。特别地,当参与者集合只包括两个单位,那么博弈树可以简化为收益/支付矩阵的形式。

表 5－1　计算博弈的假设与要素

构　成	备　注
博弈假设	1. 每个参与者均为理性的,且具备博弈的完备信息 2. 每个参与者认为其他任意参与者也是理性的
博弈要素	1. 有限参与者集合 2. 有限策略集合 3. 每种策略组合均存在对应的性能指标映射关系

对于上述有限博弈问题,基于策略博弈与智能博弈的计算博弈均为常见的建模与求解方式。策略博弈与智能博弈均将抽象问题进行了具象化,二者均可用于解决多智能体系统的计算博弈问题,如机器人协作、多智能体博弈等。针对航天器小集群围捕任务,智能博弈与策略博弈在多智能体计算博弈问题中的方法特征如图 5－1 所示。由图可知,智能博弈在处理大集群计算博弈问题中具有优势,但其

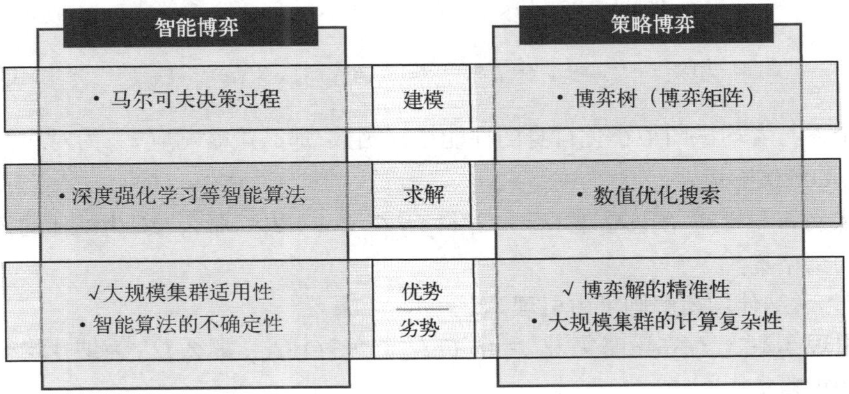

图 5－1　智能博弈与策略博弈的特征比较

在数学上只能求取近似纳什解而不能获得精确纳什解;策略博弈在处理大规模集群的计算博弈问题时效率上较低,但其所求解一定为纳什解。因此,对于小集群计算博弈问题,基于策略的计算博弈在不弱化博弈解精度的条件下具有一定的适用性。

基于上述分析,计算博弈核心是如何通过优化方法有效搜索博弈解,因此其通常被视为一种优化搜索问题。在进一步介绍计算博弈的相关优化搜索方法之前,需要明确下述**引理 5.1**。

引理 5.1(Osborne, 1969): 对于任意有限策略形式的博弈问题,即有限的参与者且每个参与者的策略空间由有限数量纯策略组成,那么该博弈问题至少存在一个纳什均衡(包括纯策略纳什均衡或混合策略纳什均衡)。

对于计算博弈核心的优化搜索问题,研究内容涉及复杂性分析、算法设计、近似求解等方面,而常见的计算博弈求解方法包括极大-极小值原理、线性规划、梳理法、迭代删除等。特别地,对于计算博弈的纳什均衡解,基于极大-极小值原理的相关方法是最常用数值搜索方法之一。

5.2.2 纳什均衡的组合对策搜索

组合对策搜索的本质是从每一个参与者的角度,搜索求解其在面对其余所有参与者可能出现的策略组合时的最优策略响应;所有参与者最优响应构成的最优响应策略集合之间的交集即为该博弈问题的纳什均衡策略集。

假设博弈中共计 N_p 个参与者且每个参与者均试图最小化自身的性能指标函数 $J_{pi}(s_1, \cdots, s_{N_p})$,其中 s_i 为第 i 个参与者的一个可选策略,那么任意参与者 p_i 的最优响应与最优响应策略集合可由**定义 5.1** 与**定义 5.2** 进行描述。

定义 5.1: 若对一个指定的策略组合 $S_{-i} = \{s_1, \cdots, s_{i-1}, s_{i+1}, \cdots, s_{N_p}\}$, 其中 $s_{-i} \in \boldsymbol{S}_{-i}$, 若参与者 p_i 的策略响应 s_i^* 满足不等式:

$$J_i(s_1, \cdots, s_i^*, \cdots, s_{N_p}) \leqslant J_i(s_1, \cdots, s_i, \cdots, s_{N_p}) \tag{5-1}$$

且每个参与者均试图最小化自身的性能指标函数,那么策略响应 s_i^* 为对应策略组合 S_{-i} 的最优响应。

定义 5.2: 若存在策略集 $\Omega^* = \Omega_1 \cap \Omega_2 \cap \cdots \cap \Omega_{N_p}$, 那么 Ω^* 为纳什均衡策略组成的策略集。

那么,纳什均衡解则可由**引理 5.2** 表示:

引理 5.2: 若存在策略集 $\Omega^* = \Omega_1 \cap \Omega_2 \cap \cdots \cap \Omega_{N_p}$, 那么 Ω^* 为纳什均衡策略组成的策略集。

证明: 基于集合交集的性质,显然策略集 Ω^* 中每个参与者的策略 s_i 均满足不等式(5－1)，故 Ω^* 为最优响应策略组成的集合，因此满足纳什均衡的定义。

注 5.1：对于控制系统中的博弈问题，同 2.6.1 节中的说明，参与者策略为控制策略 $\boldsymbol{u}_i$，即表示为 $s_i = \boldsymbol{u}_i$ 且 $\boldsymbol{S}_i = \mathbb{U}_i$。

5.2.3　纳什均衡的 ARS 优化搜索

组合对策搜索是经典有效的计算博弈求解方法，其保证了所求策略集必为纳什均衡策略，并确保得到所有存在的纳什均衡策略。但是，伴随博弈问题规模增大而出现的维数爆炸问题为实时的动态博弈对抗带来了计算负担。

为解决博弈树复杂度随问题规模增大而难以处理的问题，计算博弈中常用 ARS 纳什方法求解均衡策略。在博弈求解过程中，每个参与者只需遍历搜索有限数量的博弈树路径，针对当前参与者可能的策略组合求取最优响应策略，反复迭代直至得到一个纳什均衡策略集。该方法避免了对整个博弈树的生成和遍历，保证了求解效率。ARS 搜索流程伪代码如**算法 5.1** 所示。

算法 5.1：ARS 优化搜索流程

参与者代理博弈策略初始化，标记为：$\boldsymbol{s}_i = \bar{\boldsymbol{s}}_i,\ i = 1, \cdots, N_p$
while *true* **do**
　for each p_i **do**
　　遍历 $\boldsymbol{S}_i$ 搜索 $\boldsymbol{s}_i^*$ 使得 $J_i(\bar{s}_1, \cdots, s_i^*, \cdots, \bar{s}_{N_p})$ 最优化
　　更新 $\bar{S}_i = S_i^*$
　　if $\{\bar{s}_1, \cdots, \bar{s}_{N_p}\}$ 满足纳什均衡定义
　　　return 纳什解策略集 $\{s_1^*, \cdots, s_{N_p}^*\} = \{\bar{s}_1, \cdots, \bar{s}_{N_p}\}$
　　end if
　end for
end while

基于前述，ARS 优化搜索的基本原理可总结为：参与者 p_i 对于给定其余玩家的策略组合 S_{-i}，遍历自身有限策略空间求得相应的最优响应策略 s_i^*，随后再将自身最优响应策略传递给下一个参与者 p_{i+1}，组成其面对的策略组合 $S_{-(i+1)} = \{s_i^*, S_{-i} - s_{i+j}\}$，并由其搜索策略空间，求出最优响应策略。该过程在所有参与者中反复迭代，最终得出这一轮博弈的纳什均衡。显然，ARS 并不注重对整个博弈策略组合空间的遍历。

以两参与者的矩阵博弈为例，纳什均衡的组合对策搜索与 ARS 优化搜索方法分别如图 5－2 和图 5－3 所示。

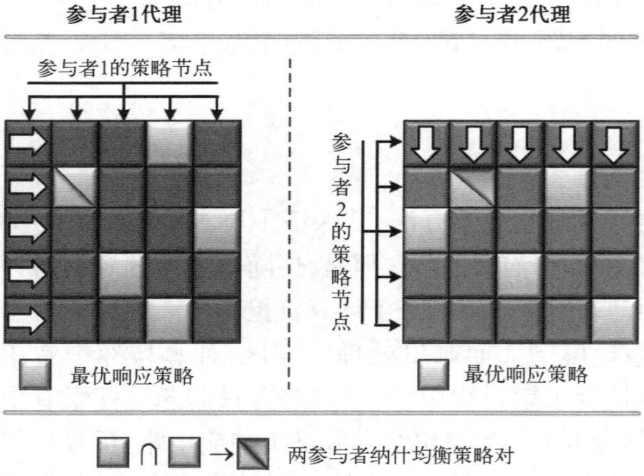

图 5-2　两参与者矩阵博弈的组合对策搜索

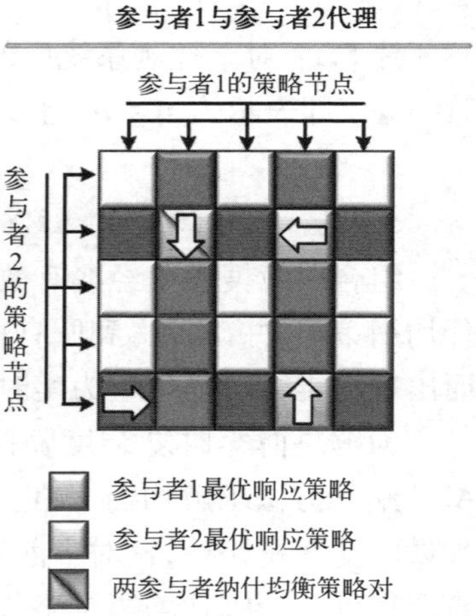

图 5-3　两参与者矩阵博弈的 ARS 优化搜索

显然,相比较于经典的组合对策搜索方法,ARS 并不关注于生成并遍历整个策略矩阵,而是针对策略矩阵中的一行/一列求解最优响应策略,有效降低了时间复杂度。

注 5.2:ARS 优化搜索过程中需要更新记录 N_p 个数组,这些数组用于存储参与者迭代过程出现过的策略。基于这种条件,如果对任意参与者,当前迭代搜索得出的最优响应策略 s_i^* 已被标记且与上次迭代的结果不同,这意味着博弈树的搜索进入博弈循环状态,从而无法找到纳什均衡解。

5.3　基于计算博弈的航天器在轨博弈问题分析与定义

第 5.2 节介绍了计算博弈的基本概念及其求解方法。本节将进一步分析计算博弈模型在航天器一对一与多对一追逃等非合作目标轨道博弈问题中的适用性,并介绍包括多航天器轨道追逃/围捕问题的计算博弈数学定义。

多追击航天器的在轨追逃围捕任务包括了追击器与逃逸器间利益冲突的博弈及各追击器间协作互惠的博弈。这种复杂的博弈“纠缠”关系促使每个参与轨道围捕的航天器权衡所有航天器对自身的影响及其相互间的影响。航天器在轨博弈任务的控制问题构成了多参与者非合作博弈,可描述为**假设 5.1** 与**假设 5.2** 前提下的**定义 5.3**。

假设 5.1:任意航天器均为具备独立决策能力的智能体。

假设 5.2：任意航天器均倾向选择理智行为，即只考虑最优化自身性能指标函数的控制策略。

定义 5.3：追击器与逃逸器的性能指标函数分别表示为

$$J_{pi}(\boldsymbol{x}_{p1}(t_0), \cdots, \boldsymbol{x}_{pN_p}(t_0), \boldsymbol{x}_e(t_0), \boldsymbol{u}_{p1}, \cdots, \boldsymbol{u}_{pN_p}, \boldsymbol{u}_e) \tag{5-2}$$

$$J_e(\boldsymbol{x}_{p1}(t_0), \cdots, \boldsymbol{x}_{pN_p}(t_0), \boldsymbol{x}_e(t_0), \boldsymbol{u}_{p1}, \cdots, \boldsymbol{u}_{pN_p}, \boldsymbol{u}_e) \tag{5-3}$$

追击器均试图最小化自身性能指标函数，而逃逸器则企图最大化自身性能指标函数，其中 N_p 为追击航天器的数量。若多方控制策略组成的策略响应集合 $\{\boldsymbol{u}_{p1}^*, \cdots, \boldsymbol{u}_{pN_p}^*, \boldsymbol{u}_e^*\}$ 满足不等式组：

$$\begin{aligned} & J_{pi}(\boldsymbol{x}_{p1}(t_0), \cdots, \boldsymbol{x}_{pN_p}(t_0), \boldsymbol{u}_{p1}^*, \cdots, \boldsymbol{u}_{pi}^*, \cdots, \boldsymbol{u}_{pN_p}^*, \boldsymbol{u}_e^*) \\ \leqslant\ & J_{pi}(\boldsymbol{x}_{p1}(t_0), \cdots, \boldsymbol{x}_{pN_p}(t_0), \boldsymbol{u}_{p1}^*, \cdots, \boldsymbol{u}_{pi}, \cdots, \boldsymbol{u}_{pN_p}^*, \boldsymbol{u}_e^*) \end{aligned} \tag{5-4}$$

$$\begin{aligned} & J_e(\boldsymbol{x}_{p1}(t_0), \cdots, \boldsymbol{x}_{pN_p}(t_0), \boldsymbol{u}_{p1}^*, \cdots, \boldsymbol{u}_{pN_p}^*, \boldsymbol{u}_e^*) \\ \geqslant\ & J_e(\boldsymbol{x}_{p1}(t_0), \cdots, \boldsymbol{x}_{pN_p}(t_0), \boldsymbol{u}_{p1}^*, \cdots, \boldsymbol{u}_{pN_p}^*, \boldsymbol{u}_e) \end{aligned} \tag{5-5}$$

且对任意 $\boldsymbol{u}_{pi} \in U_{pi}(i = 1, \cdots, N_p)$ 及 $\boldsymbol{u}_e \in U_e$ 均成立（U_{pi} 与 U_e 分别指第 i 个追击器及逃逸器的容许控制集），则称策略响应集合 $\{\boldsymbol{u}_{p1}^*, \cdots, \boldsymbol{u}_{pN_p}^*, \boldsymbol{u}_e^*\}$ 为航天器多对一在轨协同追逃问题中对应航天器的开环纳什均衡策略。

注 5.3：一对一追逃问题本质上为 $N_p = 1$ 的多对一追逃问题的特例，本节不再对一对一和多对一的航天器在轨博弈进行区分说明及分析。

开环纳什均衡策略虽然可行，但对于具有高动态性的航天器在轨围捕任务而言，其存在多参与者动态博弈的固有不足。闭环纳什均衡可视为开环纳什均衡的有效替代方案，但正如前文所介绍，空间载荷对非合作对象连续状态的捕获是技术上的重大挑战。为此，受启发于**定义 4.6** 中采样博弈模型，进一步考虑将该问题扩展为采样博弈的纳什均衡模型，由**定义 5.4** 描述。

定义 5.4：航天器采样周期记为 Δt，采样时间记为 $t_k = t_0 + k\Delta t$ 且 $t_k \in [t_0, t_f]$，追击器和逃逸器的采样控制记为 $\boldsymbol{u}_{pi}(t_k, t, \boldsymbol{x}_{pi}(t_k))$ 和 $\boldsymbol{u}_e(t_k, t, \boldsymbol{x}_e(t_k))$。那么若多方的控制策略组成的策略响应集合 $\{\boldsymbol{u}_{p1}^*(t_k, t, \boldsymbol{x}_{p1}(t_k)), \cdots, \boldsymbol{u}_{pN_p}^*(t_{N_p}, t, \boldsymbol{x}_{pN_p}(t_k)), \boldsymbol{u}_e^*(t_k, t, \boldsymbol{x}_e(t_k))\}$ 满足不等式组：

$$\begin{aligned} & J_{pi}(\boldsymbol{u}_{p1}^*(t_k, t, \boldsymbol{x}_{p1}(t_k)), \cdots, \boldsymbol{u}_{pi}^*(t_k, t, \boldsymbol{x}_{pi}(t_k)), \cdots, \\ & \boldsymbol{u}_{pN_p}^*(t_k, t, \boldsymbol{x}_{pN_p}(t_k)), \boldsymbol{u}_e^*(t_k, t, \boldsymbol{x}_e(t_k))) \\ \leqslant\ & J_{pi}(\boldsymbol{u}_{p1}^*(t_k, t, \boldsymbol{x}_{p1}(t_k)), \cdots, \boldsymbol{u}_{pi}(t_k, t, \boldsymbol{x}_{pi}(t_k)), \cdots, \\ & \boldsymbol{u}_{pN_p}^*(t_k, t, \boldsymbol{x}_{pN_p}(t_k)), \boldsymbol{u}_e^*(t_k, t, \boldsymbol{x}_e(t_k))) \end{aligned} \tag{5-6}$$

$$
\begin{aligned}
& J_e(\boldsymbol{u}_{p1}^*(t_k,\ t,\ \boldsymbol{x}_{p1}(t_k)),\cdots,\ \boldsymbol{u}_{pN_p}^*(t_k,\ t,\ \boldsymbol{x}_{pN_p}(t_k)),\ \boldsymbol{u}_e^*(t_k,\ t,\ \boldsymbol{x}_e(t_k))) \\
\geqslant\ & J_e(\boldsymbol{u}_{p1}^*(t_k,\ t,\ \boldsymbol{x}_{p1}(t_k)),\cdots,\ \boldsymbol{u}_{pN_p}^*(t_k,\ t,\ \boldsymbol{x}_{pN_p}(t_k)),\ \boldsymbol{u}_e(t_k,\ t,\ \boldsymbol{x}_e(t_k)))
\end{aligned}
\tag{5-7}
$$

且对任意 $\boldsymbol{u}_{pi}(t_k,\ t,\ \boldsymbol{x}_{pi}(t_k)) \in U_{pi}(i=1,\ \cdots,\ N_p)$ 及 $\boldsymbol{u}_e(t_k,\ t,\ \boldsymbol{x}_e(t_k)) \in U_e$ 均成立，则称策略响应集合 $\{\boldsymbol{u}_{p1}^*(t_k,\ t,\ \boldsymbol{x}_{p1}(t_k)),\cdots,\ \boldsymbol{u}_{pN_p}^*(t_{N_p},\ t,\ \boldsymbol{x}_{pN_p}(t_k)),\ \boldsymbol{u}_e^*(t_k,\ t,\ \boldsymbol{x}_e(t_k))\}$ 为航天器多对一在轨协同追逃问题中采样纳什均衡策略集。

研究学者已提出很多针对由采样博弈模型定义的纳什均衡求解问题的解决方案，但当性能指标函数无法表示成线性二次型形式时，这些方案通常难以求得解析解；计算博弈方法则不会受限于问题形式。线性二次型性能指标函数易于描述一对一追逃场景，但无法描述多对一协同追逃场景，这为提供具有动态响应特征的博弈控制策略带来了巨大的挑战。基于此，须将上述采样时间博弈问题进一步拓展为有限时域的计算博弈问题。本章所讨论的航天器在轨追逃围捕博弈可通过**定义 5.5** 的计算博弈进行描述。

定义 5.5：任意第 i 个追击器和逃逸器在第 k 个采样区间 $t \in [t_k,\ t_k+\Delta t]$ 的控制决策记为 $\boldsymbol{u}_{pi}^{k\Delta t}$ 与 $\boldsymbol{u}_e^{k\Delta t}$，那么若各航天器共同作用构成的控制输入序列集 $\{\boldsymbol{U}_{p1}^{*k\Delta t},\ \cdots,\ \boldsymbol{U}_{pN_p}^{*k\Delta t},\ \boldsymbol{U}_e^{*k\Delta t}\}$ 满足不等式组：

$$
J_{pi}^{k\Delta t}(\boldsymbol{U}_{p1}^{*k\Delta t},\ \cdots,\ \boldsymbol{U}_{pi}^{*k\Delta t},\ \cdots,\ \boldsymbol{U}_{pN_p}^{*k\Delta t},\ \boldsymbol{U}_e^{*k\Delta t}) \leqslant J_{pi}^{k\Delta t}(\boldsymbol{U}_{p1}^{*k\Delta t},\ \cdots,\ \boldsymbol{U}_{pi}^{k\Delta t},\ \cdots,\ \boldsymbol{U}_{pN_p}^{*k\Delta t},\ \boldsymbol{U}_e^{*k\Delta t})
\tag{5-8}
$$

$$
J_e^{k\Delta t}(\boldsymbol{U}_{p1}^{*k\Delta t},\ \cdots,\ \boldsymbol{U}_{pn}^{*k\Delta t},\ \boldsymbol{U}_e^{*k\Delta t}) \geqslant J_e^{k\Delta t}(\boldsymbol{U}_{p1}^{*k\Delta t},\ \cdots,\ \boldsymbol{U}_{pn}^{*k\Delta t},\ \boldsymbol{U}_e^{k\Delta t})
\tag{5-9}
$$

其中，

$$
\begin{cases}
\boldsymbol{U}_{pi}^{k\Delta t} = \{\boldsymbol{u}_{pi}^{k\Delta t},\ \boldsymbol{u}_{pi}^{(k+1)\Delta t},\ \cdots,\ \boldsymbol{u}_{pi}^{(k+N_k-1)\Delta t}\} \in \mathbb{U}_{pi}^{k\Delta t} \times \mathbb{U}_{pi}^{(k+1)\Delta t} \times \cdots \mathbb{U}_{pi}^{(k+N_k-1)\Delta t} \\
\boldsymbol{U}_e^{k\Delta t} = \{\boldsymbol{u}_e^{k\Delta t},\ \boldsymbol{u}_e^{(k+1)\Delta t},\ \cdots,\ \boldsymbol{u}_e^{(k+N_k-1)\Delta t}\} \in \mathbb{U}_e^{k\Delta t} \times \mathbb{U}_e^{(k+1)\Delta t} \times \cdots \mathbb{U}_e^{(k+N_k-1)\Delta t}
\end{cases}
\tag{5-10}
$$

则称控制输入序列集 $\{\boldsymbol{U}_{p1}^{*k\Delta t},\ \cdots,\ \boldsymbol{U}_{pN_p}^{*k\Delta t},\ \boldsymbol{U}_e^{*k\Delta t}\}$ 为在轨追逃围捕计算博弈问题的 N_k 步纳什均衡策略。其中，$J_{pi}^{k\Delta t}$ 与 $J_e^{k\Delta t}$ 分别代表了用于评估第 i 个追击器与逃逸器在有限时域 $[t_k,\ t_k+N_k\Delta t]$ 任务性能的指标函数，$\mathbb{U}_{(\cdot)}^{k\Delta t}$ 指对应航天器在第 k 个采样区间的有限容许控制集。

注 5.4：随着预测步长 N_k 的增大，策略空间的维度也会迅速增大，从而为实时博弈响应带来困难。因此，基于实际空间单位载荷与执行结构一般以某种采样频率工作，故动态博弈场景中通常只考虑一步超前的策略响应。这里也主要考虑航天器小集群围捕任务中 $N_k=1$ 的一步超前计算博弈问题。

为便于书写,后文将 $J^{k\Delta t}_{(\cdot)}$、$\mathbb{U}^{k\Delta t}_{(\cdot)}$ 及 $\boldsymbol{u}^{k\Delta t}_{(\cdot)}$ 分别简化为 $J^{k}_{(\cdot)}$、$\mathbb{U}^{k}_{(\cdot)}$ 及 $\boldsymbol{u}^{k}_{(\cdot)}$。

5.4　基于 ARS 优化搜索的航天器一对一在轨追逃博弈

第 5.3 节分析并定义了航天器在轨博弈问题的计算博弈形式,本节将针对一对一在轨追逃具体介绍其计算博弈的要素设计,并基于 ARS 优化搜索方法设计在轨博弈控制器的算法流程。

5.4.1　航天器一对一在轨追逃问题描述

两航天器组合交会的任务目标是相对位置与相对速度均趋近于 0,而在两航天器轨道追逃任务中,追击器的任务目标是促使自身与逃逸器的距离逼近于 0 或者使逃逸航天器进入自己的捕获范围,逃逸器则试图尽可能增大与追击器间的距离。进一步讨论之前需要说明的是,本章所讨论追击器与逃逸器的在轨运动假设同样通过相对轨道坐标系中的动力学方程式(2-90)描述,其中 LVLH 坐标系由邻近空间中的参考航天器建立。

基于此,逃逸器与追击器的空间状态可分别由状态向量 $\boldsymbol{x}_e$ 与 $\boldsymbol{x}_p$ 描述:

$$\begin{cases} \boldsymbol{x}_e = [x_e,\ y_e,\ z_e,\ \dot{x}_e,\ \dot{y}_e,\ \dot{z}_e]^{\mathrm{T}} \\ \boldsymbol{x}_p = [x_p,\ y_p,\ z_p,\ \dot{x}_p,\ \dot{y}_p,\ \dot{z}_p]^{\mathrm{T}} \end{cases} \tag{5-11}$$

追击器与逃逸器的距离变量可以表示为

$$d_{\mathrm{pe}} = \sqrt{(x_p - x_e)^2 + (y_p - y_e)^2 + (z_p - z_e)^2} \tag{5-12}$$

追击器的最终任务目的表示为

$$d_{\mathrm{pe}} < d_{\mathrm{cap}} \tag{5-13}$$

其中,d_{cap}为追击器的捕获距离。

考虑计算博弈对约束与非线性的强适应性,可引入控制饱和约束,即

$$\begin{cases} \| \boldsymbol{u}_p(t) \| \leqslant u_{p,\ \max} \\ \| \boldsymbol{u}_e(t) \| \leqslant u_{e,\ \max} \end{cases} \tag{5-14}$$

其中,$u_{p,\ \max}$与 $u_{e,\ \max}$分别表示追击器与目标逃逸器在追逃过程中可提供的最大加速度。

5.4.2　面向一对一轨道追逃问题的计算博弈要素设计

基于航天器追逃计算博弈问题的定义,以及一对一追逃任务目标及约束,本小

节将对一对一追逃问题的计算博弈三要素(即参与者、策略空间、性能指标函数)进行分析与定义。

5.4.2.1 参与者定义

在假设 5.1 的前提下,追击器与逃逸器分别为意图相反的博弈参与者,故参与者集合包括 2 个单位,即 $Player = \{p, e\}$,这是经典的两选手博弈。

5.4.2.2 策略空间定义

计算博弈模型中策略空间为有限策略的容许控制集。微分博弈中容许控制集为连续函数空间,本节讨论的在轨追逃问题则需针对每个采样时刻对控制策略空间进行离散化,以获取有限策略。此外,考虑近端航天器轨道转移的连续推力曲线特性,进一步为离散的控制策略添加连续控制约束,以避免控制输入曲线的阶跃变化。

因此,第 k 个采样时刻,追击器与逃逸器的博弈策略空间定义为

$$\begin{aligned}\mathbb{U}_p^k &= \{\boldsymbol{u}_p^{k-1} \pm j\Delta u_p \mid j = 0, 1, \cdots, N_{up}\} \\ &= \{[u_{xp}^{k-1}, u_{yp}^{k-1}, u_{zp}^{k-1}]^{\mathrm{T}} \pm j\Delta u_p \mid j = 0, 1, \cdots, N_{up}\}\end{aligned} \tag{5-15}$$

$$\begin{aligned}\mathbb{U}_e^k &= \{\boldsymbol{u}_e^{k-1} \pm j\Delta u_e \mid j = 0, 1, \cdots, N_{ue}\} \\ &= \{[u_{xe}^{k-1}, u_{ye}^{k-1}, u_{ze}^{k-1}]^{\mathrm{T}} \pm j\Delta u_e \mid j = 0, 1, \cdots, N_{ue}\}\end{aligned} \tag{5-16}$$

其中,Δu_p与 Δu_e分别代表了追击器与逃逸器的加速度输入的栅格化单位,而追击器与逃逸器在每个采样时刻策略空间的栅格化数量则分别由 N_{up}与 N_e决定,即它们的策略空间中分别包括了 $2N_{up}-1$ 与 $2N_{ue}-1$ 个容许控制策略。

5.4.2.3 性能指标函数分析与设计

结合第 5.4.1 小节中对该问题的数学描述及经典两参与者零和博弈的性能指标函数形式,考虑分别从 N_k步追逃距离性能、预测距离性能和能量代价三个角度设计构建性能指标函数。

1. 步追逃距离性能

针对有限时域$[t_k, t_k+N_k\Delta t]$的终端时刻追逃距离设计性能指标因子,以评估步之后控制策略的追逃性能:

$$F_1^k = \frac{2}{\pi}\arctan\frac{\alpha_1(d_{pe}^k - d_{pe}^{k+N_k})}{d_{pe}^k} \tag{5-17}$$

其中,α_1为放缩系数,用于调整距离变化的敏感度。追逃距离 $d_{pe}^k = d_{pe}(t_k)$ 表示当前采样时刻的追逃距离,而 $d_{pe}^{k+N_k} = d_{pe}(t_k + N_k\Delta t)$ 则表示在当前采样时刻后 N_k个采样时刻的追逃距离。

式(5-17)中,反正切函数 arctan(·)实现了对追逃距离变化的归一化处理,并且基于反正切函数曲线的特征提高了追逃距离在小距离变化时的敏感度。

需要特别指出的是，以距离变化量与当前时刻追逃距离的比值作为反正切函数的自变量，即 $(d_{pe}^{k}-d_{pe}^{k+N_k})/d_{pe}^{k}$，有效保证了在任务前期与任务后期距离变化大小的标准化。具体来说，N_k 步后追逃距离相对当前时刻减小得越多，则追逃距离性能因子越小，且有效避免了任务前期相比较于任务末期在追逃距离变化量级上的差异。

2. 预测距离性能

参照**注 5.4**，动态场景中主要考虑 $N_k=1$ 的一步时域博弈对策；而对于拦截、围捕等以终端距离为任务目标的空间轨道博弈问题，一步时域博弈策略存在引导性不足的缺点。这是因为上述博弈对抗场景中并未考虑追逃航天器间的相对速度，因此一步时域博弈对策虽然短时间内实现了追逃距离的收敛（对逃逸器而言为发散），但相对速度的差异可能会给后续的追逃过程带来不利影响，如图 5－4 所示。由图可知，在 $k+1$ 采样时刻，虽然场景一中追击器选择的轨迹与逃逸器之间距离相较场景二中更近，但其在 $k+2$ 采样时刻反而比远离了逃逸器，从长远看这并非最合适的追击轨迹。

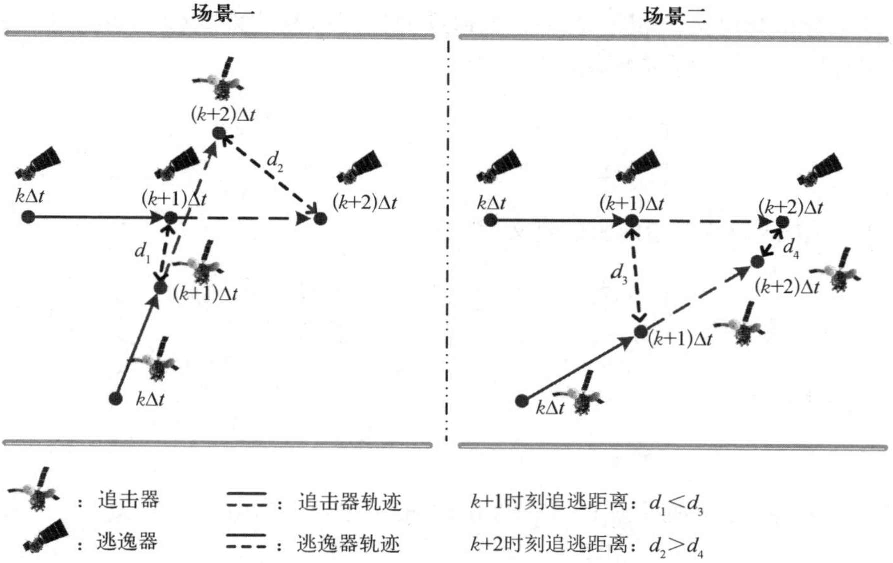

图 5－4　一步时域策略作用下的追逃场景对比

为降低一步时域博弈策略带来的局部时域最优影响，考虑引入虚拟的预测距离性能因子 F_2^k，如下所示：

$$F_2^k=\frac{2}{\pi}\arctan\frac{\alpha_2(d_{pe}^{k}-d_{pe}^{k+\hat{N}_k})}{d_{pe}^{k}} \tag{5-18}$$

其中,α_2为放缩系数,用于调整预测距离变化的敏感度; $\hat{N}_k$ 指预测时域的时间步长数量; $d_{pe}^{k+\hat{N}_k}$ 为假设在 $t \in [t_k + N_k\Delta t,\ t_k + \hat{N}_k\Delta t]$ 时域内惯性执行 $t = t_k + N_k\Delta t$ 时刻控制策略的虚拟追逃距离。此外,虚拟追逃距离同样以反三角函数的形式实现距离变化敏感度的增强与归一化处理。

3. 能量代价性能

为了避免航天器任务期间持续执行饱和加速度以实现与对手航天器在空间距离上的缩小/增大,考虑对执行过程中的瞬态加速度大小进行评估,以避免“无效”轨道机动控制。追击器与逃逸器能量代价性能分别表示为

$$F_{3,\,p}^{k} = \frac{\| \boldsymbol{u}_p^k \|}{u_{p,\,\max}} \tag{5-19}$$

$$F_{3,\,e}^{k} = \frac{\| \boldsymbol{u}_e^k \|}{u_{e,\,\max}} \tag{5-20}$$

其中,控制饱和约束参数 $u_{p,\,\max}$与 $u_{e,\,\max}$实现了能量代价因子的无量纲化与归一化。

综上分析与定义,考虑一对一在轨追逃的控制饱和约束式(5-14),那么逃逸器在采样时刻 t_k的性能指标函数定义为

$$J_e^k = \begin{cases} -c_1F_1^k - c_2F_2^k - c_3F_{3,\,e}^k, & \| \boldsymbol{u}_e^k \| \leqslant u_{e,\,\max} \\ -10, & \text{其他} \end{cases} \tag{5-21}$$

相似地,追击器的性能指标函数定义为

$$J_p^k = \begin{cases} -c_1F_1^k - c_2F_2^k + c_3F_{3,\,p}^k, & \| \boldsymbol{u}_p^k \| \leqslant u_{p,\,\max} \\ 10, & \text{其他} \end{cases} \tag{5-22}$$

且有归一化约束:

$$c_1 + c_2 + c_3 = 1 \tag{5-23}$$

其中, c_1、c_2 和 c_3 分别对应于 F_1^k、F_2^k 和 F_3^k 的标量权重参数。

5.4.3 博弈控制器形式与基于 ARS 的求解流程

结合**定义 5.5** 中航天器在轨追逃围捕计算博弈纳什均衡的定义形式,以及 5.5.2 小节中一对一在轨追逃问题的计算博弈要素,本节所讨论的一对一在轨追逃问题可以通过**问题 5.1** 描述。

问题 5.1: 求解任意第 k 个载荷采样时刻的追击器控制决策 $\boldsymbol{u}_p^{*k}$ 与逃逸器控制决策 $\boldsymbol{u}_e^{*k}$, 使得不等式组:

$$
\begin{cases} J_p^k(\boldsymbol{u}_p^{*k},\ \boldsymbol{u}_e^k) \leqslant J_p^k(\boldsymbol{u}_p^k,\ \boldsymbol{u}_e^k) \\ J_e^k(\boldsymbol{u}_p^k,\ \boldsymbol{u}_e^k) \leqslant J_e^k(\boldsymbol{u}_p^k,\ \boldsymbol{u}_e^{*k}) \end{cases} \tag{5-24}
$$

对任意 $\boldsymbol{u}_p^k \in \mathbb{U}_p^k$ 及 $\boldsymbol{u}_e^k \in \mathbb{U}_e^k$ 均成立，其中 J_e^k 与 J_p^k 分别由式(5－21)和式(5－22)定义。

对于由**问题 5.1** 定义的航天器一对一在轨追逃问题，控制器的求解本质上为有限策略空间的纳什均衡策略搜索。因此在整个任务时域上，控制器的形式可以由每个采样时刻 t_k 的纳什均衡解表示，即**定理 5.1**。

定理 5.1：若追击器与逃逸器的控制输入 $\boldsymbol{u}_p^*(t)$ 与 $\boldsymbol{u}_e^*(t)$ 定义为

$$
\begin{cases} \boldsymbol{u}_p^*(t) = \sum \operatorname{sgn}(t_k)\boldsymbol{u}_p^{*k} \\ \boldsymbol{u}_e^*(t) = \sum \operatorname{sgn}(t_k)\boldsymbol{u}_e^{*k} \end{cases} \tag{5-25}
$$

其中，$\operatorname{sgn}(t_k)$ 为关于采样节点 k 的开关函数，定义为

$$
\operatorname{sgn}(k) = \begin{cases} 1, & t_k \leqslant t \leqslant t_k + \Delta t \\ 0, & \text{其他} \end{cases} \tag{5-26}
$$

那么称 $\boldsymbol{u}_p^*(t)$ 与 $\boldsymbol{u}_e^*(t)$ 构成了航天器一对一在轨追逃的一步计算博弈纳什均衡控制器。

证明：显然，在每个采样时刻 t_k，控制策略对为 $\{\boldsymbol{u}_p^{*k},\ \boldsymbol{u}_e^{*k}\}$，即满足不等式组式(5－24)的解，故为一步计算博弈纳什均衡策略。 ■

可以看出，控制器的重点在于优化纳什均衡的搜索程序，以确保在可接受的时间限制内获得解决方案的输入。通常，策略博弈中纳什均衡策略集的确定需要对所有参与者的可接受控制空间进行详尽的探索，即组合对策搜索方法，故任意参与者均必须对其余所有参与者代理潜在的策略组合匹配自身的最优响应策略。显然，采用组合对策搜索的方法来解决在轨博弈问题，其主要困难在于对航天器控制策略构成的博弈树进行全面搜索。此外，尽管组合对策搜索方法具有严谨地获取全部纳什均衡的特点，但是在轨动态博弈任务更关注于高效求解一个可行纳什均衡控制策略，因此详尽地识别所有纳什均衡解策略集实际上是不必要的。

为此，引入标准的 ARS 优化搜索方法来确定航天器在任意采样节点 t_k 的纳什均衡策略。具体来说，ARS 避免了在博弈树中对所有潜在的纳什均衡策略集进行详尽的探索，而是专注于有效地识别策略组合空间中的一个均衡点。基于 ARS 优化搜索方法求解航天器一对一在轨追逃控制器(即**定理 5.1**)的过程由下述**算法 5.2** 的伪代码描述。

算法 5.2：基于 ARS 的航天器一对一在轨追逃控制策略搜索

输入：航天器采样状态 $\{\boldsymbol{x}_p(t_k),\ \boldsymbol{x}_e(t_k)\}$

输出：纳什均衡策略对 $\{\boldsymbol{u}_p^{*k},\ \boldsymbol{u}_e^{*k}\}$

1: 控制策略初始化，标记为：$\bar{\boldsymbol{u}}_p^k,\ \bar{\boldsymbol{u}}_e^k$

2: 策略索引初始化，标记 $\bar{\boldsymbol{u}}_p^k$ 在 $\mathbb{U}_p^k$ 中索引为 m_p，$\bar{\boldsymbol{u}}_e^k$ 在 $\mathbb{U}_e^k$ 中索引为 m_e

3: 参数初始化：ARS 最大迭代次数 N_{ars}，迭代计数器 $n = 1$

4: **while** $n \leqslant N_{\text{ars}}$ **do**

5: 遍历搜索 $\boldsymbol{u}_p^{*k}$ 使得 $J_p^k(\boldsymbol{u}_p^{*k},\ \bar{\boldsymbol{u}}_e^k) \leqslant J_p^k(\bar{\boldsymbol{u}}_p^k,\ \bar{\boldsymbol{u}}_e^k)$

6: 更新 $\bar{\boldsymbol{u}}_p^k = \boldsymbol{u}_p^{*k}$，并记 $\boldsymbol{u}_p^{*k}$ 在 $\mathbb{U}_p^k$ 中索引为 $\tilde{m}_p$

7: **if** $(n > 1)\&(m_p == \tilde{m}_p)$

8: **return** 策略集 $\{\boldsymbol{u}_p^{*k},\ \boldsymbol{u}_e^{*k}\} = \{\bar{\boldsymbol{u}}_p^k,\ \bar{\boldsymbol{u}}_e^k\}$

9: **end if**

10: 遍历搜索并更新 $\boldsymbol{u}_e^{*k}$ 使得 $J_e^k(\bar{\boldsymbol{u}}_p^k,\ \boldsymbol{u}_e^{*k}) \geqslant J_e^k(\bar{\boldsymbol{u}}_p^k,\ \bar{\boldsymbol{u}}_e^k)$

11: 更新 $\bar{\boldsymbol{u}}_e^k = \boldsymbol{u}_e^{*k}$，并记 $\boldsymbol{u}_e^{*k}$ 在 $\mathbb{U}_e^k$ 中索引为 $\tilde{\boldsymbol{m}}_e$

12: 更新 $n = n + 1$，$m_p = \tilde{m}_p$，$m_e = \tilde{m}_e$

13: **end while**

引理 5.3：若算法流程能进行到步骤 8，那么系统输出的策略对 $\{\boldsymbol{u}_p^{*k},\ \boldsymbol{u}_e^{*k}\}$ 为纳什均衡策略。

证明：假设程序流程进行到第 n 次迭代，此时对于追击器的博弈代理，记其当前迭代中对其余博弈参与者代理的最优响应策略为 $\boldsymbol{u}_p^{*k}(n)$。随后，对逃逸器博弈代理，当前追击器博弈代理的策略则更新为 $\bar{\boldsymbol{u}}_p^k(n) = \boldsymbol{u}_p^{*k}(n)$，并得出自身最优响应策略 $\boldsymbol{u}_e^{*k}(n)$，并更新至下一迭代计数 $n+1$，即

$$\{\bar{\boldsymbol{u}}_p^k(n+1),\ \bar{\boldsymbol{u}}_e^k(n+1)\} = \{\boldsymbol{u}_p^{*k}(n),\ \boldsymbol{u}_e^{*k}(n)\} \tag{5-27}$$

接下来，对于迭代计数 $n+1$ 中的优化搜索，求得逃逸器的最优响应后，若满足步骤 7 的判定条件则可得

$$\bar{\boldsymbol{u}}_p^k(n+1) = \bar{\boldsymbol{u}}_p^k(n) \tag{5-28}$$

那么若逃逸器有唯一最优响应策略则满足

$$\bar{\boldsymbol{u}}_e^k(n+1) = \bar{\boldsymbol{u}}_e^k(n) \tag{5-29}$$

因此，在 $n+1$ 步迭代所有航天器博弈代理的最优响应满足纳什定义不等式组(5-24)。

至此，**引理 5.3** 证毕。 ■

注意：若纳什均衡存在，基于 ARS 优化搜索通常可在有限迭代次数内达到纳什均衡，即相对需对博弈树进行详尽匹配的组合对策搜索方式，ARS 方法具有明显的时间优势。组合对策搜索的复杂度 O_{game} 与 ARS 搜索的复杂度 O_{ars} 分别表示为（Galati et al.，2003）

$$O_{\text{game}} = O(N_{\mathbb{U}_e^k} N_{\mathbb{U}_p^k}) \tag{5-30}$$

$$O_{\text{ars}} = O(N_{\mathbb{U}_e^k} + N_{\mathbb{U}_p^k}) \tag{5-31}$$

其中，$N_{\mathbb{U}_e^k}$ 与 $N_{\mathbb{U}_p^k}$ 分别表示策略空间 $\mathbb{U}_e^k$ 与 $\mathbb{U}_p^k$ 中策略的数量。

需要说明的是，如**引理 5.1** 所明确，纳什均衡一定存在于有限策略博弈中。在前述基于计算博弈的航天器在轨博弈问题中，每个航天器的策略空间均由有限个纯策略构成，因此，**算法 5.2** 在有限的迭代步长 N_{ars} 内仍存在无法求得纳什均衡（纯策略纳什均衡）的可能，此时需采用控制器替代方案。

若在采样节点 t_k 的不存在纳什均衡策略，航天器的控制器将被定义为

$$\begin{cases} \boldsymbol{u}_e(t) = \hat{\boldsymbol{u}}_e^k = \arg\max\limits_{\boldsymbol{u}_e^k \in \mathbb{U}_e^k} J_e^k(\boldsymbol{u}_p^{*(k-1)}, \boldsymbol{u}_e^k) \\ \boldsymbol{u}_p(t) = \hat{\boldsymbol{u}}_p^k = \arg\max\limits_{\boldsymbol{u}_p^k \in \mathbb{U}_p^k} J_p^k(\boldsymbol{u}_p^k, \hat{\boldsymbol{u}}_e^k) \end{cases} \tag{5-32}$$

其中，$t_k \leqslant t < t_k + \Delta t$；若 $k-1=0$，所对应的控制策略（即 $\boldsymbol{u}_{pi}^0$ 与 $\boldsymbol{u}_e^0$）分别指追击器和逃逸器在初始时刻的控制策略。显然，在上述控制器的补充方案中，逃逸器被假设为领导者并保持领先于追击器一个采样步长的优势，促使追击器协同博弈寻求针对先验信息 $\hat{\boldsymbol{u}}_e^k$ 的优化策略。

注 5.5：针对某一时刻的状态，控制器可能无法在有效时间内优化搜索确定博弈解，即问题本身并非所有时刻均存在纳什均衡解策略，但后续任意采样时刻均可针对相应的采样状态建立纳什均衡，而不受历史状态轨迹的影响，其对任务过程的影响可忽略不计。

5.5　基于 ARS/优化剪枝的航天器多对一在轨协同追逃博弈

第 5.4 节介绍了面向一对一追逃问题的计算博弈模型，并设计了基于 ARS 优化搜索方法的控制器求解流程。本节进一步讨论计算博弈在航天器多对一在轨协同追逃问题中的应用，构造面向多对一在轨动态追逃问题的性能指标函数，并在 ARS 基础上设计用于多追击器的剪枝优化方法。

5.5.1 航天器多对一在轨协同追逃问题描述

一对一追逃问题的任务目标具有直观的数学描述，博弈双方均试图单方面增大（或减小）追逃距离。多对一协同追逃问题任务比较复杂，不具备数学直观性；各追击器均试图以较小的控制代价促成目标的协同捕获，保证存在一个追击器可捕获逃逸器，逃逸航天器则试图逃避所有追踪者的捕获。在该问题中，并非所有追击器均直观地减小自身与逃逸器间的追逃距离，各追击器的追逃距离呈现出非连续、非线性等特点。

进一步讨论之前，LVLH 坐标系内逃逸器与任意第 $i(i=1,\ \cdots,\ N_p)$ 个追击器的空间状态向量 $\boldsymbol{x}_e$ 与 $\boldsymbol{x}_{pi}$ 定义为

$$\begin{cases}\boldsymbol{x}_e=[x_e,\ y_e,\ z_e,\ \dot{x}_e,\ \dot{y}_e,\ \dot{z}_e]^{\mathrm{T}}\\ \boldsymbol{x}_{pi}=[x_{pi},\ y_{pi},\ z_{pi},\ \dot{x}_{pi},\ \dot{y}_{pi},\ \dot{z}_{pi}]^{\mathrm{T}}\end{cases} \tag{5-33}$$

则第 i 个追击器与逃逸器的距离变量可表示为

$$d_{pi,\ e}=\sqrt{(x_{pi}-x_e)^2+(y_{pi}-y_e)^2+(z_{pi}-z_e)^2} \tag{5-34}$$

一对一追逃问题的任务目标可由不等式(5－13)描述，多对一追逃问题的任务目标为所有追击器的最小追逃距离满足不等式，即

$$\hat{d}_{pe}\triangleq\min\{d_{pi,\ e}\mid i=1,\ \cdots,\ N_p\}\leqslant d_{\mathrm{cap}} \tag{5-35}$$

其中，d_{cap} 为追击器的捕获距离。由式(5－35)可知，协同围捕任务并非促使各追击器均逼近逃逸器，而是保证集群中最小追逃距离的渐进收敛。

考虑到多航天器协同轨道转移的特征及航天器加速度输入饱和限制，本节的多对一在轨协同追逃问题考虑如下协同距离约束与控制饱和约束。

1. 协同距离约束

多对一协同追逃任务会涉及多个追击器同时逼近逃逸器的情况，因此需要考虑追击器间可能出现的碰撞冲突。对此，要求任意追击器间的空间距离大于安全避撞距离，即

$$d_{pi,\ p(-i)}>d_{\mathrm{safe}},\quad i=1,\ \cdots,\ N_p \tag{5-36}$$

其中，d_{safe} 表示追击器协同追逃过程中的安全避撞距离；而 $d_{pi,\ p(-i)}$ 表示任意两个追击器之间的空间距离，即

$$d_{pi,\ p(-i)}=\sqrt{(x_{pi}-x_{p(-i)})^2+(y_{pi}-y_{p(-i)})^2+(z_{pi}-z_{p(-i)})^2} \tag{5-37}$$

2. 控制饱和约束

多对一协同追逃中，追击器与逃逸器也须针对自身控制执行机构能力进行加速度饱和限制；各时刻追击器与逃逸器的控制策略应分别满足：

$$\begin{cases} \| \boldsymbol{u}_{pi}(t) \| \leqslant u_{pi,\max}, \quad i = 1, \cdots, N_p \\ \| \boldsymbol{u}_e(t) \| \leqslant u_{e,\max} \end{cases} \tag{5-38}$$

其中，$u_{pi,\max}$ 与 $u_{e,\max}$ 分别表示第 i 个追击器与目标逃逸器在追逃过程中能够提供的最大加速度值。

综上，航天器多对一协同追逃任务可描述为：在有限加速度输入作用下，追击器通过协同形式完成轨道转移，在避免与同伴追击器发生碰撞的同时，逼迫/诱使目标逃逸器进入集群中任意追击器的捕获范围，如图 5-5 所示。

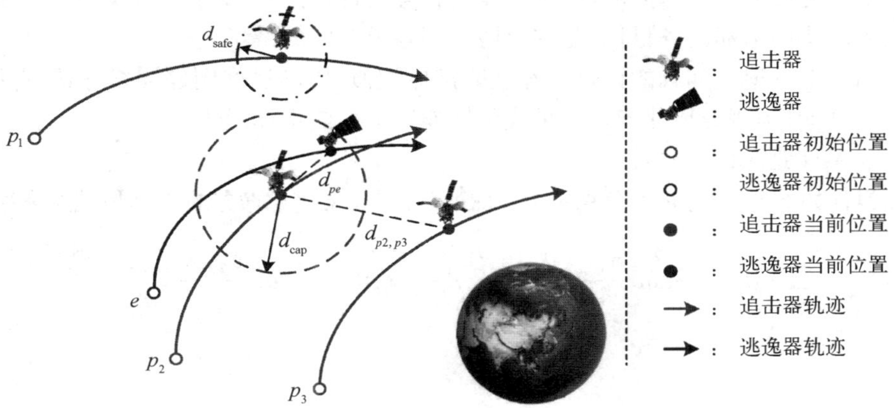

图 5-5　航天器多对一在轨协同追逃

5.5.2　面向多对一在轨协同追逃问题的计算博弈要素设计

5.5.2.1　参与者定义

基于多对一协同追逃问题描述，在**假设 5.1** 的前提下，各航天器均为独立的博弈参与者，故参与者集合包括 N_p+1 个参与者，其中有 N_p 个参与者代表追击器，1 个参与者代表逃逸器。构成博弈问题的有限参与者集合为

$$Player = \{p_1, \cdots, p_{N_p}, e\}$$

5.5.2.2　策略空间定义

与第 5.4 节中一对一追逃问题的策略空间相同，可通过栅格离散化构造有限策略空间的容许控制集，并通过连续控制约束模拟近端轨道转移的连续小推力特性，则第 k 个采样时刻任意追击器 $i(i = 1, \cdots, N_p)$ 与逃逸器的博弈策略空间定义为

$$\begin{aligned} \mathbb{U}_{pi}^{k} &= \{\boldsymbol{u}_{pi}^{k-1} \pm j\Delta u_p \mid j = 0, 1, \cdots, N_{up}\} \\ &= \{[u_{xpi}^{k-1}, u_{ypi}^{k-1}, u_{zpi}^{k-1}]^{\mathrm{T}} \pm j\Delta u_p \mid j = 0, 1, \cdots, N_{up}\} \end{aligned} \tag{5-39}$$

$$\begin{aligned}\mathbb{U}_e^k &= \{\boldsymbol{u}_e^{k-1} \pm j\Delta u_e \mid j=0,1,\cdots,N_{ue}\} \\ &= \{[u_{xe}^{k-1}, u_{ye}^{k-1}, u_{ze}^{k-1}]^{\mathrm{T}} \pm j\Delta u_e \mid j=0,1,\cdots,N_{ue}\}\end{aligned} \tag{5-40}$$

其中，Δu_p与Δu_e分别代表了追击器与逃逸器的加速度输入的栅格化单位，而任意追击器在每个采样时刻策略空间的栅格化数量均由N_{up}决定，逃逸器则由N_e决定。

5.5.2.3 性能指标函数分析与设计

对于航天器多对一在轨协同追逃问题，任务目标所引导的围捕形式会对各航天器博弈策略的求解造成重要影响。针对任意博弈模型，航天器集群的追捕形式本质上皆为性能指标函数的具象化体现；合理设计性能指标函数，使其能准确描述航天器的协同追捕任务目标，是在轨博弈问题求解的关键。

与一对一追逃问题的计算博弈性能指标相似，协同追逃问题同样考虑N_k步追逃距离性能、预测距离性能与能量代价性能三个性能指标函数。

1. N_k步追逃距离性能

设计如下$\hat{F}_{1,pi}^k$与$\hat{F}_{1,e}^k$分别用于评估第i个追击器与逃逸器的N_k步围捕距离性能：

$$\hat{F}_{1,pi}^k = \frac{2}{\pi}\left[\hat{\beta}_{1,pi}\arctan\frac{\hat{\alpha}_{1,pi}(\hat{d}_{pe}^k - \hat{d}_{pe}^{k+N_k})}{\hat{d}_{pe}^k} + \hat{\beta}_{2,pi}\arctan\frac{\hat{\alpha}_{2,pi}(d_{pi,e}^k - d_{pi,e}^{k+N_k})}{d_{pi,e}^k}\right] \tag{5-41}$$

$$\hat{F}_{1,e}^k = \frac{2}{\pi}\left[\hat{\beta}_{1,e}\arctan\frac{\hat{\alpha}_{1,e}(\hat{d}_{pe}^k - \hat{d}_{pe}^{k+N_k})}{\hat{d}_{pe}^k} + \hat{\beta}_{2,e}\arctan\frac{\hat{\alpha}_{2,e}\left(\sum_{i=1}^{N_p} d_{pi,e}^k - \sum_{i=1}^{N_p} d_{pi,e}^{k+N_k}\right)}{\hat{d}_{pe}^k}\right] \tag{5-42}$$

其中，$\hat{\alpha}_{(\cdot)}$、$\hat{\beta}_{(\cdot)}$为对应因子的标量权重参数，用于调整距离变化的敏感度，且满足等式条件：

$$\begin{cases}\hat{\beta}_{1,pi} + \hat{\beta}_{2,pi} = 1, \quad i=1,\cdots,N_p \\ \hat{\beta}_{1,e} + \hat{\beta}_{2,e} = 1\end{cases} \tag{5-43}$$

在追击者的距离性能因子$\hat{F}_{1,pi}^k$中，两个反正切函数分别代表最小追逃距离引导因子与个体追逃距离引导因子。其中第一项反正切函数为最小追逃距离引导因子，用以评估整个追击器集群的协同追逃性能；第二项反正切函数为个体追逃距离引导因子，用于避免由于稀疏性距离引导可能产生的不易收敛问题（许旭升等，2022）。另一方面，权重参数约束式（5-43）实现了最小追逃距离因子与个体追逃距离因子多项式求和的归一化，并通过系数$\pi/2$保证了性能因子$F_{1,pi}^k$的归一化处理。

逃逸器围捕距离性能因子$\hat{F}_{1,e}^k$的设计基于相似的分析，不同之处在于逃逸器需要考虑每个追击器个体与自己的追逃距离，具体体现在 $F_{1,e}^{k}$ 中第二项反正切函数的设计上。

因此，通过调整 $\hat{\beta}_{1,(\cdot)}$ 与 $\hat{\beta}_{2,(\cdot)}$ 的相对大小，可以实现协同追捕任务过程的围捕形式。具体来说，$\hat{\beta}_{1,(\cdot)}$ 的增大促使追击器/逃逸器更加关注是否会被捕获，而 $\hat{\beta}_{2,(\cdot)}$ 的增大则会侧重多追击器的协同包围，实现包围状态的收缩/逃逸。另一方面，$\hat{\alpha}_{(\cdot)}$ 则用于调整对应距离因子的敏感度，$\hat{\alpha}_{(\cdot)}$ 越大则敏感度越高，对应距离为任务性能带来的影响则更大。

2. 预测距离性能

基于第 5.4 节中性能指标函数设计的分析，在多对一协同追逃中同样考虑通过预测距离性能来减轻“短视性”距离所带来的负面影响，分别设计任意第 i 个追击器与逃逸器在采样时刻 t_k 的预测距离性能判定因子 $\hat{F}_{2,pi}^{k}$ 与 $\hat{F}_{2,e}^{k}$，如下所示：

$$\hat{F}_{2,pi}^{k} = \frac{2}{\pi}\arctan\frac{\hat{\alpha}_{3,pi}(\hat{d}_{pe}^{k} - \hat{d}_{pe}^{k+\hat{N}_k})}{\hat{d}_{pe}^{k}} \tag{5-44}$$

$$\hat{F}_{2,e}^{k} = \frac{2}{\pi}\left[\hat{\beta}_{3,e}\arctan\frac{\hat{\alpha}_{3,e}(\hat{d}_{pe}^{k} - \hat{d}_{pe}^{k+\hat{N}_k})}{\hat{d}_{pe}^{k}} + \hat{\beta}_{4,e}\arctan\frac{\hat{\alpha}_{4,e}\left(\sum_{i=1}^{N_p} d_{pi,e}^{k} - \sum_{i=1}^{N_p} d_{pi,e}^{k+\hat{N}_k}\right)}{\hat{d}_{pe}^{k}}\right] \tag{5-45}$$

其中，权重参数满足约束条件：

$$\hat{\beta}_{3,e} + \hat{\beta}_{4,e} = 1 \tag{5-46}$$

与一对一的性能指标中参数含义相同，此外 $\hat{N}_k$ 指预测时域的时间步长数量，$\hat{d}_{pe}^{k+\hat{N}_k}$ 与 $\hat{d}_{pi,e}^{k+\hat{N}_k}$ 分别为假设在 $t \in [t_k + N_k\Delta t,\ t_k + \hat{N}_k\Delta t]$ 时域惯性执行 $t = t_k + N_k\Delta t$ 时刻控制策略的虚拟追逃距离。

3. 能量代价性能

分别设计第 i 个追击器与逃逸器能量代价性能因子为

$$\hat{F}_{3,pi}^{k} = \frac{\| \boldsymbol{u}_{pi}^{k} \|}{u_{pi,\max}} \tag{5-47}$$

$$\hat{F}_{3,e}^{k} = \frac{\| \boldsymbol{u}_{e}^{k} \|}{u_{e,\max}} \tag{5-48}$$

显然在能量代价因子的引导下避免了这样一种场景：当前存在一个追击器能够通过有限加速度轨道转移捕获逃逸器，而其余追击器依然增大加速度以促进自身对逃逸器的逼近。

综上分析与定义，同时考虑协同距离约束式（5－36）及控制饱和约束式（5－38），那么对于逃逸器性能指标函数定义为

$$J_e^k = \begin{cases} -\hat{c}_{1,e}\hat{F}_{1,e}^k - \hat{c}_{2,e}\hat{F}_{2,e}^k - \hat{c}_{3,e}\hat{F}_{3,e}^k, & \|\boldsymbol{u}_e^k\| \leqslant u_{e,\max} \\ -10, & \text{其他} \end{cases} \tag{5-49}$$

第 $i(i=1,\cdots,N_p)$ 个追击器的性能指标函数定义为

$$J_{pi}^k = \begin{cases} -c_{1,pi}F_{1,pi}^k - c_{2,pi}F_{2,pi}^k + c_{3,pi}F_{3,pi}^k, & \|\boldsymbol{u}_{pi}^k\| \leqslant u_{pi,\max} \text{ 且 } d_{pi,p(-i)}^{k+N_k} > d_{\text{safe}} \\ 10, & \text{其他} \end{cases} \tag{5-50}$$

其中，$\hat{c}_{1,(\cdot)}$、$\hat{c}_{2,(\cdot)}$ 和 $\hat{c}_{3,(\cdot)}$ 分别对应于 $\hat{F}_{1,(\cdot)}^k$、$\hat{F}_{2,(\cdot)}^k$ 和 $\hat{F}_{3,(\cdot)}^k$ 的标量权重参数，且满足归一化约束：

$$\begin{cases} \hat{c}_{1,e} + \hat{c}_{2,e} + \hat{c}_{3,e} = 1 \\ \hat{c}_{1,pi} + \hat{c}_{2,pi} + \hat{c}_{3,pi} = 1, \quad i = 1, \cdots, N_p \end{cases} \tag{5-51}$$

5.5.3 博弈控制器形式与基于 ARS/优化剪枝的求解流程

结合**定义 5.5** 中航天器在轨追逃围捕计算博弈纳什均衡的定义形式，以及第 5.5.2 节中关于多对一协同追逃的计算博弈要素，本节所讨论的多对一在轨协同追逃问题可以通过**问题 5.2** 描述：

问题 5.2：求解任意采样时刻 t_k 的控制策略集 $\{\boldsymbol{u}_{p1}^{*k}, \cdots, \boldsymbol{u}_{pN_p}^{*k}, \boldsymbol{u}_e^{*k}\}$，使得不等式组：

$$\begin{cases} J_{pi}^k(\boldsymbol{u}_{p1}^k, \cdots, \boldsymbol{u}_{pi}^{*k}, \cdots, \boldsymbol{u}_{pN_p}^k, \boldsymbol{u}_e^k) \leqslant J_{pi}^k(\boldsymbol{u}_{p1}^k, \cdots, \boldsymbol{u}_{pi}^k, \cdots, \boldsymbol{u}_{pN_p}^k, \boldsymbol{u}_e^k), \quad i = 1, \cdots, N_p \\ J_e^k(\boldsymbol{u}_{p1}^k, \cdots, \boldsymbol{u}_{pN_p}^k, \boldsymbol{u}_e^k) \leqslant J_e^k(\boldsymbol{u}_{p1}^k, \cdots, \boldsymbol{u}_{pN_p}^k, \boldsymbol{u}_e^{*k}) \end{cases} \tag{5-52}$$

对任意 $\boldsymbol{u}_{pi}^k \in \mathbb{U}_{pi}^k$ 及 $\boldsymbol{u}_e^k \in \mathbb{U}_e^k$ 均成立，其中 J_e^k 与 J_{pi}^k 分别由式（5－49）和式（5－50）定义。

与一对一追逃的控制器形式相似，多对一协同追逃的控制器可以由**定理 5.2** 表示每个采样时刻各航天器的纳什均衡解。

定理 5.2：若所有航天器的控制器形式 $\{\boldsymbol{u}_{p1}^*(t), \cdots, \boldsymbol{u}_{pN_p}^*(t), \boldsymbol{u}_e^*(t)\}$ 定义为

$$\begin{cases} \boldsymbol{u}_{pi}^*(t) = \sum \operatorname{sgn}(t_k)\boldsymbol{u}_{pi}^{*k}, \quad i = 1, \cdots, N_p \\ \boldsymbol{u}_e^*(t) = \sum \operatorname{sgn}(t_k)\boldsymbol{u}_e^{*k} \end{cases} \tag{5-53}$$

其中，sgn(t_k) 为关于采样节点 t_k 的开关函数，由式(5-26)定义。那么称航天器控制器 $\{\boldsymbol{u}_{p1}^*(t), \cdots, \boldsymbol{u}_{pN_p}^*(t), \boldsymbol{u}_e^*(t)\}$ 构成了多对一在轨协同追逃的一步计算博弈纳什均衡控制器。

证明： 在每个采样时刻 t_k，所有航天器的控制策略为由式(5-52)定义的纳什均衡策略，故满足一步计算博弈的定义，不再赘述讨论。■

基于**算法 5.2** 中关于一对一在轨追逃控制器求解的研究基础，多对一在轨协同追逃的控制器(即**定理 5.2**)基于标准 ARS 优化搜索的求解流程可以通过**算法 5.3** 描述。

算法 5.3： 基于 ARS 的航天器多对一在轨协同追逃控制策略搜索

输入： 航天器采样状态 $\{\boldsymbol{x}_{p1}(t_0 + k\Delta t), \cdots, \boldsymbol{x}_{pN_p}(t_0 + k\Delta t), \boldsymbol{x}_e(t_0 + k\Delta t)\}$

输出： 纳什均衡策略集 $\{\boldsymbol{u}_{p1}^{*k}, \cdots, \boldsymbol{u}_{pN_p}^{*k}, \boldsymbol{u}_e^{*k}\}$

1: 控制策略初始化，标记为：$\bar{\boldsymbol{u}}_{pi}^k (i = 1, \cdots, N_p)$, $\bar{\boldsymbol{u}}_e^k$

2: 策略索引初始化，标记 $\bar{\boldsymbol{u}}_{pi}^k$ 在 $\mathbb{U}_{pi}^k$ 中索引为 m_{pi}, $\bar{\boldsymbol{u}}_e^k$ 在 $\mathbb{U}_e^k$ 中索引为 m_e

3: 参数初始化：ARS 最大迭代次数 N_{ars}，迭代计数器 $n = 1$

4: **while** $n \leqslant N_{\text{ars}}$ **do**

5:   **for each** p_i **do**

6:     遍历搜索 $\boldsymbol{u}_{pi}^{*k}$ 使得 $J_{pi}^k(\bar{\boldsymbol{u}}_{p1}^k, \cdots, \boldsymbol{u}_{pi}^{*k}, \cdots, \bar{\boldsymbol{u}}_{pN_p}^k, \bar{\boldsymbol{u}}_e^k) \leqslant J_{pi}^k(\bar{\boldsymbol{u}}_{p1}^k, \cdots, \boldsymbol{u}_{pi}^k, \cdots, \bar{\boldsymbol{u}}_{pN_p}^k, \bar{\boldsymbol{u}}_e^k)$

7:     更新 $\bar{\boldsymbol{u}}_{pi}^k = \boldsymbol{u}_{pi}^{*k}$，并记 $\boldsymbol{u}_{pi}^{*k}$ 在 $\mathbb{U}_{pi}^k$ 中索引为 $\tilde{m}_{pi}$

8:   **end for**

9:   **if** $(n > 1) \& (\forall i = 1, \cdots, N_p, m_{pi} == \tilde{m}_{pi})$

10:     **return** 策略集 $\{\boldsymbol{u}_{p1}^{*k}, \cdots, \boldsymbol{u}_{pN_p}^{*k}, \boldsymbol{u}_e^{*k}\} = \{\bar{\boldsymbol{u}}_{p1}^k, \cdots, \bar{\boldsymbol{u}}_{pN_p}^k, \bar{\boldsymbol{u}}_e^k\}$

11:   **end if**

12:   遍历搜索并更新 $\boldsymbol{u}_e^{*k}$ 使得 $J_e^k(\bar{\boldsymbol{u}}_{p1}^k, \cdots, \bar{\boldsymbol{u}}_{pN_p}^k, \boldsymbol{u}_e^{*k}) \geqslant J_{pi}^k(\bar{\boldsymbol{u}}_{p1}^k, \cdots, \bar{\boldsymbol{u}}_{pN_p}^k, \bar{\boldsymbol{u}}_e^k)$

13:   更新 $\bar{\boldsymbol{u}}_e^k = \boldsymbol{u}_e^{*k}$，并记 $\boldsymbol{u}_e^{*k}$ 在 $\mathbb{U}_e^k$ 中索引为 $\tilde{m}_e$

14:   更新 $n = n + 1$, $m_{pi} = \tilde{m}_{pi} (i = 1, \cdots, N_p)$, $m_e = \tilde{m}_e$

15: **end while**

注 5.6： 与**引理 5.3** 的证明方法相同，可以推断出若算法流程能进行到步骤 10，那么系统输出的策略集 $\{\boldsymbol{u}_{p1}^*(t), \cdots, \boldsymbol{u}_{pN_p}^*(t), \boldsymbol{u}_e^{*k}\}$ 为纳什均衡策略。

注 5.7： 相比较与一对一在轨追逃计算博弈问题，本节讨论的多对一协同追逃问题采用 ARS 优化搜索方法时间复杂度上的优化更为明显。具体而言,组合对策搜索的复杂度 O_{game} 与 ARS 搜索的复杂度 O_{ars} 分别表示为

$$O_{\text{game}} = O(N_{\mathbb{U}_e^k} \prod_{i=1}^{N_p} N_{\mathbb{U}_{pi}^k}),\quad O_{\text{ars}} = O(N_{\mathbb{U}_e^k} + \sum_{i=1}^{N_p} N_{\mathbb{U}_{pi}^k})$$

显然,ARS 优化搜索相较于组合对策搜索极大优化了时间成本。

值得关注的是,尽管 ARS 优化搜索从时间复杂度的角度极大地优化了均衡策略的搜索效率,但是每次最优响应策略求解的过程同样遍历了不满足约束条件的策略组合,增加了不必要的计算负担。此外,每次迭代中,对于每个参与者代理最优响应求解过程发现的不满足约束的策略组合,对于其余参与者代理依然适用。因此,针对基于 ARS 的航天器多对一追逃控制器求解方法,进一步基于 $\alpha-\beta$ 剪枝方法(Knuth, 1975)设计多航天器博弈树的剪枝优化方法,目的是在策略路径的生成和搜索过程中,对无须计算的策略组合进行标记并剪枝。

为便于理解,构造博弈树模型以可视化描述策略空间,如图 5-6 所示。冲突节点表示超过最大加速度限制的控制策略,而冲突路径则表示如果同时执行路径两端节点所表示的控制策略则会发生碰撞。显然,当博弈树中的一条路径包括冲突节点或者冲突路径,那么可以通过消除包含冲突节点或冲突路径的策略组合,使得后续的博弈参与者代理能够直接在剪枝后的策略空间中搜索最优响应策略。然而,试图识别包含冲突路径的所有策略组合将需要对整个博弈树进行详尽的探索,使其在 ARS 优化搜索过程中变得不切实际。为此,在优化搜索过程中集成了一种动态存储和更新冲突路径的方法,使得数据剪枝只针对历史迭代中出现的冲突节点与冲突路径,这也与 ARS 优化搜索的特征相一致。在进一步介绍求解流程之前,为了更清晰地说明,首先给出冲突策略对的定义。

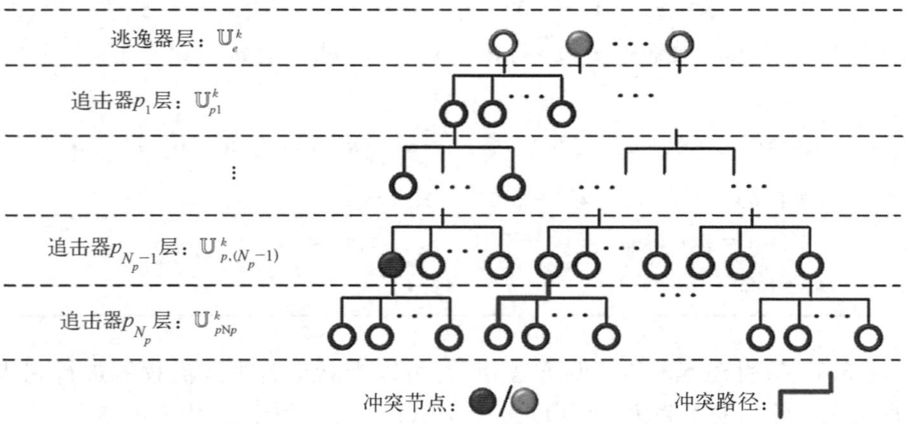

图 5-6 博弈树模型

定义 5.6：对于任意采样节点 t_k，对于任意 $i, j=1, \cdots, N_p$，若第 i 个追击器与第 j 个追击器的策略组合 $(\tilde{\boldsymbol{u}}_{pi}^k, \tilde{\boldsymbol{u}}_{pj}^k)$ 使得

$$d_{pi,\,pj}^{k+1}(\boldsymbol{x}_{pi}^k, \boldsymbol{x}_{pj}^k, \tilde{\boldsymbol{u}}_{pi}^k, \tilde{\boldsymbol{u}}_{pj}^k) < d_{\text{safe}} \tag{5-54}$$

其中，$d_{pi,\,pj}^{k+1}$ 为采样节点 t_{k+1} 时刻两追击器间的距离，那么称 $(\tilde{\boldsymbol{u}}_{pi}^k, \tilde{\boldsymbol{u}}_{pj}^k)$ 为冲突策略对。

引理 5.4：在采样时间节点 t_k 的计算博弈中，对任意存在冲突策略对的策略组合 $\{\boldsymbol{u}_{p1}^k, \cdots, \tilde{\boldsymbol{u}}_{pi}^k, \cdots, \tilde{\boldsymbol{u}}_{pj}^k, \cdots, \boldsymbol{u}_{pN_p}^k, \boldsymbol{u}_e^k\}$，其一定不可能为纳什均衡解策略集。

证明：若所有策略组合均为冲突策略对，则不存在纳什解且博弈被认为是无效的，故没有讨论的必要。相反，如果存在至少一个符合约束条件的策略集，那么就有

$$-1 < \min J_{pi}^k(\boldsymbol{u}_{p1}^k, \cdots, \boldsymbol{u}_{pN_p}^k, \boldsymbol{u}_e^k) \leqslant 1 \tag{5-55}$$

同时，由性能指标函数定义式(5-50)可得

$$J_{pi}^k(\boldsymbol{u}_{p1}^k, \cdots, \tilde{\boldsymbol{u}}_{pi}^k, \cdots, \tilde{\boldsymbol{u}}_{pj}^k, \cdots, \boldsymbol{u}_{pN_p}^k, \boldsymbol{u}_e^k) > 1 > \min J_{pi}^k(\boldsymbol{u}_{p1}^k, \cdots, \boldsymbol{u}_{pN_p}^k, \boldsymbol{u}_e^k) \tag{5-56}$$

因此，策略组合 $\{\boldsymbol{u}_{p1}^k, \cdots, \tilde{\boldsymbol{u}}_{pi}^k, \cdots, \tilde{\boldsymbol{u}}_{pj}^k, \cdots, \boldsymbol{u}_{pN_p}^k, \boldsymbol{u}_e^k\}$ 必然不可能使得 J_{pi}^k 取最小值，故其不满足纳什均衡的定义。 ■

将上述数据剪枝优化方法嵌入**算法 5.3**，那么基于 ARS/数据剪枝的航天器纳什均衡控制策略搜索求解流程可以通过**算法 5.4** 直观描述。

算法 5.4：基于 ARS/数据剪枝的多对一协同追逃纳什控制器求解流程

输入：航天器采样状态 $\{\boldsymbol{x}_{p1}(t_0+k\Delta t), \cdots, \boldsymbol{x}_{pN_p}(t_0+k\Delta t), \boldsymbol{x}_e(t_0+k\Delta t)\}$

输出：纳什均衡策略集 $\{\boldsymbol{u}_{p1}^{*k}, \cdots, \boldsymbol{u}_{pN_p}^{*k}, \boldsymbol{u}_e^{*k}\}$

1：参数初始化：ARS 最大迭代次数 N_{ars}，迭代计数器 $n=1$

2：策略空间初始化，标记为：$\bar{\mathbb{U}}_{pi}^k = \mathbb{U}_{pi}^k (i=1, \cdots, N_p)$，$\bar{\mathbb{U}}_e^k = \mathbb{U}_e^k$

3：控制策略初始化，标记为：$\bar{\boldsymbol{u}}_{pi}^k (i=1, \cdots, N_p)$，$\bar{\boldsymbol{u}}_e^k$

4：策略索引初始化，标记 $\bar{\boldsymbol{u}}_{pi}^k$ 在 $\mathbb{U}_{pi}^k$ 中索引为 m_{pi}，$\bar{\boldsymbol{u}}_e^k$ 在 $\mathbb{U}_e^k$ 中索引为 m_e

5：**while** $n \leqslant N_{\text{ars}}$ **do**

6：　**for each** p_i **do**

7：　　淘汰所有 $\tilde{\boldsymbol{u}}_{pi}^k \in \{\bar{\boldsymbol{u}}_{p,(-i)}^k, \tilde{\boldsymbol{u}}_{pi}^k\}$，$(-i) \in \{1, \cdots, i-1, i+1, \cdots, N_p\}$，以更新 $\bar{\mathbb{U}}_{pi}^k$

8：　　**for each** $\bar{\boldsymbol{u}}_{p,(-i)}^k$ **do**

续 表

9: 遍历并更新所有冲突策略对 $\{\bar{\boldsymbol{u}}_{p,(-i)}^{k}, \tilde{\boldsymbol{u}}_{pi}^{k}\}$，其中 $\tilde{\boldsymbol{u}}_{pi}^{k} \in \overline{\mathbb{U}}_{pi}^{k}$
10: **end for**
11: 淘汰步骤 9 中求得的 $\tilde{\boldsymbol{u}}_{pi}^{k} \in \{\bar{\boldsymbol{u}}_{p,(-i)}^{k}, \tilde{\boldsymbol{u}}_{pi}^{k}\}$，以更新 $\overline{\mathbb{U}}_{pi}^{k}$
12: 遍历搜索 $\boldsymbol{u}_{pi}^{*k}$ 使得 $J_{pi}^{k}(\bar{\boldsymbol{u}}_{p1}^{k}, \cdots, \boldsymbol{u}_{pi}^{*k}, \cdots, \bar{\boldsymbol{u}}_{pN_p}^{k}, \bar{\boldsymbol{u}}_{e}^{k}) \leqslant J_{pi}^{k}(\bar{\boldsymbol{u}}_{p1}^{k}, \cdots, \bar{\boldsymbol{u}}_{pi}^{k}, \cdots, \bar{\boldsymbol{u}}_{pN_p}^{k}, \bar{\boldsymbol{u}}_{e}^{k})$
13: 更新 $\bar{\boldsymbol{u}}_{pi}^{k} = \boldsymbol{u}_{pi}^{*k}$，并记 $\boldsymbol{u}_{pi}^{*k}$ 在 $\mathbb{U}_{pi}^{k}$ 中索引为 $\tilde{m}_{pi}$
14: 初始化 $\overline{\mathbb{U}}_{pi}^{k} = \mathbb{U}_{pi}^{k}$
15: **end for**
16: **if** $(n > 1)\&(\forall i = 1, \cdots, N_p, m_{pi} == \tilde{m}_{pi})$
17: **return** 策略集 $\{\boldsymbol{u}_{p1}^{*k}, \cdots, \boldsymbol{u}_{pN_p}^{*k}, \boldsymbol{u}_{e}^{*k}\} = \{\bar{\boldsymbol{u}}_{p1}^{k}, \cdots, \bar{\boldsymbol{u}}_{pN_p}^{k}, \bar{\boldsymbol{u}}_{e}^{k}\}$
18: **end if**
19: 遍历搜索并更新 $\boldsymbol{u}_{e}^{*k}$ 使得 $J_{e}^{k}(\bar{\boldsymbol{u}}_{p1}^{k}, \cdots, \bar{\boldsymbol{u}}_{pN_p}^{k}, \boldsymbol{u}_{e}^{*k}) \geqslant J_{pi}^{k}(\bar{\boldsymbol{u}}_{p1}^{k}, \cdots, \bar{\boldsymbol{u}}_{pN_p}^{k}, \bar{\boldsymbol{u}}_{e}^{k})$
20: 更新 $\bar{\boldsymbol{u}}_{e}^{k} = \boldsymbol{u}_{e}^{*k}$，并记 $\boldsymbol{u}_{e}^{*k}$ 在 $\mathbb{U}_{e}^{k}$ 中索引为 $\tilde{m}_{e}$
21: 更新 $n = n + 1$, $m_{pi} = \tilde{m}_{pi}(i = 1, \cdots, N_p)$, $m_e = \tilde{m}_e$
22: **end while**

由上述求解流程可以看出，这种动态的数据剪枝方法的意义可以概括为两个方面：① 由于每次迭代都需要对参与者进行的策略空间遍历以求得最优响应策略，因此数据剪枝不会增加额外的计算负担；② 在后续迭代中直接剔除所有包含冲突策略对的策略集，从而优化计算效率。

5.6 数值仿真与分析

本节将分别针对一对一在轨追逃与三对一在轨协同追逃问题构建仿真场景，对所提控制器的有效性及求解效率进行验证。与航天器组合交会关注相对位置与相对速度的终端数值不同，在轨追逃任务更关注计算效率、动态追逃距离及追逃能量消耗的对比。相关仿真均基于 Matlab 2021a 仿真平台，在搭载了 2.8GHz Intel Core i5 - 8400 CPU 的计算机进行验证。

5.6.1 基于 ARS 的航天器一对一轨道追逃算例

5.6.1.1 问题配置

选取运行于 500 km 轨道高度的参考航天器建立 LVLH 坐标系，追击器与逃逸器的初始状态如表 5－2 所示。

表 5－2　一对一场景中追击器与逃逸器初始状态

航天器	x/m	y/m	z/m	$\dot{x}$/(m/s)	$\dot{y}$/(m/s)	$\dot{z}$/(m/s)
追击器	0	0	0	0	0	0
逃逸器	0	5 000	0	2.491	0	−4.314

设航天器载荷的采样间隔 $\Delta t=1$ s，各航天器的执行机构在任务初始时刻即开机。设定捕获距离 $d_{\text{cap}}=3$ m，各航天器的加速度饱和约束分别为 $u_{p,\max}=0.15$ m/s^2 和 $u_{e,\max}=0.12$ m/s^2（追击器机动更强）。此外，策略空间参数如表 5－3 所示。

表 5－3　一对一场景中航天器策略空间参数

N_{up}	N_{ue}	Δu_p/(m/s^2)	Δu_e/(m/s^2)
3	3	0.001	0.001

性能指标函数中的权重参数设定如表 5－4 所示。放缩因子 α 的选取考虑了反正切函数二阶导数较大的数值区间。在性能指标函数的计算中，各航天器能量项指标 F_3 通常远大于距离项指标 F_1 与 F_2，故在参数设置时设计能量项指标的权重远小于距离项权重，即 $c_1 \ll c_2$、$c_1 \ll c_3$。

表 5－4　一对一场景中航天器性能指标函数权重参数

α_1	α_2	c_1	c_2	c_3
250	250	0.05	0.475	0.475

5.6.1.2　结果与分析

基于一步计算博弈的纳什均衡解策略，航天器一对一在轨追逃场景的空间运动轨迹如图 5－7 所示，其中实线为逃逸器轨迹，虚线为追击器轨迹。图示追逃轨迹展现了两航天器之间的动态追逃过程，特别是运动轨迹的 xy 平面投影，更凸显了逃逸器不断改变运动方向而追击器动态跟随的过程，符合一步计算博弈的动态博弈特性。

此外，两航天器之间的追逃距离曲线如图 5－8 所示。追逃距离曲线的变化趋势呈现波动收敛，与空间运动轨迹表现出的运动特征相一致；在追逃任务执行至第

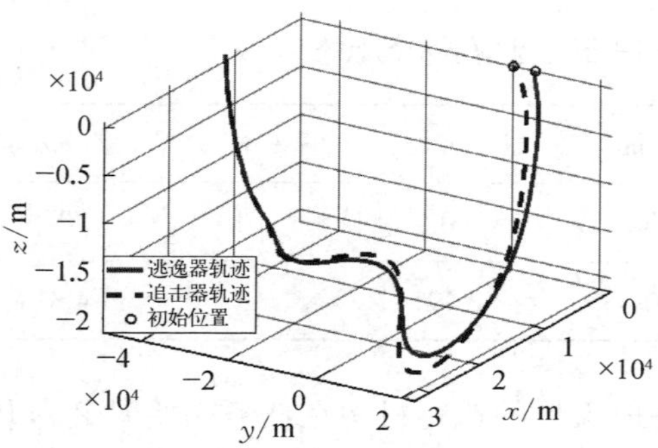

(a) 三维空间视角轨迹

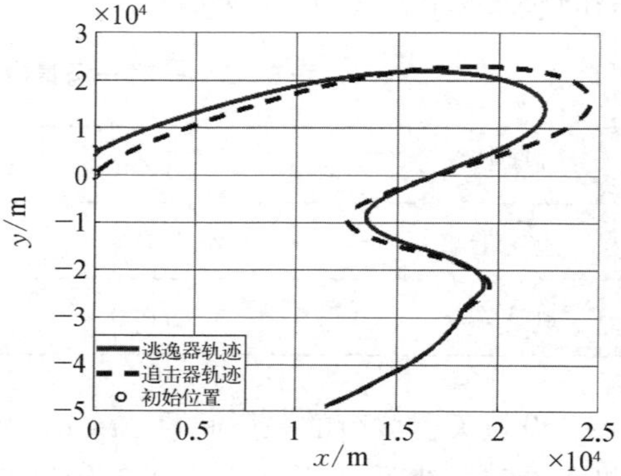

(b) xy平面投影轨迹

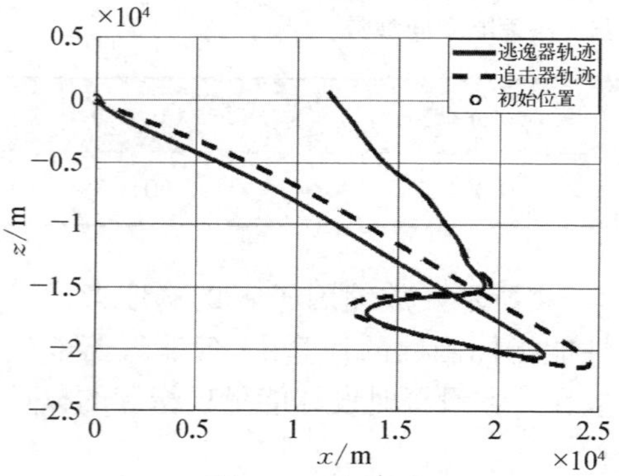

(c) xz平面投影轨迹

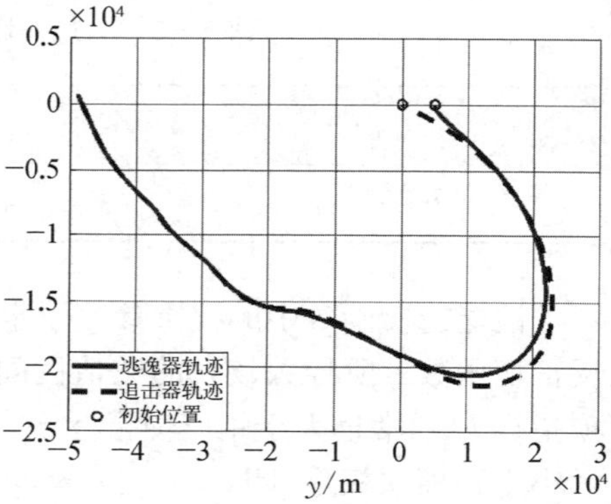

(d) yz平面投影轨迹

图 5-7　航天器一对一在轨追逃空间运动轨迹

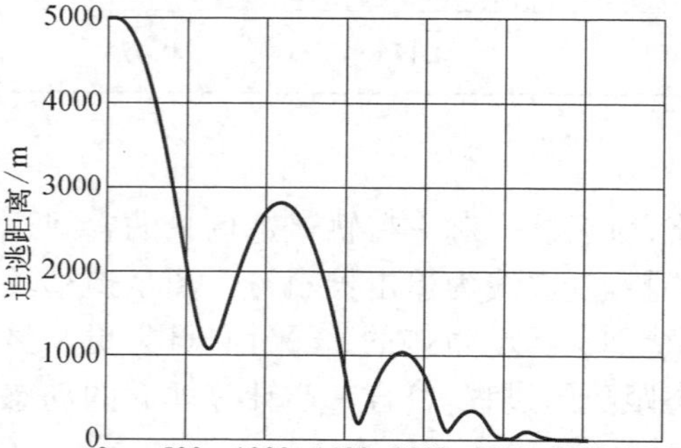

图 5-8　航天器一对一在轨追逃相对距离曲线

3 032 s 时,追击器实现对逃逸器的捕获,终端追逃距离 2.983 m。追击器与逃逸器的加速度大小曲线如图 5-9 所示,其中蓝色曲线表示追击器的加速度,红色曲线表示逃逸器的加速度。加速度曲线表示两航天器在任务初期均试图通过最大加速度输入来实现距离上最大程度的缩小/接近,符合追逃场景中相对距离较大时智能博弈者的策略倾向;而随着追逃博弈的进行,追逃双方在任务的中后期将不再坚持饱和加速度输入的策略,加速度呈现较剧烈的波动现象,这是因为随着距离的接近,加速度为双方带来的距离收益相对减小,且性能指标函数中加速度变化带来的距离变化随距离减小而逐渐敏感。

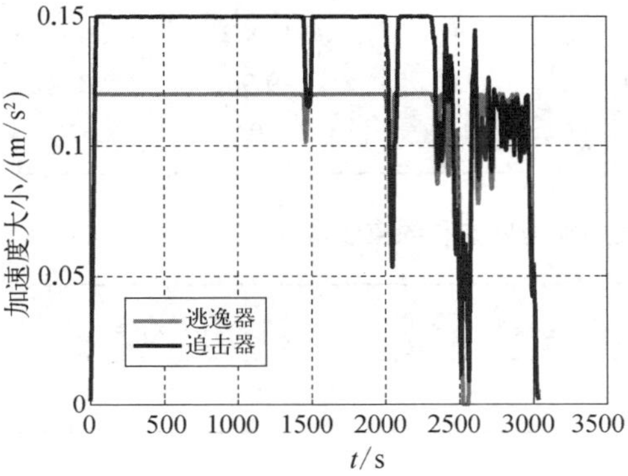

图 5-9　航天器一对一在轨追逃加速度大小曲线

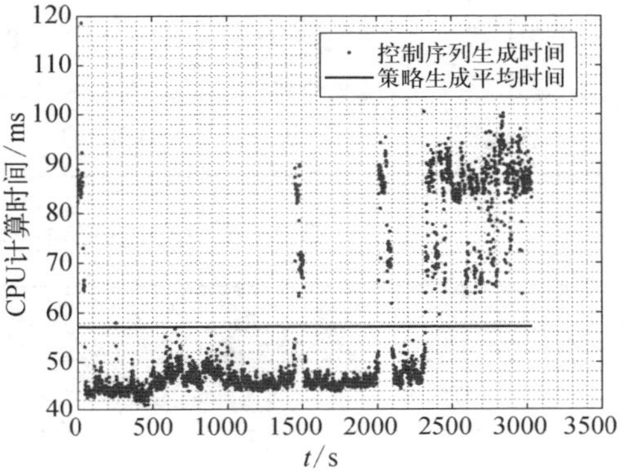

图 5-10　航天器一对一在轨追逃中策略计算时间

图 5-10 验证了基于 ARS 优化搜索方法的求解效率,其中,圆点表示每一个采样节点对应的控制策略求解时间,实线表示与整个追逃过程当中的平均求解时间。在该问题场景中,耗时最长的一次策略计算时间为 118.59 ms,策略生成的平均时间为 57.19 ms。

5.6.2　基于 ARS/优化剪枝的航天器多对一在轨协同追逃算例

不同于一对一追逃任务中追击器只需专注于减小自身与逃逸器之间的空间距离,多对一协同追逃的追击器应当更加关注智能协同形式的追捕结果,而非固化单调地聚焦于每个追击器与逃逸器之间的距离。因此,为了深入验证所设计的计算博弈问题与控制策略对围捕形式的影响,设计三个性能指标参数不同的仿真算例,分别测试不同形式的围捕结果。

5.6.2.1　问题配置

选取运行于 500 km 轨道高度的参考航天器建立 LVLH 坐标系。三个算例中航天器初始状态一致,在 LVLH 坐标系中的初始状态如表 5-5 所示。

任务仿真场景中,同样假设航天器载荷的采样间隔 $\Delta t = 1$ s;另设追击器的捕获范围是避撞范围的两倍,即设 $d_{cap} = 6$ m 以及 $d_{safe} = 3$ m。为弥补逃逸器在数量上的劣势,假设其在加速度饱和约束上具有优势。表 5-6 和表 5-7 分别为各航天器加速度饱和约束参数与策略空间参数。

表 5-5 航天器三对一场景中追击器与逃逸器初始状态

航天器	x/m	y/m	z/m	$\dot{x}$/(m/s)	$\dot{y}$/(m/s)	$\dot{z}$/(m/s)
追击器 1	0	10 000	0	4.982	0	−8.628
追击器 2	5 000	0	−8 660.3	0	9.962	0
追击器 3	−5 000	0	8 660.3	0	−9.962	0
逃逸器	0	−10 000	0	−4.982	0	8.628

表 5-6 航天器三对一场景中加速度饱和约束参数

$u_{e,\max}$/(m/s²)	$u_{p1,\max}$/(m/s²)	$u_{p2,\max}$/(m/s²)	$u_{p3,\max}$/(m/s²)
0.2	0.15	0.15	0.15

表 5-7 航天器三对一场景中策略空间参数

N_{up}	N_{ue}	Δu_p/(m/s²)	Δu_e/(m/s²)
3	3	0.001	0.001

针对上述任务场景，三个算例中性能指标函数的权重参数（$\hat{c}_{(\cdot)}$ 与 $\hat{\beta}_{(\cdot)}$）的设置如表 5-8 所示。另一方面，为尽可能增强追逃距离因子的敏感度，同样将距离项指标中的放缩因子设置为 $\hat{\alpha}_{1,pi}=\hat{\alpha}_{2,pi}=\hat{\alpha}_{1,e}=\hat{\alpha}_{2,e}=250(i=1,2,3)$。

表 5-8 航天器三对一场景中性能指标函数参数

算 例	航天器	$\hat{c}_{1,(\cdot)}$	$\hat{c}_{2,(\cdot)}$	$\hat{c}_{3,(\cdot)}$	$\hat{\beta}_{1,(\cdot)}$	$\hat{\beta}_{2,(\cdot)}$	$\hat{\beta}_{3,(\cdot)}$	$\hat{\beta}_{4,(\cdot)}$
算例一	逃逸器	0.05	0.475	0.475	0.5	0.5	0.5	0.5
	追击器 1	0.05	0.475	0.475	0.5	0.5	—	—
	追击器 2	0.05	0.475	0.475	0.5	0.5	—	—
	追击器 3	0.05	0.475	0.475	0.5	0.5	—	—
算例二	逃逸器	0.05	0.475	0.475	0.8	0.2	0.8	0.2
	追击器 1	0.05	0.475	0.475	0.8	0.2	—	—
	追击器 2	0.05	0.475	0.475	0.8	0.2	—	—
	追击器 3	0.05	0.475	0.475	0.8	0.2	—	—

续　表

算　例	航天器	$\hat{c}_{1,(\cdot)}$	$\hat{c}_{2,(\cdot)}$	$\hat{c}_{3,(\cdot)}$	$\hat{\beta}_{1,(\cdot)}$	$\hat{\beta}_{2,(\cdot)}$	$\hat{\beta}_{3,(\cdot)}$	$\hat{\beta}_{4,(\cdot)}$
算例三	逃逸器	0.02	0.49	0.49	0.5	0.5	0.5	0.5
	追击器 1	0.02	0.49	0.49	0.5	0.5	—	—
	追击器 2	0.02	0.49	0.49	0.5	0.5	—	—
	追击器 3	0.02	0.49	0.49	0.5	0.5	—	—

5.6.2.2　结果与分析

1. 算例一

在博弈控制策略作用下,逃逸器与三个追击器的空间运动轨迹及其在各平面上的投影如图 5 - 11 所示。图中红色实线代表了逃逸器的运动轨迹,而绿色、蓝色

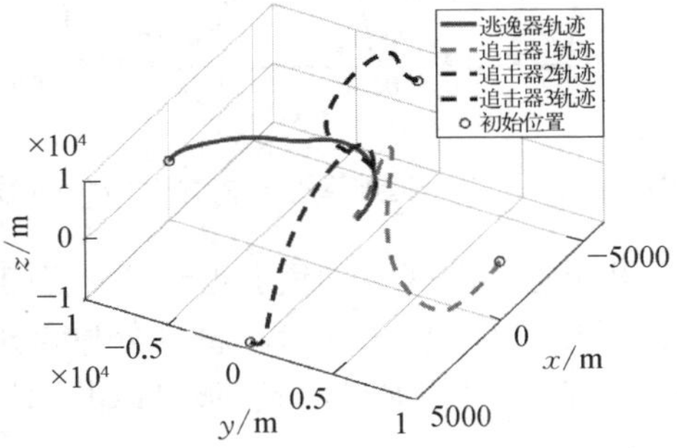

(a) 三维空间视角轨迹

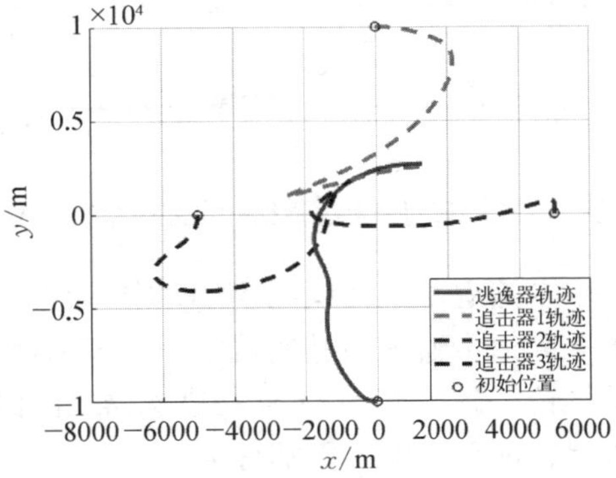

(b) xy平面投影轨迹

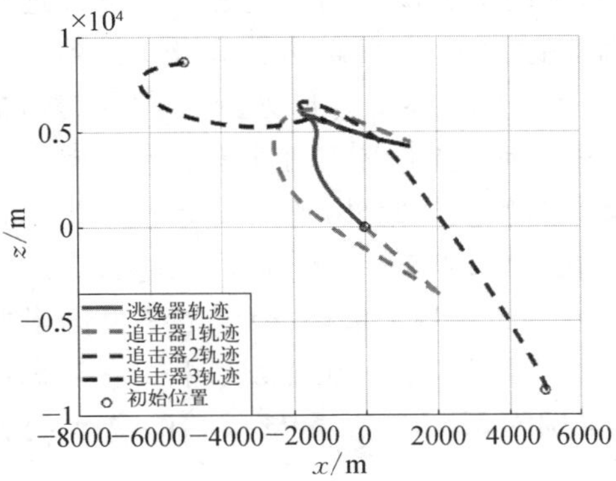

(c) xz平面投影轨迹

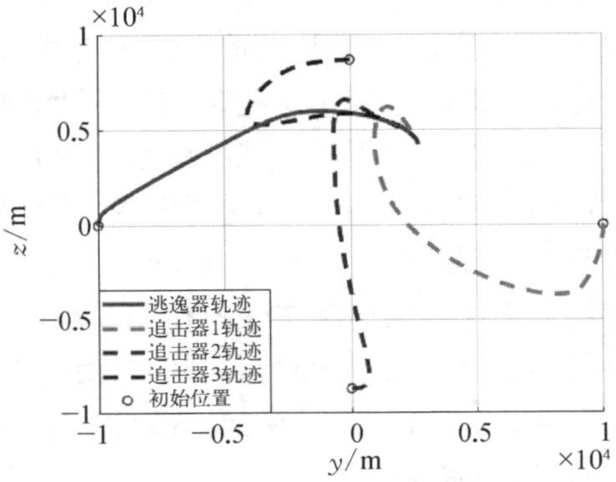

(d) yz平面投影轨迹

图 5 - 11　三对一追逃算例一中航天器运动轨迹

和黑色虚线则分别代表了三个追击器的运动轨迹。由图可知,在该性能指标参数设计下,三个追击器均展现出接近目标的运动意图;逃逸器在运动中不断改变方向,证明三个追击器均对逃逸器的运动起到了诱导作用,符合多对一集群博弈的预期。

从时间进程角度观测,追击器与逃逸器之间相对距离的时间曲线及各航天器加速度大小的时间曲线分别如图 5-12 和图 5-13 所示。

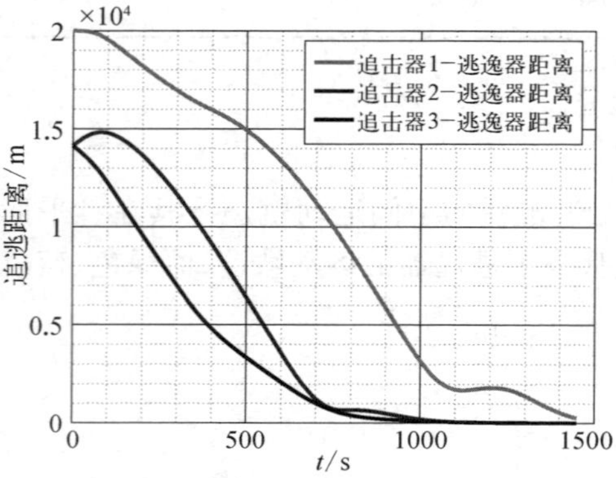

图 5-12　三对一追逃算例一中追逃距离曲线

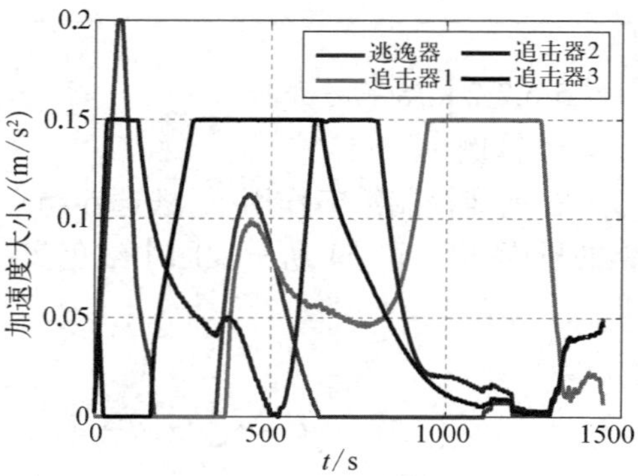

图 5-13　三对一追逃算例一中加速度大小曲线

在追逃距离曲线图 5-12 中,绿色、蓝色和黑色实曲线分别代表追击器 1、追击器 2 和追击器 3 与逃逸器之间的相对距离。可以看出,与基于运动轨迹分析得出的推论一致,三个追击器与逃逸器之间的距离均随着时间波动收敛,最终以共同逼近目标的形式完成围捕任务。

另一方面,在加速度大小曲线图 5-13 中,红色、绿色、蓝色和黑色实曲线分别代表了逃逸器、追击器 1、追击器 2 和追击器 3 的加速度。结合追逃距离与加速度曲线可以看出,任务初期追击器 1 与逃逸器的距离最远,而追击器 2 和追击器 3 与逃逸器相对距离较小。此时,逃逸器倾向于远离追击器 2 与追击器 3,因此与追击器 1 之间的相对距离呈现出减小的趋势。相应地,追击器 3 则基于逃逸器向自身靠近的推测,在任务初期选择零控,符合博弈的预期。此外,追击器 2 任务初期相对距离呈现出增大的趋势,而随着其速度方向上的调整开始向逃逸器逼近,因此也促使了逃逸器加速度在任务初期先增大后衰减的趋势。最终,航天器集群的多对一协同追逃任务持续时间 1 449 s,由追击器 2 实现捕获,且在任务结束时追击器 1、追击器 2 和追击器 3 与逃逸器的相对距离分别为 278.56 m、5.98 m 和6.42 m,符合共同逼近的推测。

该算例中,每一个采样节点对应的控制策略求解时间与整个过程当中的平均求解时间如图 5-14 所示,其中红色原点表示对应采样节点的计算时间,而蓝色实线则

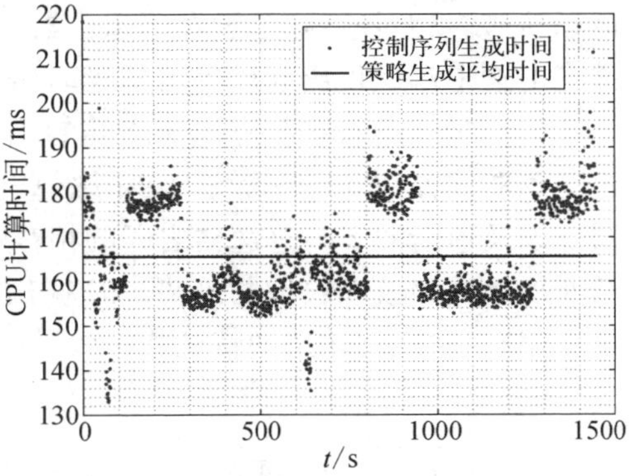

图 5－14　三对一追逃算例一中策略计算时间

是平均计算时间。可以看出,该算例中每次控制策略的求解均在毫秒级别的时间内完成,平均计算时间为 166.16 ms。

2. 算例二

在本算例中,通过调整距离指标中最小距离因子与个体距离因子的相对权重大小,即 β_1 与 β_2 的大小以及 β_3 与 β_4 的大小,验证针对同一任务场景的不同围捕形式。逃逸器与三个追击器在空间中的相对运动轨迹如图 5－15 所示。显然,不同于算例一中三个追击器试图接近逃逸器,该算例中初始距离最远的追击器 1 并没有呈现出靠近逃逸器的

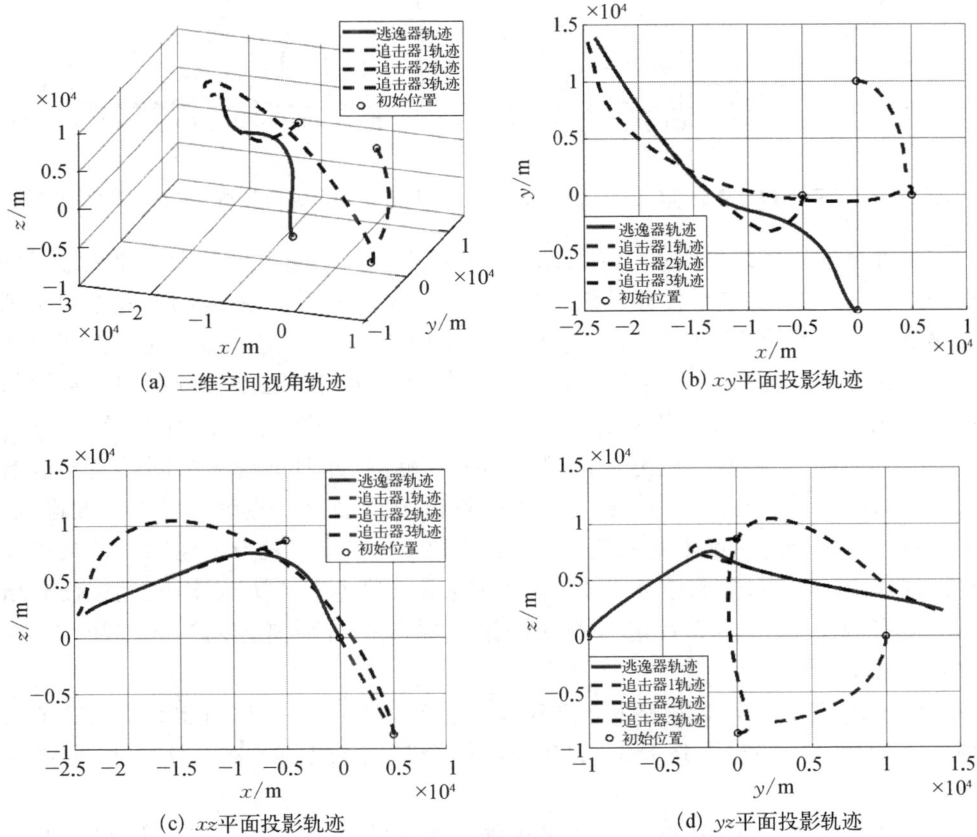

(a) 三维空间视角轨迹　(b) xy平面投影轨迹

(c) xz平面投影轨迹　(d) yz平面投影轨迹

图 5－15　三对一追逃算例二中航天器运动轨迹

运动轨迹。相对应地，逃逸器与追击器 1 和追击器 2 呈现出相对剧烈的博弈趋势，并在追逐末端呈现出前后夹击的运动趋势。

进一步从追击器与逃逸器之间的相对距离分析该算例中的围捕追逃过程，追逃距离曲线如图 5－16 所示，其中绿色、蓝色和黑色实曲线分别代表追击器 1、追击器 2 以及追击器 3 与逃逸器之间的相对距离。图中追击器 2 与追击器 3 的追逃距离曲线呈现出波动收敛的趋势，而追击器 1 距离曲线则呈现出先减小而后发散的趋势，与空间运动轨迹的特征相一致。

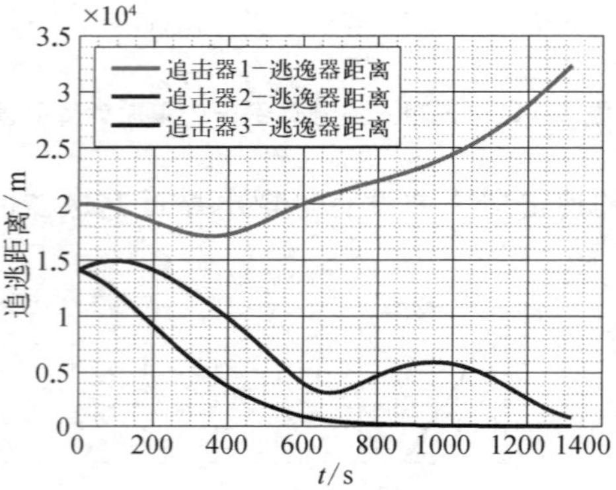

图 5－16　三对一追逃算例二中追逃距离曲线

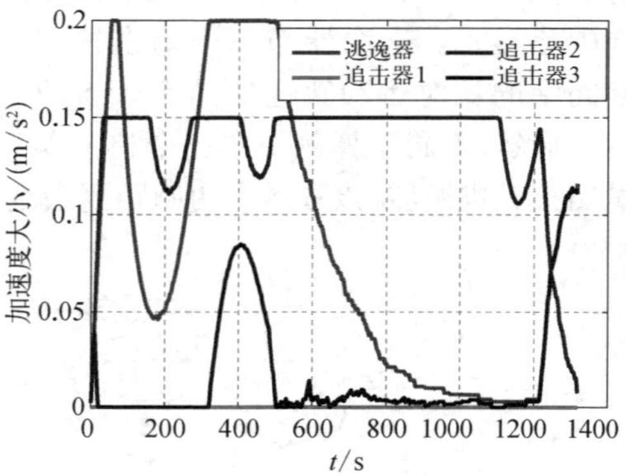

图 5－17　三对一追逃算例二中加速度大小曲线

加速度大小曲线如图 5－17 所示。结合图 5－16 与图 5－17 中的曲线结果分析得出，追击器 1 在整个任务过程当中没有主动轨道控制，而逃逸器的逃逸轨迹则最终导致了其相对距离的发散。此外，在整个任务过程中，追击器 2 几乎保持着较大的加速度，结合图 5－15 中运动轨迹可知其对逃逸器的运动轨迹起到了封锁与诱导作用。另一方面，从相对距离曲线与加速度曲线图可以看出，任务进行至 1 200 s 左右时，逃逸器已逼近追击器 3 的捕获范围，此时逃逸器试图远离追击器 3，故其与追击器 3 均呈现出加速度增大的趋势；追击器 2 则逐渐减小加速度输入，但是其与逃逸器的追逃距离依然呈现出减小收敛的趋势，表现出包围封锁及诱导目标的作用。最终，围捕任务持续时间 1 318 s，由追击器 3 实现捕获，且在任务结束时追击器 1、追击器 2 及追击器 3 与逃逸器的相对距离分别为 32 336.17 m、785.59 m 及 5.99 m。

此外，该算例中博弈策略的求解时间如图 5－18 所示，可以看出每个采样节点的计算时间相对集中于 150～200 ms，整个任务过程的平均计算时间约为 165.38 ms。

总结来说，该算例中，追击器 1 考虑能量优化的前提下没有进行主动控制，但是围捕任务依然能够完成，这符合对博弈围捕任务的预期，并且也证实了多对一协同追逃任务中针对所有追击器追逃距离的优化不是必需的,应该面向任务需求而具体选择与调整任务形式。

3. 算例三

与算例一相比,算例三调整了能量项性能与距离项性能的比重,用于测试不同权重作用的任务结果,验证参数的非特选性。该算例中航天器空间运动轨迹如图 5－19 所示。从空间运动轨迹可以看出,三个追击器与逃逸器均呈现出较为剧烈的轨迹变化,符合减小能量项权重的博弈预期。此外,在任务的后期,从三个平面的投影轨迹可以看出,三个追

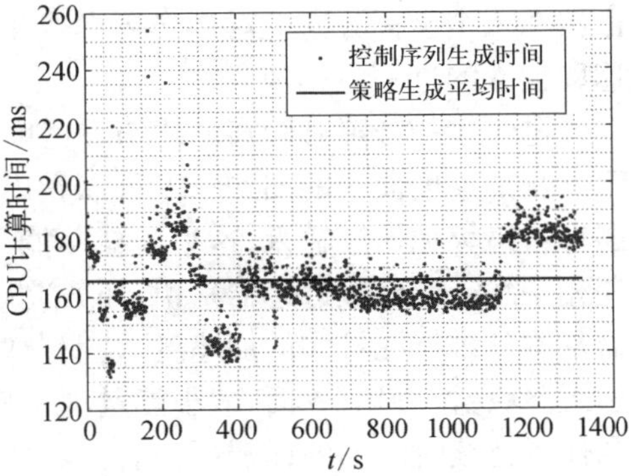

图 5－18　三对一追逃算例二中策略计算时间

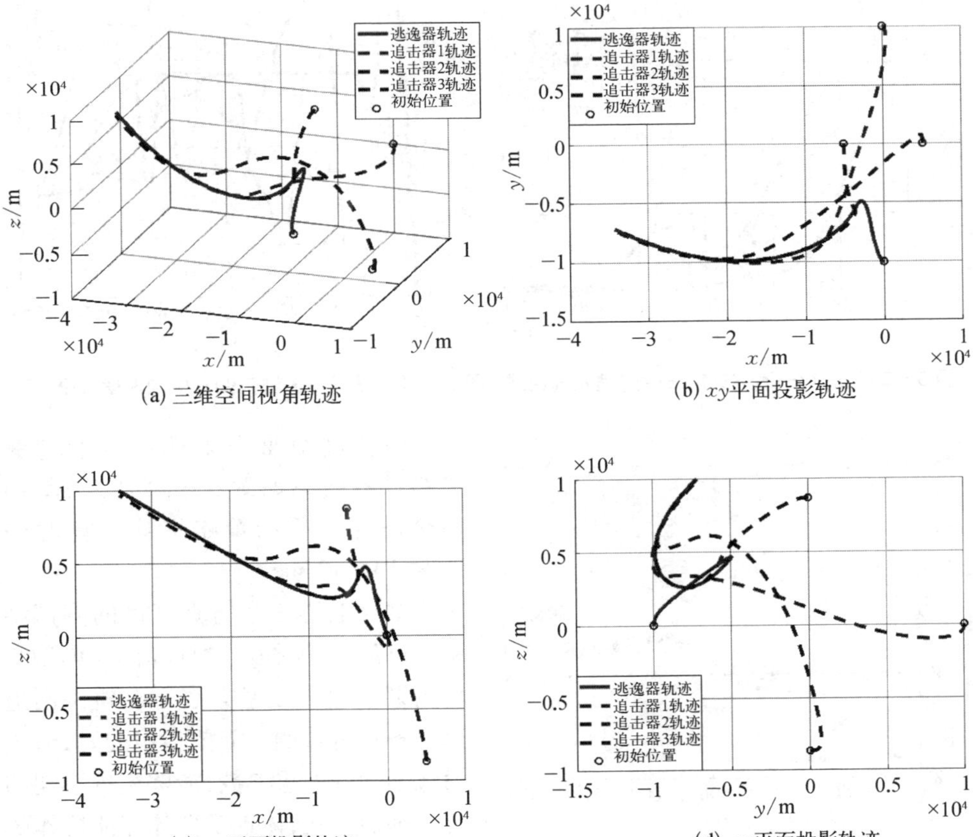

(a) 三维空间视角轨迹　(b) xy平面投影轨迹

(c) xz平面投影轨迹　(d) yz平面投影轨迹

图 5－19　三对一追逃算例三中航天器运动轨迹

击器在三个坐标方向上对逃逸器形成了协同逼近包围的趋势，是增大航天器的加速度输入的进一步体现。

进一步结合追逃距离曲线与加速度大小曲线分析，如图 5－20 与图 5－21 所示。从加速度曲线的图 5－21 可以看出，在任务的大部分时间中三个追击器皆试图保持最大加速度输入，这也与减小能量项指标权重并增大距离项指标权重的预期相一致。而对于逃逸器来说，任务进行至 200 s 左右时逃逸器零控，而此时追击器基本都维持在较大的加速度，说明此时逃逸器很难通过调整速度实现较大的追逃距离收益。另一方面，减小能量项指标权重并增大距离项指标权重在追逃距离和任务持续时间上的体现更为直接。如图 5－20 中追逃距离均波动性收敛，并在 1 146 s 时由追击器 3 实现对逃逸器的捕获。任务结束时，三个追击器与逃逸器的终端距离分别为 52.92 m、322.96 m 及 5.97 m。

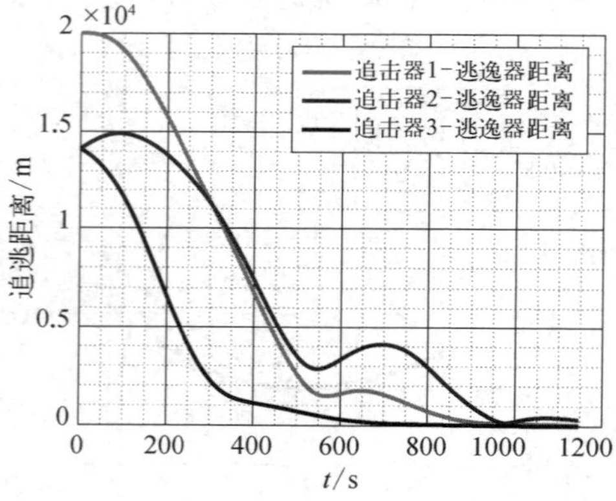

图 5－20　三对一追逃算例三中追逃距离曲线

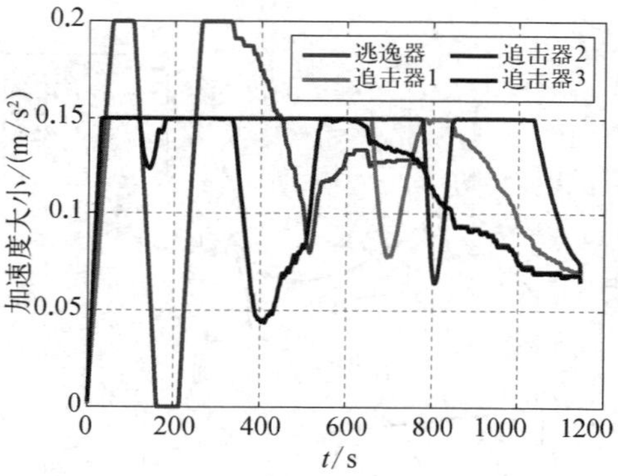

图 5－21　三对一追逃算例三中加速度大小曲线

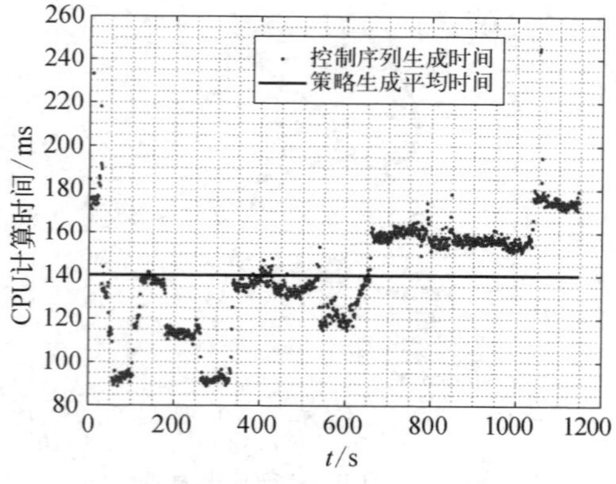

图 5－22　三对一追逃算例三中策略计算时间

该算例中每个采样节点的博弈策略计算效率如图 5－22 所示，其中整个任务过程的策略平均计算时间约为 141.42 ms。

结合上述三个仿真算例的测试结果，可以看出所提出的计算博弈模型与均衡策略优化搜索方法对在轨协同追逃任务是有效的。需要指出的是，通过设置不同的权重参数，能够实现不同的合作围捕形式，体现了群体智能协作的意义，是传统的微分博弈模型与方法难以实现的。此外，针对本章所描述的非线性非连续任务问题，通过个人计算设备上的仿真测试验证了该方法相对高效的求解速度，展现了运用于动态、高时效性的轨道博弈任务的潜在优势。

5.7　本章小结

本章研究了计算博弈在航天器在轨追逃问题中的应用，分别建立了航天器一对一追逃及多对一追逃的计算博弈模型要素，设计了具备在轨动态响应潜力的计算博弈纳什均衡策略求解流程。一对一追逃问题是多对一追逃问题的特例，本章设计相关仿真算例，验证了一对一和三对一追逃问题的有效性与控制策略求解效率。仿真结果表明，采用计算博弈描述多对一在轨追逃问题，通过调整性能指标参数可分别实现追击器共同逼近及追击器协作围捕的不同追击形式，体现了群体智能的协作，展现了不同于传统微分博弈模型与方法的任务特性，为多航天器在轨追逃的高效响应提供了可行方案。

第 6 章

基于模型预测数值博弈的航天器在轨追逃问题研究

6.1 引言

在轨追逃问题需要对非线性系统提供实时的动态、高效响应策略，面向拦截制导问题的模型预测静态规划（model predictive static programming, MPSP）方法（Zhou et al., 2023a, 2023b, 2020; Padhi, 2009）为非线性系统控制器的在线求解提供了可能。制导是以终端状态或终端输出为优化目标的单边优化问题，MPSP采用迭代方法消除系统对非线性模型的依赖，可以解析形式的数值迭代策略设计次优控制器，具有显著的计算优势；多参与者博弈问题属于多边优化问题，其优化目标通常为后验性的均衡状态，故基于 MPSP 的制导方法并不直接适用于航天器在轨动态追逃博弈问题。

基于纳什均衡原理的控制策略适用于几乎所有的航天器追逃场景，但对于具有先验信息假设的航天器而言，均衡策略是可行解而非最优解。若航天器间存在主从形式的信息结构假设，即领导者航天器推测自身控制动作会被追随者捕获，那么该假设下均衡策略虽具有博弈特性，但对博弈双方来说并非最佳响应方式（Zhang et al., 2024, 2023c, 2022b）。

本章将在计算博弈的基础上，进一步将计算优化方法与微分博弈理论体系相结合，研究具有解析迭代形式的数值博弈控制策略。

6.2 航天器近端轨道相对运动模型的离散化

式（2－85）所描述的航天器在 LVLH 坐标系中的动力学模型为连续时间上考虑 J_2 摄动影响的非线性模型。将第 i 个航天器的连续时间相对动力学方程记为

$$\begin{aligned} \dot{\boldsymbol{x}}_i &= f(\boldsymbol{x}_i,\ \boldsymbol{u}_i,\ t), \\ \boldsymbol{x}_i &= [x_i,\ y_i,\ z_i,\ \dot{x}_i,\ \dot{y}_i,\ \dot{z}_i]^{\mathrm{T}} \end{aligned} \tag{6-1}$$

本章所讨论的航天器轨道博弈控制方法为基于数值优化的控制策略。对式(6－1)的第一子式进行欧拉离散化处理，可得

$$\boldsymbol{x}_{i,\ k+1} - \boldsymbol{x}_{ik} = \Delta t f_i(\boldsymbol{x}_{ik},\ \boldsymbol{u}_{ik},\ k\Delta t) \tag{6-2}$$

其中，Δt 为离散的时间步长；$\boldsymbol{x}_{ik}$为航天器 i 在 $t = t_0 + k\Delta t$ 时刻的状态向量；$\boldsymbol{x}_{i,\ k+1}$为航天器 i 在 $t = t_0 + (k+1)\Delta t$ 时刻的状态向量。将连续系统微分方程式(2－85)代入欧拉离散式(6－2)可以得到航天器 i 的离散化相对运动模型：

$$\begin{cases} x_{i,\ k+1} = x_{ik} + \Delta t \dot{x}_{ik} \\ y_{i,\ k+1} = y_{ik} + \Delta t \dot{y}_{ik} \\ z_{i,\ k+1} = z_{ik} + \Delta t \dot{z}_{ik} \\ \dot{x}_{i,\ k+1} = \dot{x}_{ik} + \Delta t\left(\omega^2 x_{ik} + 2\omega \dot{y}_{ik} - \dfrac{\mu(r_0 + x_{ik})}{[(r_0 + x_{ik})^2 + y_{ik}^2 + z_{ik}^2]^{\frac{3}{2}}} + \dfrac{\mu}{r_0^2} + d_{xik} + u_{xik}\right) \\ \dot{y}_{i,\ k+1} = \dot{y}_{ik} + \Delta t\left(\omega^2 y_{ik} - 2\omega \dot{x}_{ik} - \dfrac{\mu y_i}{[(r_0 + x_{ik})^2 + y_{ik}^2 + z_{ik}^2]^{\frac{3}{2}}} + d_{yik} + u_{yik}\right) \\ \dot{z}_{i,\ k+1} = \dot{z}_{ijk} + \Delta t\left(- \dfrac{\mu z_{ik}}{[(r_0 + x_{ik})^2 + y_{ik}^2 + z_{ik}^2]^{\frac{3}{2}}} + d_{zik} + u_{zik}\right) \end{cases} \tag{6-3}$$

为了书写的简洁性，后文以 $\boldsymbol{x}_{i,\ k+1} = \boldsymbol{F}_{ik}(\boldsymbol{x}_{ik},\ \boldsymbol{u}_{ik},\ k)$表示式(6－3)。

6.3　模型预测静态规划与时域控制方法基础

6.3.1　模型预测静态规划理论基础

本章所讨论的航天器在轨追逃问题控制策略的求解方法受启发于 MPSP 中预测修正方法。MPSP 是基于近似动态规划(approximate dynamic programming, ADP)(Powell, 2007)与快速模型预测控制方法(fast model predictive control)(Wang et al., 2010)的数值迭代优化方法，其适用于实时优化控制，可用于解决有限时域下带有终端约束的非线性最优控制问题。MPSP 算法在逻辑上类似模型预测控制，其对离散化控制序列进行迭代更新，保证期望轨迹收敛。以单输入系统为例，MPSP 算法对状态轨迹和控制序列的迭代作用如图 6－1 所示。

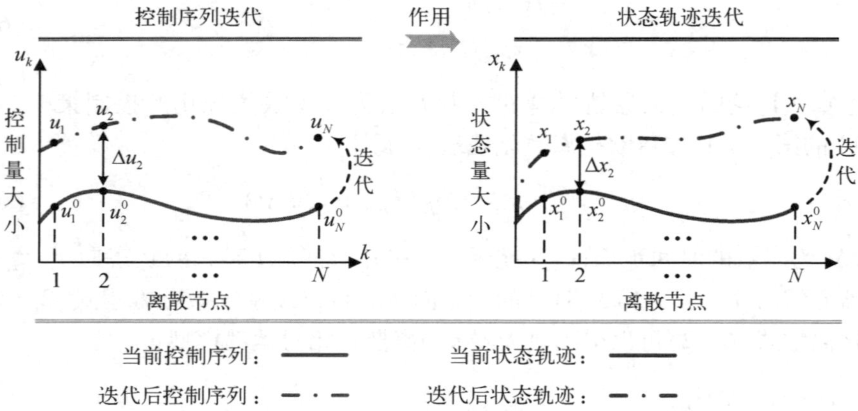

图 6-1　MPSP 作用下控制序列与状态轨迹迭代

由图 6-1 可知，因系统的初始状态为确定性先验条件，故每次状态轨迹的更新均从同一起始点出发；控制输入为决策变量，可为策略空间中的任意容许策略，故在迭代过程中控制序列轨迹可以完全不同。MPSP 算法的核心是控制序列在每个离散时刻的变化量的计算求解：求取控制序列中每个离散时刻的控制输入变化量，将其更新至当前的控制序列中，获得更新优化后的控制序列，进而获得更新后的状态轨迹。控制序列-状态轨迹的更新迭代重复进行，直至状态输出收敛。

基于上述 MPSP 的基本概念，首先通过下述引理总结 MPSP 中系统终端输出的偏差与控制序列更新的偏差之间的数学关系，即预测修正方法。

引理 6.1(Kumar et al., 2018)：对于定义为 $\boldsymbol{x}_{k+1}=\boldsymbol{F}_k(\boldsymbol{x}_k,\ \boldsymbol{u}_k,\ k)$ 的非线性系统，系统输出可定义为 $\boldsymbol{y}_k=\boldsymbol{h}_k(\boldsymbol{x}_k)$，则在每拍的模型预测迭代求解中，系统期望终端时刻(即，$t=N\Delta t$)的输出偏差 $\mathrm{d}\boldsymbol{y}_N$ 可表示为

$$\mathrm{d}\boldsymbol{y}_N=\sum_{k=1}^{N-1}\boldsymbol{B}_k\mathrm{d}\boldsymbol{u}_k \tag{6-4}$$

其中，$\boldsymbol{B}_k$ 为系统敏感度矩阵，定义为

$$\boldsymbol{B}_k\triangleq\boldsymbol{B}_k^0\left[\frac{\partial F_k}{\partial\boldsymbol{u}_k}\right]_{(\boldsymbol{x}_k^0,\ \boldsymbol{u}_k^0)},\ \boldsymbol{B}_k^0\triangleq\boldsymbol{B}_{k+1}^0\left[\frac{\partial F_{k+1}}{\partial\boldsymbol{x}_{k+1}}\right]_{(\boldsymbol{x}_{k+1}^0,\ \boldsymbol{u}_{k+1}^0)},\ \boldsymbol{B}_{N-1}^0\triangleq\left[\frac{\partial\boldsymbol{y}_N}{\partial\boldsymbol{x}_N}\right]_{(\boldsymbol{x}_N^0,\ \boldsymbol{u}_N^0)} \tag{6-5}$$

其中，$\boldsymbol{x}_k^0$ 及 $\boldsymbol{u}_k^0$ 分别指当前轨迹在第 k 个离散时间节点上的系统状态及控制输入。

证明：由于状态、输出和控制序列以迭代方式更新优化，因此定义第 k 个时间节点上相邻两次迭代之间状态、控制和输出变量的关系为

$$\boldsymbol{y}_k \triangleq \boldsymbol{y}_k^0 + \Delta \boldsymbol{y}_k, \quad \boldsymbol{x}_k \triangleq \boldsymbol{x}_k^0 + \Delta \boldsymbol{x}_k, \quad \boldsymbol{u}_k \triangleq \boldsymbol{u}_k^0 + \Delta \boldsymbol{u}_k \tag{6-6}$$

其中，$\boldsymbol{y}_k^0$指当前轨迹在第 k 个离散时间节点上的系统输出；$\boldsymbol{y}_k$、$\boldsymbol{x}_k$及 $\boldsymbol{u}_k$分别表示对当前轨迹迭代更新后的系统输出、系统状态及控制输入。当前轨迹迭代更新后，第 $k+1$ 个时间节点的状态向量 $\boldsymbol{x}_{k+1}$可通过泰勒展开变换为一阶多项式的形式，即

$$\begin{aligned}
\boldsymbol{x}_{k+1} &= F_k(\boldsymbol{x}_k, \boldsymbol{u}_k) \\
&= F_k(\boldsymbol{x}_k^0 + \Delta \boldsymbol{x}_k, \boldsymbol{u}_k^0 + \Delta \boldsymbol{u}_k) \\
&= F_k(\boldsymbol{x}_k^0, \boldsymbol{u}_k^0) + \left[\frac{\partial F_k}{\partial \boldsymbol{x}_k}\right]_{(\boldsymbol{x}_k^0, \boldsymbol{u}_k^0)} \Delta \boldsymbol{x}_k + \left[\frac{\partial F_k}{\partial \boldsymbol{u}_k}\right]_{(\boldsymbol{x}_k^0, \boldsymbol{u}_k^0)} \Delta \boldsymbol{u}_k + \mathrm{HOT} \\
&= \boldsymbol{x}_{k+1}^0 + \left[\frac{\partial F_k}{\partial \boldsymbol{x}_k}\right]_{(\boldsymbol{x}_k^0, \boldsymbol{u}_k^0)} \Delta \boldsymbol{x}_k + \left[\frac{\partial F_k}{\partial \boldsymbol{u}_k}\right]_{(\boldsymbol{x}_k^0, \boldsymbol{u}_k^0)} \Delta \boldsymbol{u}_k + \mathrm{HOT}
\end{aligned} \tag{6-7}$$

式中，HOT 表示高阶导数相关量，为可忽略小量。

联立式(6-6)与式(6-7)，可得第 $k+1$ 个离散时间节点处的状态量偏差，即

$$\Delta \boldsymbol{x}_{k+1} = \left[\frac{\partial F_k}{\partial \boldsymbol{x}_k}\right]_{(\boldsymbol{x}_k^0, \boldsymbol{u}_k^0)} \Delta \boldsymbol{x}_k + \left[\frac{\partial F_k}{\partial \boldsymbol{u}_k}\right]_{(\boldsymbol{x}_k^0, \boldsymbol{u}_k^0)} \Delta \boldsymbol{u}_k + \mathrm{HOT}, \quad k = 1, \cdots, N-1 \tag{6-8}$$

假设控制输入偏差与对应的状态轨迹偏差均为小量，即 $\Delta \boldsymbol{u}_k = \mathrm{d}\boldsymbol{u}_k$，$\Delta \boldsymbol{x}_k = \mathrm{d}\boldsymbol{x}_k$，式(6-8)可描述为

$$\mathrm{d}\boldsymbol{x}_k = \left[\frac{\partial F_{k-1}}{\partial \boldsymbol{x}_{k-1}}\right]_{(\boldsymbol{x}_{k-1}^0, \boldsymbol{u}_{k-1}^0)} \mathrm{d}\boldsymbol{x}_{k-1} + \left[\frac{\partial F_{k-1}}{\partial \boldsymbol{u}_{k-1}}\right]_{(\boldsymbol{x}_{k-1}^0, \boldsymbol{u}_{k-1}^0)} \mathrm{d}\boldsymbol{u}_{k-1}, \quad k = 2, \cdots, N \tag{6-9}$$

将式(6-9)推广至 $k=1$ 的情况，则状态偏差与控制序列偏差的关系为

$$\begin{aligned}
\mathrm{d}\boldsymbol{x}_k = &\left[\left[\frac{\partial F_{k-1}}{\partial \boldsymbol{x}_{k-1}}\right]_{(\boldsymbol{x}_{k-1}^0, \boldsymbol{u}_{k-1}^0)} \left[\frac{\partial F_{k-2}}{\partial \boldsymbol{x}_{k-2}}\right]_{(\boldsymbol{x}_{k-2}^0, \boldsymbol{u}_{k-2}^0)} \cdots \left[\frac{\partial F_1}{\partial \boldsymbol{x}_1}\right]_{(\boldsymbol{x}_1^0, \boldsymbol{u}_1^0)}\right] \mathrm{d}\boldsymbol{x}_1 \\
&+ \left[\left[\frac{\partial F_{k-1}}{\partial \boldsymbol{x}_{k-1}}\right]_{(\boldsymbol{x}_{k-1}^0, \boldsymbol{u}_{k-1}^0)} \cdots \left[\frac{\partial F_2}{\partial \boldsymbol{x}_2}\right]_{(\boldsymbol{x}_2^0, \boldsymbol{u}_2^0)} \left[\frac{\partial F_1}{\partial \boldsymbol{u}_1}\right]_{(\boldsymbol{x}_1^0, \boldsymbol{u}_1^0)}\right] \mathrm{d}\boldsymbol{u}_1 \\
&+ \left[\left[\frac{\partial F_{k-1}}{\partial \boldsymbol{x}_{k-1}}\right]_{(\boldsymbol{x}_{k-1}^0, \boldsymbol{u}_{k-1}^0)} \cdots \left[\frac{\partial F_3}{\partial \boldsymbol{x}_3}\right]_{(\boldsymbol{x}_3^0, \boldsymbol{u}_3^0)} \left[\frac{\partial F_2}{\partial \boldsymbol{u}_2}\right]_{(\boldsymbol{x}_2^0, \boldsymbol{u}_2^0)}\right] \mathrm{d}\boldsymbol{u}_2 + \cdots \\
&+ \left[\frac{\partial F_{k-1}}{\partial \boldsymbol{u}_{k-1}}\right]_{(\boldsymbol{x}_{k-1}^0, \boldsymbol{u}_{k-1}^0)} \mathrm{d}\boldsymbol{u}_{k-1}
\end{aligned} \tag{6-10}$$

其中，由于系统初始状态 $\boldsymbol{x}_1$ 为确定性观测值，故有 $\mathrm{d}\boldsymbol{x}_1=0$。同样，系统输出的更新可以通过泰勒展开表示为

$$\begin{aligned}\boldsymbol{y}_k &= h_k(\boldsymbol{x}_k)=h_k(\boldsymbol{x}_k^0+\Delta\boldsymbol{x}_k)=h_k(\boldsymbol{x}_k^0)+\left[\frac{\partial \boldsymbol{y}_k}{\partial \boldsymbol{x}_k}\right]_{(\boldsymbol{x}_k^0)}\Delta\boldsymbol{x}_k+\mathrm{HOT}\\ &=\boldsymbol{y}_k^0+\left[\frac{\partial \boldsymbol{y}_k}{\partial \boldsymbol{x}_k}\right]_{(\boldsymbol{x}_k^0)}\Delta\boldsymbol{x}_k+\mathrm{HOT}\end{aligned} \tag{6-11}$$

随后将式(6-6)代入上式可得

$$\Delta\boldsymbol{y}_k=\left[\frac{\partial \boldsymbol{y}_k}{\partial \boldsymbol{x}_k}\right]_{(\boldsymbol{x}_k^0)}\Delta\boldsymbol{x}_k+\mathrm{HOT},\quad k=1,\cdots,N-1 \tag{6-12}$$

同样假设系统输出偏差为小量，将系统状态偏差式(6-10)与初始状态偏差条件 $\mathrm{d}\boldsymbol{x}_1=0$ 代入式(6-11)，可得第 k 个离散节点上系统输出的偏差表达式：

$$\begin{aligned}\mathrm{d}\boldsymbol{y}_k=&\left[\left[\frac{\partial \boldsymbol{y}_k}{\partial \boldsymbol{x}_k}\right]_{(\boldsymbol{x}_k^0)}\left[\frac{\partial F_{k-1}}{\partial \boldsymbol{x}_{k-1}}\right]_{(\boldsymbol{x}_{k-1}^0,\,\boldsymbol{u}_{k-1}^0)}\cdots\left[\frac{\partial F_2}{\partial \boldsymbol{x}_2}\right]_{(\boldsymbol{x}_2^0,\,\boldsymbol{u}_2^0)}\left[\frac{\partial F_1}{\partial \boldsymbol{u}_1}\right]_{(\boldsymbol{x}_1^0,\,\boldsymbol{u}_1^0)}\right]\mathrm{d}\boldsymbol{u}_1\\ &+\left[\left[\frac{\partial \boldsymbol{y}_k}{\partial \boldsymbol{x}_k}\right]_{(\boldsymbol{x}_k^0)}\left[\frac{\partial F_{k-1}}{\partial \boldsymbol{x}_{k-1}}\right]_{(\boldsymbol{x}_{k-1}^0,\,\boldsymbol{u}_{k-1}^0)}\cdots\left[\frac{\partial F_3}{\partial \boldsymbol{x}_3}\right]_{(\boldsymbol{x}_3^0,\,\boldsymbol{u}_3^0)}\left[\frac{\partial F_2}{\partial \boldsymbol{u}_2}\right]_{(\boldsymbol{x}_2^0,\,\boldsymbol{u}_2^0)}\right]\mathrm{d}\boldsymbol{u}_2\\ &+\cdots+\left[\left[\frac{\partial \boldsymbol{y}_k}{\partial \boldsymbol{x}_k}\right]_{(\boldsymbol{x}_k^0)}\left[\frac{\partial F_{k-1}}{\partial \boldsymbol{u}_{k-1}}\right]_{(\boldsymbol{x}_{k-1}^0,\,\boldsymbol{u}_{k-1}^0)}\right]\mathrm{d}\boldsymbol{u}_{k-1}\end{aligned} \tag{6-13}$$

随后将 $k=N$ 代入式(6-13)得到终端时刻的系统输出偏差为

$$\mathrm{d}\boldsymbol{y}_N=\sum_{k=1}^{N-1}\boldsymbol{B}_k\mathrm{d}\boldsymbol{u}_k \tag{6-14}$$

其中，$\boldsymbol{B}_k$ 为系统敏感度矩阵，定义为

$$\boldsymbol{B}_k\triangleq\left[\frac{\partial \boldsymbol{y}_N}{\partial \boldsymbol{x}_N}\right]_{(\boldsymbol{x}_N^0,\,\boldsymbol{u}_N^0)}\left[\frac{\partial F_{N-1}}{\partial \boldsymbol{x}_{N-1}}\right]_{(\boldsymbol{x}_{N-1}^0,\,\boldsymbol{u}_{N-1}^0)}\cdots\left[\frac{\partial F_{k+1}}{\partial \boldsymbol{x}_{k+1}}\right]_{(\boldsymbol{x}_{k+1}^0,\,\boldsymbol{u}_{k+1}^0)}\left[\frac{\partial F_k}{\partial \boldsymbol{u}_k}\right]_{(\boldsymbol{x}_k^0,\,\boldsymbol{u}_k^0)} \tag{6-15}$$

上式可进一步简化整理为

$$\boldsymbol{B}_k\triangleq\boldsymbol{B}_k^0\left[\frac{\partial F_k}{\partial \boldsymbol{u}_k}\right]_{(\boldsymbol{x}_k^0,\,\boldsymbol{u}_k^0)},\ \boldsymbol{B}_k^0\triangleq\boldsymbol{B}_{k+1}^0\left[\frac{\partial F_{k+1}}{\partial \boldsymbol{x}_{k+1}}\right]_{(\boldsymbol{x}_{k+1}^0,\,\boldsymbol{u}_{k+1}^0)},\ \boldsymbol{B}_{N-1}^0\triangleq\left[\frac{\partial \boldsymbol{y}_N}{\partial \boldsymbol{x}_N}\right]_{(\boldsymbol{x}_N^0,\,\boldsymbol{u}_N^0)} \tag{6-16}$$

至此，**引理 6.1** 证毕。 ■

注 6.1：模型预测方法包括两个顺序迭代过程：对非线性系统通过精确积分进行模型预测，以及基于**引理 6.1** 对控制序列进行校正。

下文将以 $\frac{\partial \boldsymbol{y}_k}{\partial \boldsymbol{x}_k}$、$\frac{\partial \boldsymbol{F}_k}{\partial \boldsymbol{x}_k}$ 和 $\frac{\partial \boldsymbol{F}_k}{\partial \boldsymbol{u}_k}$ 指 $\left[\frac{\partial \boldsymbol{y}_k}{\partial \boldsymbol{x}_k}\right]_{(\boldsymbol{x}_k^0)}$、$\left[\frac{\partial \boldsymbol{F}_k}{\partial \boldsymbol{x}_k}\right]_{(\boldsymbol{x}_k^0,\ \boldsymbol{u}_k^0)}$ 和 $\left[\frac{\partial \boldsymbol{F}_k}{\partial \boldsymbol{u}_k}\right]_{(\boldsymbol{x}_k^0,\ \boldsymbol{u}_k^0)}$。

从上述引理与其数学证明过程中易知：系统状态和系统输出的偏差均为控制输入序列的显式闭环形式，并且系数矩阵可通过递归的方式求解，因此具有较强的计算优势。

基于此，考虑将上述系统状态与系统输出的偏差迭代方法用于终端约束条件下的最优输出调节器的设计，即为模型预测静态规划。具体来说，在该问题中，MPSP 方法的目标是通过迭代更新的方式获取一组次优控制输入序列，使得在期望的终端时刻系统输出收敛到期望输出值 $\boldsymbol{y}_N^*$，同时尽可能优化控制输入的大小。一次状态轨迹的更新并不一定能使更新后的系统输出满足 $\boldsymbol{y}_N \to \boldsymbol{y}_N^*$，故在 MPSP 方法中，首先基于**引理 6.1** 中输出偏差与控制输入的关系，对连续系统精确积分，获取当前控制作用下的终端偏差，基于此求解当前控制输入序列的偏差，并最终获取性能更优的控制输入序列；前述过程迭代进行，直至终端输出 $\boldsymbol{y}_N \to \boldsymbol{y}_N^*$。直观起见，**引理 6.2** 介绍了 MPSP 方法在终端约束最优输出调节问题中的作用形式。

引理 6.2：定义为 $\boldsymbol{x}_{k+1} = \boldsymbol{F}_k(\boldsymbol{x}_k,\ \boldsymbol{u}_k,\ k)$ 的离散系统，其系统输出函数为 $\boldsymbol{y}_k = \boldsymbol{h}_k(\boldsymbol{x}_k)$，系统期望终端输出为 $\boldsymbol{y}_N^*$。若控制器试图最小化的系统性能指标函数定义为

$$J = \frac{1}{2}\sum_{k=1}^{N-1} \boldsymbol{u}_k^{\mathrm{T}} \boldsymbol{R}_k \boldsymbol{u}_k \tag{6-17}$$

则对于任意离散时间节点 $k(k = 1,\ \cdots,\ N-1)$，基于 MPSP 的控制输入更新策略为

$$\mathrm{d}\boldsymbol{u}_k = \boldsymbol{R}_k^{-1} \boldsymbol{B}_k^{\mathrm{T}} \boldsymbol{A}_\lambda^{-1} (\Delta \boldsymbol{y}_N^* - \boldsymbol{b}_\lambda) - \boldsymbol{u}_k^0 \tag{6-18}$$

其中，

$$\boldsymbol{A}_\lambda \triangleq -\sum_{k=1}^{N-1} \boldsymbol{B}_k \boldsymbol{R}_k^{-1} \boldsymbol{B}_k^{\mathrm{T}},\quad \boldsymbol{b}_\lambda \triangleq -\sum_{k=1}^{N-1} \boldsymbol{B}_k \boldsymbol{u}_k^0 \tag{6-19}$$

而 $\Delta \boldsymbol{y}_N^*$ 指当前系统终端输出与期望输出的偏差，即

$$\Delta \boldsymbol{y}_N^* \triangleq \boldsymbol{y}_N^* - \boldsymbol{y}_N^0 \tag{6-20}$$

证明：性能指标函数式(6－17)通过偏差增量更新的形式变形为

$$J = \frac{1}{2}\sum_{k=1}^{N-1} (\boldsymbol{u}_k^0 + \mathrm{d}\boldsymbol{u}_k)^{\mathrm{T}} \boldsymbol{R}_k (\boldsymbol{u}_k^0 + \mathrm{d}\boldsymbol{u}_k) \tag{6-21}$$

显然，式(6－4)与式(6－21)构成了约束静态优化问题。结合静态优化理论

知识,扩展性能指标函数可以定义为

$$
\begin{aligned}
\tilde{J} &= \frac{1}{2}\sum_{k=1}^{N-1}(\boldsymbol{u}_k^0 + \mathrm{d}\boldsymbol{u}_k)^{\mathrm{T}}\boldsymbol{R}_k(\boldsymbol{u}_k^0 + \mathrm{d}\boldsymbol{u}_k) + \boldsymbol{\lambda}^{\mathrm{T}}(\mathrm{d}\boldsymbol{y}_N - \Delta\boldsymbol{y}_N^*) \\
&= \frac{1}{2}\sum_{k=1}^{N-1}(\boldsymbol{u}_k^0 + \mathrm{d}\boldsymbol{u}_k)^{\mathrm{T}}\boldsymbol{R}_k(\boldsymbol{u}_k^0 + \mathrm{d}\boldsymbol{u}_k) + \boldsymbol{\lambda}^{\mathrm{T}}\left(\sum_{k=1}^{N-1}\boldsymbol{B}_k\mathrm{d}\boldsymbol{u}_k - \Delta\boldsymbol{y}_N^*\right)
\end{aligned}
\tag{6-22}
$$

其中,$\boldsymbol{\lambda}$ 为适应维度的协态向量。对于所有 $k=1,\ \cdots,\ N-1$,基于最优控制理论,由式(6-22)可得最优化的必要条件:

$$
\frac{\partial\tilde{J}}{\partial\mathrm{d}\boldsymbol{u}_k} = \boldsymbol{R}_k(\boldsymbol{u}_k^0 + \mathrm{d}\boldsymbol{u}_k) + \boldsymbol{B}_k^{\mathrm{T}}\boldsymbol{\lambda} = 0 \tag{6-23}
$$

$$
\frac{\partial\tilde{J}}{\partial\boldsymbol{\lambda}} = \sum_{k=1}^{N-1}\boldsymbol{B}_k\mathrm{d}\boldsymbol{u}_k - \Delta\boldsymbol{y}_N^* = 0 \tag{6-24}
$$

由控制输入偏差必要条件式(6-23)可求得控制输入偏差表达式:

$$
\mathrm{d}\boldsymbol{u}_k = -\boldsymbol{R}_k^{-1}\boldsymbol{B}_k^{\mathrm{T}}\boldsymbol{\lambda} - \boldsymbol{u}_k^0 \tag{6-25}
$$

将式(6-25)代入协态向量必要条件式(6-24),可得

$$
\Delta\boldsymbol{y}_N^* = -\sum_{k=1}^{N-1}\boldsymbol{B}_k\boldsymbol{R}_k^{-1}\boldsymbol{B}_k^{\mathrm{T}}\boldsymbol{\lambda} - \sum_{k=1}^{N-1}\boldsymbol{B}_k\boldsymbol{u}_k^0 \tag{6-26}
$$

将式(6-26)中的系数矩阵定义为

$$
\boldsymbol{A}_\lambda \triangleq -\sum_{k=1}^{N-1}\boldsymbol{B}_k\boldsymbol{R}_k^{-1}\boldsymbol{B}_k^{\mathrm{T}},\quad \boldsymbol{b}_\lambda \triangleq -\sum_{k=1}^{N-1}\boldsymbol{B}_k\boldsymbol{u}_k^0 \tag{6-27}
$$

则终端时刻系统输出的偏差可表示为

$$
\Delta\boldsymbol{y}_N^* = \boldsymbol{A}_\lambda\boldsymbol{\lambda} + \boldsymbol{b}_\lambda \tag{6-28}
$$

假设系数矩阵 $\boldsymbol{A}_\lambda$ 非奇异,由式(6-28)可得协态向量表达式:

$$
\boldsymbol{\lambda} = \boldsymbol{A}_\lambda^{-1}(\Delta\boldsymbol{y}_N^* - \boldsymbol{b}_\lambda) \tag{6-29}
$$

联立式(6-29)与式(6-25),可得控制输入偏差的解析形式表达式:

$$
\mathrm{d}\boldsymbol{u}_k = \boldsymbol{R}_k^{-1}\boldsymbol{B}_k^{\mathrm{T}}\boldsymbol{A}_\lambda^{-1}(\Delta\boldsymbol{y}_N^* - \boldsymbol{b}_\lambda) - \boldsymbol{u}_k^0 \tag{6-30}
$$

至此,**引理 6.2** 证毕。 ■

从上述引理与其证明可知,控制输入序列的更新策略具有闭环解析式,故每次更新迭代仅需较少的计算资源;但 MPSP 控制方法证明过程采用了小偏差逼近假设,这可能导致实际的迭代过程并不理想,故控制输入序列迭代更新需反复执行,

直至算法收敛到期望解,即系统终端输出 $\boldsymbol{y}_N \to \boldsymbol{y}_N^*$。

综上,MPSP 技术的优点在于:无须对非线性系统模型进行线性化假设,可采用递归的解析方法求解协态变量系数矩阵,控制输入也可解析表示,提高了计算效率。

将 MPSP 中的预测修正方法运用于博弈的多边优化问题,可为非线性系统提供解析解形式的数值求解方法。基于**引理 6.1** 的方法原理,可得双控制器系统中系统输出偏差与控制输入偏差的解析表达式,总结于**推论 6.1**。

推论 6.1:若在第 k 个离散时间节点系统输出定义为 $\boldsymbol{y}_k = \boldsymbol{h}_k(\boldsymbol{x}_{1k},\ \boldsymbol{x}_{2k})$,$k = 1,\ \cdots,\ N$,那么终端输出偏差可以由控制输入偏差表示为

$$\mathrm{d}\boldsymbol{y}_N = \sum_{k=1}^{N-1} (\boldsymbol{B}_{1k}\mathrm{d}\boldsymbol{u}_{1k} + \boldsymbol{B}_{2k}\mathrm{d}\boldsymbol{u}_{2k}) \tag{6-31}$$

其中,敏感度系数矩阵 $\boldsymbol{B}_{ik}(i = 1,\ 2)$ 定义为

$$\boldsymbol{B}_{ik} \triangleq \boldsymbol{B}_{ik}^0 \frac{\partial F_{ik}}{\partial \boldsymbol{u}_{ik}},\ \boldsymbol{B}_{ik}^0 \triangleq \boldsymbol{B}_{k+1}^0 \frac{\partial F_{i,\ k+1}}{\partial \boldsymbol{x}_{i,\ k+1}},\ \boldsymbol{B}_{i,\ N-1}^0 \triangleq \frac{\partial \boldsymbol{y}_N}{\partial \boldsymbol{x}_{iN}} \tag{6-32}$$

上述**推论 6.1** 的证明与**引理 6.1** 相似,本书不再给出详细的数学证明。

6.3.2　时域控制执行方法

针对终端约束条件下的最优输出调节问题,第 6.3.1 小节介绍了具有解析迭代形式的 MPSP 控制器。基于 MPSP 的优化方法可很好地应用于导弹拦截制导、航天器静态交会等经典固定逗留期单边优化问题,非合作博弈对抗问题具有高动态特性,且对抗时长不可控,故 MPSP 方法难以直接运用。

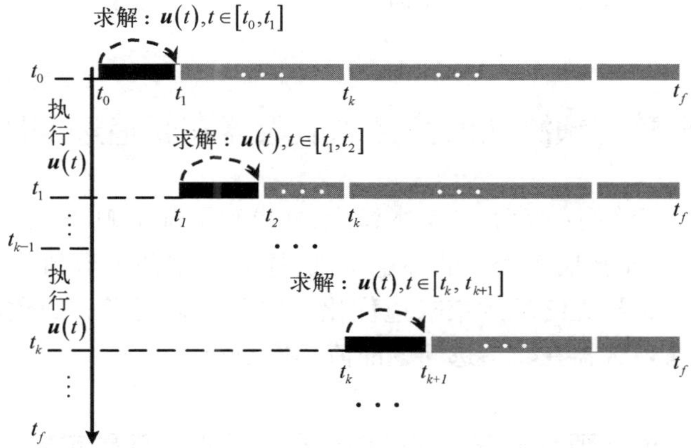

图 6-2　滚动时域控制

针对优化策略处理动态场景时的不足，工程上可采用两种时域控制执行方法：滚动时域(receding horizon)控制(Zhou et al., 2019a)和压缩时域(shrinking horizon)控制(Ye et al., 2022)。滚动时域控制也称为移动时域控制或递进时域控制，是预测控制中常用的时域执行方式；控制器使用一个固定长度的预测时域来优化控制序列，该时域随着时间的推移而不断滚动或移动，以便每个时间步重新优化控制序列。压缩时域控制也称为缩短时域控制，其不会滚动预测时域，而是保持预测时域的固定终端；随着时间的推移，预测时域逐渐向预测终端压缩，时域跨度逐渐缩小。图 6-2 与图 6-3 分别展示了上述两种时域控制执行方法。

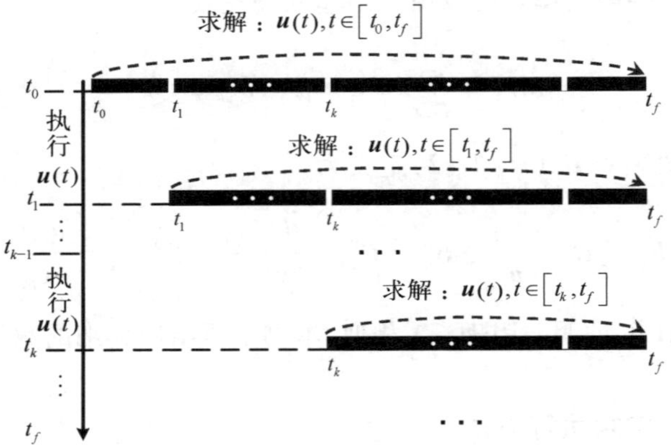

图 6-3　压缩时域控制

由图可知，两种时域控制执行方法在时间域上具有显著不同，压缩时域在每个采样时刻的计算都包含了冗余策略的计算，而滚动时域中虽然单次计算为有效策略计算，但是弱化了对期望终端的评估。

6.4　基于模型预测数值博弈的航天器在轨追逃问题

第 6.3.1 小节介绍了 MPSP 的基本概念，并求解了基于 MPSP 的最优输出调节问题。本节将进一步拓展 MPSP 的理论基础，探讨模型预测数值优化方法与博弈均衡理论的结合，推导无终端约束双边优化问题具有解析形式的数值博弈控制策略，并设计适用于航天器在轨追逃问题的博弈控制器。

6.4.1　基于模型预测数值博弈的航天器在轨追逃问题定义

对于有限时域 $t\in[t_0,\ t_0+N\Delta t]$，在每个离散时间节点 k，两航天器在轨追逃问

题的系统输出定义为

$$\boldsymbol{y}_k = h_k(\boldsymbol{x}_{1k},\ \boldsymbol{x}_{2k}) = \begin{bmatrix} 1 & 0 & 0 & \\ 0 & 1 & 0 & 0_{3\times3} \\ 0 & 0 & 1 & \end{bmatrix}(\boldsymbol{x}_{1k} - \boldsymbol{x}_{2k}),\quad k = 1,\ \cdots,\ N \tag{6-33}$$

假设航天器 1 为追击器,航天器 2 为逃逸器,则考虑终端输出性能和过程能量代价的性能指标函数可定义为二次型函数形式,即

$$\begin{aligned} J &= \frac{1}{2}\boldsymbol{y}_N^{\mathrm{T}}\boldsymbol{Q}\boldsymbol{y}_N + \frac{1}{2}\sum_{k=1}^{N-1}(\boldsymbol{u}_{1k}^{\mathrm{T}}\boldsymbol{R}_{1k}\boldsymbol{u}_{1k} - \boldsymbol{u}_{2k}^{\mathrm{T}}\boldsymbol{R}_{2k}\boldsymbol{u}_{2k}) \\ J_1 &= J,\quad J_2 = -J \end{aligned} \tag{6-34}$$

其中,J_1和 J_2分别指追击器和逃逸器的性能指标函数;$\boldsymbol{Q} \in \mathbb{R}^{3\times3}$为半正定实对称矩阵,$\boldsymbol{R}_{1k} \in \mathbb{R}^{3\times3}$与 $\boldsymbol{R}_{2k} \in \mathbb{R}^{3\times3}$为正定实对称矩阵;$\boldsymbol{y}_N$为系统终端输出,即两航天器终端距离向量。两航天器的在轨追逃问题表示为两参与者的零和博弈问题,该问题从数学角度可描述为**假设 6.1** 下的**定义 6.1**。

假设 6.1: 追击器与逃逸器均为理性的智能体,即只考虑对自身性能指标最优的控制策略。

定义 6.1: 两航天器性能指标函数定义为式(6-34),其中航天器 1 试图最小化性能指标而航天器 2 试图最大化性能指标函数。若对两航天器分别存在控制序列 $\boldsymbol{U}_1^* = \{\boldsymbol{u}_{1k}^* \mid k = 1,\ \cdots,\ N-1\}$ 与 $\boldsymbol{U}_2^* = \{\boldsymbol{u}_{2k}^* \mid k = 1,\ \cdots,\ N-1\}$,使得不等式:

$$J(\boldsymbol{U}_1^*,\ \boldsymbol{U}_2) \leqslant J(\boldsymbol{U}_1^*,\ \boldsymbol{U}_2^*) \leqslant J(\boldsymbol{U}_1,\ \boldsymbol{U}_2^*) \tag{6-35}$$

对任意 $\boldsymbol{U}_1 \in U_{1,1}\times U_{1,2}\times\cdots\times U_{1,N-1}$与 $\boldsymbol{U}_2 \in U_{2,1}\times U_{2,2}\times\cdots\times U_{2,N-1}$均成立,其中 $U_{i,k}$为第 i 个航天器在第 k 个离散时间节点的容许控制集,那么 $\boldsymbol{U}_1^*$ 与 $\boldsymbol{U}_2^*$ 构成了两航天器追逃零和博弈问题的鞍点策略。

基于上述分析,**定义 6.1** 描述的航天器追逃博弈问题可概括为满足在轨运算效率需求的零和博弈鞍点策略求解问题。然而,针对非线性系统鞍点解的求解方法大多难以满足高效性需求,而基于强化学习等智能方法的控制器无法从数学上严格保证鞍点策略。第 6.3.1 小节的 MPSP 理论为终端约束下的输出调节问题提供了解析形式的单边优化解,具有求解高效的优势;因此,将 MPSP 中数值优化迭代思想应用于双边优化博弈问题,为在轨动态追逃问题的高效求解提供了可能。

结合 MPSP 理论,两航天器零和博弈性能指标函数式(6-34)可改写为

$$
\begin{aligned}
J &= \frac{1}{2}(\boldsymbol{y}_N^0 + \mathrm{d}\boldsymbol{y}_N)^{\mathrm{T}}\boldsymbol{Q}(\boldsymbol{y}_N^0 + \mathrm{d}\boldsymbol{y}_N) \\
&\quad + \frac{1}{2}\sum_{k=1}^{N-1}\left[(\boldsymbol{u}_{1k}^0 + \mathrm{d}\boldsymbol{u}_{1k})^{\mathrm{T}}\boldsymbol{R}_{1k}(\boldsymbol{u}_{1k}^0 + \mathrm{d}\boldsymbol{u}_{1k}) - (\boldsymbol{u}_{2k}^0 + \mathrm{d}\boldsymbol{u}_{2k})^{\mathrm{T}}\boldsymbol{R}_{2k}(\boldsymbol{u}_{2k}^0 + \mathrm{d}\boldsymbol{u}_{2k})\right] \\
J_1 &= J, \quad J_2 = -J
\end{aligned}
\tag{6-36}
$$

本节待求解的两航天器在轨追逃问题则可通过下述**问题 6.1** 描述。

问题 6.1：针对航天器 1(追击器)与航天器 2(逃逸器)，通过控制输入序列的优化迭代求解控制策略 $\boldsymbol{U}_1^0+\mathrm{d}\boldsymbol{U}_1^*$ 与 $\boldsymbol{U}_2^0+\mathrm{d}\boldsymbol{U}_2^*$，使得每次迭代中由式(6-36)定义的性能指标函数满足不等式：

$$
J(\boldsymbol{U}_1^0 + \mathrm{d}\boldsymbol{U}_1^*,\ \boldsymbol{U}_2^0 + \mathrm{d}\boldsymbol{U}_2) \leqslant J(\boldsymbol{U}_1^0 + \mathrm{d}\boldsymbol{U}_1^*,\ \boldsymbol{U}_2^0 + \mathrm{d}\boldsymbol{U}_2^*) \leqslant J(\boldsymbol{U}_1^0 + \mathrm{d}\boldsymbol{U}_1,\ \boldsymbol{U}_2^0 + \mathrm{d}\boldsymbol{U}_2^*)
\tag{6-37}
$$

且对所有的$(\boldsymbol{U}_1^0+\mathrm{d}\boldsymbol{U}_1) \in U_{1,1}\times U_{1,2}\times\cdots\times U_{1,N-1}$与$(\boldsymbol{U}_2^0+\mathrm{d}\boldsymbol{U}_2) \in U_{2,1}\times U_{2,2}\times\cdots\times U_{2,N-1}$成立，其中 $\boldsymbol{U}_i^0=\{\boldsymbol{u}_{ik}^0 \mid k=1,\ \cdots,\ N-1\}$ 为航天器 i 在当前迭代中的控制输入序列，$\mathrm{d}\boldsymbol{U}_i=\{\mathrm{d}\boldsymbol{u}_{ik} \mid k=1,\ \cdots,\ N-1\}$ 为航天器 i 对控制输入序列的更新。

控制输入序列 $\boldsymbol{U}_i^0$ 是每次迭代中的先验信息，故在每次迭代的博弈分析过程中恒定不变。本节以 $J(\mathrm{d}\boldsymbol{U}_1,\ \mathrm{d}\boldsymbol{U}_2)$ 代指 $J(\boldsymbol{U}_1^0+\mathrm{d}\boldsymbol{U}_1,\ \boldsymbol{U}_2^0+\mathrm{d}\boldsymbol{U}_2)$。

6.4.2 模型预测数值博弈下的追逃控制器设计

针对 6.4.1 小节提出的**问题 6.1**，本小节将在**定理 6.1** 中给出解析形式的数值迭代策略；之后基于变分法原理介绍**问题 6.1** 的求解过程，证明**定理 6.1** 中的控制策略为两航天器在轨追逃博弈问题中的鞍点策略。

定理 6.1：考虑两航天器轨道追逃任务定义为**问题 6.1**，若在任意离散时间节点 $k(k=1,\ \cdots,\ N-1)$ 的控制输入 $\boldsymbol{u}_{1k}^*$ 与 $\boldsymbol{u}_{2k}^*$ 满足解析表达式：

$$
\begin{cases}
\boldsymbol{u}_{1k}^* = \boldsymbol{u}_{1k}^0 + \mathrm{d}\boldsymbol{u}_{1k}^* = \boldsymbol{R}_{1k}^{-1}\boldsymbol{D}_{1k}^{\mathrm{T}}\boldsymbol{\lambda}_{1N} \\
\boldsymbol{u}_{2k}^* = \boldsymbol{u}_{2k}^0 + \mathrm{d}\boldsymbol{u}_{2k}^* = -\boldsymbol{R}_{2k}^{-1}\boldsymbol{D}_{2k}^{\mathrm{T}}\boldsymbol{\lambda}_{2N}
\end{cases}
\tag{6-38}
$$

其中，$\boldsymbol{D}_{ik}$ 与 $\boldsymbol{\lambda}_{iN}(i=1,\ 2)$ 定义为

$$
\boldsymbol{D}_{ik} = \begin{cases}
\left[\dfrac{\partial F_{i,N-1}}{\partial \boldsymbol{x}_{i,N-1}}\right]\cdots\left[\dfrac{\partial F_{i,k+1}}{\partial \boldsymbol{x}_{i,k+1}}\right]\left[\dfrac{\partial F_{ik}}{\partial \boldsymbol{u}_{ik}}\right], & k=1,\ \cdots,\ N-2 \\
\left[\dfrac{\partial F_{i,N-1}}{\partial \boldsymbol{u}_{i,N-1}}\right], & k=N-1
\end{cases}
\tag{6-39}
$$

$$\begin{bmatrix} \boldsymbol{\lambda}_{1N} \\ \boldsymbol{\lambda}_{2N} \end{bmatrix} = \boldsymbol{M}^{-1}\boldsymbol{b} = \begin{bmatrix} \boldsymbol{M}_{11}, & \boldsymbol{M}_{12} \\ \boldsymbol{M}_{21}, & \boldsymbol{M}_{22} \end{bmatrix}^{-1} \boldsymbol{b} \tag{6-40}$$

$$\begin{cases} \boldsymbol{M}_{11} = \boldsymbol{I} + \left(\dfrac{\partial \mathrm{d}\boldsymbol{y}_N}{\partial \mathrm{d}\boldsymbol{x}_{1N}}\right)^{\mathrm{T}} \boldsymbol{Q} \displaystyle\sum_{k=1}^{N-1} (\boldsymbol{B}_{1k}\boldsymbol{R}_{1k}^{-1}\boldsymbol{D}_{1k}^{\mathrm{T}}) \\ \boldsymbol{M}_{12} = -\left(\dfrac{\partial \mathrm{d}\boldsymbol{y}_N}{\partial \mathrm{d}\boldsymbol{x}_{1N}}\right)^{\mathrm{T}} \boldsymbol{Q} \displaystyle\sum_{k=1}^{N-1} (\boldsymbol{B}_{2k}\boldsymbol{R}_{2k}^{-1}\boldsymbol{D}_{2k}^{\mathrm{T}}) \\ \boldsymbol{M}_{21} = \left(\dfrac{\partial \mathrm{d}\boldsymbol{y}_N}{\partial \mathrm{d}\boldsymbol{x}_{2N}}\right)^{\mathrm{T}} \boldsymbol{Q} \displaystyle\sum_{k=1}^{N-1} (\boldsymbol{B}_{1k}\boldsymbol{R}_{1k}^{-1}\boldsymbol{D}_{1k}^{\mathrm{T}}) \\ \boldsymbol{M}_{22} = \boldsymbol{I} - \left(\dfrac{\partial \mathrm{d}\boldsymbol{y}_N}{\partial \mathrm{d}\boldsymbol{x}_{2,N}}\right)^{\mathrm{T}} \boldsymbol{Q} \displaystyle\sum_{k=1}^{N-1} (\boldsymbol{B}_{2k}\boldsymbol{R}_{2k}^{-1}\boldsymbol{D}_{2k}^{\mathrm{T}}) \end{cases} \tag{6-41}$$

$$\boldsymbol{b} = \begin{bmatrix} -\left(\dfrac{\partial \mathrm{d}\boldsymbol{y}_N}{\partial \mathrm{d}\boldsymbol{x}_{1N}}\right)^{\mathrm{T}} \boldsymbol{Q}\left[\boldsymbol{y}_N^0 - \displaystyle\sum_{k=1}^{N-1} (\boldsymbol{B}_{1k}\boldsymbol{u}_{1k}^0 + \boldsymbol{B}_{2k}\boldsymbol{u}_{2k}^0)\right] \\ -\left(\dfrac{\partial \mathrm{d}\boldsymbol{y}_N}{\partial \mathrm{d}\boldsymbol{x}_{2N}}\right)^{\mathrm{T}} \boldsymbol{Q}\left[\boldsymbol{y}_N^0 - \displaystyle\sum_{k=1}^{N-1} (\boldsymbol{B}_{1k}\boldsymbol{u}_{1k}^0 + \boldsymbol{B}_{2k}\boldsymbol{u}_{2k}^0)\right] \end{bmatrix} \tag{6-42}$$

那么称 $\mathrm{d}\boldsymbol{u}_{1k}^* = -\boldsymbol{u}_{1k}^0 + \boldsymbol{R}_{1k}^{-1}\boldsymbol{D}_{1k}^{\mathrm{T}}\boldsymbol{\lambda}_{1N}$ 与 $\mathrm{d}\boldsymbol{u}_{2k}^* = -\boldsymbol{u}_{2k}^0 + \boldsymbol{R}_{2k}^{-1}\boldsymbol{D}_{2k}^{\mathrm{T}}\boldsymbol{\lambda}_{2N}$ 构成了模型预测数值博弈的控制更新策略对。

证明： 由航天器的系统方程 $\boldsymbol{x}_{i,k+1} = \boldsymbol{F}_{ik}(\boldsymbol{x}_{ik}, \boldsymbol{u}_{ik}, k)$ 可以得出控制输入偏差带来的航天器状态偏差满足过程约束：

$$\begin{cases} \mathrm{d}\boldsymbol{x}_{1,k+1} = \dfrac{\partial F_{1k}}{\partial \boldsymbol{x}_{1k}} \mathrm{d}\boldsymbol{x}_{1k} + \dfrac{\partial F_{1k}}{\partial \boldsymbol{u}_{1k}} \mathrm{d}\boldsymbol{u}_{1k} \\ \mathrm{d}\boldsymbol{x}_{2,k+1} = \dfrac{\partial F_{2k}}{\partial \boldsymbol{x}_{2k}} \mathrm{d}\boldsymbol{x}_{2k} + \dfrac{\partial F_{2k}}{\partial \boldsymbol{u}_{2k}} \mathrm{d}\boldsymbol{u}_{2k} \end{cases} \tag{6-43}$$

因此，基于系统状态偏差过程约束的扩展性能指标函数可以定义为

$$\begin{aligned} \tilde{J} = &\frac{1}{2}(\boldsymbol{y}_N^0 + \mathrm{d}\boldsymbol{y}_N)^{\mathrm{T}}\boldsymbol{Q}(\boldsymbol{y}_N^0 + \mathrm{d}\boldsymbol{y}_N) \\ &+ \frac{1}{2}\sum_{k=1}^{N-1}\left[(\boldsymbol{u}_{1k}^0 + \mathrm{d}\boldsymbol{u}_{1k})^{\mathrm{T}}\boldsymbol{R}_{1k}(\boldsymbol{u}_{1k}^0 + \mathrm{d}\boldsymbol{u}_{1k}) - (\boldsymbol{u}_{2k}^0 + \mathrm{d}\boldsymbol{u}_{2k})^{\mathrm{T}}\boldsymbol{R}_{2k}(\boldsymbol{u}_{2k}^0 + \mathrm{d}\boldsymbol{u}_{2k})\right] \\ &+ \sum_{k=1}^{N-1}\boldsymbol{\lambda}_{1,k+1}^{\mathrm{T}}\left(\mathrm{d}\boldsymbol{x}_{1,k+1} - \frac{\partial F_{1k}}{\partial \boldsymbol{x}_{1k}}\mathrm{d}\boldsymbol{x}_{1k} - \frac{\partial F_{1k}}{\partial \boldsymbol{u}_{1,k}}\mathrm{d}\boldsymbol{u}_{1k}\right) \\ &+ \sum_{k=1}^{N-1}\boldsymbol{\lambda}_{2,k+1}^{\mathrm{T}}\left(\mathrm{d}\boldsymbol{x}_{2,k+1} - \frac{\partial F_{2k}}{\partial \boldsymbol{x}_{2k}}\mathrm{d}\boldsymbol{x}_{2k} - \frac{\partial F_{2k}}{\partial \boldsymbol{u}_{2k}}\mathrm{d}\boldsymbol{u}_{2k}\right) \end{aligned} \tag{6-44}$$

其中，$\boldsymbol{\lambda}_{ik}(i=1, 2$ 且 $k=2, \cdots, N)$ 为第 i 个航天器的在第 $k-1$ 个离散节点上的协态变量。接着由变分法可以求得扩展性能指标函数的变分表达式为

$$
\begin{aligned}
\delta(\tilde{J}) = & \left[\left(\frac{\partial \mathrm{d}\boldsymbol{y}_N}{\partial \mathrm{d}\boldsymbol{x}_{1N}}\right)^{\mathrm{T}} \boldsymbol{Q}(\boldsymbol{y}_N^0 + \mathrm{d}\boldsymbol{y}_N) + \boldsymbol{\lambda}_{1N}\right] \delta(\mathrm{d}\boldsymbol{x}_{1N}) - \left[\left(\frac{\partial F_{1,1}}{\partial \boldsymbol{x}_{1,1}}\right)^{\mathrm{T}} \boldsymbol{\lambda}_{1,2}\right] \cdot \delta(\mathrm{d}\boldsymbol{x}_{1,1}) \\
& + \left[\left(\frac{\partial \mathrm{d}\boldsymbol{y}_N}{\partial \mathrm{d}\boldsymbol{x}_{2N}}\right)^{\mathrm{T}} \boldsymbol{Q}(\boldsymbol{y}_N^0 + \mathrm{d}\boldsymbol{y}_N) + \boldsymbol{\lambda}_{2N}\right] \delta(\mathrm{d}\boldsymbol{x}_{2N}) - \left[\left(\frac{\partial F_{2,1}}{\partial \boldsymbol{x}_{2,1}}\right)^{\mathrm{T}} \boldsymbol{\lambda}_{2,2}\right] \cdot \delta(\mathrm{d}\boldsymbol{x}_{2,1}) \\
& + \sum_{k=2}^{N-1} \left\{\left[\boldsymbol{\lambda}_{1k} - \left(\frac{\partial F_{1k}}{\partial \boldsymbol{x}_{1k}}\right)^{\mathrm{T}} \boldsymbol{\lambda}_{1,k+1}\right] \cdot \delta(\mathrm{d}\boldsymbol{x}_{1k})\right\} + \sum_{k=2}^{N-1} \left\{\left[\boldsymbol{\lambda}_{2k} - \left(\frac{\partial F_{2k}}{\partial \boldsymbol{x}_{2k}}\right)^{\mathrm{T}} \boldsymbol{\lambda}_{2,k+1}\right] \cdot \delta(\mathrm{d}\boldsymbol{x}_{2k})\right\} \\
& + \sum_{k=1}^{N-1} \left\{\left[\boldsymbol{R}_{1k}(\boldsymbol{u}_{1k}^0 + \mathrm{d}\boldsymbol{u}_{1k}) - \left(\frac{\partial F_{1k}}{\partial \boldsymbol{u}_{1k}}\right)^{\mathrm{T}} \boldsymbol{\lambda}_{1,k+1}\right] \delta(\mathrm{d}\boldsymbol{u}_{1k})\right\} \\
& - \sum_{k=1}^{N-1} \left\{\left[\boldsymbol{R}_{2k}(\boldsymbol{u}_{2,k}^0 + \mathrm{d}\boldsymbol{u}_{2k}) + \left(\frac{\partial F_{2k}}{\partial \boldsymbol{u}_{2k}}\right)^{\mathrm{T}} \boldsymbol{\lambda}_{2,k+1}\right] \delta(\mathrm{d}\boldsymbol{u}_{2k})\right\}
\end{aligned} \tag{6-45}
$$

基于上述变分表达式可以得出模型预测数值博弈中协态变量与控制输入偏差应满足的等式约束条件为

$$
\begin{cases}
\left(\dfrac{\partial \mathrm{d}\boldsymbol{y}_N}{\partial \mathrm{d}\boldsymbol{x}_{1N}}\right)^{\mathrm{T}} \boldsymbol{Q}(\boldsymbol{y}_N^0 + \mathrm{d}\boldsymbol{y}_N) + \boldsymbol{\lambda}_{1N} = 0 \\
\left(\dfrac{\partial \mathrm{d}\boldsymbol{y}_N}{\partial \mathrm{d}\boldsymbol{x}_{2N}}\right)^{\mathrm{T}} \boldsymbol{Q}(\boldsymbol{y}_N^0 + \mathrm{d}\boldsymbol{y}_N) + \boldsymbol{\lambda}_{2N} = 0
\end{cases} \tag{6-46}
$$

$$
\begin{cases}
\boldsymbol{\lambda}_{1k} - \left(\dfrac{\partial F_{1k}}{\partial \boldsymbol{x}_{1k}}\right)^{\mathrm{T}} \boldsymbol{\lambda}_{1,k+1} = 0 \\
\boldsymbol{\lambda}_{2k} - \left(\dfrac{\partial F_{2k}}{\partial \boldsymbol{x}_{2k}}\right)^{\mathrm{T}} \boldsymbol{\lambda}_{2,k+1} = 0
\end{cases} \quad k = 2, \cdots, N-1 \tag{6-47}
$$

$$
\begin{cases}
\boldsymbol{R}_{1k}(\boldsymbol{u}_{1k}^0 + \mathrm{d}\boldsymbol{u}_{1k}) - \left(\dfrac{\partial F_{1k}}{\partial \boldsymbol{u}_{1k}}\right)^{\mathrm{T}} \boldsymbol{\lambda}_{1,k+1} = 0 \\
\boldsymbol{R}_{2k}(\boldsymbol{u}_{2k}^0 + \mathrm{d}\boldsymbol{u}_{1k}) + \left(\dfrac{\partial F_{1k}}{\partial \boldsymbol{u}_{2k}}\right)^{\mathrm{T}} \boldsymbol{\lambda}_{2,k+1} = 0
\end{cases} \quad k = 1, \cdots, N-1 \tag{6-48}
$$

至此，完成了极值约束条件的推导。对式(6－47)递推变形可得离散节点 $k(k=2, \cdots, N-1)$ 对应的协态变量与终端节点协态变量满足等式关系：

$$
\begin{cases}
\boldsymbol{\lambda}_{1k} = \left(\dfrac{\partial F_{1k}}{\partial \boldsymbol{x}_{1k}}\right)^{\mathrm{T}} \boldsymbol{\lambda}_{1,\,k+1} = \left(\dfrac{\partial F_{1,\,k+1}}{\partial \boldsymbol{x}_{1,\,k+1}} \dfrac{\partial F_{k}}{\partial \boldsymbol{x}_{1k}}\right)^{\mathrm{T}} \boldsymbol{\lambda}_{1,\,k+2} = \cdots = \left(\dfrac{F_{1,\,N-1}}{\partial \boldsymbol{x}_{1,\,N-1}} \cdots \dfrac{\partial F_{1k}}{\partial \boldsymbol{x}_{1k}}\right)^{\mathrm{T}} \boldsymbol{\lambda}_{1N} \\
\boldsymbol{\lambda}_{2k} = \left(\dfrac{\partial F_{2k}}{\partial \boldsymbol{x}_{2k}}\right)^{\mathrm{T}} \boldsymbol{\lambda}_{2,\,k+1} = \left(\dfrac{\partial F_{2,\,k+1}}{\partial \boldsymbol{x}_{2,\,k+1}} \dfrac{\partial F_{2k}}{\partial \boldsymbol{x}_{2k}}\right)^{\mathrm{T}} \boldsymbol{\lambda}_{2,\,k+2} = \cdots = \left(\dfrac{F_{2,\,N-1}}{\partial \boldsymbol{x}_{2,\,N-1}} \cdots \dfrac{\partial F_{2k}}{\partial \boldsymbol{x}_{2k}}\right)^{\mathrm{T}} \boldsymbol{\lambda}_{2N}
\end{cases}
\tag{6-49}
$$

将上式代入式(6-48)，可分别得到两航天器终端节点协态变量与控制序列偏差的关系，即

$$
\begin{cases}
\mathrm{d}\boldsymbol{u}_{1k} = -\boldsymbol{u}_{1k}^{0} + \boldsymbol{R}_{1k}^{-1}\left(\dfrac{\partial F_{1k}}{\partial \boldsymbol{u}_{1k}}\right)^{\mathrm{T}} \boldsymbol{\lambda}_{1,\,k+1} = -\boldsymbol{u}_{1k}^{0} + \boldsymbol{R}_{1k}^{-1}\left(\dfrac{\partial F_{1k}}{\partial \boldsymbol{u}_{1k}}\right)^{\mathrm{T}}\left(\dfrac{\partial F_{1,\,N-1}}{\partial \boldsymbol{x}_{1,\,N-1}} \cdots \dfrac{\partial F_{1,\,k+1}}{\partial \boldsymbol{x}_{1,\,k+1}}\right)^{\mathrm{T}} \boldsymbol{\lambda}_{1N} \\
\qquad = -\boldsymbol{u}_{1k}^{0} + \boldsymbol{R}_{1k}^{-1}\left(\dfrac{\partial F_{1,\,N-1}}{\partial \boldsymbol{x}_{1,\,N-1}} \cdots \dfrac{\partial F_{1,\,k+1}}{\partial \boldsymbol{x}_{1,\,k+1}} \dfrac{\partial F_{1k}}{\partial \boldsymbol{u}_{1k}}\right)^{\mathrm{T}} \boldsymbol{\lambda}_{1N}, \quad k = 1,\, \cdots,\, N-2 \\
\mathrm{d}\boldsymbol{u}_{1,\,N-1} = -\boldsymbol{u}_{1,\,N-1}^{0} + \boldsymbol{R}_{1,\,N-1}^{-1}\left(\dfrac{\partial F_{1,\,N-1}}{\partial \boldsymbol{u}_{1,\,N-1}}\right)^{\mathrm{T}} \boldsymbol{\lambda}_{1N}
\end{cases}
\tag{6-50}
$$

$$
\begin{cases}
\mathrm{d}\boldsymbol{u}_{2k} = -\boldsymbol{u}_{2k}^{0} - \boldsymbol{R}_{2k}^{-1}\left(\dfrac{\partial F_{2k}}{\partial \boldsymbol{u}_{2k}}\right)^{\mathrm{T}} \boldsymbol{\lambda}_{2,\,k+1} = -\boldsymbol{u}_{2k}^{0} - \boldsymbol{R}_{2k}^{-1}\left(\dfrac{\partial F_{2k}}{\partial \boldsymbol{u}_{2k}}\right)^{\mathrm{T}}\left(\dfrac{\partial F_{2,\,N-1}}{\partial \boldsymbol{x}_{2,\,N-1}} \cdots \dfrac{\partial F_{2,\,k+1}}{\partial \boldsymbol{x}_{2,\,k+1}}\right)^{\mathrm{T}} \boldsymbol{\lambda}_{2N} \\
\qquad = -\boldsymbol{u}_{2k}^{0} - \boldsymbol{R}_{2k}^{-1}\left(\dfrac{\partial F_{2,\,N-1}}{\partial \boldsymbol{x}_{2,\,N-1}} \cdots \dfrac{\partial F_{2,\,k+1}}{\partial \boldsymbol{x}_{2,\,k+1}} \dfrac{\partial F_{2k}}{\partial \boldsymbol{u}_{2k}}\right)^{\mathrm{T}} \boldsymbol{\lambda}_{2N}, \quad k = 1,\, \cdots,\, N-2 \\
\mathrm{d}\boldsymbol{u}_{2,\,N-1} = -\boldsymbol{u}_{2,\,N-1}^{0} - \boldsymbol{R}_{2,\,N-1}^{-1}\left(\dfrac{\partial F_{2,\,N-1}}{\partial \boldsymbol{u}_{2,\,N-1}}\right)^{\mathrm{T}} \boldsymbol{\lambda}_{2N}
\end{cases}
\tag{6-51}
$$

为便于书写，定义系数矩阵 $\boldsymbol{D}_{ik}(i = 1,\, 2)$ 为

$$
\boldsymbol{D}_{ik} \triangleq
\begin{cases}
\left[\dfrac{\partial F_{i,\,N-1}}{\partial \boldsymbol{x}_{i,\,N-1}}\right] \cdots \left[\dfrac{\partial F_{i,\,k+1}}{\partial \boldsymbol{x}_{i,\,k+1}}\right]\left[\dfrac{\partial F_{ik}}{\partial \boldsymbol{u}_{ik}}\right], \quad k = 1,\, \cdots,\, N-2 \\
\left[\dfrac{\partial F_{i,\,N-1}}{\partial \boldsymbol{u}_{i,\,N-1}}\right], \quad k = N-1
\end{cases}
\tag{6-52}
$$

那么两航天器的控制输入偏差式(6-50)与式(6-51)可重写作

$$
\begin{cases}
\mathrm{d}\boldsymbol{u}_{1k} = -\boldsymbol{u}_{1k}^{0} + \boldsymbol{R}_{1k}^{-1}\boldsymbol{D}_{1k}^{\mathrm{T}}\boldsymbol{\lambda}_{1N} \\
\mathrm{d}\boldsymbol{u}_{2k} = -\boldsymbol{u}_{2k}^{0} - \boldsymbol{R}_{2k}^{-1}\boldsymbol{D}_{2k}^{\mathrm{T}}\boldsymbol{\lambda}_{2N}
\end{cases}
\quad k = 1,\, \cdots,\, N-1
\tag{6-53}
$$

至此，求得模型预测数值博弈问题中终端节点协态变量与控制输入偏差之间

的函数映射关系。为求解终端节点协态变量,需要再寻求一组等式关系以构造等式方程组。回顾**推论 6.1**,将式(6-31)代入等式约束式(6-46)可得

$$\begin{cases} \boldsymbol{\lambda}_{1N} = -\left[\dfrac{\partial \mathrm{d}\boldsymbol{y}_N}{\partial \mathrm{d}\boldsymbol{x}_{1N}}\right]^{\mathrm{T}} \boldsymbol{Q}(\boldsymbol{y}_N^0 + \mathrm{d}\boldsymbol{y}_N) = -\left[\dfrac{\partial \mathrm{d}\boldsymbol{y}_N}{\partial \mathrm{d}\boldsymbol{x}_{1N}}\right]^{\mathrm{T}} \boldsymbol{Q}\left[\boldsymbol{y}_N^0 + \sum_{k=1}^{N-1}(\boldsymbol{B}_{1k}\mathrm{d}\boldsymbol{u}_{1k} + \boldsymbol{B}_{2k}\mathrm{d}\boldsymbol{u}_{2k})\right] \\ \boldsymbol{\lambda}_{2N} = -\left[\dfrac{\partial \mathrm{d}\boldsymbol{y}_N}{\partial \mathrm{d}\boldsymbol{x}_{2N}}\right]^{\mathrm{T}} \boldsymbol{Q}(\boldsymbol{y}_N^0 + \mathrm{d}\boldsymbol{y}_N) = -\left[\dfrac{\partial \mathrm{d}\boldsymbol{y}_N}{\partial \mathrm{d}\boldsymbol{x}_{2N}}\right]^{\mathrm{T}} \boldsymbol{Q}\left[\boldsymbol{y}_N^0 + \sum_{k=1}^{N-1}(\boldsymbol{B}_{1k}\mathrm{d}\boldsymbol{u}_{1k} + \boldsymbol{B}_{2k}\mathrm{d}\boldsymbol{u}_{2k})\right] \end{cases} \tag{6-54}$$

显然,式(6-53)与式(6-54)构成了关于控制输入偏差与终端节点协态变量的等式方程组。联立两式可求取两航天器终端节点协态变量 $\boldsymbol{\lambda}_{1N}$ 与 $\boldsymbol{\lambda}_{2N}$,即

$$\begin{aligned} \boldsymbol{\lambda}_{1N} &= -\left(\frac{\partial \mathrm{d}\boldsymbol{y}_N}{\partial \mathrm{d}\boldsymbol{x}_{1N}}\right)^{\mathrm{T}} \boldsymbol{Q}\left[\boldsymbol{y}_N^0 + \sum_{k=1}^{N-1}\left[\boldsymbol{B}_{1k}(-\boldsymbol{u}_{1k}^0 + \boldsymbol{R}_{1k}^{-1}\boldsymbol{D}_{1k}^{\mathrm{T}}\boldsymbol{\lambda}_{1N}) + \boldsymbol{B}_{2k}(-\boldsymbol{u}_{2k}^0 - \boldsymbol{R}_{2k}^{-1}\boldsymbol{D}_{2k}^{\mathrm{T}}\boldsymbol{\lambda}_{2N})\right]\right] \\ &= -\left(\frac{\partial \mathrm{d}\boldsymbol{y}_N}{\partial \mathrm{d}\boldsymbol{x}_{1N}}\right)^{\mathrm{T}} \boldsymbol{Q}\left[\boldsymbol{y}_N^0 - \sum_{k=1}^{N-1}(\boldsymbol{B}_{1k}\boldsymbol{u}_{1k}^0 + \boldsymbol{B}_{2k}\boldsymbol{u}_{2k}^0)\right] \\ &\quad - \left[\left(\frac{\partial \mathrm{d}\boldsymbol{y}_N}{\partial \mathrm{d}\boldsymbol{x}_{1N}}\right)^{\mathrm{T}} \boldsymbol{Q}\sum_{k=1}^{N-1}(\boldsymbol{B}_{1k}\boldsymbol{R}_{1k}^{-1}\boldsymbol{D}_{1k}^{\mathrm{T}})\right]\boldsymbol{\lambda}_{1N} + \left[\left(\frac{\partial \mathrm{d}\boldsymbol{y}_N}{\partial \mathrm{d}\boldsymbol{x}_{1N}}\right)^{\mathrm{T}} \boldsymbol{Q}\sum_{k=1}^{N-1}(\boldsymbol{B}_{2k}\boldsymbol{R}_{2k}^{-1}\boldsymbol{D}_{2k}^{\mathrm{T}})\right]\boldsymbol{\lambda}_{2N} \end{aligned} \tag{6-55}$$

$$\begin{aligned} \boldsymbol{\lambda}_{2N} &= -\left(\frac{\partial \mathrm{d}\boldsymbol{y}_N}{\partial \mathrm{d}\boldsymbol{x}_{2N}}\right)^{\mathrm{T}} \boldsymbol{Q}\left[\boldsymbol{y}_N^0 + \sum_{k=1}^{N-1}\left[\boldsymbol{B}_{1k}(-\boldsymbol{u}_{1k}^0 + \boldsymbol{R}_{1k}^{-1}\boldsymbol{D}_{1k}^{\mathrm{T}}\boldsymbol{\lambda}_{1N}) + \boldsymbol{B}_{2k}(-\boldsymbol{u}_{2k}^0 - \boldsymbol{R}_{2k}^{-1}\boldsymbol{D}_{2k}^{\mathrm{T}}\boldsymbol{\lambda}_{2N})\right]\right] \\ &= -\left(\frac{\partial \mathrm{d}\boldsymbol{y}_N}{\partial \mathrm{d}\boldsymbol{x}_{2N}}\right)^{\mathrm{T}} \boldsymbol{Q}\left[\boldsymbol{y}_N^0 - \sum_{k=1}^{N-1}(\boldsymbol{B}_{1k}\boldsymbol{u}_{1k}^0 + \boldsymbol{B}_{2k}\boldsymbol{u}_{2k}^0)\right] \\ &\quad - \left[\left(\frac{\partial \mathrm{d}\boldsymbol{y}_N}{\partial \mathrm{d}\boldsymbol{x}_{2N}}\right)^{\mathrm{T}} \boldsymbol{Q}\sum_{k=1}^{N-1}(\boldsymbol{B}_{1k}\boldsymbol{R}_{1k}^{-1}\boldsymbol{D}_{1k}^{\mathrm{T}})\right]\boldsymbol{\lambda}_{1N} + \left[\left(\frac{\partial \mathrm{d}\boldsymbol{y}_N}{\partial \mathrm{d}\boldsymbol{x}_{2N}}\right)^{\mathrm{T}} \boldsymbol{Q}\sum_{k=1}^{N-1}(\boldsymbol{B}_{2k}\boldsymbol{R}_{2k}^{-1}\boldsymbol{D}_{2k}^{\mathrm{T}})\right]\boldsymbol{\lambda}_{2N} \end{aligned} \tag{6-56}$$

式(6-55)与式(6-56)构成了关于 $\boldsymbol{\lambda}_{1N}$ 与 $\boldsymbol{\lambda}_{2N}$ 的线性方程组,整理可得

$$\begin{aligned} &\left[\boldsymbol{I} + \left(\frac{\partial \mathrm{d}\boldsymbol{y}_N}{\partial \mathrm{d}\boldsymbol{x}_{1N}}\right)^{\mathrm{T}} \boldsymbol{Q}\sum_{k=1}^{N-1}(\boldsymbol{B}_{1k}\boldsymbol{R}_{1k}^{-1}\boldsymbol{D}_{1k}^{\mathrm{T}})\right]\boldsymbol{\lambda}_{1N} - \left[\left(\frac{\partial \mathrm{d}\boldsymbol{y}_N}{\partial \mathrm{d}\boldsymbol{x}_{1N}}\right)^{\mathrm{T}} \boldsymbol{Q}\sum_{k=1}^{N-1}(\boldsymbol{B}_{2k}\boldsymbol{R}_{2k}^{-1}\boldsymbol{D}_{2k}^{\mathrm{T}})\right]\boldsymbol{\lambda}_{2N} \\ &= -\left(\frac{\partial \mathrm{d}\boldsymbol{y}_N}{\partial \mathrm{d}\boldsymbol{x}_{1N}}\right)^{\mathrm{T}} \boldsymbol{Q}\left[\boldsymbol{y}_N^0 - \sum_{k=1}^{N-1}(\boldsymbol{B}_{1k}\boldsymbol{u}_{1k}^0 + \boldsymbol{B}_{2k}\boldsymbol{u}_{2k}^0)\right] \end{aligned} \tag{6-57}$$

$$\left[\left(\frac{\partial \mathrm{d}\boldsymbol{y}_N}{\partial \mathrm{d}\boldsymbol{x}_{2N}}\right)^{\mathrm{T}}\boldsymbol{Q}\sum_{k=1}^{N-1}(\boldsymbol{B}_{1k}\boldsymbol{R}_{1k}^{-1}\boldsymbol{D}_{1k}^{\mathrm{T}})\right]\boldsymbol{\lambda}_{1N}+\left[\boldsymbol{I}-\left(\frac{\partial \mathrm{d}\boldsymbol{y}_N}{\partial \mathrm{d}\boldsymbol{x}_{2N}}\right)^{\mathrm{T}}\boldsymbol{Q}\sum_{k=1}^{N-1}(\boldsymbol{B}_{2k}\boldsymbol{R}_{2k}^{-1}\boldsymbol{D}_{2k}^{\mathrm{T}})\right]\boldsymbol{\lambda}_{2N}$$
$$=-\left(\frac{\partial \mathrm{d}\boldsymbol{y}_N}{\partial \mathrm{d}\boldsymbol{x}_{2N}}\right)^{\mathrm{T}}\boldsymbol{Q}\left[\boldsymbol{y}_N^0-\sum_{k=1}^{N-1}(\boldsymbol{B}_{1k}\boldsymbol{u}_{1k}^0+\boldsymbol{B}_{2k}\boldsymbol{u}_{2k}^0)\right] \tag{6-58}$$

联立上述方程组即可求解得出 $\boldsymbol{\lambda}_{1N}$ 与 $\boldsymbol{\lambda}_{2N}$ 的解析表达式，即

$$\begin{bmatrix}\boldsymbol{\lambda}_{1N}\\ \boldsymbol{\lambda}_{2N}\end{bmatrix}=\boldsymbol{M}^{-1}\boldsymbol{b}=\begin{bmatrix}\boldsymbol{M}_{11}, & \boldsymbol{M}_{12}\\ \boldsymbol{M}_{21}, & \boldsymbol{M}_{22}\end{bmatrix}^{-1}\boldsymbol{b} \tag{6-59}$$

其中，$\boldsymbol{M}$ 与 $\boldsymbol{b}$ 是为了书写的简洁性而定义的参数矩阵：

$$\begin{cases}\boldsymbol{M}_{11}\triangleq\boldsymbol{I}+\left(\dfrac{\partial \mathrm{d}\boldsymbol{y}_N}{\partial \mathrm{d}\boldsymbol{x}_{1N}}\right)^{\mathrm{T}}\boldsymbol{Q}\sum\limits_{k=1}^{N-1}(\boldsymbol{B}_{1k}\boldsymbol{R}_{1k}^{-1}\boldsymbol{D}_{1k}^{\mathrm{T}})\\ \boldsymbol{M}_{12}\triangleq-\left(\dfrac{\partial \mathrm{d}\boldsymbol{y}_N}{\partial \mathrm{d}\boldsymbol{x}_{1N}}\right)^{\mathrm{T}}\boldsymbol{Q}\sum\limits_{k=1}^{N-1}(\boldsymbol{B}_{2k}\boldsymbol{R}_{2k}^{-1}\boldsymbol{D}_{2k}^{\mathrm{T}})\\ \boldsymbol{M}_{21}\triangleq\left(\dfrac{\partial \mathrm{d}\boldsymbol{y}_N}{\partial \mathrm{d}\boldsymbol{x}_{2N}}\right)^{\mathrm{T}}\boldsymbol{Q}\sum\limits_{k=1}^{N-1}(\boldsymbol{B}_{1k}\boldsymbol{R}_{1k}^{-1}\boldsymbol{D}_{1k}^{\mathrm{T}})\\ \boldsymbol{M}_{22}\triangleq\boldsymbol{I}-\left(\dfrac{\partial \mathrm{d}\boldsymbol{y}_N}{\partial \mathrm{d}\boldsymbol{x}_{2,N}}\right)^{\mathrm{T}}\boldsymbol{Q}\sum\limits_{k=1}^{N-1}(\boldsymbol{B}_{2k}\boldsymbol{R}_{2k}^{-1}\boldsymbol{D}_{2k}^{\mathrm{T}})\end{cases} \tag{6-60}$$

$$\boldsymbol{b}\triangleq\begin{bmatrix}-\left(\dfrac{\partial \mathrm{d}\boldsymbol{y}_N}{\partial \mathrm{d}\boldsymbol{x}_{1N}}\right)^{\mathrm{T}}\boldsymbol{Q}\left[\boldsymbol{y}_N^0-\sum\limits_{k=1}^{N-1}(\boldsymbol{B}_{1k}\boldsymbol{u}_{1k}^0+\boldsymbol{B}_{2k}\boldsymbol{u}_{2k}^0)\right]\\ -\left(\dfrac{\partial \mathrm{d}\boldsymbol{y}_N}{\partial \mathrm{d}\boldsymbol{x}_{2N}}\right)^{\mathrm{T}}\boldsymbol{Q}\left[\boldsymbol{y}_N^0-\sum\limits_{k=1}^{N-1}(\boldsymbol{B}_{1k}\boldsymbol{u}_{1k}^0+\boldsymbol{B}_{2k}\boldsymbol{u}_{2k}^0)\right]\end{bmatrix} \tag{6-61}$$

随后，将终端节点的协态变量解析式(6-59)代入式(6-53)可得控制输入偏差的解析形式数值优化解。

至此，**定理 6.1** 证毕。 ■

注 6.2：模型预测方法采用顺序迭代和牛顿法进行有序线性化。在预测状态下，采用四阶龙格-库塔方法对非线性动力学进行积分，计算终端输出；而欧拉积分则用于校正步骤(Pokiya et al., 2022)。因此可以推断，数值优化的精度几乎与离散方法无关，尽管离散精度可能会影响收敛速度。

与 MPSP 方法相似，上述证明过程同样基于小偏差逼近假设，故执行一次控制输入序列与状态轨迹的更新优化所带来的结果可能并不理想。因此，**定理 6.1** 中的控制更新策略需反复执行，直至模型预测迭代框架下的状态轨迹收敛。

6.4.3 模型预测数值博弈的控制器执行流程

在 6.4.2 小节中针对两航天器在轨追逃问题提出了基于模型预测数值博弈的控制器，该控制策略在数学上可使博弈双方状态轨迹达到“追-逃平衡”，但对于非合作动态博弈的航天器在轨追逃问题，其难以保证追逃双方博弈时间的一致性。本小节考虑滚动时域控制下的博弈控制器执行方式。

滚动时域下的控制执行方式将不定时域的追逃博弈问题有效地转化为有限时域博弈问题，即按照滚动后退的方式更新定义有限时域 $[t_0, t_f]$ 并针对当前时域求解模型预测数值博弈控制器，并且只需针对第一个离散时间节点的博弈策略在轨执行。而每当航天器载荷捕获下一采样时刻的状态信息时，问题则针对更新后的有限时域 $[t_0 + \Delta t, t_f + \Delta t]$ 重新求解并执行。任意航天器 $i(i = 1, 2)$ 的控制器执行流程如图 6－4 所示，图中 η 代表追击器的捕获距离，系统终端输出小于 η 即表示任务结束，ξ 表示模型预测迭代收敛的数值判定条件。

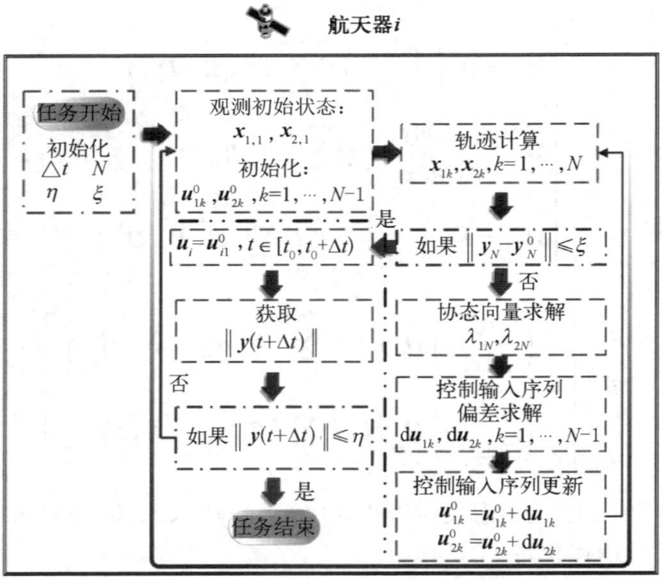

图 6－4 模型预测数值博弈的控制器执行流程

6.5 基于模型预测——主从数值博弈的航天器轨道追逃问题

6.4 节中重点讨论了追击器和逃逸器具有对等信息结构场景中在轨追逃问题的定义，并以鞍点轨迹为目的为双方设计了基于模型预测数值优化方法的控制器。

本节重点讨论两航天器在不对等信息假设下的轨道追逃问题。本节从领导者-追随者的角度定义航天器在轨追逃问题，并将 Stackelberg 均衡的概念引入模型预测数值博弈，设计了追逃双方在开环主从假设下的模型预测-主从数值博弈控制器，并基于变分法原理对其严格证明。

6.5.1　基于模型预测——主从数值博弈的航天追逃问题定义

由**定理 6.1** 描述的两航天器追逃控制策略可广泛应用于非合作空间机动任务。该策略作用下，追逃双方的状态轨迹达到了均衡状态，其中任何一个航天器试图通过单方面偏离均衡均不可能获得令其更加满意的任务性能。然而实际工程任务中除信息平等的追逃任务场景外，还存在具有不平等信息结构的任务场景，即领导者-追随者问题。

开环假设的主从信息结构下，领导者需要考虑若自身控制策略被追随者观测/预测时自己的应对策略，而追随者则相应地考虑若自己能够捕获领导者控制策略，以及领导者也知道自己具有这样的能力时的应对策略。显然，这种任务假设下，即使追随者没有真正捕获领导者的策略信息，鞍点均衡轨迹也并非领导者/追随者航天器的最优轨迹。

在上述场景假设中，两航天器在未捕获到对手航天器具体策略信息之前，追逃双方的理性策略构成了 Stackelberg 均衡。追逃双方在此场景假设下理性的决策行为可分别概括为：领导者首先考虑追随者会针对自己的控制动作做出最优响应，随后领导者基于所有可能出现的自身策略-对方响应所带来的追逃结果，选择其中对自身最为有利的结果；追随者则如上述领导者的博弈分析，首先得出领导者的理性策略，随后被动地针对该领导者决策求解自身的最优应对策略。

考虑航天器 1（追击器）为追随者而航天器 2（逃逸器）为领导者，开环主从假设下两航天器在轨追逃问题的 Stackelberg 均衡策略可通过**假设 6.2** 下的**定义 6.2** 进行描述。

假设 6.2：航天器 2 认为航天器 1 能够捕获/预测自身决策信息并理性地采取最优应对策略，即航天器 1 的控制序列表示为映射关系 $\boldsymbol{U}_1^*(\boldsymbol{U}_2)$；而航天器 1 则考虑航天器 2 认为自己会采取 $\boldsymbol{U}_1^*(\boldsymbol{U}_2)$ 形式的控制策略，因此被动地采取这种假设下航天器 2 的最优策略 $\boldsymbol{U}_2^*$ 所对应的映射策略 $\boldsymbol{U}_1^*(\boldsymbol{U}_2^*)$。

定义 6.2：当航天器 1 与航天器 2 的性能指标函数分别定义为

$$J_1 = \frac{1}{2}\boldsymbol{y}_N^{\mathrm{T}}\boldsymbol{Q}_1\boldsymbol{y}_N + \frac{1}{2}\sum_{k=1}^{N-1}\boldsymbol{u}_{1k}^{\mathrm{T}}\boldsymbol{R}_{1k}\boldsymbol{u}_{1k} \tag{6-62}$$

$$J_2 = \frac{1}{2}\boldsymbol{y}_N^{\mathrm{T}}\boldsymbol{Q}_2\boldsymbol{y}_N - \frac{1}{2}\sum_{k=1}^{N-1}\boldsymbol{u}_{2k}^{\mathrm{T}}\boldsymbol{R}_{2k}\boldsymbol{u}_{2k} \tag{6-63}$$

其中，$\boldsymbol{Q}_1 \in \mathbb{R}^{3\times3}$ 和 $\boldsymbol{Q}_2 \in \mathbb{R}^{3\times3}$ 为半正定对称矩阵，$\boldsymbol{R}_{1k} \in \mathbb{R}^{3\times3}$ 与 $\boldsymbol{R}_{2k} \in \mathbb{R}^{3\times3}$ 为正定对称矩阵，$\boldsymbol{y}_N$ 为由式(6－33)定义的系统终端输出。若航天器 1 企图最小化自身的性能指标函数，而航天器 2 企图最大化自身的性能指标函数，且双方采取的控制序列 $\boldsymbol{U}_1^*(\boldsymbol{U}_2^*)$ 与 $\boldsymbol{U}_2^*$ 满足不等式关系：

$$J_1(\boldsymbol{U}_1^*(\boldsymbol{U}_2^*),\ \boldsymbol{U}_2^*) \leqslant J_1(\boldsymbol{U}_1,\ \boldsymbol{U}_2^*) \tag{6-64}$$

$$J_2(\boldsymbol{U}_1^*(\boldsymbol{U}_2),\ \boldsymbol{U}_2) \leqslant J_2(\boldsymbol{U}_1^*(\boldsymbol{U}_2^*),\ \boldsymbol{U}_2^*) \tag{6-65}$$

对任意 $\boldsymbol{U}_1 \in \mathbb{U}_{1,1}\times\mathbb{U}_{1,2}\times\cdots\times\mathbb{U}_{1,N-1}$ 与 $\boldsymbol{U}_2 \in \mathbb{U}_{2,1}\times\mathbb{U}_{2,2}\times\cdots\times\mathbb{U}_{2,N-1}$ 均成立，那么 $\boldsymbol{U}_1^*(\boldsymbol{U}_2^*)$ 与 $\boldsymbol{U}_2^*$ 构成了开环主从信息假设下的两航天器轨道追逃 Stackelberg 均衡。

注 6.3：若任意一方作为领导者的 Stackelberg 策略具有一致性，那么 Stackelberg 策略与纳什均衡策略具有一致性。

注 6.4：两参与者零和博弈的 Stackelberg 均衡等价于 Nash 均衡。因此两航天器性能指标函数分别定义为式(6－62)与式(6－63)的独立形式，以避免与第 6.4 节所讨论的轨道追逃问题重复。

注 6.5：与经典主从信息结构的 Stackelberg 均衡相比，开环主从信息假设的 Stackelberg 均衡解与经典 Stackelberg 均衡状态相同；不同之处在于经典 Stackelberg 均衡中追随者的策略解为关于领导者策略的函数关系，而开环主从假设的均衡解为促使双方达到均衡状态的控制策略，是在未切实获取对方策略信息前的“保守”策略，即，对双方来讲开环主从信息下的均衡轨迹为自身在所有最糟糕追逃轨迹性能中相对最好的结果。

基于两航天器追逃博弈的开环主从信息 Stackelberg 均衡的定义，同样考虑模型预测数值迭代方法在处理非线性问题上的优势，并以求取解析形式的航天器轨道追逃数值迭代策略为目的，本节所讨论与求解的开环主从假设下航天器轨道追逃问题可以定义为**问题 6.2**。

问题 6.2：考虑**假设 6.2** 下的两航天器性能指标函数分别由式(6－62)和式(6－63)定义，求解模型预测数值迭代优化的控制序列 $\boldsymbol{U}_1^0 + \mathrm{d}\boldsymbol{U}_1^*(\boldsymbol{U}_2^*)$ 与 $\boldsymbol{U}_2^0 + \mathrm{d}\boldsymbol{U}_2^*$，使得每次模型预测迭代中性能指标函数存在不等式组：

$$J_1(\boldsymbol{U}_1^0 + \mathrm{d}\boldsymbol{U}_1^*(\boldsymbol{U}_2^*),\ \boldsymbol{U}_2^0 + \mathrm{d}\boldsymbol{U}_2^*) \leqslant J_1(\boldsymbol{U}_1^0 + \mathrm{d}\boldsymbol{U}_1,\ \boldsymbol{U}_2^0 + \boldsymbol{U}_2^*) \tag{6-66}$$

$$J_2(\boldsymbol{U}_1^0 + \mathrm{d}\boldsymbol{U}_1^*(\boldsymbol{U}_2),\ \boldsymbol{U}_2^0 + \mathrm{d}\boldsymbol{U}_2) \leqslant J_2(\boldsymbol{U}_1^0 + \mathrm{d}\boldsymbol{U}_1^*(\boldsymbol{U}_2^*),\ \boldsymbol{U}_1^0 + \mathrm{d}\boldsymbol{U}_2^*) \tag{6-67}$$

对所有的 $(\boldsymbol{U}_1^0 + \mathrm{d}\boldsymbol{U}_1) \in \mathbb{U}_{1,1}\times\mathbb{U}_{1,2}\times\cdots\times\mathbb{U}_{1,N-1}$ 与 $(\boldsymbol{U}_2^0 + \mathrm{d}\boldsymbol{U}_2) \in \mathbb{U}_{2,1}\times\mathbb{U}_{2,2}\times\cdots\times\mathbb{U}_{2,N-1}$ 均成立。

在本节的后续讨论中，为了书写的简洁性，以 $J_i(\mathrm{d}\boldsymbol{U}_1,\ \mathrm{d}\boldsymbol{U}_2)$ 代指 $J_i(\boldsymbol{U}_1^0 + \mathrm{d}\boldsymbol{U}_1(\boldsymbol{U}_2),\ \boldsymbol{U}_2^0 + \mathrm{d}\boldsymbol{U}_2)$。

6.5.2 模型预测——主从数值博弈追逃控制器设计

针对第 6.5.1 小节中开环主从信息假设下的模型预测-主从数值博弈轨道追逃问题，本小节通过**定理 6.2** 给出两航天器的追逃控制器，随后基于变分法原理从数学上证明所提出的数值迭代形式。

定理 6.2：若两航天器在任意离散时间节点 $k(k = 1,\ \cdots,\ N - 1)$ 的控制输入 $\boldsymbol{u}_{1k}^*$ 与 $\boldsymbol{u}_{2k}^*$ 满足解析表达式：

$$\begin{cases}\boldsymbol{u}_{1k}^* = \boldsymbol{u}_{1k}^0 + \mathrm{d}\boldsymbol{u}_{1k}^* = -\sum_{j=1}^{N-1} \boldsymbol{G}_{1k}\boldsymbol{B}_{2j}(-\boldsymbol{u}_{2j}^0 + \boldsymbol{L}_{1j}\hat{\boldsymbol{\lambda}}_{1N} - \boldsymbol{L}_{2j}\hat{\boldsymbol{\lambda}}_{2N}) - \boldsymbol{G}_{1k}\left(\boldsymbol{y}_N^0 - \sum_{j=1}^{N-1}\boldsymbol{B}_{1j}\boldsymbol{u}_{1j}^0\right) \\ \boldsymbol{u}_{2k}^* = \boldsymbol{u}_{2k}^0 + \mathrm{d}\boldsymbol{u}_{2k}^* = \boldsymbol{L}_{1k}\hat{\boldsymbol{\lambda}}_{1N} - \boldsymbol{L}_{2k}\hat{\boldsymbol{\lambda}}_{2N}\end{cases} \tag{6-68}$$

其中，参数矩阵在任意节点 $k(k = 1,\ \cdots,\ N - 1)$ 上定义为

$$\boldsymbol{G}_{1k} = \boldsymbol{E}_{1k}\left[\boldsymbol{I} + \left(\frac{\partial \mathrm{d}\boldsymbol{y}_N}{\partial \mathrm{d}\boldsymbol{x}_{1N}}\right)^{\mathrm{T}}\boldsymbol{Q}_1\left(\sum_{j=1}^{N-1}\boldsymbol{B}_{1j}\boldsymbol{E}_{1j}\right)\right]^{-1}\left(\frac{\partial \mathrm{d}\boldsymbol{y}_N}{\partial \mathrm{d}\boldsymbol{x}_{1N}}\right)^{\mathrm{T}}\boldsymbol{Q}_1 \tag{6-69}$$

$$\boldsymbol{E}_{1k} = \begin{cases}\boldsymbol{R}_{1k}^{-1}\left(\dfrac{\partial F_{1k}}{\partial \boldsymbol{u}_{1k}}\right)^{\mathrm{T}}\left(\dfrac{\partial F_{1,\ N-1}}{\partial \boldsymbol{x}_{1,\ N-1}}\cdots\dfrac{\partial F_{1,\ k+1}}{\partial \boldsymbol{x}_{1,\ k+1}}\right)^{\mathrm{T}},\ k = 1,\ \cdots,\ N-2 \\ \boldsymbol{R}_{1,\ N-1}^{-1}\left(\dfrac{\partial F_{1,\ N-1}}{\partial \boldsymbol{u}_{1,\ N-1}}\right)^{\mathrm{T}},\ k = N-1\end{cases} \tag{6-70}$$

$$\boldsymbol{L}_{1k} = \boldsymbol{R}_{2k}^{-1}\boldsymbol{B}_{2k}^{\mathrm{T}}\boldsymbol{G}_{1,\ N-1}^{\mathrm{T}}\left(\frac{\partial F_{1,\ N-1}}{\partial \boldsymbol{u}_{1,\ N-1}}\right)^{\mathrm{T}} + \sum_{j=1}^{N-2}\boldsymbol{R}_{2k}^{-1}\boldsymbol{B}_{2k}^{\mathrm{T}}\boldsymbol{G}_{1j}^{\mathrm{T}}\left(\frac{\partial F_{1j}}{\partial \boldsymbol{u}_{1j}}\right)^{\mathrm{T}}\left(\frac{\partial F_{1,\ N-1}}{\partial \boldsymbol{x}_{1,\ N-1}}\cdots\frac{\partial F_{1,\ j+1}}{\partial \boldsymbol{x}_{1,\ j+1}}\right)^{\mathrm{T}} \tag{6-71}$$

$$\boldsymbol{L}_{2k} = \begin{cases}\boldsymbol{R}_{2k}^{-1}\left(\dfrac{\partial F_{2k}}{\partial \boldsymbol{u}_{2k}}\right)^{\mathrm{T}}\left(\dfrac{\partial F_{2,\ N-1}}{\partial \boldsymbol{x}_{2,\ N-1}}\cdots\dfrac{\partial F_{2,\ k+1}}{\partial \boldsymbol{x}_{2,\ k+1}}\right)^{\mathrm{T}},\ k = 1,\ \cdots,\ N-2 \\ \boldsymbol{R}_{2k}^{-1}\left(\dfrac{\partial F_{2,\ N-1}}{\partial \boldsymbol{u}_{2,\ N-1}}\right)^{\mathrm{T}},\ k = N-1\end{cases} \tag{6-72}$$

$$\begin{bmatrix}\hat{\boldsymbol{\lambda}}_{1N} \\ \hat{\boldsymbol{\lambda}}_{2N}\end{bmatrix} = \begin{bmatrix}\boldsymbol{M}_{1,\ 1} & \boldsymbol{M}_{1,\ 2} \\ \boldsymbol{M}_{2,\ 1} & \boldsymbol{M}_{2,\ 2}\end{bmatrix}^{-1}\boldsymbol{b} \tag{6-73}$$

$$\begin{cases} \boldsymbol{M}_{1,1}=\boldsymbol{I}+\left(\dfrac{\partial \mathrm{d}\boldsymbol{y}_N}{\partial \mathrm{d}\boldsymbol{x}_{1N}}\right)^{\mathrm{T}}\boldsymbol{Q}_2\left(-\sum_{k=1}^{N-1}\sum_{j=1}^{N-1}\boldsymbol{B}_{1k}\boldsymbol{G}_{1k}\boldsymbol{B}_{2j}\boldsymbol{L}_{1j}+\sum_{k=1}^{N-1}\boldsymbol{B}_{2k}\boldsymbol{L}_{1k}\right) \\ \boldsymbol{M}_{1,2}=\left(\dfrac{\partial \mathrm{d}\boldsymbol{y}_N}{\partial \mathrm{d}\boldsymbol{x}_{1N}}\right)^{\mathrm{T}}\boldsymbol{Q}_2\left(\sum_{k=1}^{N-1}\sum_{j=1}^{N-1}\boldsymbol{B}_{1k}\boldsymbol{G}_{1k}\boldsymbol{B}_{2j}\boldsymbol{L}_{2j}-\sum_{k=1}^{N-1}\boldsymbol{B}_{2k}\boldsymbol{L}_{2k}\right) \\ \boldsymbol{M}_{2,1}=\left(\dfrac{\partial \mathrm{d}\boldsymbol{y}_N}{\partial \mathrm{d}\boldsymbol{x}_{2N}}\right)^{\mathrm{T}}\boldsymbol{Q}_2\left(-\sum_{k=1}^{N-1}\sum_{j=1}^{N-1}\boldsymbol{B}_{1k}\boldsymbol{G}_{1k}\boldsymbol{B}_{2j}\boldsymbol{L}_{1j}+\sum_{k=1}^{N-1}\boldsymbol{B}_{2k}\boldsymbol{L}_{1k}\right) \\ \boldsymbol{M}_{2,2}=\boldsymbol{I}+\left(\dfrac{\partial \mathrm{d}\boldsymbol{y}_N}{\partial \mathrm{d}\boldsymbol{x}_{2N}}\right)^{\mathrm{T}}\boldsymbol{Q}_2\left(\sum_{k=1}^{N-1}\sum_{j=1}^{N-1}\boldsymbol{B}_{1k}\boldsymbol{G}_{1k}\boldsymbol{B}_{2j}\boldsymbol{L}_{2j}-\sum_{k=1}^{N-1}\boldsymbol{B}_{2k}\boldsymbol{L}_{2k}\right) \end{cases} \tag{6-74}$$

$$\boldsymbol{b}=\begin{bmatrix} -\left(\dfrac{\partial \mathrm{d}\boldsymbol{y}_N}{\partial \mathrm{d}\boldsymbol{x}_{1N}}\right)^{\mathrm{T}}\boldsymbol{Q}_2\left\{\boldsymbol{y}_N^0+\sum_{k=1}^{N-1}\boldsymbol{B}_{1k}\left[-\boldsymbol{u}_{1k}^0-\boldsymbol{G}_{1k}\left(\boldsymbol{y}_N^0-\sum_{j=1}^{N-1}\boldsymbol{B}_{1j}\boldsymbol{u}_{1j}^0\right)\right.\right. \\ \left.\left.+\sum_{j=1}^{N-1}\boldsymbol{G}_{1k}\boldsymbol{B}_{2j}\boldsymbol{u}_{2j}^0\right]-\sum_{k=1}^{N-1}\boldsymbol{B}_{2k}\boldsymbol{u}_{2k}^0\right\} \\ -\left(\dfrac{\partial \mathrm{d}\boldsymbol{y}_N}{\partial \mathrm{d}\boldsymbol{x}_{2N}}\right)^{\mathrm{T}}\boldsymbol{Q}_2\left\{\boldsymbol{y}_N^0+\sum_{k=1}^{N-1}\boldsymbol{B}_{1k}\left[-\boldsymbol{u}_{1k}^0-\boldsymbol{G}_{1k}\left(\boldsymbol{y}_N^0-\sum_{j=1}^{N-1}\boldsymbol{B}_{1j}\boldsymbol{u}_{1j}^0\right)\right.\right. \\ \left.\left.+\sum_{j=1}^{N-1}\boldsymbol{G}_{1k}\boldsymbol{B}_{2j}\boldsymbol{u}_{2j}^0\right]-\sum_{k=1}^{N-1}\boldsymbol{B}_{2k}\boldsymbol{u}_{2k}^0\right\} \end{bmatrix} \tag{6-75}$$

那么,称 $\mathrm{d}\boldsymbol{u}_{1k}^*=-\boldsymbol{u}_{1k}^0+\boldsymbol{u}_{1k}^*$ 与 $\mathrm{d}\boldsymbol{u}_{2k}^*=-\boldsymbol{u}_{2k}^0+\boldsymbol{u}_{2k}^*$ 构成了开环主从假设下模型预测-主从数值博弈的控制输入迭代策略对。

证明: 追逃问题中两航天器满足的状态轨迹约束在模型预测数值迭代架构中体现为状态偏差与控制输入偏差的等式约束,分别表示为

$$\mathrm{d}\boldsymbol{x}_{1,k+1}=\frac{\partial F_{1k}}{\partial \boldsymbol{x}_{1k}}\mathrm{d}\boldsymbol{x}_{1k}+\frac{\partial F_{1k}}{\partial \boldsymbol{u}_{1k}}\mathrm{d}\boldsymbol{u}_{1k} \tag{6-76}$$

$$\mathrm{d}\boldsymbol{x}_{2,k+1}=\frac{\partial F_{2k}}{\partial \boldsymbol{x}_{2k}}\mathrm{d}\boldsymbol{x}_{2k}+\frac{\partial F_{2k}}{\partial \boldsymbol{u}_{2k}}\mathrm{d}\boldsymbol{u}_{2k} \tag{6-77}$$

两航天器主从博弈过程中,首先考虑追随者(即航天器 1)针对领导者(即航天器 2)的策略映射关系。航天器 1 的扩展性能指标函数表示为

$$\tilde{J}_1=\frac{1}{2}(\boldsymbol{y}_N^0+\mathrm{d}\boldsymbol{y}_N)^{\mathrm{T}}\boldsymbol{Q}_1(\boldsymbol{y}_N^0+\mathrm{d}\boldsymbol{y}_N)+\frac{1}{2}\sum_{k=1}^{N-1}\left[(\boldsymbol{u}_{1k}^0+\mathrm{d}\boldsymbol{u}_{1k})^{\mathrm{T}}\boldsymbol{R}_{1k}(\boldsymbol{u}_{1k}^0+\mathrm{d}\boldsymbol{u}_{1k})\right] \\ +\sum_{k=1}^{N-1}\boldsymbol{\lambda}_{1,k+1}^{\mathrm{T}}\left(\mathrm{d}\boldsymbol{x}_{1,k+1}-\frac{\partial F_{1k}}{\partial \boldsymbol{x}_{1k}}\mathrm{d}\boldsymbol{x}_{1k}-\frac{\partial F_{1k}}{\partial \boldsymbol{u}_{1k}}\mathrm{d}\boldsymbol{u}_{1k}\right) \tag{6-78}$$

其中，$\boldsymbol{\lambda}_{1,k}(k=2,\cdots,N)$ 为协态向量。基于变分法原理，可得航天器 1 扩展性能指标函数的变分表达式：

$$\begin{aligned}
\delta(\tilde{J}_1)=&\left[(\boldsymbol{y}_N^0+\mathrm{d}\boldsymbol{y}_N)^{\mathrm{T}}\boldsymbol{Q}_1\left(\frac{\partial \mathrm{d}\boldsymbol{y}_N}{\partial \mathrm{d}\boldsymbol{x}_{1N}}\right)\right]^{\mathrm{T}}\delta(\mathrm{d}\boldsymbol{x}_{1N})\\
&+\sum_{k=2}^{N}\boldsymbol{\lambda}_{1k}\delta(\mathrm{d}\boldsymbol{x}_{1k})-\sum_{k=1}^{N-1}\left(\boldsymbol{\lambda}_{1,k+1}^{\mathrm{T}}\frac{\partial F_{1k}}{\partial \boldsymbol{x}_{1k}}\right)^{\mathrm{T}}\delta(\mathrm{d}\boldsymbol{x}_{1k})\\
&+\sum_{k=1}^{N-1}[(\boldsymbol{u}_{1k}^0+\mathrm{d}\boldsymbol{u}_{1k})^{\mathrm{T}}\boldsymbol{R}_{1k}]^{\mathrm{T}}\delta(\mathrm{d}\boldsymbol{u}_{1k})-\sum_{k=1}^{N-1}\left(\boldsymbol{\lambda}_{1,k+1}^{\mathrm{T}}\frac{\partial F_{1k}}{\partial \boldsymbol{u}_{1k}}\right)^{\mathrm{T}}\delta(\mathrm{d}\boldsymbol{u}_{1k})\\
=&\left[\boldsymbol{\lambda}_{1N}+\left(\frac{\partial \mathrm{d}\boldsymbol{y}_N}{\partial \mathrm{d}\boldsymbol{x}_{1N}}\right)^{\mathrm{T}}\boldsymbol{Q}_1(\boldsymbol{y}_N^0+\mathrm{d}\boldsymbol{y}_N)\right]\delta(\mathrm{d}\boldsymbol{x}_{1N})\\
&+\sum_{k=2}^{N-1}\left[\boldsymbol{\lambda}_{1k}-\left(\frac{\partial F_{1k}}{\partial \boldsymbol{x}_{1k}}\right)^{\mathrm{T}}\boldsymbol{\lambda}_{1,k+1}\right]\delta(\mathrm{d}\boldsymbol{x}_{1,k})-\left(\frac{\partial F_{1,1}}{\partial \boldsymbol{x}_{1,1}}\right)^{\mathrm{T}}\boldsymbol{\lambda}_{1,2}\delta(\mathrm{d}\boldsymbol{x}_{1,1})\\
&+\sum_{k=1}^{N-1}\left[\boldsymbol{R}_{1k}(\boldsymbol{u}_{1k}^0+\mathrm{d}\boldsymbol{u}_{1k})-\left(\frac{\partial F_{1k}}{\partial \boldsymbol{u}_{1k}}\right)^{\mathrm{T}}\boldsymbol{\lambda}_{1,k+1}\right]\delta(\mathrm{d}\boldsymbol{u}_{1k})
\end{aligned}\tag{6-79}$$

虽然系统终端输出由 $\boldsymbol{u}_{1k}$ 与 $\boldsymbol{u}_{1k}$ 共同决定，但在该阶段的博弈逻辑中，航天器 2 的控制输入序列对于航天器 1 而言为假设的先验信息，因此这里不存在航天器 2 对系统带来的变分作用。基于上述变分表达式，可得航天器 1 的控制输入偏差与协态变量应满足的约束条件，即

$$\boldsymbol{\lambda}_{1N}+\left(\frac{\partial \mathrm{d}\boldsymbol{y}_N}{\partial \mathrm{d}\boldsymbol{x}_{1N}}\right)^{\mathrm{T}}\boldsymbol{Q}_1(\boldsymbol{y}_N^0+\mathrm{d}\boldsymbol{y}_N)=0\tag{6-80}$$

$$\boldsymbol{\lambda}_{1k}-\left(\frac{\partial F_{1k}}{\partial \boldsymbol{x}_{1k}}\right)^{\mathrm{T}}\boldsymbol{\lambda}_{1,k+1}=0,\quad k=2,\cdots,N-1\tag{6-81}$$

$$\boldsymbol{R}_{1k}(\boldsymbol{u}_{1k}^0+\mathrm{d}\boldsymbol{u}_{1k})-\left(\frac{\partial F_{1k}}{\partial \boldsymbol{u}_{1k}}\right)^{\mathrm{T}}\boldsymbol{\lambda}_{1,k+1}=0,\quad k=1,\cdots,N-1\tag{6-82}$$

至此，求得追随者控制序列偏差以及协态变量的等式约束。随后，由协态变量的等式约束式(6－81)递推易得在任意离散节点 $k(k=2,\cdots,N-1)$ 协态变量与终端协态变量 $\boldsymbol{\lambda}_{1N}$ 之间的等式关系，即

$$\boldsymbol{\lambda}_{1k}=\left(\frac{\partial F_{1,N-1}}{\partial \boldsymbol{x}_{1,N-1}}\cdots\frac{\partial F_{1k}}{\partial \boldsymbol{x}_{1k}}\right)^{\mathrm{T}}\boldsymbol{\lambda}_{1N}\tag{6-83}$$

将递推结果式(6－83)代入式(6－82)则可得到控制输入序列偏差与终端协态变量的等式关系为

$$\begin{cases} \mathrm{d}\boldsymbol{u}_{1k} = -\boldsymbol{u}_{1k}^{0} + \boldsymbol{R}_{1k}^{-1}\left(\dfrac{\partial F_{1k}}{\partial \boldsymbol{u}_{1k}}\right)^{\mathrm{T}}\left(\dfrac{\partial F_{1,\,N-1}}{\partial \boldsymbol{x}_{1,\,N-1}}\cdots\dfrac{\partial F_{1,\,k+1}}{\partial \boldsymbol{x}_{1,\,k+1}}\right)^{\mathrm{T}}\boldsymbol{\lambda}_{1N}, \quad k=1,\,\cdots,\,N-2 \\ \mathrm{d}\boldsymbol{u}_{1,\,N-1} = -\boldsymbol{u}_{1,\,N-1}^{0} + \boldsymbol{R}_{1,\,N-1}^{-1}\left(\dfrac{\partial F_{1,\,N-1}}{\partial \boldsymbol{u}_{1,\,N-1}}\right)^{\mathrm{T}}\boldsymbol{\lambda}_{1N} \end{cases} \tag{6-84}$$

为了便于书写，定义系数矩阵 $\boldsymbol{E}_{1k}(k=1,\,\cdots,\,N-1)$ 为

$$\boldsymbol{E}_{1k} \triangleq \begin{cases} \boldsymbol{R}_{1k}^{-1}\left(\dfrac{\partial F_{1,\,k}}{\partial \boldsymbol{u}_{1,\,k}}\right)^{\mathrm{T}}\left(\dfrac{\partial F_{1,\,N-1}}{\partial \boldsymbol{x}_{1,\,N-1}}\cdots\dfrac{\partial F_{1,\,k+1}}{\partial \boldsymbol{x}_{1,\,k+1}}\right)^{\mathrm{T}}, \quad k=1,\,\cdots,\,N-2 \\ \boldsymbol{R}_{1,\,k}^{-1}\left(\dfrac{\partial F_{1,\,N-1}}{\partial \boldsymbol{u}_{1,\,N-1}}\right)^{\mathrm{T}}, \quad k=N-1 \end{cases} \tag{6-85}$$

故而在任意离散节点 $k(k=2,\,\cdots,\,N-1)$，式(6-84)可以重新整理书写为

$$\mathrm{d}\boldsymbol{u}_{1k} = -\boldsymbol{u}_{1k}^{0} + \boldsymbol{E}_{1k}\boldsymbol{\lambda}_{1N} \tag{6-86}$$

此外，为求取终端协态变量的方程组表达式，将**推论 6.1** 中终端偏差与控制输入的等式关系式(6-31)及式(6-86)联立代入协态变量终端条件约束式(6-80)可得

$$\begin{aligned} \boldsymbol{\lambda}_{1N} &= -\left(\dfrac{\partial \mathrm{d}\boldsymbol{y}_{N}}{\partial \mathrm{d}\boldsymbol{x}_{1N}}\right)^{\mathrm{T}}\boldsymbol{Q}_{1}\left\{\boldsymbol{y}_{N}^{0} + \sum_{k=1}^{N-1}\left[\boldsymbol{B}_{1k}(-\boldsymbol{u}_{1k}^{0} + \boldsymbol{E}_{1k}\boldsymbol{\lambda}_{1N}) + \boldsymbol{B}_{2k}\mathrm{d}\boldsymbol{u}_{2k}\right]\right\} \\ &= -\left(\dfrac{\partial \mathrm{d}\boldsymbol{y}_{N}}{\partial \mathrm{d}\boldsymbol{x}_{1N}}\right)^{\mathrm{T}}\boldsymbol{Q}_{1}\left(\sum_{k=1}^{N-1}\boldsymbol{B}_{1k}\boldsymbol{E}_{1k}\right)\boldsymbol{\lambda}_{1N} \\ &\quad -\left(\dfrac{\partial \mathrm{d}\boldsymbol{y}_{N}}{\partial \mathrm{d}\boldsymbol{x}_{1N}}\right)^{\mathrm{T}}\boldsymbol{Q}_{1}\left(\boldsymbol{y}_{N}^{0} - \sum_{k=1}^{N-1}\boldsymbol{B}_{1k}\boldsymbol{u}_{1k}^{0} + \sum_{k=1}^{N-1}\boldsymbol{B}_{2k}\mathrm{d}\boldsymbol{u}_{2k}\right) \end{aligned} \tag{6-87}$$

显然，在当前的预测轨迹下，航天器 1 的终端协态向量 $\boldsymbol{\lambda}_{1N}$ 与航天器 2 可能采取的控制序列更新 $\mathrm{d}\boldsymbol{u}_{2k}$ 存在映射关系。对上式进一步求解可以得到终端协态向量 $\boldsymbol{\lambda}_{1N}$ 表达式为

$$\boldsymbol{\lambda}_{1N} = -\left[\boldsymbol{I} + \left(\dfrac{\partial \mathrm{d}\boldsymbol{y}_{N}}{\partial \mathrm{d}\boldsymbol{x}_{1N}}\right)^{\mathrm{T}}\boldsymbol{Q}_{1}\left(\sum_{k=1}^{N-1}\boldsymbol{B}_{1k}\boldsymbol{E}_{1k}\right)\right]^{-1}\left(\dfrac{\partial \mathrm{d}\boldsymbol{y}_{N}}{\partial \mathrm{d}\boldsymbol{x}_{1N}}\right)^{\mathrm{T}}\boldsymbol{Q}_{1}\left(\boldsymbol{y}_{N}^{0} - \sum_{k=1}^{N-1}\boldsymbol{B}_{1k}\boldsymbol{u}_{1k}^{0} + \sum_{k=1}^{N-1}\boldsymbol{B}_{2k}\mathrm{d}\boldsymbol{u}_{2k}\right) \tag{6-88}$$

随后将式(6-88)与式(6-86)联立即可求得身为追随者的航天器 1 对领导者航天器 2 可能采取的控制序列 $\boldsymbol{U}_{2}^{0}+\mathrm{d}\boldsymbol{U}_{2}$ 的最优响应函数为

$$\begin{aligned}\mathrm{d}\boldsymbol{u}_{1k}(\mathrm{d}\boldsymbol{u}_{2,1},\cdots,\mathrm{d}\boldsymbol{u}_{2,N-1}) &= -\boldsymbol{u}_{1,k}^{0}-\boldsymbol{G}_{1k}\left(\boldsymbol{y}_{N}^{0}-\sum_{j=1}^{N-1}\boldsymbol{B}_{1j}\boldsymbol{u}_{1j}^{0}+\sum_{j=1}^{N-1}\boldsymbol{B}_{2j}\mathrm{d}\boldsymbol{u}_{2j}\right)\\ &= -\sum_{j=1}^{N-1}\boldsymbol{G}_{1k}\boldsymbol{B}_{2j}\mathrm{d}\boldsymbol{u}_{2j}-\boldsymbol{u}_{1,k}^{0}-\boldsymbol{G}_{1k}\left(\boldsymbol{y}_{N}^{0}-\sum_{j=1}^{N-1}\boldsymbol{B}_{1j}\boldsymbol{u}_{1j}^{0}\right)\end{aligned} \tag{6-89}$$

其中，$k=1,\cdots,N-1$，而 $\boldsymbol{G}_{1k}$ 为书写简洁而定义的参数矩阵：

$$\boldsymbol{G}_{1k}\triangleq\boldsymbol{E}_{1k}\left[\boldsymbol{I}+\left(\frac{\partial\mathrm{d}\boldsymbol{y}_{N}}{\partial\mathrm{d}\boldsymbol{x}_{1N}}\right)^{\mathrm{T}}\boldsymbol{Q}_{1}\left(\sum_{j=1}^{N-1}\boldsymbol{B}_{1j}\boldsymbol{E}_{1j}\right)\right]^{-1}\left(\frac{\partial\mathrm{d}\boldsymbol{y}_{N}}{\partial\mathrm{d}\boldsymbol{x}_{1N}}\right)^{\mathrm{T}}\boldsymbol{Q}_{1},\quad k=1,\cdots,N-1 \tag{6-90}$$

至此，开环主从假设下，对于航天器 2 可能采取的所有策略，航天器 1 对应的最优策略映射关系求解完成。接下来，基于策略函数关系进一步求解航天器 2 的 Stackelberg 均衡控制策略。对于航天器 2，扩展性能指标函数为

$$\begin{aligned}\tilde{J}_{2} &= \frac{1}{2}(\boldsymbol{y}_{N}^{0}+\mathrm{d}\boldsymbol{y}_{N})^{\mathrm{T}}\boldsymbol{Q}_{2}(\boldsymbol{y}_{N}^{0}+\mathrm{d}\boldsymbol{y}_{N})\\ &\quad-\frac{1}{2}\sum_{k=1}^{N-1}\left[(\boldsymbol{u}_{2k}^{0}+\mathrm{d}\boldsymbol{u}_{2k})^{\mathrm{T}}\boldsymbol{R}_{2k}(\boldsymbol{u}_{2k}^{0}+\mathrm{d}\boldsymbol{u}_{2k})\right]\\ &\quad+\sum_{k=1}^{N-1}\hat{\boldsymbol{\lambda}}_{1,k+1}^{\mathrm{T}}\left(\mathrm{d}\boldsymbol{x}_{1,k+1}-\frac{\partial F_{1k}}{\partial\boldsymbol{x}_{1k}}\mathrm{d}\boldsymbol{x}_{1k}-\frac{\partial F_{1k}}{\partial\boldsymbol{u}_{1k}}\mathrm{d}\boldsymbol{u}_{1k}\right)\\ &\quad+\sum_{k=1}^{N-1}\hat{\boldsymbol{\lambda}}_{2,k+1}^{\mathrm{T}}\left(\mathrm{d}\boldsymbol{x}_{2,k+1}-\frac{\partial F_{2k}}{\partial\boldsymbol{x}_{2k}}\mathrm{d}\boldsymbol{x}_{1k}-\frac{\partial F_{2k}}{\partial\boldsymbol{u}_{2k}}\mathrm{d}\boldsymbol{u}_{1k}\right)\end{aligned} \tag{6-91}$$

其中，$\hat{\boldsymbol{\lambda}}_{1k}$ 与 $\hat{\boldsymbol{\lambda}}_{2k}$ 为航天器 1 和航天器 2 的协态向量。需要注意的是，当前航天器 2 的博弈逻辑中，由于 $\boldsymbol{U}_1$ 为 $\boldsymbol{U}_2$ 的函数，故 $\boldsymbol{U}_2$ 的变化会对 $\boldsymbol{u}_{1k}$ 和 $\boldsymbol{x}_{1k}$ 带来影响，因此状态过程约束需要考虑航天器 1 的状态偏差等式约束。随后，对式(6-91)变分可得

$$\begin{aligned}\delta(\tilde{J}_{2}) &= \left[\left(\frac{\partial\mathrm{d}\boldsymbol{y}_{N}}{\partial\mathrm{d}\boldsymbol{x}_{1N}}\right)^{\mathrm{T}}\boldsymbol{Q}_{2}(\boldsymbol{y}_{N}^{0}+\mathrm{d}\boldsymbol{y}_{N})+\hat{\boldsymbol{\lambda}}_{1N}\right]\delta(\mathrm{d}\boldsymbol{x}_{1N})\\ &\quad+\left[\left(\frac{\partial\mathrm{d}\boldsymbol{y}_{N}}{\partial\mathrm{d}\boldsymbol{x}_{2N}}\right)^{\mathrm{T}}\boldsymbol{Q}_{2}(\boldsymbol{y}_{N}^{0}+\mathrm{d}\boldsymbol{y}_{N})+\hat{\boldsymbol{\lambda}}_{2N}\right]\delta(\mathrm{d}\boldsymbol{x}_{2N})\\ &\quad+\sum_{k=2}^{N-1}\left[\hat{\boldsymbol{\lambda}}_{1k}-\left(\frac{\partial F_{1k}}{\partial\boldsymbol{x}_{1k}}\right)^{\mathrm{T}}\hat{\boldsymbol{\lambda}}_{1,k+1}\right]\delta(\mathrm{d}\boldsymbol{x}_{1k})\\ &\quad+\sum_{k=2}^{N-1}\left[\hat{\boldsymbol{\lambda}}_{2k}-\left(\frac{\partial F_{2k}}{\partial\boldsymbol{x}_{2k}}\right)^{\mathrm{T}}\hat{\boldsymbol{\lambda}}_{2,k+1}\right]\delta(\mathrm{d}\boldsymbol{x}_{2k})\end{aligned}$$

$$
\begin{aligned}
&-\sum_{k=1}^{N-1}\left[\boldsymbol{R}_{2k}(\boldsymbol{u}_{2k}^{0}+\mathrm{d}\boldsymbol{u}_{2k})+\left(\frac{\partial F_{2k}}{\partial \boldsymbol{u}_{2k}}\right)^{\mathrm{T}}\hat{\boldsymbol{\lambda}}_{2,\,k+1}\right]\delta(\mathrm{d}\boldsymbol{u}_{2k})\\
&-\sum_{k=1}^{N-1}\sum_{j=1}^{N-1}\left\{\left[\hat{\boldsymbol{\lambda}}_{1,\,k+1}^{\mathrm{T}}\frac{\partial F_{1k}}{\partial \boldsymbol{u}_{1k}}\frac{\partial \mathrm{d}\boldsymbol{u}_{1k}}{\partial \mathrm{d}\boldsymbol{u}_{2j}}\right]^{\mathrm{T}}\delta(\mathrm{d}\boldsymbol{u}_{2j})\right\}
\end{aligned}
\tag{6-92}
$$

其中，$\mathrm{d}\boldsymbol{u}_{1k}$关于 $\mathrm{d}\boldsymbol{u}_{2k}$的偏导数可以由式(6－89)得

$$
\frac{\partial(\mathrm{d}\boldsymbol{u}_{1k})}{\partial(\mathrm{d}\boldsymbol{u}_{2j})}=-\boldsymbol{G}_{1k}\boldsymbol{B}_{2j},\quad k=1,\cdots,N-1,\quad j=1,\cdots N-1 \tag{6-93}
$$

故变分表达式(6－92)中最后一项可重写作

$$
\begin{aligned}
&\sum_{k=1}^{N-1}\sum_{j=1}^{N-1}\left[\left(\hat{\boldsymbol{\lambda}}_{1,\,k+1}^{\mathrm{T}}\frac{\partial F_{1k}}{\partial \boldsymbol{u}_{1k}}\frac{\partial \mathrm{d}\boldsymbol{u}_{1k}}{\partial \mathrm{d}\boldsymbol{u}_{2j}}\right)^{\mathrm{T}}\delta(\mathrm{d}\boldsymbol{u}_{2j})\right]\\
&=\sum_{j=1}^{N-1}\sum_{k=1}^{N-1}\left[\left(\hat{\boldsymbol{\lambda}}_{1,\,j+1}^{\mathrm{T}}\frac{\partial F_{1j}}{\partial \boldsymbol{u}_{1j}}\frac{\partial \mathrm{d}\boldsymbol{u}_{1j}}{\partial \mathrm{d}\boldsymbol{u}_{2k}}\right)^{\mathrm{T}}\delta(\mathrm{d}\boldsymbol{u}_{2k})\right]\\
&=\sum_{k=1}^{N-1}\left[\sum_{j=1}^{N-1}\left(-\frac{\partial F_{1j}}{\partial \boldsymbol{u}_{1j}}\boldsymbol{G}_{1j}\boldsymbol{B}_{2k}\right)^{\mathrm{T}}\hat{\boldsymbol{\lambda}}_{1,\,j+1}\right]\delta(\mathrm{d}\boldsymbol{u}_{2k})
\end{aligned}
\tag{6-94}
$$

将式(6－94)代入式(6－92)可得航天器 2 的协态变量与控制输入应满足的约束条件为

$$
\begin{cases}
\left(\dfrac{\partial \mathrm{d}\boldsymbol{y}_{N}}{\partial \mathrm{d}\boldsymbol{x}_{1N}}\right)^{\mathrm{T}}\boldsymbol{Q}_{2}(\boldsymbol{y}_{N}^{0}+\mathrm{d}\boldsymbol{y}_{N})+\hat{\boldsymbol{\lambda}}_{1N}=0\\
\left(\dfrac{\partial \mathrm{d}\boldsymbol{y}_{N}}{\partial \mathrm{d}\boldsymbol{x}_{2N}}\right)^{\mathrm{T}}\boldsymbol{Q}_{2}(\boldsymbol{y}_{N}^{0}+\mathrm{d}\boldsymbol{y}_{N})+\hat{\boldsymbol{\lambda}}_{2N}=0
\end{cases}
\tag{6-95}
$$

$$
\begin{cases}
\hat{\boldsymbol{\lambda}}_{1k}-\left(\dfrac{\partial F_{1k}}{\partial \boldsymbol{x}_{1k}}\right)^{\mathrm{T}}\hat{\boldsymbol{\lambda}}_{1,\,k+1}=0\\
\hat{\boldsymbol{\lambda}}_{2k}-\left(\dfrac{\partial F_{2k}}{\partial \boldsymbol{x}_{2k}}\right)^{\mathrm{T}}\hat{\boldsymbol{\lambda}}_{2,\,k+1}=0
\end{cases}
\quad k=2,\cdots,N-1
\tag{6-96}
$$

$$
\boldsymbol{R}_{2k}(\boldsymbol{u}_{2k}^{0}+\mathrm{d}\boldsymbol{u}_{2k})+\left(\frac{\partial F_{2k}}{\partial \boldsymbol{u}_{2k}}\right)^{\mathrm{T}}\hat{\boldsymbol{\lambda}}_{2,\,k+1}-\sum_{j=1}^{N-1}\left(\frac{\partial F_{1j}}{\partial \boldsymbol{u}_{1j}}\boldsymbol{G}_{1j}\boldsymbol{B}_{2k}\right)^{\mathrm{T}}\hat{\boldsymbol{\lambda}}_{1,\,j+1}=0 \tag{6-97}
$$

$k=1,\cdots,N-1$

接下来，由协态变量的等式约束式(6－96)递推可得离散时间节点 $k(k=2,\cdots,N-1)$处协态变量与终端协态变量的关系为

$$\begin{cases}\hat{\boldsymbol{\lambda}}_{1k}=\left(\dfrac{\partial F_{1k}}{\partial \boldsymbol{x}_{1k}}\right)^{\mathrm{T}}\hat{\boldsymbol{\lambda}}_{1,\,k+1}=\left(\dfrac{\partial F_{1,\,N-1}}{\partial \boldsymbol{x}_{1,\,N-1}}\cdots\dfrac{\partial F_{1k}}{\partial \boldsymbol{x}_{1k}}\right)^{\mathrm{T}}\hat{\boldsymbol{\lambda}}_{1N}\\ \hat{\boldsymbol{\lambda}}_{2k}=\left(\dfrac{\partial F_{2k}}{\partial \boldsymbol{x}_{2k}}\right)^{\mathrm{T}}\hat{\boldsymbol{\lambda}}_{2,\,k+1}=\left(\dfrac{\partial F_{2,\,N-1}}{\partial \boldsymbol{x}_{2,\,N-1}}\cdots\dfrac{\partial F_{2k}}{\partial \boldsymbol{x}_{2k}}\right)^{\mathrm{T}}\hat{\boldsymbol{\lambda}}_{2N}\end{cases} \tag{6-98}$$

将式(6－98)代入控制序列偏差的等式约束式(6－97)，可得航天器 2 的控制输入偏差与终端协态变量的关系，即

$$\mathrm{d}\boldsymbol{u}_{2k}=-\boldsymbol{u}_{2k}^{0}+\boldsymbol{L}_{1k}\hat{\boldsymbol{\lambda}}_{1N}-\boldsymbol{L}_{2k}\hat{\boldsymbol{\lambda}}_{2N},\quad k=1,\ \cdots,\ N-1 \tag{6-99}$$

其中，$\boldsymbol{L}_{1k}$与$\boldsymbol{L}_{2k}$为简化书写目的而定义的系数矩阵：

$$\boldsymbol{L}_{1k}\triangleq\boldsymbol{R}_{2k}^{-1}\boldsymbol{B}_{2k}^{\mathrm{T}}\boldsymbol{G}_{1,\,N-1}^{\mathrm{T}}\left(\frac{\partial F_{1,\,N-1}}{\partial \boldsymbol{u}_{1,\,N-1}}\right)^{\mathrm{T}}+\sum_{j=1}^{N-2}\boldsymbol{R}_{2k}^{-1}\boldsymbol{B}_{2k}^{\mathrm{T}}\boldsymbol{G}_{1j}^{\mathrm{T}}\left(\frac{\partial F_{1j}}{\partial \boldsymbol{u}_{1j}}\right)^{\mathrm{T}}\left(\frac{\partial F_{1,\,N-1}}{\partial \boldsymbol{x}_{1,\,N-1}}\cdots\frac{\partial F_{1,\,j+1}}{\partial \boldsymbol{x}_{1,\,j+1}}\right)^{\mathrm{T}}$$
$$k=1,\ \cdots,\ N-1 \tag{6-100}$$

$$\boldsymbol{L}_{2k}\triangleq\begin{cases}\boldsymbol{R}_{2k}^{-1}\left(\dfrac{\partial F_{2k}}{\partial \boldsymbol{u}_{2k}}\right)^{\mathrm{T}}\left(\dfrac{\partial F_{2,\,N-1}}{\partial \boldsymbol{x}_{2,\,N-1}}\cdots\dfrac{\partial F_{2,\,k+1}}{\partial \boldsymbol{x}_{2,\,k+1}}\right)^{\mathrm{T}},\ k=1,\ \cdots,\ N-2\\ \boldsymbol{R}_{2k}^{-1}\left(\dfrac{\partial F_{2,\,N-1}}{\partial \boldsymbol{u}_{2,\,N-1}}\right)^{\mathrm{T}},\ k=N-1\end{cases} \tag{6-101}$$

显然，式(6－99)为控制输入偏差与终端协态变量提供了等式方程组。为求解终端协态变量，还需再求得一个控制输入偏差与终端协态变量的等式关系与之构成方程组。基于此目的，首先将式(6－99)代入航天器 1 与航天器 2 的映射关系式(6－89)得到航天器 1 的控制输入偏差与$\hat{\boldsymbol{\lambda}}_{1N}$、$\hat{\boldsymbol{\lambda}}_{2N}$的等式关系：

$$\begin{aligned}\mathrm{d}\boldsymbol{u}_{1k}&=-\sum_{j=1}^{N-1}\boldsymbol{G}_{1k}\boldsymbol{B}_{2j}(-\boldsymbol{u}_{2j}^{0}+\boldsymbol{L}_{1j}\hat{\boldsymbol{\lambda}}_{1N}-\boldsymbol{L}_{2j}\hat{\boldsymbol{\lambda}}_{2N})-\boldsymbol{u}_{1k}^{0}-\boldsymbol{G}_{1k}\left(\boldsymbol{y}_{N}^{0}-\sum_{j=1}^{N-1}\boldsymbol{B}_{1j}\boldsymbol{u}_{1i}^{0}\right)\\&=-\sum_{j=1}^{N-1}\boldsymbol{G}_{1k}\boldsymbol{B}_{2ji}\boldsymbol{L}_{1j}\hat{\boldsymbol{\lambda}}_{1N}+\sum_{j=1}^{N-1}\boldsymbol{G}_{1k}\boldsymbol{B}_{2j}\boldsymbol{L}_{2j}\hat{\boldsymbol{\lambda}}_{2N}\\&\quad-\boldsymbol{u}_{1k}^{0}-\boldsymbol{G}_{1k}\left(\boldsymbol{y}_{N}^{0}-\sum_{j=1}^{N-1}\boldsymbol{B}_{1j}\boldsymbol{u}_{1i}^{0}\right)+\sum_{j=1}^{N-1}\boldsymbol{G}_{1k}\boldsymbol{B}_{2j}\boldsymbol{u}_{2j}^{0}\end{aligned} \tag{6-102}$$

随后，联立式(6－31)、式(6－99)、式(6－102)及协态变量终端约束式(6－95)，即可求得航天器 2 的终端协态变量解析表达式，即

$$\begin{bmatrix}\hat{\boldsymbol{\lambda}}_{1N}\\ \hat{\boldsymbol{\lambda}}_{2N}\end{bmatrix}=\begin{bmatrix}\boldsymbol{M}_{1,\,1} & \boldsymbol{M}_{1,\,2}\\ \boldsymbol{M}_{2,\,1} & \boldsymbol{M}_{2,\,2}\end{bmatrix}^{-1}\boldsymbol{b} \tag{6-103}$$

其中，参数矩阵$\boldsymbol{M}_{(\cdot)}$与$\boldsymbol{b}$分别定义为

$$
\begin{cases}
\boldsymbol{M}_{1,1} \triangleq \boldsymbol{I} + \left(\dfrac{\partial \mathrm{d}\boldsymbol{y}_N}{\partial \mathrm{d}\boldsymbol{x}_{1N}}\right)^{\mathrm{T}} \boldsymbol{Q}_2\left(-\sum_{k=1}^{N-1}\sum_{j=1}^{N-1}\boldsymbol{B}_{1k}\boldsymbol{G}_{1k}\boldsymbol{B}_{2j}\boldsymbol{L}_{1j} + \sum_{k=1}^{N-1}\boldsymbol{B}_{2k}\boldsymbol{L}_{1k}\right) \\
\boldsymbol{M}_{1,2} \triangleq \left(\dfrac{\partial \mathrm{d}\boldsymbol{y}_N}{\partial \mathrm{d}\boldsymbol{x}_{1N}}\right)^{\mathrm{T}} \boldsymbol{Q}_2\left(\sum_{k=1}^{N-1}\sum_{j=1}^{N-1}\boldsymbol{B}_{1k}\boldsymbol{G}_{1k}\boldsymbol{B}_{2j}\boldsymbol{L}_{2j} - \sum_{k=1}^{N-1}\boldsymbol{B}_{2k}\boldsymbol{L}_{2k}\right) \\
\boldsymbol{M}_{2,1} \triangleq \left(\dfrac{\partial \mathrm{d}\boldsymbol{y}_N}{\partial \mathrm{d}\boldsymbol{x}_{2N}}\right)^{\mathrm{T}} \boldsymbol{Q}_2\left(-\sum_{k=1}^{N-1}\sum_{j=1}^{N-1}\boldsymbol{B}_{1k}\boldsymbol{G}_{1k}\boldsymbol{B}_{2j}\boldsymbol{L}_{1j} + \sum_{k=1}^{N-1}\boldsymbol{B}_{2k}\boldsymbol{L}_{1k}\right) \\
\boldsymbol{M}_{2,2} \triangleq \boldsymbol{I} + \left(\dfrac{\partial \mathrm{d}\boldsymbol{y}_N}{\partial \mathrm{d}\boldsymbol{x}_{2N}}\right)^{\mathrm{T}} \boldsymbol{Q}_2\left(\sum_{k=1}^{N-1}\sum_{j=1}^{N-1}\boldsymbol{B}_{1k}\boldsymbol{G}_{1k}\boldsymbol{B}_{2j}\boldsymbol{L}_{2j} - \sum_{k=1}^{N-1}\boldsymbol{B}_{2k}\boldsymbol{L}_{2k}\right)
\end{cases}
\tag{6-104}
$$

$$
\boldsymbol{b} = \begin{bmatrix}
-\left(\dfrac{\partial \mathrm{d}\boldsymbol{y}_N}{\partial \mathrm{d}\boldsymbol{x}_{1N}}\right)^{\mathrm{T}} \boldsymbol{Q}_2\left\{\boldsymbol{y}_N^0 + \sum_{k=1}^{N-1}\boldsymbol{B}_{1k}\left[-\boldsymbol{u}_{1k}^0 - \boldsymbol{G}_{1k}\left(\boldsymbol{y}_N^0 - \sum_{j=1}^{N-1}\boldsymbol{B}_j\boldsymbol{u}_{1j}^0\right)\right.\right. \\
\left.\left. + \sum_{j=1}^{N-1}\boldsymbol{G}_{1k}\boldsymbol{B}_{2j}\boldsymbol{u}_{2j}^0\right] - \sum_{k=1}^{N-1}\boldsymbol{B}_{2k}\boldsymbol{u}_{2k}^0\right\} \\
-\left(\dfrac{\partial \mathrm{d}\boldsymbol{y}_N}{\partial \mathrm{d}\boldsymbol{x}_{2N}}\right)^{\mathrm{T}} \boldsymbol{Q}_2\left\{\boldsymbol{y}_N^0 + \sum_{k=1}^{N-1}\boldsymbol{B}_{1k}\left[-\boldsymbol{u}_{1k}^0 - \boldsymbol{G}_{1k}\left(\boldsymbol{y}_N^0 - \sum_{j=1}^{N-1}\boldsymbol{B}_j\boldsymbol{u}_{1j}^0\right)\right.\right. \\
\left.\left. + \sum_{j=1}^{N-1}\boldsymbol{G}_{1k}\boldsymbol{B}_{2j}\boldsymbol{u}_{2j}^0\right] - \sum_{k=1}^{N-1}\boldsymbol{B}_{2k}\boldsymbol{u}_{2k}^0\right\}
\end{bmatrix}
\tag{6-105}
$$

至此,**定理 6.2** 证毕。 ■

注 6.6:尽管开环主从信息假设下的 Stackelberg 策略具有两层累加求和计算,但是两层累加求和之间并不存在耦合关系,因此内层求和(即定理中以下标 j 索引的多项式求和)只需一次解析计算,在计算效率上不会带来过多的负担。

类比**定理 6.2** 的结果和证明过程,当开环主从信息假设中航天器 1 为领导者而航天器 2 为追随者时,模型预测数值博弈框架下的主从控制器可以由**推论 6.2** 定义。

推论 6.2:设在两航天器轨道追逃问题的开环主从信息结构中,航天器 1(追击器)为领导者而航天器 2(逃逸器)为追随者,则两航天器在任意离散时间节点 $k(k=1,\cdots,N-1)$ 的控制输入 $\boldsymbol{u}_{1k}^*$ 与 $\boldsymbol{u}_{2k}^*$ 满足解析表达式:

$$
\begin{cases}
\boldsymbol{u}_{1k}^* = \boldsymbol{u}_{1k}^0 + \mathrm{d}\boldsymbol{u}_{1k}^* = \tilde{\boldsymbol{L}}_{1k}\tilde{\boldsymbol{\lambda}}_{1N} + \tilde{\boldsymbol{L}}_{2k}\tilde{\boldsymbol{\lambda}}_{2N} \\
\boldsymbol{u}_{2k}^* = \boldsymbol{u}_{2k}^0 + \mathrm{d}\boldsymbol{u}_{2k}^* = \sum_{j=1}^{N-1}\tilde{\boldsymbol{G}}_{2k}\boldsymbol{B}_{1j}\left(-\boldsymbol{u}_{1j}^0 - \tilde{\boldsymbol{L}}_{1j}\tilde{\boldsymbol{\lambda}}_{1N} + \tilde{\boldsymbol{L}}_{2j}\tilde{\boldsymbol{\lambda}}_{2N}\right) - \tilde{\boldsymbol{G}}_{2k}\left(\boldsymbol{y}_N^0 + \sum_{j=1}^{N-1}\boldsymbol{B}_{2j}\boldsymbol{u}_{2j}^0\right)
\end{cases}
\tag{6-106}
$$

其中，参数矩阵与参数向量在任意离散节点 $k(k=1,\cdots,N-1)$ 上定义为

$$\tilde{\boldsymbol{G}}_{2k}=\tilde{\boldsymbol{E}}_{2k}\left[\boldsymbol{I}-\left(\frac{\partial \mathrm{d}\boldsymbol{y}_N}{\partial \mathrm{d}\boldsymbol{x}_{2N}}\right)^{\mathrm{T}}\boldsymbol{Q}_2\left(\sum_{j=1}^{N-1}\boldsymbol{B}_{2j}\tilde{\boldsymbol{E}}_{2j}\right)\right]^{-1}\left(\frac{\partial \mathrm{d}\boldsymbol{y}_N}{\partial \mathrm{d}\boldsymbol{x}_{2N}}\right)^{\mathrm{T}}\boldsymbol{Q}_2 \tag{6-107}$$

$$\tilde{\boldsymbol{E}}_{2k}=\begin{cases}-\boldsymbol{R}_{2k}^{-1}\left(\dfrac{\partial \boldsymbol{F}_{2k}}{\partial \boldsymbol{u}_{2k}}\right)^{\mathrm{T}}\left(\dfrac{\partial \boldsymbol{F}_{2,N-1}}{\partial \boldsymbol{x}_{2,N-1}}\cdots\dfrac{\partial \boldsymbol{F}_{2,k+1}}{\partial \boldsymbol{x}_{2,k+1}}\right)^{\mathrm{T}}, & k=1,\cdots,N-2\\ -\boldsymbol{R}_{2,N-1}^{-1}\left(\dfrac{\partial \boldsymbol{F}_{2,N-1}}{\partial \boldsymbol{u}_{2,N-1}}\right)^{\mathrm{T}}, & k=N-1\end{cases} \tag{6-108}$$

$$\tilde{\boldsymbol{L}}_{1k}=-\boldsymbol{R}_{1k}^{-1}\boldsymbol{B}_{1k}^{\mathrm{T}}\tilde{\boldsymbol{G}}_{2,N-1}^{\mathrm{T}}\left(\frac{\partial \boldsymbol{F}_{2,N-1}}{\partial \boldsymbol{u}_{2,N-1}}\right)^{\mathrm{T}}-\sum_{j=1}^{N-2}\boldsymbol{R}_{1k}^{-1}\boldsymbol{B}_{1k}^{\mathrm{T}}\tilde{\boldsymbol{G}}_{2j}^{\mathrm{T}}\left(\frac{\partial \boldsymbol{F}_{2j}}{\partial \boldsymbol{u}_{2j}}\right)^{\mathrm{T}}\left(\frac{\partial \boldsymbol{F}_{2,N-1}}{\partial \boldsymbol{x}_{2,N-1}}\cdots\frac{\partial \boldsymbol{F}_{2,j+1}}{\partial \boldsymbol{x}_{2,j+1}}\right)^{\mathrm{T}} \tag{6-109}$$

$$\tilde{\boldsymbol{L}}_{2k}=\begin{cases}-\boldsymbol{R}_{1k}^{-1}\left(\dfrac{\partial \boldsymbol{F}_{1k}}{\partial \boldsymbol{u}_{1k}}\right)^{\mathrm{T}}\left(\dfrac{\partial \boldsymbol{F}_{1,N-1}}{\partial \boldsymbol{x}_{1,N-1}}\cdots\dfrac{\partial \boldsymbol{F}_{1,k+1}}{\partial \boldsymbol{x}_{1,k+1}}\right)^{\mathrm{T}}, & k=1,\cdots,N-2\\ \boldsymbol{R}_{1k}^{-1}\left(\dfrac{\partial \boldsymbol{F}_{1,N-1}}{\partial \boldsymbol{u}_{1,N-1}}\right)^{\mathrm{T}}, & k=N-1\end{cases} \tag{6-110}$$

$$\begin{bmatrix}\tilde{\boldsymbol{\lambda}}_{1N}\\ \tilde{\boldsymbol{\lambda}}_{2N}\end{bmatrix}=\begin{bmatrix}\tilde{\boldsymbol{M}}_{1,1} & \tilde{\boldsymbol{M}}_{1,2}\\ \tilde{\boldsymbol{M}}_{2,1} & \tilde{\boldsymbol{M}}_{2,2}\end{bmatrix}^{-1}\tilde{\boldsymbol{b}} \tag{6-111}$$

$$\begin{cases}\tilde{\boldsymbol{M}}_{1,1}=\boldsymbol{I}+\left(\dfrac{\partial \mathrm{d}\boldsymbol{y}_N}{\partial \mathrm{d}\boldsymbol{x}_{2N}}\right)^{\mathrm{T}}\boldsymbol{Q}_1\left(\displaystyle\sum_{k=1}^{N-1}\sum_{j=1}^{N-1}\boldsymbol{B}_{2k}\tilde{\boldsymbol{G}}_{2k}\boldsymbol{B}_{1j}\tilde{\boldsymbol{L}}_{1j}+\sum_{k=1}^{N-1}\boldsymbol{B}_{1k}\tilde{\boldsymbol{L}}_{1k}\right)\\ \tilde{\boldsymbol{M}}_{1,2}=\left(\dfrac{\partial \mathrm{d}\boldsymbol{y}_N}{\partial \mathrm{d}\boldsymbol{x}_{2N}}\right)^{\mathrm{T}}\boldsymbol{Q}_1\left(\displaystyle\sum_{k=1}^{N-1}\sum_{j=1}^{N-1}\boldsymbol{B}_{2k}\tilde{\boldsymbol{G}}_{2k}\boldsymbol{B}_{1j}\tilde{\boldsymbol{L}}_{2j}-\sum_{k=1}^{N-1}\boldsymbol{B}_{1k}\tilde{\boldsymbol{L}}_{2k}\right)\\ \tilde{\boldsymbol{M}}_{2,1}=\left(\dfrac{\partial \mathrm{d}\boldsymbol{y}_N}{\partial \mathrm{d}\boldsymbol{x}_{2N}}\right)^{\mathrm{T}}\boldsymbol{Q}_1\left(-\displaystyle\sum_{k=1}^{N-1}\sum_{j=1}^{N-1}\boldsymbol{B}_{2k}\tilde{\boldsymbol{G}}_{2k}\boldsymbol{B}_{1j}\tilde{\boldsymbol{L}}_{1j}+\sum_{k=1}^{N-1}\boldsymbol{B}_{1k}\tilde{\boldsymbol{L}}_{1k}\right)\\ \tilde{\boldsymbol{M}}_{2,2}=\boldsymbol{I}+\left(\dfrac{\partial \mathrm{d}\boldsymbol{y}_N}{\partial \mathrm{d}\boldsymbol{x}_{2N}}\right)^{\mathrm{T}}\boldsymbol{Q}_1\left(\displaystyle\sum_{k=1}^{N-1}\sum_{j=1}^{N-1}\boldsymbol{B}_{2k}\tilde{\boldsymbol{G}}_{2k}\boldsymbol{B}_{1j}\tilde{\boldsymbol{L}}_{2j}-\sum_{k=1}^{N-1}\boldsymbol{B}_{1k}\tilde{\boldsymbol{L}}_{2k}\right)\end{cases} \tag{6-112}$$

$$\tilde{\boldsymbol{b}} = \begin{bmatrix} -\left(\dfrac{\partial \mathrm{d}\boldsymbol{y}_N}{\partial \mathrm{d}\boldsymbol{x}_{2N}}\right)^{\mathrm{T}} \boldsymbol{Q}_1 \left\{ \boldsymbol{y}_N^0 + \sum_{k=1}^{N-1} \boldsymbol{B}_{2k} \left[-\boldsymbol{u}_{2k}^0 - \tilde{\boldsymbol{G}}_{2k}\left(\boldsymbol{y}_N^0 - \sum_{j=1}^{N-1} \boldsymbol{B}_{2j}\boldsymbol{u}_{2j}^0\right) \right.\right. \\ \left.\left. + \sum_{j=1}^{N-1} \tilde{\boldsymbol{G}}_{2k}\boldsymbol{B}_{1j}\boldsymbol{u}_{1j}^0 \right] - \sum_{k=1}^{N-1} \boldsymbol{B}_{1k}\boldsymbol{u}_{1k}^0 \right\} \\ -\left(\dfrac{\partial \mathrm{d}\boldsymbol{y}_N}{\partial \mathrm{d}\boldsymbol{x}_{1N}}\right)^{\mathrm{T}} \boldsymbol{Q}_1 \left\{ \boldsymbol{y}_N^0 + \sum_{k=1}^{N-1} \boldsymbol{B}_{2k} \left[-\boldsymbol{u}_{2k}^0 - \tilde{\boldsymbol{G}}_{1k}\left(\boldsymbol{y}_N^0 - \sum_{j=1}^{N-1} \boldsymbol{B}_{2j}\boldsymbol{u}_{2j}^0\right) \right.\right. \\ \left.\left. + \sum_{j=1}^{N-1} \tilde{\boldsymbol{G}}_{2k}\boldsymbol{B}_{1j}\boldsymbol{u}_{1j}^0 \right] - \sum_{k=1}^{N-1} \boldsymbol{B}_{1k}\boldsymbol{u}_{1k}^0 \right\} \end{bmatrix} \tag{6-113}$$

那么称 $\mathrm{d}\boldsymbol{u}_{1k}^* = -\boldsymbol{u}_{1k}^0 + \boldsymbol{u}_{1k}^*$ 与 $\mathrm{d}\boldsymbol{u}_{2k}^* = -\boldsymbol{u}_{2k}^0 + \boldsymbol{u}_{2k}^*$ 构成了模型预测主从数值博弈的控制迭代策略对。

6.5.3 模型预测——主从数值博弈控制器的执行流程

本节中，开环主从假设下的航天器追逃控制器同样采用滚动时域的控制执行方式。两航天器的控制器执行流程如图 6-5 所示，每个航天器均只针对第一个离散时间节点的博弈策略在轨执行。不同于模型预测数值博弈的均衡控制器执行流程，开环主从假设下的 Stackelberg 策略中航天器 1 与航天器 2 虽然拥有相同的策略计算复杂度，但是有着差异性的控制输入迭代方式。

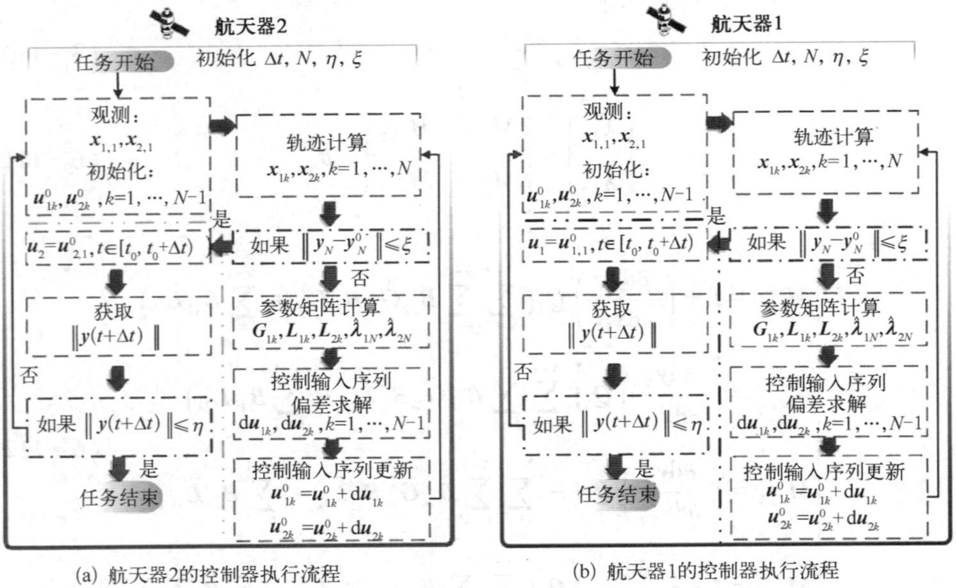

(a) 航天器2的控制器执行流程　　(b) 航天器1的控制器执行流程

图 6-5　模型预测-主从数值博弈控制器的执行流程

6.6　基于模型预测——一步主从数值博弈的航天器在轨追逃问题

第 6.5 节介绍了两航天器在开环主从信息假设下的轨道追逃问题,并针对该问题给设计求解了模型预测-主从数值博弈控制器,随后基于变分法推导证明了控制器的解析数值迭代形式。本节将进一步讨论另一种主从信息假设下的两航天器追逃问题：领导者先于追随者做出控制动作,随后追随者切实地捕获领导者的部分策略并做出瞬态响应策略。针对该问题,本节中引入了一步前视 Stackelberg 均衡的概念,并给出了模型预测-一步主从数值博弈下两航天器轨道追逃问题的定义,随后基于变分法推导了在轨追逃控制器。

6.6.1　基于模型预测——一步主从数值博弈的航天器追逃问题定义

在开环主从假设下的,追随者在未切实捕获领导者的策略信息之前,博弈双方基于主从假设可求得 Stackelberg 均衡解,因此也被称为一种“保守”的主从博弈策略。然而在领导者-追随者形式的博弈问题中,除了开环主从信息假设下的任务场景,还可能存在另外一种主从信息假设下的任务场景,即,追随者切实捕获领导者的部分策略信息后再做出应对性策略动作。具体来说,领导者先于追随者做出决策并执行控制,而追随者在捕获到领导者的部分策略信息后,针对性求解并执行瞬态控制策略以最大化自身在博弈当中的优势;另一方面,领导者则保留了预测追随者动作并相应地调整自身策略的能力,即领导者做出控制决策时考虑了自身决策对追随者决策的影响。

基于上述对主从信息结构下航天器轨道博弈问题的分析,本节的研究聚焦于轨道追逃任务中的一种简化 Stackelberg 博弈问题,即一步前视 Stackelberg 博弈。对此,若假设航天器 2(逃逸器)为领导者,航天器 1(追击器)为追随者,那么两航天器在轨追逃的一步前视 Stackelberg 均衡可以通过下述**假设 6.3** 与**定义 6.3** 进行数学描述。

假设 6.3：航天器 1 能够捕获当前采样时刻航天器 2 的瞬态动作同时做出针对性瞬态对策,并保守地假设航天器 2 与其自身在剩余有限时域零控(zero-effort),即航天器 1 的控制序列表示为映射关系 $\boldsymbol{u}_{1,1}^{*}(\boldsymbol{u}_{2,1})$, $\boldsymbol{u}_{1k}=\boldsymbol{0}_{3\times1}(k=2,\cdots,N-1)$；而航天器 2 则考虑航天器 1 对自身策略信息的捕获,故在每个采样时刻调整在当前有限时域中的瞬态控制策略 $\boldsymbol{u}_{2,1}^{*}$ 以最大化自身任务性能,同时保守假设自身在剩余有限时域零控,即 $\boldsymbol{u}_{2k}=\boldsymbol{0}_{3\times1}(k=2,\cdots,N-1)$。

定义 6.3：航天器 1 与航天器 2 的性能指标函数分别定义为

$$J_1 = \frac{1}{2}\boldsymbol{y}_N^{\mathrm{T}}\boldsymbol{Q}_1\boldsymbol{y}_N + \frac{1}{2}\sum_{k=1}^{N-1}\boldsymbol{u}_{1k}^{\mathrm{T}}\boldsymbol{R}_{1k}\boldsymbol{u}_{1k} = \frac{1}{2}\boldsymbol{y}_N^{\mathrm{T}}\boldsymbol{Q}_1\boldsymbol{y}_N + \frac{1}{2}\boldsymbol{u}_{1,1}^{\mathrm{T}}\boldsymbol{R}_{1,1}\boldsymbol{u}_{1,1} \quad (6-114)$$

$$J_2 = \frac{1}{2}\boldsymbol{y}_N^{\mathrm{T}}\boldsymbol{Q}_2\boldsymbol{y}_N - \frac{1}{2}\sum_{k=1}^{N-1}\boldsymbol{u}_{2k}^{\mathrm{T}}\boldsymbol{R}_{2k}\boldsymbol{u}_{2k} = \frac{1}{2}\boldsymbol{y}_N^{\mathrm{T}}\boldsymbol{Q}_2\boldsymbol{y}_N - \frac{1}{2}\boldsymbol{u}_{2,1}^{\mathrm{T}}\boldsymbol{R}_{2,1}\boldsymbol{u}_{2,1} \quad (6-115)$$

其中，$\boldsymbol{Q}_1 \in \mathbb{R}^{3\times3}$ 和 $\boldsymbol{Q}_2 \in \mathbb{R}^{3\times3}$ 为半正定对称矩阵，$\boldsymbol{R}_{1,1} \in \mathbb{R}^{3\times3}$ 与 $\boldsymbol{R}_{2,1} \in \mathbb{R}^{3\times3}$ 为正定对称矩阵，$\boldsymbol{y}_N$ 为由式(6－33)定义的终端系统输出。当追逃双方在当前有限时域的瞬态控制 $\boldsymbol{u}_{1,1}^*(\boldsymbol{u}_{2,1})$ 与 $\boldsymbol{u}_2^*$ 满足不等式组：

$$J_1(\boldsymbol{u}_{1,1}^*(\boldsymbol{u}_{2,1}),\ \boldsymbol{u}_{2,1}) \leqslant J_1(\boldsymbol{u}_{1,1},\ \boldsymbol{u}_{2,1}) \quad (6-116)$$

$$J_2(\boldsymbol{u}_{1,1}^*(\boldsymbol{u}_{2,1}),\ \boldsymbol{u}_{2,1}) \leqslant J_2(\boldsymbol{u}_{1,1}^*(\boldsymbol{u}_{2,1}^*),\ \boldsymbol{u}_{2,1}^*) \quad (6-117)$$

且对任意 $\boldsymbol{u}_{1,1} \in \mathbb{U}_{1,1}$ 与 $\boldsymbol{u}_{2,1} \in \mathbb{U}_{2,1}$ 均成立，那么映射关系 $\boldsymbol{u}_{1,1}^*(\boldsymbol{u}_{2,1})$ 与瞬态策略 $\boldsymbol{u}_{2,1}^*$ 构成了两航天器轨道追逃的一步前视 Stackelberg 均衡。

注 6.7：需要说明的是，**定义 6.2** 中所描述的开环主从信息 Stackelberg 均衡是具体化的均衡策略，而**定义 6.3** 所描述的一步前视 Stackelberg 均衡则描述了领导者的均衡策略与追随者策略函数映射关系。两种均衡的差异性由对应任务场景的侧重不同所导致：开环主从信息 Stackelberg 博弈均衡中双方均选择主从假设下的理性行为对策；一步前视 Stackelberg 博弈均衡中领导者采取由博弈逻辑推导而出的理性行为对策，而追随者则直接针对领导者的策略做出最优响应。

由上述一步前视 Stackelberg 均衡的假设与定义可以看出，该问题同样对航天器的在轨策略生成效率要求较高。因此，考虑基于模型预测数值博弈框架求解一步前视 Stackelberg 均衡，那么本节所讨论的航天器在轨追逃问题可以由**问题 6.3** 进行数学描述。

问题 6.3：考虑**假设 6.3** 下两航天器的性能指标函数分别由式(6－114)和(6－115)定义，那么求解策略函数 $\boldsymbol{u}_{1,1}^0 + \mathrm{d}\boldsymbol{u}_{1,1}^*(\boldsymbol{u}_{2,1})$ 与瞬态响应 $\boldsymbol{u}_{2,1}^0 + \mathrm{d}\boldsymbol{u}_{2,1}^*$，使得每次模型预测迭代中性能指标函数存在不等式组

$$J_1(\boldsymbol{u}_{1,1}^0 + \mathrm{d}\boldsymbol{u}_{1,1}^*(\boldsymbol{u}_{2,1}),\ \boldsymbol{u}_{2,1}^0 + \mathrm{d}\boldsymbol{u}_{2,1}) \leqslant J_1(\boldsymbol{u}_{1,1}^0 + \mathrm{d}\boldsymbol{u}_{1,1},\ \boldsymbol{u}_{2,1}^0 + \mathrm{d}\boldsymbol{u}_{2,1}) \quad (6-118)$$

$$J_2(\boldsymbol{u}_{1,1}^0 + \mathrm{d}\boldsymbol{u}_{1,1}^*(\boldsymbol{u}_{2,1}),\ \boldsymbol{u}_{2,1}^0 + \mathrm{d}\boldsymbol{u}_{2,1}) \leqslant J_2(\boldsymbol{u}_{1,1}^0 + \mathrm{d}\boldsymbol{u}_{1,1}^*(\boldsymbol{u}_{2,1}^*),\ \boldsymbol{u}_{2,1}^0 + \mathrm{d}\boldsymbol{u}_{2,1}^*) \quad (6-119)$$

对所有的 $(\boldsymbol{u}_{1,1}^0 + \mathrm{d}\boldsymbol{u}_{1,1}) \in \mathbb{U}_{1,1}$ 与 $(\boldsymbol{u}_{2,1}^0 + \mathrm{d}\boldsymbol{u}_{2,1}) \in \mathbb{U}_{2,1}$ 均成立。

在本节的后续讨论中，为了简化书写提高可读性，以 $J_i(\mathrm{d}\boldsymbol{u}_{1,1},\ \mathrm{d}\boldsymbol{u}_{2,2})$ 代指 $J_i(\boldsymbol{u}_{1,1}^0 + \mathrm{d}\boldsymbol{u}_{1,1}(\boldsymbol{u}_{2,1}),\ \boldsymbol{u}_{2,1}^0 + \mathrm{d}\boldsymbol{u}_{2,1})$。

6.6.2　模型预测——一步主从数值博弈追逃控制器设计

针对 6.6.1 小节提出**问题 6.3**,本小节将在**定理 6.3** 中分别设计两航天器的主从追逃控制器,并基于变分法原理推导证明控制器的数值迭代解。

定理 6.3: 若在有限时域内两航天器的初始瞬态控制输入 $\boldsymbol{u}_{1,1}^{*}(\boldsymbol{u}_{2,1})$ 与 $\boldsymbol{u}_{2,1}^{*}$ 满足解析表达式:

$$\begin{cases}\boldsymbol{u}_{1,1}^{*}(\boldsymbol{u}_{2,1}) = \boldsymbol{u}_{1,1}^{0} + \mathrm{d}\boldsymbol{u}_{1,1}^{*}(\boldsymbol{u}_{2,1}) = -\boldsymbol{G}_{1,1}(\boldsymbol{y}_{N}^{0} - \boldsymbol{B}_{1,1}\boldsymbol{u}_{1,1}^{0}) \\ \boldsymbol{u}_{2,1}^{*} = \boldsymbol{u}_{2,1}^{0} + \mathrm{d}\boldsymbol{u}_{2,1}^{*} = \boldsymbol{L}_{1,1}\hat{\boldsymbol{\lambda}}_{1N} - \boldsymbol{L}_{2,1}\hat{\boldsymbol{\lambda}}_{2N}\end{cases} \tag{6-120}$$

其中,

$$\boldsymbol{G}_{1,1} = \boldsymbol{E}_{1,1}\left[\boldsymbol{I} + \left(\frac{\partial \mathrm{d}\boldsymbol{y}_{N}}{\partial \mathrm{d}\boldsymbol{x}_{1N}}\right)^{\mathrm{T}}\boldsymbol{Q}_{1}\boldsymbol{B}_{1,1}\boldsymbol{E}_{1,1}\right]^{-1}\left(\frac{\partial \mathrm{d}\boldsymbol{y}_{N}}{\partial \mathrm{d}\boldsymbol{x}_{1N}}\right)^{\mathrm{T}}\boldsymbol{Q}_{1} \tag{6-121}$$

$$\boldsymbol{E}_{1,1} = \boldsymbol{R}_{1,1}^{-1}\left(\frac{\partial \boldsymbol{F}_{1,1}}{\partial \boldsymbol{u}_{1,1}}\right)^{\mathrm{T}}\left(\frac{\partial \boldsymbol{F}_{1,N-1}}{\partial \boldsymbol{x}_{1,N-1}}\cdots\frac{\partial \boldsymbol{F}_{1,2}}{\partial \boldsymbol{x}_{1,2}}\right)^{\mathrm{T}} \tag{6-122}$$

$$\boldsymbol{L}_{1,1} = \boldsymbol{R}_{2,1}^{-1}\boldsymbol{B}_{2,1}^{\mathrm{T}}\boldsymbol{G}_{1,1}^{\mathrm{T}}\left(\frac{\partial \boldsymbol{F}_{1,1}}{\partial \boldsymbol{u}_{1,1}}\right)^{\mathrm{T}}\left(\frac{\partial \boldsymbol{F}_{1,N-1}}{\partial \boldsymbol{x}_{1,N-1}}\cdots\frac{\partial \boldsymbol{F}_{1,2}}{\partial \boldsymbol{x}_{1,2}}\right)^{\mathrm{T}} \tag{6-123}$$

$$\boldsymbol{L}_{2,1} = \boldsymbol{R}_{2,1}^{-1}\left(\frac{\partial \boldsymbol{F}_{2,1}}{\partial \boldsymbol{u}_{2,1}}\right)^{\mathrm{T}}\left(\frac{\partial \boldsymbol{F}_{2,N-1}}{\partial \boldsymbol{x}_{2,N-1}}\cdots\frac{\partial \boldsymbol{F}_{2,2}}{\partial \boldsymbol{x}_{2,2}}\right)^{\mathrm{T}} \tag{6-124}$$

$$\begin{bmatrix}\hat{\boldsymbol{\lambda}}_{1N} \\ \hat{\boldsymbol{\lambda}}_{2N}\end{bmatrix} = \begin{bmatrix}\boldsymbol{M}_{1,1} & \boldsymbol{M}_{1,2} \\ \boldsymbol{M}_{2,1} & \boldsymbol{M}_{2,2}\end{bmatrix}^{-1}\boldsymbol{b} \tag{6-125}$$

$$\begin{cases}\boldsymbol{M}_{1,1} = \boldsymbol{I} + \left(\frac{\partial \mathrm{d}\boldsymbol{y}_{N}}{\partial \mathrm{d}\boldsymbol{x}_{1N}}\right)^{\mathrm{T}}\boldsymbol{Q}_{2}(-\boldsymbol{B}_{1,1}\boldsymbol{G}_{1,1}\boldsymbol{B}_{2,1}\boldsymbol{L}_{1,1} + \boldsymbol{B}_{2,1}\boldsymbol{L}_{1,1}) \\ \boldsymbol{M}_{1,2} = \left(\frac{\partial \mathrm{d}\boldsymbol{y}_{N}}{\partial \mathrm{d}\boldsymbol{x}_{1N}}\right)^{\mathrm{T}}\boldsymbol{Q}_{2}(\boldsymbol{B}_{1,1}\boldsymbol{G}_{1,1}\boldsymbol{B}_{2,1}\boldsymbol{L}_{2,1} - \boldsymbol{B}_{2,1}\boldsymbol{L}_{2,1}) \\ \boldsymbol{M}_{2,1} = \left(\frac{\partial \mathrm{d}\boldsymbol{y}_{N}}{\partial \mathrm{d}\boldsymbol{x}_{2N}}\right)^{\mathrm{T}}\boldsymbol{Q}_{2}(-\boldsymbol{B}_{1,1}\boldsymbol{G}_{1,1}\boldsymbol{B}_{2,1}\boldsymbol{L}_{1,1} + \boldsymbol{B}_{2,1}\boldsymbol{L}_{1,1}) \\ \boldsymbol{M}_{2,2} = \boldsymbol{I} + \left(\frac{\partial \mathrm{d}\boldsymbol{y}_{N}}{\partial \mathrm{d}\boldsymbol{x}_{2N}}\right)^{\mathrm{T}}\boldsymbol{Q}_{2}(\boldsymbol{B}_{1,1}\boldsymbol{G}_{1,1}\boldsymbol{B}_{2,1}\boldsymbol{L}_{2,1} - \boldsymbol{B}_{2,1}\boldsymbol{L}_{2,1})\end{cases} \tag{6-126}$$

$$\boldsymbol{b} = \begin{bmatrix}-\left(\frac{\partial \mathrm{d}\boldsymbol{y}_{N}}{\partial \mathrm{d}\boldsymbol{x}_{1N}}\right)^{\mathrm{T}}\boldsymbol{Q}_{2}\{\boldsymbol{y}_{N}^{0} + \boldsymbol{B}_{1,1}[-\boldsymbol{u}_{1,1}^{0} - \boldsymbol{G}_{1,1}(\boldsymbol{y}_{N}^{0} - \boldsymbol{B}_{1,1}\boldsymbol{u}_{1,1}^{0}) + \boldsymbol{G}_{1,1}\boldsymbol{B}_{2,1}\boldsymbol{u}_{2,1}^{0}] - \boldsymbol{B}_{2,1}\boldsymbol{u}_{2,1}^{0}\} \\ -\left(\frac{\partial \mathrm{d}\boldsymbol{y}_{N}}{\partial \mathrm{d}\boldsymbol{x}_{2N}}\right)^{\mathrm{T}}\boldsymbol{Q}_{2}\{\boldsymbol{y}_{N}^{0} + \boldsymbol{B}_{1,1}[-\boldsymbol{u}_{1,1}^{0} - \boldsymbol{G}_{1,1}(\boldsymbol{y}_{N}^{0} - \boldsymbol{B}_{1,1}\boldsymbol{u}_{1,1}^{0}) + \boldsymbol{G}_{1,1}\boldsymbol{B}_{2,1}\boldsymbol{u}_{2,1}^{0}] - \boldsymbol{B}_{2,1}\boldsymbol{u}_{2,1}^{0}\}\end{bmatrix} \tag{6-127}$$

那么称 $\boldsymbol{u}_{1,1}^{*}(\boldsymbol{u}_{2,1})$ 与 $\boldsymbol{u}_{2,1}^{*}$ 构成了两航天器轨道追逃的模型预测——一步主从数值博弈控制器。

对于**定理 6.3** 所提出的一步主从假设下模型预测轨道追逃博弈控制器，其证明求解过程与**定理 6.2** 相似，简化概括如下。

证明：一步前视 Stackelberg 博弈过程中，同样首先考虑追随者，即航天器 1 的策略响应。航天器 1 的扩展性能指标函数为

$$\tilde{J}_1 = \frac{1}{2}(\boldsymbol{y}_N^0 + \mathrm{d}\boldsymbol{y}_N)^{\mathrm{T}}\boldsymbol{Q}_1(\boldsymbol{y}_N^0 + \mathrm{d}\boldsymbol{y}_N) + \frac{1}{2}(\boldsymbol{u}_{1,1}^0 + \mathrm{d}\boldsymbol{u}_{1,1})^{\mathrm{T}}\boldsymbol{R}_{1,1}(\boldsymbol{u}_{1,1}^0 + \mathrm{d}\boldsymbol{u}_{1,1}) + \sum_{k=1}^{N-1}\boldsymbol{\lambda}_{1,k+1}^{\mathrm{T}}\left(\mathrm{d}\boldsymbol{x}_{1,k+1} - \frac{\partial \boldsymbol{F}_{1k}}{\partial \boldsymbol{x}_{1k}}\mathrm{d}\boldsymbol{x}_{1k} - \frac{\partial \boldsymbol{F}_{1k}}{\partial \boldsymbol{u}_{1k}}\mathrm{d}\boldsymbol{u}_{1,k}\right) \tag{6-128}$$

其中，$\boldsymbol{\lambda}_{1,k}(k = 2, \cdots, N)$ 为协态向量。基于变分法原理，由扩展性能指标函数式(6-128)可以得到极值条件约束：

$$\boldsymbol{\lambda}_{1N} + \left(\frac{\partial \mathrm{d}\boldsymbol{y}_N}{\partial \mathrm{d}\boldsymbol{x}_{1N}}\right)^{\mathrm{T}}\boldsymbol{Q}_1(\boldsymbol{y}_N^0 + \mathrm{d}\boldsymbol{y}_N) = 0 \tag{6-129}$$

$$\boldsymbol{\lambda}_{1k} - \left(\frac{\partial \boldsymbol{F}_{1k}}{\partial \boldsymbol{x}_{1k}}\right)^{\mathrm{T}}\boldsymbol{\lambda}_{1,k+1} = 0,\quad k = 2, \cdots, N-1 \tag{6-130}$$

$$\boldsymbol{R}_{1,1}(\boldsymbol{u}_{1,1}^0 + \mathrm{d}\boldsymbol{u}_{1,1}) - \left(\frac{\partial \boldsymbol{F}_{1,1}}{\partial \boldsymbol{u}_{1,1}}\right)^{\mathrm{T}}\boldsymbol{\lambda}_{1,2} = 0 \tag{6-131}$$

由协态变量约束条件式(6-130)可得协态变量在离散时间节点 $k(k = 2, \cdots, N-1)$ 处的协态变量递推表达式，即

$$\boldsymbol{\lambda}_{1k} = \left(\frac{\partial \boldsymbol{F}_{1,N-1}}{\partial \boldsymbol{x}_{1,N-1}}\cdots\frac{\partial \boldsymbol{F}_{1k}}{\partial \boldsymbol{x}_{1k}}\right)^{\mathrm{T}}\boldsymbol{\lambda}_{1N} \tag{6-132}$$

随后，联立式(6-131)与式(6-132)并将 $k = 2$ 代入其中，可得航天器 1 的控制偏差与协态变量的等式关系：

$$\mathrm{d}\boldsymbol{u}_{1,1} = -\boldsymbol{u}_{1,1}^0 + \boldsymbol{E}_{1,1}\boldsymbol{\lambda}_{1N} \tag{6-133}$$

$$\boldsymbol{E}_{1,1} \triangleq \boldsymbol{R}_{1,1}^{-1}\left(\frac{\partial \boldsymbol{F}_{1,1}}{\partial \boldsymbol{u}_{1,1}}\right)^{\mathrm{T}}\left(\frac{\partial \boldsymbol{F}_{1,N-1}}{\partial \boldsymbol{x}_{1,N-1}}\cdots\frac{\partial \boldsymbol{F}_{1,2}}{\partial \boldsymbol{x}_{1,2}}\right)^{\mathrm{T}} \tag{6-134}$$

为构造关于终端协态变量 $\boldsymbol{\lambda}_{1N}$ 的等式方程组，进一步将式(6-31)与式(6-133)代入式(6-129)得

$$\boldsymbol{\lambda}_{1N} = -\left(\frac{\partial \mathrm{d}\boldsymbol{y}_N}{\partial \mathrm{d}\boldsymbol{x}_{1N}}\right)^{\mathrm{T}}\boldsymbol{Q}_1(\boldsymbol{y}_N^0 + \boldsymbol{B}_{1,1}\mathrm{d}\boldsymbol{u}_{1,1} + \boldsymbol{B}_{2,1}\mathrm{d}\boldsymbol{u}_{2,1})$$

$$= -\left(\frac{\partial \mathrm{d}\boldsymbol{y}_N}{\partial \mathrm{d}\boldsymbol{x}_{1N}}\right)^{\mathrm{T}}\boldsymbol{Q}_1\boldsymbol{B}_{1,1}\boldsymbol{E}_{1,1}\boldsymbol{\lambda}_{1N} - \left(\frac{\partial \mathrm{d}\boldsymbol{y}_N}{\partial \mathrm{d}\boldsymbol{x}_{1N}}\right)^{\mathrm{T}}\boldsymbol{Q}_1(\boldsymbol{y}_N^0 - \boldsymbol{B}_{1,1}\boldsymbol{u}_{1,1}^0 + \boldsymbol{B}_{2,1}\mathrm{d}\boldsymbol{u}_{2,1}) \tag{6-135}$$

显然,上式构成了关于终端协态变量 $\boldsymbol{\lambda}_{1N}$ 的等式方程,整理求解可得 $\boldsymbol{\lambda}_{1N}$ 的解析表达式,即

$$\boldsymbol{\lambda}_{1N} = -\left[\boldsymbol{I} + \left(\frac{\partial \mathrm{d}\boldsymbol{y}_N}{\partial \mathrm{d}\boldsymbol{x}_{1N}}\right)^{\mathrm{T}}\boldsymbol{Q}_1\boldsymbol{B}_{1,1}\boldsymbol{E}_{1,1}\right]^{-1}\left(\frac{\partial \mathrm{d}\boldsymbol{y}_N}{\partial \mathrm{d}\boldsymbol{x}_{1N}}\right)^{\mathrm{T}}\boldsymbol{Q}_1(\boldsymbol{y}_N^0 - \boldsymbol{B}_{1,1}\boldsymbol{u}_{1,1}^0 + \boldsymbol{B}_{2,1}\mathrm{d}\boldsymbol{u}_{2,1}) \tag{6-136}$$

将终端协态变量 $\boldsymbol{\lambda}_{1N}$ 的表达式代入控制偏差与协态变量的关系式(6-133),即可求得航天器 1 的控制输入偏差与航天器 2 的控制输入偏差的映射关系为

$$\mathrm{d}\boldsymbol{u}_{1,1}(\boldsymbol{u}_{2,1}) = -\boldsymbol{u}_{1,1}^0 - \boldsymbol{G}_{1,1}\boldsymbol{B}_{2,1}\mathrm{d}\boldsymbol{u}_{2,1} - \boldsymbol{G}_{1,1}(\boldsymbol{y}_N^0 - \boldsymbol{B}_{1,1}\boldsymbol{u}_{1,1}^0) \tag{6-137}$$

需要指出的是,式(6-137)表示了博弈求解过程中的映射关系,而实际执行中 $\boldsymbol{u}_{2,1}$ 为观测捕获,因此 $\boldsymbol{u}_{2,1} = \boldsymbol{u}_{2,1}^0 + \mathrm{d}\boldsymbol{u}_{2,1} = \boldsymbol{u}_{2,1}^0$,即 $\mathrm{d}\boldsymbol{u}_{2,1} = \boldsymbol{0}_{3\times 1}$。

随后基于上述映射关系分析求解航天器 2 的控制输入增量。进一步求解之前,由于 $\boldsymbol{u}_{2,1}^0$ 为先验性定值,故由式(6-137)易推导出 $\mathrm{d}\boldsymbol{u}_{1,1}$ 与 $\mathrm{d}\boldsymbol{u}_{2,1}$ 的导数关系为

$$\frac{\partial(\mathrm{d}\boldsymbol{u}_{1,1})}{\partial(\mathrm{d}\boldsymbol{u}_{2,1})} = -\boldsymbol{G}_{1,1}\boldsymbol{B}_{2,1} \tag{6-138}$$

另一方面,航天器 2 的扩展性能指标函数表示为

$$\begin{aligned}\tilde{J}_2 = &\frac{1}{2}(\boldsymbol{y}_N^0 + \mathrm{d}\boldsymbol{y}_N)^{\mathrm{T}}\boldsymbol{Q}_2(\boldsymbol{y}_N^0 + \mathrm{d}\boldsymbol{y}_N) - \frac{1}{2}(\boldsymbol{u}_{2,1}^0 + \mathrm{d}\boldsymbol{u}_{2,1})^{\mathrm{T}}\boldsymbol{R}_{2,1}(\boldsymbol{u}_{2,1}^0 + \mathrm{d}\boldsymbol{u}_{2,1})\\ &+ \sum_{k=1}^{N-1}\hat{\boldsymbol{\lambda}}_{1,k+1}^{\mathrm{T}}\left(\mathrm{d}\boldsymbol{x}_{1,k+1} - \frac{\partial \boldsymbol{F}_{1k}}{\partial \boldsymbol{x}_{1k}}\mathrm{d}\boldsymbol{x}_{1k} - \frac{\partial \boldsymbol{F}_{1k}}{\partial \boldsymbol{u}_{1k}}\mathrm{d}\boldsymbol{u}_{1k}\right)\\ &+ \sum_{k=1}^{N-1}\hat{\boldsymbol{\lambda}}_{2,k+1}^{\mathrm{T}}\left(\mathrm{d}\boldsymbol{x}_{2,k+1} - \frac{\partial \boldsymbol{F}_{2k}}{\partial \boldsymbol{x}_{2k}}\mathrm{d}\boldsymbol{x}_{1k} - \frac{\partial \boldsymbol{F}_{2k}}{\partial \boldsymbol{u}_{2k}}\mathrm{d}\boldsymbol{u}_{1k}\right)\end{aligned} \tag{6-139}$$

其中,$\hat{\boldsymbol{\lambda}}_{ik}$ 为协态向量。对上式采用变分法基本原理并将式(6-138)代入得到极值约束条件:

$$\begin{cases}\left(\dfrac{\partial \mathrm{d}\boldsymbol{y}_N}{\partial \mathrm{d}\boldsymbol{x}_{1N}}\right)^{\mathrm{T}}\boldsymbol{Q}_2(\boldsymbol{y}_N^0 + \mathrm{d}\boldsymbol{y}_N) + \hat{\boldsymbol{\lambda}}_{1N} = 0\\ \left(\dfrac{\partial \mathrm{d}\boldsymbol{y}_N}{\partial \mathrm{d}\boldsymbol{x}_{2N}}\right)^{\mathrm{T}}\boldsymbol{Q}_2(\boldsymbol{y}_N^0 + \mathrm{d}\boldsymbol{y}_N) + \hat{\boldsymbol{\lambda}}_{2N} = 0\end{cases} \tag{6-140}$$

$$\begin{cases} \hat{\boldsymbol{\lambda}}_{1k} - \left(\dfrac{\partial \boldsymbol{F}_{1k}}{\partial \boldsymbol{x}_{1k}}\right)^{\mathrm{T}} \hat{\boldsymbol{\lambda}}_{1,\,k+1} = 0 \\ \hat{\boldsymbol{\lambda}}_{2k} - \left(\dfrac{\partial \boldsymbol{F}_{2k}}{\partial \boldsymbol{x}_{2k}}\right)^{\mathrm{T}} \hat{\boldsymbol{\lambda}}_{2,\,k+1} = 0 \end{cases} \quad k = 2,\ \cdots,\ N-1 \tag{6-141}$$

$$\boldsymbol{R}_{21}(\boldsymbol{u}_{21}^{0} + \mathrm{d}\boldsymbol{u}_{21}) - \left(\frac{\partial \boldsymbol{F}_{1,\,1}}{\partial \boldsymbol{u}_{1,\,1}} \boldsymbol{G}_{1,\,1} \boldsymbol{B}_{2,\,1}\right)^{\mathrm{T}} \hat{\boldsymbol{\lambda}}_{1,\,2} + \left(\frac{\partial \boldsymbol{F}_{2,\,1}}{\partial \boldsymbol{u}_{2,\,1}}\right)^{\mathrm{T}} \hat{\boldsymbol{\lambda}}_{2,\,2} = 0 \tag{6-142}$$

由式(6-141)可得关于 $\hat{\boldsymbol{\lambda}}_{ik}(k = 2,\ \cdots,\ N-1)$ 的递推公式为

$$\begin{cases} \hat{\boldsymbol{\lambda}}_{1k} = \left(\dfrac{\partial \boldsymbol{F}_{1k}}{\partial \boldsymbol{x}_{1k}}\right)^{\mathrm{T}} \hat{\boldsymbol{\lambda}}_{1,\,k+1} = \left(\dfrac{\partial \boldsymbol{F}_{1,\,N-1}}{\partial \boldsymbol{x}_{1,\,N-1}} \cdots \dfrac{\partial \boldsymbol{F}_{1k}}{\partial \boldsymbol{x}_{1k}}\right)^{\mathrm{T}} \hat{\boldsymbol{\lambda}}_{1N} \\ \hat{\boldsymbol{\lambda}}_{1k} = \left(\dfrac{\partial \boldsymbol{F}_{2k}}{\partial \boldsymbol{x}_{2k}}\right)^{\mathrm{T}} \hat{\boldsymbol{\lambda}}_{2,\,k+1} = \left(\dfrac{\partial \boldsymbol{F}_{2,\,N-1}}{\partial \boldsymbol{x}_{2,\,N-1}} \cdots \dfrac{\partial \boldsymbol{F}_{2k}}{\partial \boldsymbol{x}_{2k}}\right)^{\mathrm{T}} \hat{\boldsymbol{\lambda}}_{2N} \end{cases} \tag{6-143}$$

联立式(6-142)与式(6-143)可得 $\mathrm{d}\boldsymbol{u}_{2,\,1}$ 与 $\hat{\boldsymbol{\lambda}}_{1N}$、$\hat{\boldsymbol{\lambda}}_{2N}$ 之间的关系，即

$$\mathrm{d}\boldsymbol{u}_{2,\,1} = -\boldsymbol{u}_{2,\,1}^{0} + \boldsymbol{L}_{1,\,1}\hat{\boldsymbol{\lambda}}_{1N} - \boldsymbol{L}_{2,\,1}\hat{\boldsymbol{\lambda}}_{2N} \tag{6-144}$$

其中，

$$\begin{cases} \boldsymbol{L}_{1,\,1} = \boldsymbol{R}_{2,\,1}^{-1} \boldsymbol{B}_{2,\,1}^{\mathrm{T}} \boldsymbol{G}_{1,\,1}^{\mathrm{T}} \left(\dfrac{\partial \boldsymbol{F}_{1,\,1}}{\partial \boldsymbol{u}_{1,\,1}}\right)^{\mathrm{T}} \left(\dfrac{\partial \boldsymbol{F}_{1,\,N-1}}{\partial \boldsymbol{x}_{1,\,N-1}} \cdots \dfrac{\partial \boldsymbol{F}_{1,\,2}}{\partial \boldsymbol{x}_{1,\,2}}\right)^{\mathrm{T}} \\ \boldsymbol{L}_{2,\,1} = \boldsymbol{R}_{2,\,1}^{-1} \left(\dfrac{\partial \boldsymbol{F}_{2,\,1}}{\partial \boldsymbol{u}_{2,\,1}}\right)^{\mathrm{T}} \left(\dfrac{\partial \boldsymbol{F}_{2,\,N-1}}{\partial \boldsymbol{x}_{2,\,N-1}} \cdots \dfrac{\partial \boldsymbol{F}_{2,\,2}}{\partial \boldsymbol{x}_{2,\,2}}\right)^{\mathrm{T}} \end{cases} \tag{6-145}$$

最后，联立式(6-31)和式(6-144)，并代入协态变量 $\hat{\boldsymbol{\lambda}}_{ik}$ 的终端约束条件式(6-140)即可解得 $\hat{\boldsymbol{\lambda}}_{iN}$ 的解析表达式，即

$$\begin{bmatrix} \hat{\boldsymbol{\lambda}}_{1N} \\ \hat{\boldsymbol{\lambda}}_{2N} \end{bmatrix} = \begin{bmatrix} \boldsymbol{M}_{1,\,1} & \boldsymbol{M}_{1,\,2} \\ \boldsymbol{M}_{2,\,1} & \boldsymbol{M}_{2,\,2} \end{bmatrix}^{-1} \boldsymbol{b} \tag{6-146}$$

其中，系数矩阵 $\boldsymbol{M}_{(\cdot)}$ 与 $\boldsymbol{b}$ 分别为式(6-126)与式(6-127)所定义的表达式。将式(6-146)代入式(6-144)即求得航天器 2 的控制偏差解析表达式。

至此**定理 6.3** 证毕。 ■

注 6.8：对比**定理 6.2** 与**定理 6.3** 的结果与证明过程可以得出，当追逃问题为取 $N=2$ 且两航天器均采取 Stackelberg 均衡策略的特殊情况，开环主从信息假设下的 Stackelberg 均衡策略与一步前视 Stackelberg 均衡策略数值结果相等。

此外，与**定理 6.3** 的求解方法相似，当航天器 1 与航天器 2 交换主从角色时，两航天器的模型预测——一步主从数值博弈控制器可以由下述**推论 6.3** 定义。

推论 6.3：假设两航天器轨道追逃问题中航天器 1(追击器)为领导者而航天器 2(逃逸器)为追随者，若瞬态控制输入 $\boldsymbol{u}_{1k}^{*}$ 与 $\boldsymbol{u}_{2k}^{*}$ 满足解析表达式：

$$\begin{cases}\boldsymbol{u}_{1,1}^{*}=\boldsymbol{u}_{1,1}^{0}+\mathrm{d}\boldsymbol{u}_{1,1}^{*}=\tilde{\boldsymbol{L}}_{1,1}\tilde{\boldsymbol{\lambda}}_{1N}+\tilde{\boldsymbol{L}}_{2,1}\tilde{\boldsymbol{\lambda}}_{2N}\\ \boldsymbol{u}_{2,1}^{*}(\boldsymbol{u}_{1,1})=\boldsymbol{u}_{2,1}^{0}+\mathrm{d}\boldsymbol{u}_{2,1}^{*}(\boldsymbol{u}_{1,1})=\tilde{\boldsymbol{G}}_{2,1}(\boldsymbol{y}_{N}^{0}-\boldsymbol{B}_{2,1}\boldsymbol{u}_{2,1}^{0})\end{cases} \tag{6-147}$$

其中，

$$\tilde{\boldsymbol{G}}_{1,1}=\tilde{\boldsymbol{E}}_{2,1}\left[\boldsymbol{I}-\left(\frac{\partial\mathrm{d}\boldsymbol{y}_{N}}{\partial\mathrm{d}\boldsymbol{x}_{2N}}\right)^{\mathrm{T}}\boldsymbol{Q}_{2}\boldsymbol{B}_{2,1}\tilde{\boldsymbol{E}}_{2,1}\right]^{-1}\left(\frac{\partial\mathrm{d}\boldsymbol{y}_{N}}{\partial\mathrm{d}\boldsymbol{x}_{2N}}\right)^{\mathrm{T}}\boldsymbol{Q}_{2} \tag{6-148}$$

$$\tilde{\boldsymbol{E}}_{2,1}=\boldsymbol{R}_{2,1}^{-1}\left(\frac{\partial\boldsymbol{F}_{2,1}}{\partial\boldsymbol{u}_{1,1}}\right)^{\mathrm{T}}\left(\frac{\partial\boldsymbol{F}_{2,N-1}}{\partial\boldsymbol{x}_{2,N-1}}\cdots\frac{\partial\boldsymbol{F}_{2,2}}{\partial\boldsymbol{x}_{2,2}}\right)^{\mathrm{T}} \tag{6-149}$$

$$\tilde{\boldsymbol{L}}_{1,1}=\boldsymbol{R}_{1,1}^{-1}\left(\frac{\partial\boldsymbol{F}_{1,1}}{\partial\boldsymbol{u}_{1,1}}\right)^{\mathrm{T}}\left(\frac{\partial\boldsymbol{F}_{1,N-1}}{\partial\boldsymbol{x}_{1,N-1}}\cdots\frac{\partial\boldsymbol{F}_{1,2}}{\partial\boldsymbol{x}_{1,2}}\right)^{\mathrm{T}} \tag{6-150}$$

$$\tilde{\boldsymbol{L}}_{2,1}=\boldsymbol{R}_{1,1}^{-1}\boldsymbol{B}_{1,1}^{\mathrm{T}}\tilde{\boldsymbol{G}}_{2,1}^{\mathrm{T}}\left(\frac{\partial\boldsymbol{F}_{2,1}}{\partial\boldsymbol{u}_{2,1}}\right)^{\mathrm{T}}\left(\frac{\partial\boldsymbol{F}_{2,N-1}}{\partial\boldsymbol{x}_{2,N-1}}\cdots\frac{\partial\boldsymbol{F}_{2,2}}{\partial\boldsymbol{x}_{2,2}}\right)^{\mathrm{T}} \tag{6-151}$$

$$\begin{bmatrix}\tilde{\boldsymbol{\lambda}}_{1N}\\ \tilde{\boldsymbol{\lambda}}_{2N}\end{bmatrix}=\begin{bmatrix}\tilde{\boldsymbol{M}}_{1,1} & \tilde{\boldsymbol{M}}_{1,2}\\ \tilde{\boldsymbol{M}}_{2,1} & \tilde{\boldsymbol{M}}_{2,2}\end{bmatrix}^{-1}\tilde{\boldsymbol{b}} \tag{6-152}$$

$$\begin{cases}\tilde{\boldsymbol{M}}_{1,1}=\boldsymbol{I}+\left(\dfrac{\partial\mathrm{d}\boldsymbol{y}_{N}}{\partial\mathrm{d}\boldsymbol{x}_{1N}}\right)^{\mathrm{T}}\boldsymbol{Q}_{1}(\boldsymbol{B}_{1,1}\tilde{\boldsymbol{L}}_{1,1}+\boldsymbol{B}_{2,1}\tilde{\boldsymbol{G}}_{2,1}\boldsymbol{B}_{1,1}\tilde{\boldsymbol{L}}_{1,1})\\ \tilde{\boldsymbol{M}}_{1,2}=\left(\dfrac{\partial\mathrm{d}\boldsymbol{y}_{N}}{\partial\mathrm{d}\boldsymbol{x}_{1N}}\right)^{\mathrm{T}}\boldsymbol{Q}_{1}(\boldsymbol{B}_{1,1}\tilde{\boldsymbol{L}}_{2,1}+\boldsymbol{B}_{2,1}\tilde{\boldsymbol{G}}_{2,1}\boldsymbol{B}_{1,1}\tilde{\boldsymbol{L}}_{2,1})\\ \tilde{\boldsymbol{M}}_{2,1}=\left(\dfrac{\partial\mathrm{d}\boldsymbol{y}_{N}}{\partial\mathrm{d}\boldsymbol{x}_{2N}}\right)^{\mathrm{T}}\boldsymbol{Q}_{1}(\boldsymbol{B}_{1,1}\tilde{\boldsymbol{L}}_{1,1}+\boldsymbol{B}_{2,1}\tilde{\boldsymbol{G}}_{2,1}\boldsymbol{B}_{1,1}\tilde{\boldsymbol{L}}_{1,1})\\ \tilde{\boldsymbol{M}}_{2,2}=\boldsymbol{I}+\left(\dfrac{\partial\mathrm{d}\boldsymbol{y}_{N}}{\partial\mathrm{d}\boldsymbol{x}_{2N}}\right)^{\mathrm{T}}\boldsymbol{Q}_{1}(\boldsymbol{B}_{1,1}\tilde{\boldsymbol{L}}_{2,1}+\boldsymbol{B}_{2,1}\tilde{\boldsymbol{G}}_{2,1}\boldsymbol{B}_{1,1}\tilde{\boldsymbol{L}}_{2,1})\end{cases} \tag{6-153}$$

$$\tilde{\boldsymbol{b}}=\begin{bmatrix}-\left(\dfrac{\partial\mathrm{d}\boldsymbol{y}_{N}}{\partial\mathrm{d}\boldsymbol{x}_{1N}}\right)^{\mathrm{T}}\boldsymbol{Q}_{1}\{\boldsymbol{y}_{N}^{0}+\boldsymbol{B}_{2,1}[-\boldsymbol{u}_{1,1}^{0}+\tilde{\boldsymbol{G}}_{2,1}(\boldsymbol{y}_{N}^{0}-\boldsymbol{B}_{1,1}\boldsymbol{u}_{2,1}^{0})-\tilde{\boldsymbol{G}}_{2,1}\boldsymbol{B}_{1,1}\boldsymbol{u}_{1,1}^{0}]-\boldsymbol{B}_{1,1}\boldsymbol{u}_{1,1}^{0}\}\\ -\left(\dfrac{\partial\mathrm{d}\boldsymbol{y}_{N}}{\partial\mathrm{d}\boldsymbol{x}_{2N}}\right)^{\mathrm{T}}\boldsymbol{Q}_{1}\{\boldsymbol{y}_{N}^{0}+\boldsymbol{B}_{2,1}[-\boldsymbol{u}_{1,1}^{0}+\tilde{\boldsymbol{G}}_{2,1}(\boldsymbol{y}_{N}^{0}-\boldsymbol{B}_{1,1}\boldsymbol{u}_{2,1}^{0})-\tilde{\boldsymbol{G}}_{2,1}\boldsymbol{B}_{1,1}\boldsymbol{u}_{1,1}^{0}]-\boldsymbol{B}_{1,1}\boldsymbol{u}_{1,1}^{0}\}\end{bmatrix} \tag{6-154}$$

那么称 $\mathrm{d}\boldsymbol{u}_{1k}^{*}=-\boldsymbol{u}_{1k}^{0}+\boldsymbol{u}_{1k}^{*}$ 与 $\mathrm{d}\boldsymbol{u}_{2k}^{*}=-\boldsymbol{u}_{2k}^{0}+\boldsymbol{u}_{2k}^{*}$ 构成了模型预测——一步主从数值博弈控制器的策略偏差修正对。

6.6.3 模型预测——一步主从数值博弈控制器的执行流程

两航天器的一步主从博弈中,控制器的执行具有鲜明的层次结构:领导者先行执行控制策略,追随者在捕获领导者瞬态动作的同时求解自身的瞬态策略并执行。基于此,航天器 2(逃逸器)为领导者的假设下,两航天器基于滚动时域的控制器执行流程总结如图 6-6 所示。由流程图易得,航天器 2 的控制器求解过程涉及对航天器 1 可能采取的应对策略的求解,因此待求解的参数矩阵数量大于航天器 1 中控制器的参数矩阵。而相对应地,航天器 1 则只需要对航天器 2 所采取的瞬态策略采取针对性的轨道控制,故其控制器的求解复杂度小于航天器 2。

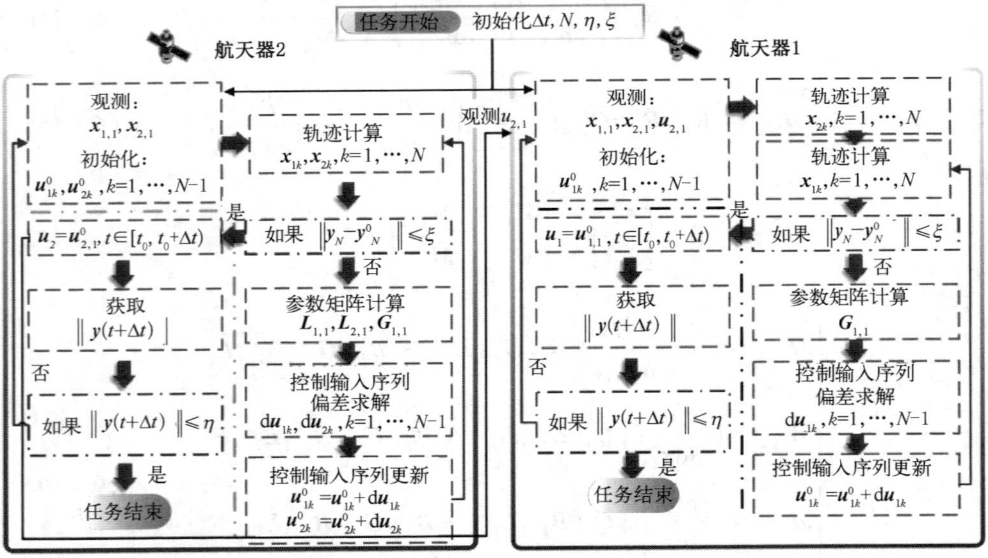

图 6-6 模型预测-一步主从数值博弈控制器的执行流程

从控制器执行流程总结来说,本节所提出的一步前视均衡控制器较好地契合了航天器空间载荷周期性捕获信息的特征,而领导者航天器虽然具备引导追随者航天器的潜力,但是其本身控制器的求解算力需求更大并且更容易被追随者采取针对性策略

6.7 数值仿真与分析

本节将分别针对前述三种场景构建两航天器轨道追逃问题仿真算例。在轨追逃任务更关注于计算效率、终端距离及追逃能量对比。为说明所提控制器的指令求解对高性能计算设备依赖性较弱，本章所提的算法均基于 Matlab 2021a 开发，并在搭载了 2.8 GHz Intel Core i5 - 8400 CPU 的计算机上进行测试。

6.7.1 基于模型预测数值博弈的两航天器在轨追逃仿真

6.7.1.1 问题配置

针对 6.4 节讨论的两航天器在轨追逃问题，为验证所提博弈策略的有效性与可拓展性，分别搭建了两航天器执行博弈均衡策略的场景和逃逸器（航天器 2）零控场景。选取运行于 500 km 轨道高度的参考航天器建立 LVLH 坐标系，追击器与逃逸器在 LVLH 坐标系中的初始状态如表 6 - 1 所示。

表 6 - 1　追击器与逃逸器初始状态

航天器	x/m	y/m	z/m	$\dot{x}$/(m/s)	$\dot{y}$/(m/s)	$\dot{z}$/(m/s)
追击器	2000	0	- 3 464.101	0	- 3.984	0
逃逸器	1 000	0	- 1 732.050	0	- 1.992	0

时间离散步长设定为 $\Delta t = 1$ s，时间节点的离散数量设定为 $N = 300$，即滚动时域中有限终端时间 $t_f = t_0 + 300$ s。任务结束判定中设定追击器的捕获范围 $\eta = 3$ m，双方性能指标函数式（6 - 36）中的权重矩阵参数设置如下所示：

$$\boldsymbol{Q} = \begin{bmatrix} 0.1 & 0 & 0 \\ 0 & 0.1 & 0 \\ 0 & 0 & 0.1 \end{bmatrix}, \boldsymbol{R}_{1k} = \begin{bmatrix} 6.8 \times 10^5 & 0 & 0 \\ 0 & 6.8 \times 10^5 & 0 \\ 0 & 0 & 6.8 \times 10^5 \end{bmatrix}$$

$$\boldsymbol{R}_{2k} = \begin{bmatrix} 10^6 & 0 & 0 \\ 0 & 10^6 & 0 \\ 0 & 0 & 10^6 \end{bmatrix}$$

控制器采用滚动时域的执行方式，每个有限时域的控制周期相对较短，为避免航天器加速度过大而导致追逃距离短时间内快速收敛/发散，可使能量权重矩阵参数远大于终端输出权重参数。为保证二次型性能指标中差分对策的收敛性，选取 $\boldsymbol{R}_{1k}>\boldsymbol{R}_{2k}$，这意味着追击器终端输出占据主导地位。

6.7.1.2　结果与分析

首先，针对模型预测——差分对策的解析迭代形式控制器的计算效率性能，每次滚动时域中控制器的求解速率与完整追逃过程中控制器求解的平均速率分别由图 6－7 与图 6－8 中圆点与实线表示。由图可知，两个场景中航天器的策略生成速率均稳定在毫秒量级，任务的平均计算时分别为 60.86 ms 与 66.37 ms，符合在轨实时博弈对抗的计算效率需求。两场景的策略生成速率均呈现阶梯性分布，追逃中后期的策略生成时间代价明显小于前期。这表明追逃后期的模型预测迭代次数显然小于前期，即后期的初始迭代模型更逼近于收敛模型。

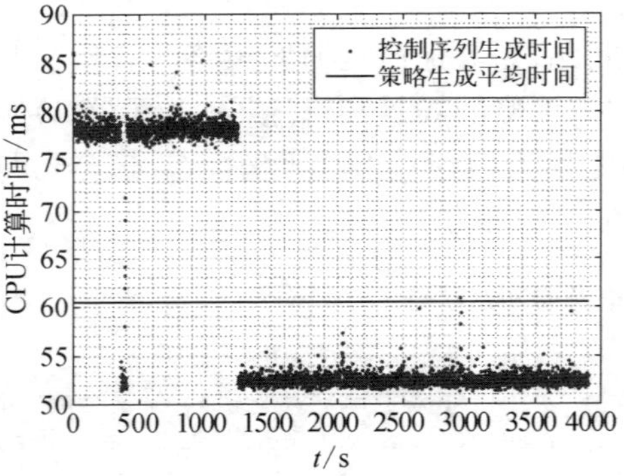

图 6－7　博弈均衡场景的策略生成时间

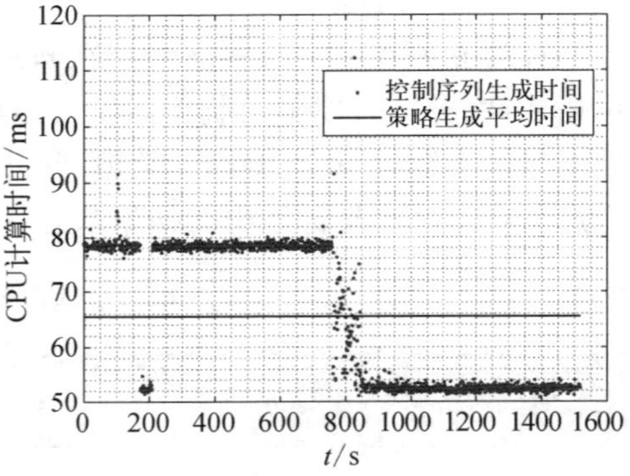

图 6－8　逃逸器零控场景的策略生成时间

另一方面，两场景中追逃航天器的空间运动轨迹如图 6－9 所示，其中红色与蓝色实线为均衡策略场景中的两航天器追逃轨迹，绿色与黑色虚线则为逃逸器零控场景中两航天器追逃轨迹。两航天器追逃距离变化曲线如图 6－10 所示，易知

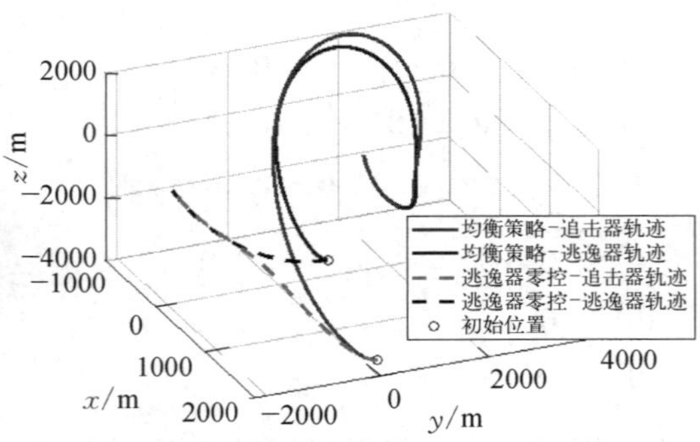

图 6－9　空间追逃轨迹

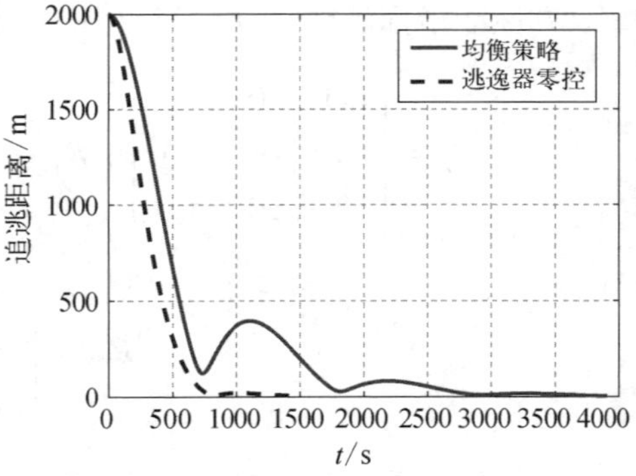

图 6－10　追逃距离变化曲线

两航天器追逃距离曲线在均衡策略场景中呈现波动收敛的特征，而在逃逸器零控场景中则呈现快速且平滑的收敛特性；追击器在两类场景中均实现了目标捕获，符合博弈均衡策略的可拓展特性。

此外，两场景中追击器和逃逸器的控制加速度大小变化曲线分别如图 6－11 与图 6－12 所示。由图可见，追、逃航天器在博弈均衡策略中展现出相似的控制变化趋势，体现了博弈的动态性。对照表 6－2，易知两航天器在均衡策略下均会消耗较多的能量；若逃逸器不执行均衡策略，相同条件下的捕获时间将大幅减少，这表明偏离均衡策略轨迹将不利于自身任务的完成。

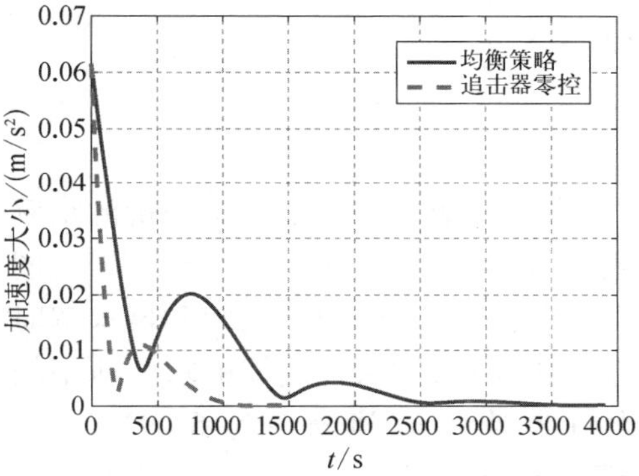

图 6－11　追击器加速度大小变化曲线

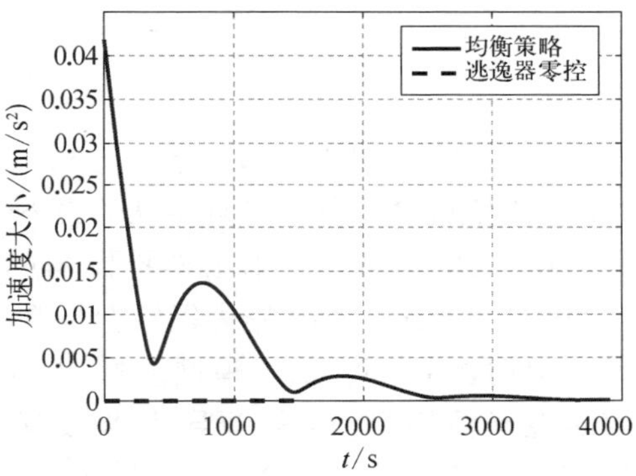

图 6－12　逃逸器加速度大小变化曲线

表 6－2　模型预测-差分对策作用下的在轨追逃结果

领导者假设	追逃时间/s	等效能量代价/(m/s²)	
		追击器	逃逸器
均衡策略场景	3 907	28.347	19.275
逃逸器零控场景	1 519	9.482	0

综上，所提的模型预测数值博弈符合轨道追逃博弈的任务预期，且具备在轨快速响应的潜在能力。

6.7.2　基于模型预测——主从数值博弈的两航天器在轨追逃仿真

6.7.2.1　问题配置

本小节针对 6.6 节所讨论的开环主从信息假设下的两航天器轨道追逃博弈问题，对比验证以逃逸器为领导者和以追击器为领导者的任务场景。基于运行于

500 km 轨道高度的参考航天器构建 LVLH 坐标系，追击器与逃逸器的初始状态同表 6-1 所示。时间离散步长设定为 $\Delta t = 1$ s，时间节点的离散数量设定为 $N = 300$，追击器的捕获范围 $\eta = 3$ m。追击器(航天器 1)与逃逸器(航天器 2)的性能指标函数中权重矩阵参数分别设置为

$$\boldsymbol{Q}_1 = \boldsymbol{Q}_2 = \begin{bmatrix} 0.1 & 0 & 0 \\ 0 & 0.1 & 0 \\ 0 & 0 & 0.1 \end{bmatrix},\ \boldsymbol{R}_{1k} = \begin{bmatrix} 6.8 \times 10^5 & 0 & 0 \\ 0 & 6.8 \times 10^5 & 0 \\ 0 & 0 & 6.8 \times 10^5 \end{bmatrix},$$

$$\boldsymbol{R}_{2k} = \begin{bmatrix} 10^6 & 0 & 0 \\ 0 & 10^6 & 0 \\ 0 & 0 & 10^6 \end{bmatrix}$$

6.7.2.2　结果与分析

由**定理 6.2** 易知。开环主从假设下领导者与追随者的控制器具有等价的求解复杂度，故两场景均以追击器控制器的求解速率作为分析对象。图 6-13 与图 6-14 分别记录了逃逸器为领导者与追击器为领导者两种假设下的控制器求解时间。由仿真结果可知，与模型预测-差分对策结果相似，主从控制器的求解速率均稳定在毫秒级别，两种领导者假设场景的平均求解时间分别为 63.94 ms 与 62.98 ms；控制器在每个滚动时域中的求解速率分布均匀，这表明整个追逃过程中模型预测的迭代次数基本一致。

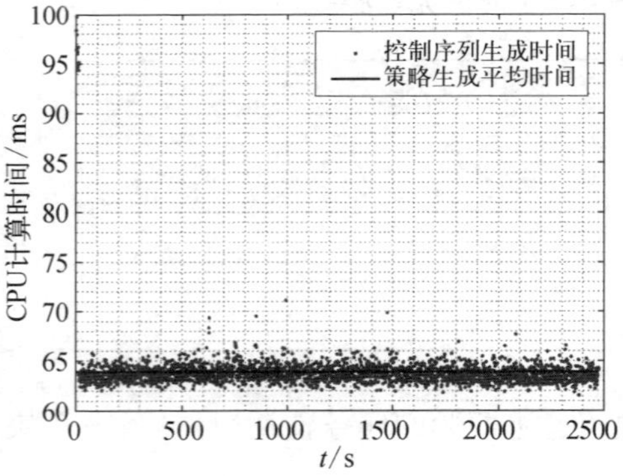

图 6-13　逃逸器为领导者场景中主从博弈策略计算时间

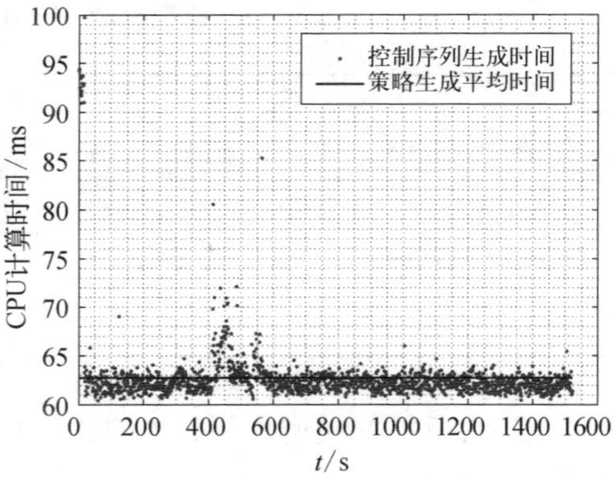

图 6-14　追击器为领导者场景中主从博弈策略计算时间

两种领导者假设下的航天器空间追逃轨迹具有较强的差异性，如图 6-15 所示。在假设逃逸器为领导者时，逃逸器呈现出动态性较强的运动方式，这导致追击器运动轨迹的剧烈调整；而当假设追击器为领导者时，虽然追击器同样展现出较强

的动态特性,但逃逸器针对性的响应轨迹则相对稳定。如图 6-16 所示,两航天器的追逃距离在逃逸器为领导者时呈现出波动性收敛特征,而在追击器为领导者时快速且平滑收敛并呈现出较小的动态特性。

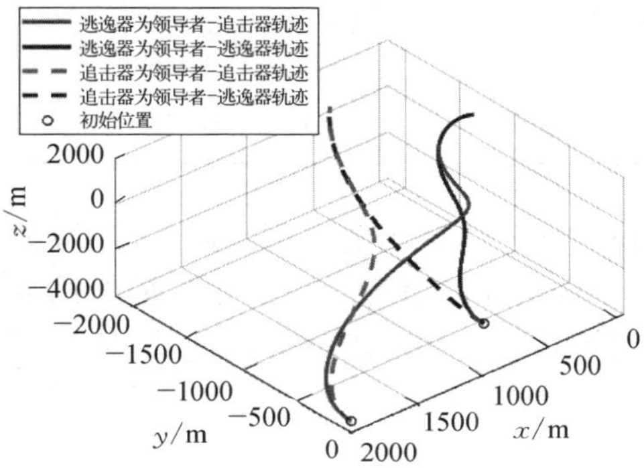

图 6-15　开环主从假设下空间追逃轨迹

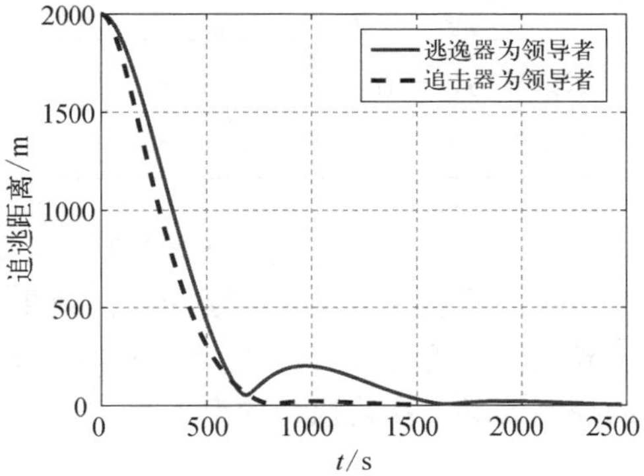

图 6-16　开环主从假设下追逃距离变化曲线

两种领导者假设下的加速度大小曲线如图 6-17 与图 6-18 所示。当追击器为假设领导者时,追击器在博弈初期的加速度曲线幅值较大并快速减小,而该假设下逃逸器的加速度曲线幅值则始终小于逃逸器为领导者假设下的加速度大小。另一方面,在假设逃逸器为领导者时,逃逸器加速度曲线呈现出较大的波动,其空间轨迹及追逃距离的变化趋势一致。当追击器为领导者时,尽管追击器加速度幅值较大,但是逃逸器在较短时间被其捕获,因此相应的能量消耗更少,如表 6-3 所示。

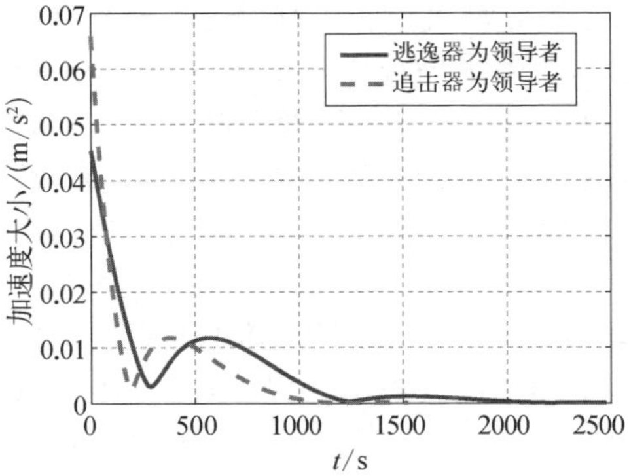

图 6-17　开环主从假设下的追击器加速度大小变化曲线

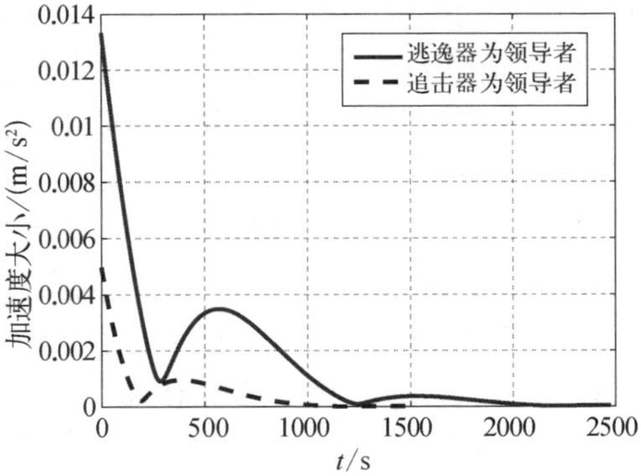

图 6-18　开环主从假设下的逃逸器加速度大小变化曲线

表 6-3 模型预测-主从数值博弈控制作用下的在轨追逃结果

领导者假设	追逃时间/s	等效能量代价/(m/s^2)	
		追击器	逃逸器
逃逸器为领导者	2 476	12.907	3.815
追击器为领导者	1 523	10.271	0.811

综上,该参数设定下,针对开环主从假设的场景所提出的模型预测-主从数值博弈控制器展现出符合预期的控制效果,且不同的领导者假设下的主从博弈结果差异较大。此外,不失一般性,基于解析迭代形式的控制器求解速度优势,所提出的控制器具有在轨执行的潜力。

6.7.3 基于模型预测——一步主从数值博弈的两航天器在轨追逃仿真

6.7.3.1 问题配置

本小节针对第 6.6 节所讨论的一步前视主从假设下的两航天器轨道追逃博弈,对比验证以逃逸器为领导者和以追击器为领导者的任务场景。场景参数选取与 6.7.2.1 小节相同,用以验证领导者-追随者形式的问题中参数的非特选性。

6.7.3.2 结果与分析

一步主从假设中,追随者在捕获到领导者瞬态动作后才做出针对性一步前视的策略,故其控制器求解的复杂度小于领导者。本节均仅分析领导者航天器的控制器求解效率。如图 6-13 与图 6-14 所示,两种假设场景中领导者的控制器求解速率平均值分别为 27.62 ms 与 27.69 ms,且针对每次滚动的有限时域控制器求解速率均稳定在 25~35 ms。仿真结果展现的效率优势符合一步前视 Stackelberg 策略只关注当前时间步长瞬态策略的特点。此外,由上述领导者控制器与追随者控制器求解复杂度的分析易推测得出追随者航天器的控制器具备不弱于图 6-19 与图 6-20 所示结果的求解效率。因此,可认为所提出的控制策略具备主从信息结构下的在轨适用性。

两种领导者假设下的航天器空间追逃轨迹如图 6-21 所示,其中分别展示了三维视角下的追逃轨迹以及在 xy、xz 和 yz 平面中的投影。可以看出,一步主从 Stackelberg 控制器作用下,两种假设场景中的追逃轨迹差异性较小,且差异性主要体现在 y 方向。

控制量变化曲线如图 6-22 与图 6-23 所示,两种领导者假设下的航天器加速度曲线相似,但其在加速度幅值大小略有差异。从任务性能来看,追逃距离曲线如图 6-24 所示,而轨道追逃数据总结于表 6-4,两种场景假设下两航天器总的能

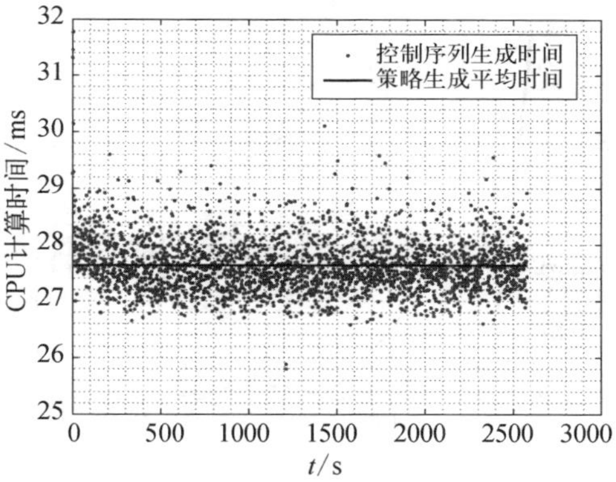

图 6－19　逃逸器为领导者场景中一步前视 Stackelberg 策略计算时间

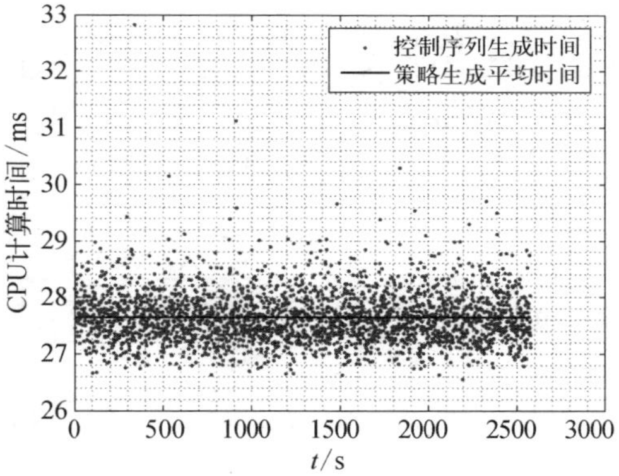

图 6－20　追击器为领导者场景中一步前视 Stackelberg 策略计算时间

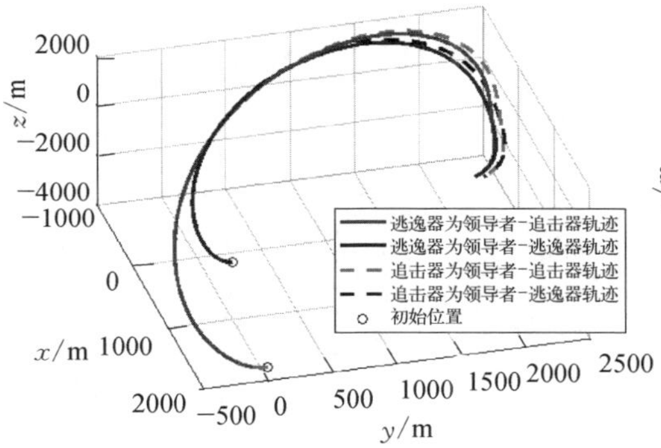

(a) 三维空间视角轨迹

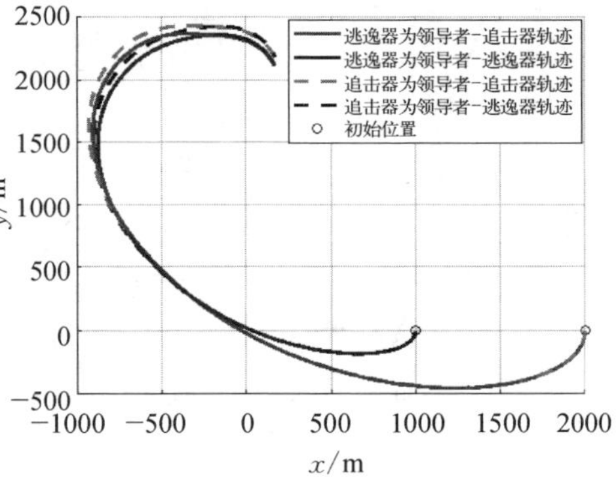

(b) xy平面投影轨迹

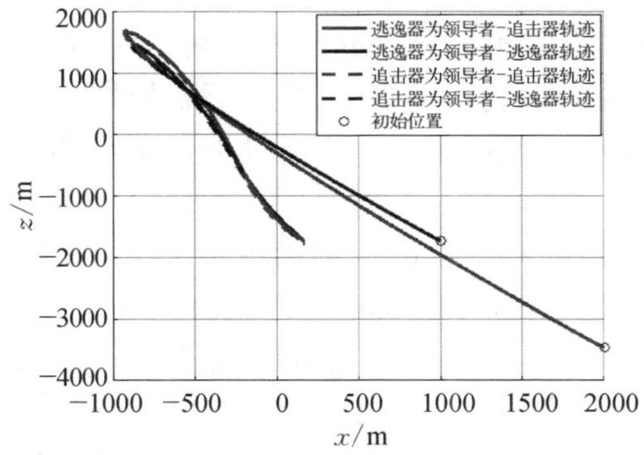

(c) xz平面投影轨迹

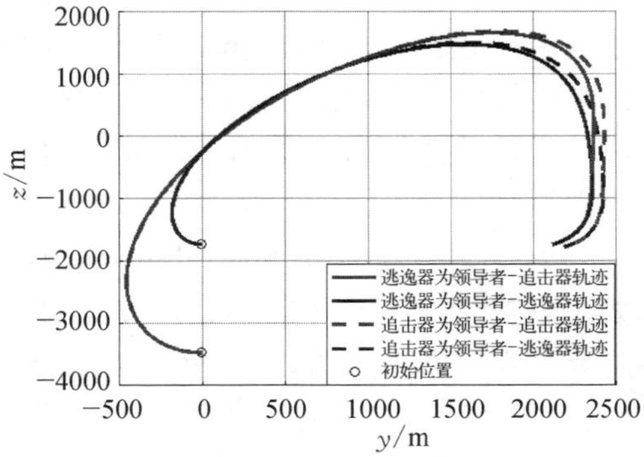

(d) yz平面投影轨迹

图 6－21　一步主从假设下的空间追逃轨迹

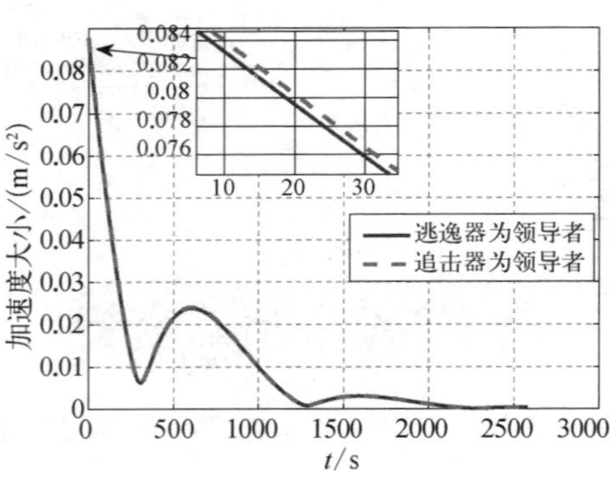

图 6-22 一步主从假设下追击器加速度大小变化曲线

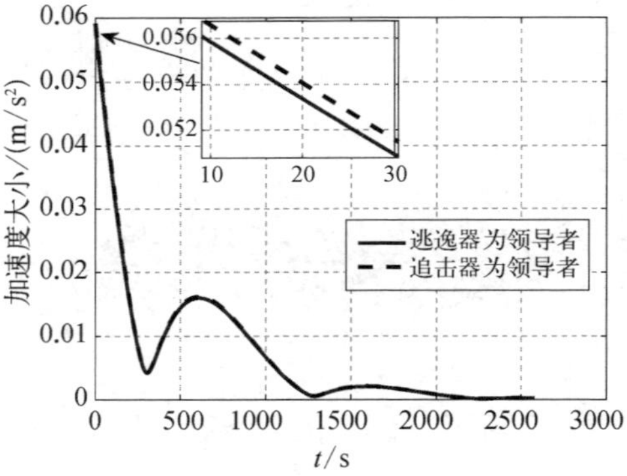

图 6-23 一步主从假设下逃逸器加速度大小变化曲线

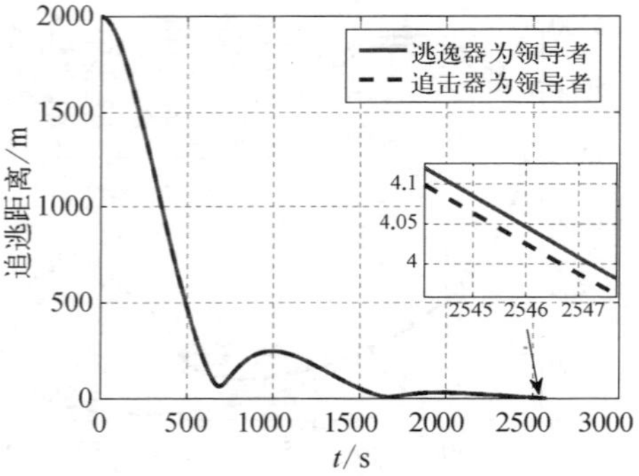

图 6-24 一步主从假设下追逃距离变化曲线

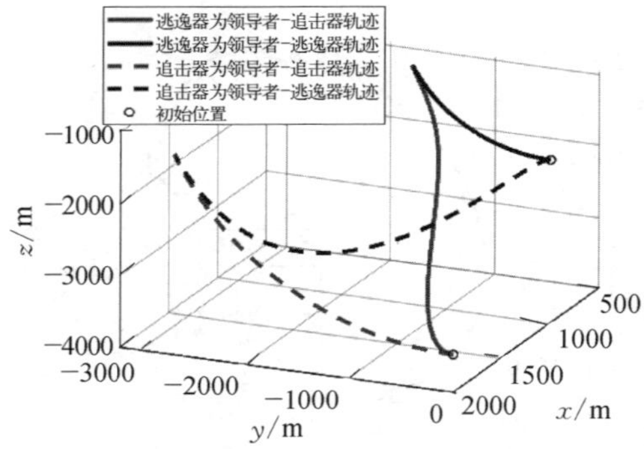

图 6-25 对比组空间追逃曲线

量消耗差异较小。回顾**注 6.3** 的结论：若任意一方作为领导者的 Stackelberg 策略具有一致性，则 Stackelberg 策略与纳什均衡策略具有一致性。故可认定，在上述参数设定下，两航天器的一步前视 Stackelberg 均衡逼近于一步前视纳什均衡，两航天器追逃轨迹不失博弈均衡合理性，并在不同的领导者假设下呈现出弱差异性特征。

为验证一步前视 Stackelberg 策略在不同领导者假设下的差异性，可设参数矩阵为 $\boldsymbol{R}_{1k}=\mathrm{diag}([6.8,\ 6.8,\ 6.8]\times10^{3})$ 及 $\boldsymbol{R}_{2k}=\mathrm{diag}([10^{4},\ 10^{4},\ 10^{4}])$，航天器两组场景下的空间轨迹如图 6-25 所示。显然，当放宽加速度幅值限制（即减小 $\boldsymbol{R}_{ik}$ 的相对大小）时，航天器在不同领导者假设下的追逃轨迹差异明显，这验证了本书所提出的一步主从数值博弈控制器符合主从信息结构的博弈性质。

表 6-4　模型预测-一步主从数值博弈控制作用下的在轨追逃结果

领导者假设	追逃时间/s	等效能量代价/(m/s^2)	
		追击器	逃逸器
逃逸器为领导者	2 579	27.553	18.497
追击器为领导者	2 576	27.782	18.726

综上，本书所提出的一步主从数值博弈控制器具有较明显的计算优势，对不同参数设置的场景均呈现博弈均衡特征，具有较强的适应性与可执行性。

6.8　本章小结

本章针对非线性动力学描述的航天器在轨追逃问题，考虑了在轨追逃博弈对非合作目标动作的快速响应需求，基于数值优化方法与微分博弈理论框架，研究了在轨追逃问题的模型预测数值博弈控制策略，并采用仿真算例验证了上述博弈控制策略在相应场景中的追逃性能与求解效率。仿真结果表明，在轨追逃的数值博弈结果符合预期，针对三种问题场景的控制策略求解时间均为毫秒级，追逃任务周期内的平均求解效率均稳定在百毫秒以内；在主从信息的在轨追逃问题中，追逃结果均展现出主从特性，开环主从场景中不同领导者下的追逃轨迹表现出显著的差异性，而相同参数条件的一步主从场景中不同领导者假设对追逃轨迹的影响则小于开环主从场景。

第 7 章

微小卫星集群编队与博弈控制技术展望

随着微小卫星技术的飞速发展,越来越多的微小卫星被应用于地球观测、星间通信、科学研究、在轨服务、空间对抗等各种空间任务。微小卫星研制及发射成本低,卫星集群可以较低成本实现复杂的任务,可根据任务需求进行扩展、升级;通过编队飞行,微小卫星可实现对特定区域的多角度、多时段观测,微小卫星集群可在轨处理数据,并进行星间传输,提高系统响应速度。

在这种背景下,微小卫星集群编队控制技术成为一个备受关注的研究领域,其基于轨道动力学理论、博弈论以及控制方法实现微小卫星的自主编队控制。目前许多研究致力于开发各种博弈策略和控制算法,以实现卫星间的智能协作和微小卫星集群的编队控制,这些研究为微小卫星集群的智能化控制和协同任务执行提供了重要的理论基础。

7.1 微小卫星集群应用前景

微小卫星集群可以星座、星群、编队的形式对地球环境进行实时监测,为偏远地区提供互联网接入服务,对全球导航系统进行能力增强,获取高分辨率科学数据,对特定区域进行高效监视,对灾区进行实时监测等。空间轨道对抗是未来太空战场的重要任务,涉及微小卫星在轨道上的态势感知、复杂机动、目标跟踪、攻击与防御等多种技术,微小卫星集群编队飞行任务还包括空间态势感知和对抗等。

空间态势感知(space situational awareness, SSA)是指对空间环境及其变化的监测、识别与评估,涉及潜在暗弱小目标及高机动目标的检测和识别,以及目标的轨迹预测,为决策提供信息支撑。执行空间态势感知任务的集群编队飞行通常要求微小卫星保持一定的编队构型,保证各卫星所携带的光学、雷达、红外等载荷可形成较长的空间基线,进而可完成多源信息的融合,提升空间态势感知的精度与可靠性。

轨道机动控制是指通过调整卫星的轨道参数,实现预定轨迹和姿态的控制技术。在空间对抗中，轨道机动控制是执行任务的关键技术，卫星须根据实时态势自主规划并执行轨道机动；轨道机动中还需要保持姿态稳定，以支持精确的攻击或防御操作。

攻击和防御技术是指卫星通过轨道机动实现对敌方卫星或空间目标的破坏或干扰，以及通过轨道机动保护己方卫星免受攻击的技术。在攻击中，卫星须根据攻击对象或攻击目标自主完成路径规划，进而完成动态场景下的目标抵近与摧毁，在防御中，卫星须根据来袭目标的运动机动情况，基于博弈策略完成自身轨道控制指令的生成，并通过轨道机动自主完成躲避。

空间轨道对抗技术是未来空间战场的重要组成部分，其发展趋势包括智能化、自主化与高效化。随着人工智能、机器学习、高效推进等新技术的引入，微小卫星将在空间态势感知、轨道机动控制、攻击与防御技术等方面取得重大突破，为未来的在轨服务、空间对抗等任务提供强有力的技术支持。

7.2　微小卫星集群编队与博弈控制技术应用前景

微小卫星集群编队技术可应用于卫星编队观测、卫星通信网络建设和空间资源勘测等各种空间任务。微小卫星集群编队与博弈控制技术涉及多个微小卫星间的博弈行为和控制策略的设计，以实现集群的协同工作和性能优化。通过博弈策略和控制算法的应用，微小卫星集群可实现更精确的编队控制和协同任务执行，从而提高任务执行效率和可靠性。

微小卫星集群编队控制是指多颗微小卫星在轨道上以一定的空间位置和姿态关系形成特定的编队，协同完成特定任务的控制方法。集群编队控制技术包括轨道及构型设计、编队构型重构与保持、相对导航与构型控制、姿态控制等多个方面。随着人类对空间资源的需求不断增加及微小卫星技术的快速发展，微小卫星集群编队技术将在未来的空间任务中发挥越来越重要的作用。在未来，随着人工智能和机器学习等技术的不断发展，微小卫星集群编队控制技术有望实现更高级别的智能化和自主化，从而提高集群的执行效率和任务完成能力，为未来空间任务的实现奠定坚实基础。

微小卫星集群编队博弈控制技术可在多个领域得到应用。首先，在地球观测方面，微小卫星集群可通过博弈控制技术实现高效的观测任务，提高地球观测数据的获取效率和质量；其次，在通信领域，微小卫星集群可以通过博弈控制技术实现卫星网络的优化布局和通信链路的优化调度，提高通信系统的整体性能；此外，在空间资源勘探和环境监测等领域，微小卫星集群编队博弈控制技术也有望发挥重要作用。微小卫星集群编队博弈控制技术将在空间任务中发挥越来越重要的作用,为人类探索宇宙和利用空间资源提供强大支持。

7.3 微小卫星集群编队与博弈控制技术未来发展方向

微小卫星集群编队与博弈控制技术的结合为未来航天任务的执行提供了新的思路和方法、微小卫星集群编队控制与博弈对抗控制技术在航天领域有着广阔的发展前景。随着人工智能、机器学习、分布式控制等技术的发展,微小卫星集群将具备更强的自主性、灵活性与强适应性,能够更好地完成各类复杂的空间任务。在未来的研究中,需进一步探索智能化、自主化的控制策略,提升微小卫星集群的整体性能及其在复杂空间环境中的任务执行能力和生存能力,融合航天技术、信息技术、人工智能等多领域成果,为微小卫星集群的应用和发展提供更加稳健和可靠的技术支持。

7.3.1 微小卫星集群编队控制技术的发展趋势

微小卫星集群编队控制技术涉及多个卫星之间的协同行动,旨在实现卫星之间的协同工作和任务实施,这种技术在卫星通信、地球观测、空间探测等领域具有广泛的应用前景。随着卫星技术的不断发展和微小卫星的快速普及,微小卫星集群编队控制技术也在不断地完善和深化。

集群编队控制算法的优化与创新: 在微小卫星集群编队控制技术中,集群编队算法的设计和优化对于卫星之间的协同行动至关重要。未来的发展趋势将主要集中在集群编队算法的优化与创新上,包括基于强化学习的自适应算法、基于深度学习的智能算法以及基于博弈论的决策算法等。这些算法可更好地适应不同的任务需求和环境变化,提高集群编队的效率和灵活性。

卫星通信与感知技术的提升: 在微小卫星集群编队控制中,卫星之间需要进行实时通信和感知,以便实现协同工作和任务完成。未来的发展趋势将主要集中在卫星通信与感知技术的提升上,包括高速通信技术、高精度感知技术以及多传感器融合技术等。这些技术的提升将有助于提高卫星之间的信息交换效率和感知准确性,进一步提升集群编队的整体性能。

集群编队控制系统的可靠性与安全性: 在微小卫星集群编队控制中,系统的可靠性和安全性是至关重要的。未来的发展趋势将主要关注集群编队控制系统的可靠性与安全性,包括系统故障诊断与容错技术、信息安全与数据保护技术以及系统鲁棒性设计等。这些技术的发展将有助于提高集群编队系统的稳定性和可靠性,确保卫星之间的协同行动顺利进行。

集群编队控制技术的应用拓展: 微小卫星集群编队控制技术具有广泛的应用

前景，未来的发展趋势将主要集中在应用拓展上。除了在卫星通信、地球观测和空间探测等领域的应用外，集群编队控制技术还可以应用于环境监测系统和军事作战系统等领域。这些应用的拓展将为集群编队控制技术的发展提供更多的机遇和挑战。

随着人工智能技术的发展和机器学习技术的引入，微小卫星集群将会实现自主编队规划与动态调整，提高编队的灵活性与适应性；随着分布式控制技术的发展，卫星间将实现信息共享和协同决策，进一步提升编队控制的鲁棒性与可靠性。另外，采用激光测距、视觉导航等新技术，可提升卫星间的相对导航精度，确保编队结构的稳定性。

7.3.2　微小卫星集群博弈对抗控制技术的发展趋势

微小卫星集群博弈对抗控制技术是涉及多个卫星之间协同对抗的控制策略，旨在实现卫星之间的博弈对抗和策略竞争。在不同的场景下，微小卫星集群博弈对抗控制技术可以通过一对一目标跟踪、多对一目标围捕、多对多集群对抗等方式实现卫星之间的策略竞争和博弈对抗。

一对一目标跟踪：在一对一目标跟踪场景下，微小卫星集群派遣一颗微小卫星对单个目标实施跟踪，并实现对目标的精准定位和监测。未来的发展趋势将主要集中在目标跟踪算法的优化与创新上，包括基于深度学习的标检测算法、基于博弈论的目标跟踪算法以及基于强化学习的路径规划算法等。这些算法将能够更好地适应目标跟踪的需求，提高卫星集群的跟踪精度和实时性。

多对一目标围捕：在多对一目标围捕场景下，微小卫星集群需要协同围捕一个目标，并实现对目标的包围和控制。未来的发展趋势将主要关注围捕策略的优化与协同控制算法的设计，包括基于博弈论的围捕策略、基于深度强化学习的围捕算法以及基于协同控制的路径规划技术等。这些技术的发展将有助于提高卫星集群的围捕效率和成功率。

多对多集群对抗：在多对多集群对抗场景下，微小卫星集群之间需要进行策略竞争和对抗行动，实现对手集群的控制和干扰。未来的发展趋势将主要集中在多对多集群对抗算法的设计与协同策略的优化上，包括基于博弈论的集群对抗算法、基于深度学习的对抗策略以及基于群体智能的集群对抗。

参 考 文 献

曹喜滨，贺东雷，2008. 编队构形保持模型预测控制方法研究[J]. 宇航学报，29(4)：1276-1283.

陈高杰，常琳，杨秀彬，等，2021. 双星编队构形保持抗干扰容错控制[J]. 光学精密工程，29(3)：605-615.

陈统，徐世杰，2006. 非合作式自主交会对接的终端接近模糊控制[J]. 宇航学报，27(3)：416-421.

陈瑛，何朕，李顺利，2016. 主从式卫星编队系统的长期轨道保持[J]. 宇航学报，37(11)：1349-1355.

崔海英，李俊峰，高云峰，2007. 椭圆参考轨道的卫星编队队形保持控制设计[J]. 工程力学，24(4)：147-151.

邓子泉，2019. 基于增量机动方式及评分矩阵的三航天器追逃策略研究[D]. 哈尔滨：哈尔滨工业大学.

董航宁，2022. 有向拓扑下分布式控制与优化关键问题研究[D]. 杭州：浙江大学.

郝志伟，孙松涛，张秋华，等，2019. 半直接配点法在航天器追逃问题求解中的应用[J]. 宇航学报，40(6)：628-635.

李曼，2023. 多种决策机制下一类多智能体系统协同控制问题研究[D]. 合肥：中国科学技术大学.

李振瑜，2019. 航天器追逃博弈路径规划与控制技术[D]. 长沙：国防科技大学.

李振瑜，2023. 空间轨道博弈模型拓展与深度强化学习方法[D]. 长沙：国防科技大学.

廖天，2022. 航天器追逃博弈控制与求解方法研究[D]. 哈尔滨：哈尔滨工业大学.

刘豹，唐万生，2011. 现代控制理论[M]. 第3版. 北京：机械工业出版社.

孟云鹤，2008. 近地轨道航天器编队飞行控制与应用研究[D]. 长沙：国防科学技术大学.

史帅科，2020. 基于博弈论的多卫星围捕策略研究[D]. 北京：北京邮电大学.

孙传鹏，2014. 基于博弈论的拦截制导问题研究[D]. 哈尔滨：哈尔滨工业大学.

孙雪娇，2017. 卫星编队飞行队形控制的参数化方法[D]. 哈尔滨：哈尔滨工业大学.

王淳宝，叶东，孙兆伟，等，2020. 航天器末端拦截自适应博弈策略[J]. 宇航学报，41(3)：309-318.

王慎泉，2013. 多飞行器系统协调控制建模与仿真研究[D]. 长沙：国防科学技术大学.

王有亮，2019. 卫星编队飞行相对轨迹优化与控制[D]. 北京：中国科学院大学(中国科学院国家空间科学中心).

吴其昌，李彬，李君，等，2019a. 基于深度神经网络的无限时域型航天器追逃策略求解[J]. 航天控制，37(6)：13-18.

吴其昌,张洪波,2019b. 基于生存型微分对策的航天器追逃策略及数值求解[J]. 控制与信息技术(4): 39-43.

许旭升,党朝辉,宋斌,等,2022. 基于多智能体强化学习的轨道追逃博弈方法[J]. 上海航天(中英文),39(2): 24-31.

杨盛庆,陈筠力,钟超,等,2022. 异构多星编队的脉冲构型保持控制方法[J]. 中国空间科学技术,43(2): 81-92.

张乘铭,2021. 航天器追逃博弈制导策略研究[D]. 长沙: 国防科技大学.

张秋华,孙毅,黄明明,等,2007a. 近地共面轨道上两飞行器在径向连续小推力下的追逃界栅[J]. 控制与决策(5): 530-534.

张秋华,赵小津,孙毅,2007b. 空间飞行器在视线坐标系中的追逃界栅[J]. 航天控制(1): 26-30.

张永合,2016. 面向星星跟踪测量系统的无拖曳航天器编队技术研究[D]. 北京: 中国科学院大学.

赵力冉,党朝辉,张育林,2021. 空间轨道博弈: 概念,原理与方法[J]. 指挥与控制学报,7(3): 215-224.

赵琳,周俊峰,刘源,等,2019. 三维空间"追-逃-防"三方微分对策方法[J]. 系统工程与电子技术,41(2): 322-335.

郑伟,许厚泽,钟敏,等,2010. 2010 地球重力场模型研究进展和现状[J]. 大地测量与地球动力学(30): 83-91.

仲惟超,2014. 卫星编队导航与轨道控制方法研究[D]. 哈尔滨: 哈尔滨工业大学.

周俊峰,2023. 基于微分对策理论的航天器追逃控制方法研究[D]. 哈尔滨: 哈尔滨工程大学.

周亮,2017. 航天器集群飞行的轨道保持与重构机动[D]. 西安: 西北工业大学.

朱数一,2018. 高精度精密编队控制技术研究[D]. 上海: 上海交通大学.

祝海,2020. 基于微分对策的航天器轨道追逃最优控制策略[D]. 长沙: 国防科技大学.

Aboelela M A S, 2016. Application of Multi-objective PID Controller for Load Frequency Control in Two-area Nonlinear Electric Power Systems[J]. International Journal of Power and Energy Conversion, 2016, 7(2): 139-156.

Agarwal S, Sinha A, 2016. Formation Control of Spacecraft under Orbital Perturbation[J]. IFAC-PapersOnLine, 49(1): 130-135.

Anderson G M, Grazier V W, 1976. Barrier in Pursuit-Evasion Problems between Two Low-Thrust Orbital Spacecraft[J]. AIAA Journal, 14(2): 158-163.

Axelrod R, Hamilton W D, 1981. The Evolution of Cooperation[J]. Science, 211(4489): 1390-1396.

Azizi S, Khorasani K, 2019. Cooperative State and Fault Estimation of Formation Flight of Satellites in Deep Space Subject to Unreliable Information[J]. IFAC-PapersOnLine, 52(12): 206-213.

Basar T, Olsder G J, 1999. Dynamic Noncooperative Game Theory[M]. 2nd Edition. Philadelphia: SIAM.

Battin R H, 1999. An Introduction to the Mathematics and Methods of Astrodynamics[M]. Reston: American Institute of Aeronautics and Astronautics.

Betts J T, 2010. Practical Methods for Optimal Control and Estimation Using Nonlinear Programming [M]. Society for Industrial and Applied Mathematics.

Bortoluzzi D, Lio M D, Dolesi R, et al, 2003. The LISA Technology Package Dynamics and Control [J]. Classical and Quantum Gravity, 20(10): S227.

Bryson A E, 1996. Optimal Control-1950 to 1985[J]. IEEE Control Systems, 16(3): 26-33.

Bryson A E, 2017. Applied Optimal Control: Optimization, Estimation and Control[M]. NewYork: Routledge.

Canuto E, Bona B, Calafiore G C, et al, 2002. Drag Free Control for the European Satellite GOCE. Part I: Modelling[C]. Las Vegas: Proceedings of the 41st IEEE Conference on Decision and Control.

Cao L, Chen X, Misra A K, 2014. Minimum Sliding Mode Error Feedback Control for Fault Tolerant Reconfigurable Satellite Formations with J2 Perturbations[J]. Acta Astronautica, 96: 201-216.

Carr R W, Cobb R G, Pachter M, et al, 2018. Solution of a Pursuit-Evasion Game Using a Near-Optimal Strategy[J]. Journal of Guidance, Control, and Dynamics, 41(4): 841-850.

Chai Y, Luo J, Han N, et al, 2020. Robust Event-Triggered Game-Based Attitude Control for on-Orbit Assembly[J]. Aerospace Science and Technology, 103: 1-12.

Cheng L, Wang Z, Jiang F, et al, 2019. Real-time Optimal Control for Spacecraft Orbit Transfer via Multiscale Deep Neural Networks[J]. IEEE Transactions on Aerospace and Electronic Systems, 55(5): 2436-2450.

Conway B A. 2012. A Survey of Methods Available for the Numerical Optimization of Continuous Dynamic Systems[J]. Journal of Optimization Theory and Applications, 152(2): 271-306.

Coverstone-Carroll V, Prussing J E, 1993. Optimal Cooperative Power-limited Rendezvous between Neighboring Circular Orbits[J]. Journal of Guidance, Control, and Dynamics, 16(6): 1045-1054.

Crispin Y, Dongeun S, 2011. Rendezvous between Two Active Spacecraft with Continuous Low Thrust [A]//Hall J. Advances in Spacecraft Technologies. Rijeka: InTech: 585-596.

Dueri D, Acikmese B, Baldwin M, et al, 2014. Finite-Horizon Controllability and Reachability for Deterministic and Stochastic Linear Control Systems with Convex Constraints[C]. Washington: American Control Conference: 5016-5023.

Engwerda, J C, 2017. Robust Open-Loop Nash Equilibria in the Noncooperative LQ Game Revisited [J]. Optimal Control Applications and Methods, 38(5): 795-813.

Feng W, Han L, Shi L, et al, 2016. Optimal Control for a Cooperative Rendezvous Between Two Spacecraft from Determined Orbits[J]. The Journal of the Astronautical Sciences, 63(1): 23-46.

Feng W M, Ren F, Shi L, 2014. Optimal Control for Far-Distance Rapid Cooperative Rendezvous[J]. Proceedings of the Institution of Mechanical Engineers, Part G: Journal of Aerospace Engineering, 228(14): 2662-2673.

Feng W M, Wang B, Yang K, et al, 2017. Cooperative Rendezvous Between Two Spacecraft under Finite Thrust[J]. CEAS Space Journal, 9(2): 227-241.

Fichter W, Gath P, Vitale S, et al, 2005. LISA Pathfinder Drag-free Control and System Implications

[J]. Classical & Quantum Gravity, 22(10): 139-148.

Franzini G, Pollini L, Innocenti M, 2016. H-Infinity Controller Design for Spacecraft Terminal Rendezvous on Elliptic Orbits using Differential Game Theory [C]. Boston: 2016 American Control Conference (ACC): 7438-7443.

Friedman A, 2013. Differential Games[M]. Northampton: Courier Corporation.

Fudenberg D, Tirole J, 1991. Game Theory[M]. Cambridge: MIT Press.

Galati D, Liu Y, Simaan M A, 2003. A Fast Algorithm for Unit Level Team Resource Allocation in a Game Environment[C]. Maui: 42nd IEEE International Conference on Decision and Control.

Garcia E, Casbeer D, Pachter M, 2017. Optimal Guidance for Active Aircraft Defense Against Homing Missiles[R]. AIAA 2017-1017.

Garcia E, Casbeer D W, Pachter M, 2015. Cooperative Strategies for Optimal Aircraft Defense from an Attacking Missile[J]. Journal of Guidance, Control, and Dynamics, 38(8): 1510-1520.

Gobetz F W, Doll J R, 1969. A Survey of Impulsive Trajectories[J]. AIAA Journal, 7(5): 801-834.

Godard, Kumar K D, 2010. Fault Tolerant Reconfigurable Satellite Formations Using Adaptive Variable Structure Techniques[J]. Journal of Guidance, Control, and Dynamics, 33(3): 969-984.

Gong H, Gong S, Li J, 2020. Pursuit-Evasion Game for Satellites Based on Continuous Thrust Reachable Domain[J]. IEEE Transactions on Aerospace and Electronic Systems, 56(6): 4626-4637.

Goodman T R, Lance G N, 1956. The Numerical Integration of Two-Point Boundary Value Problems [J]. Mathematical Tables and Other Aids to Computation, 10(54): 82.

Gurfil P, 2023. Spacecraft Rendezvous Using Constant-Magnitude Low Thrust [J]. Journal of Guidance, Control, and Dynamics, 46(11): 2183-2191.

Harmon M E, Baird L C, Klopf A H, 1995. Reinforcement Learning Applied to a Differential Game [J]. Adaptive Behavior, 4(1): 3-28.

Hintz G R, 2015. Orbital Mechanics and Astrodynamics: Techniques and Tools for Space Missions[M] 1st Edition. Cham: Springer International Publishing.

Hu Q, Chen W, Guo L, 2019. Fixed-Time Maneuver Control of Spacecraft Autonomous Rendezvous with a Free-Tumbling Target[J]. IEEE Transactions on Aerospace and Electronic Systems, 55 (2): 562-577.

Imaan M S, Cruz J B, 1973. Sampled-Data Nash Controls in Non-Zero-Sum Differential Games[J]. International Journal of Control, 17(6): 1201-1209.

Innocenti M, Tartaglia V, 2016. Game Theoretic Strategies for Spacecraft Rendezvous and Motion Synchronization[C]. San Diego: AIAA Guidance, Navigation, and Control Conference.

Jansson O, Harris M W, 2023. A Geometrical, Reachable Set Approach for Constrained Pursuit-Evasion Games with Multiple Pursuers and Evaders[J]. Aerospace, 10(5): 477.

Jiang R, Ye D, Xiao Y, et al, 2023. Orbital Interception Pursuit Strategy for Random Evasion Using Deep Reinforcement Learning[J]. Space: Science & Technology, 3(24): 1-14.

Jia Q, Chen W, Zhang Y, et al, 2016. Fault Reconstruction for Continuous-Time Systems via Learning Observers[J]. Asian Journal of Control, 18(2): 549-561.

Kim Y H, Spencer D B, 2002. Optimal Spacecraft Rendezvous Using Genetic Algorithms[J]. Journal of Spacecraft and Rockets, 39(6): 859–865.

Knuth D E, 1975. An Analysis of Alpha-Beta Pruning[J]. Artificial Intelligence, 6(4): 293–326.

Kumar P, Bhattacharya A, Padhi R, 2018. Minimum Drag Optimal Guidance With Final Flight Path Angle Constraint Against Re-entry Targets[C]. Kissimmee: 2018 AIAA Guidance, Navigation, and Control Conference.

Lange B, 1964. The Control and Use of Drag-Free Satellites[D]. Stanford: Stanford University.

Lee D, Kumar K D, Sinha M, 2014. Fault Detection and Recovery of Spacecraft Formation Flying Using Nonlinear Observer and Reconfigurable Controller[J]. Acta Astronautica, 97(2014): 58–72.

Liang H, Wang J, Liu J, et al, 2020. Guidance Strategies for Interceptor against Active Defense Spacecraft in Two-on-Two Engagement[J]. Aerospace Science and Technology, 96(11): 1–10.

Lian X, Liu J, Yuan L, et al, 2018. Mixed Fault Diagnosis Scheme for Satellite Formation[J]. Aircraft Engineering and Aerospace Technology, 90(2): 427–434.

Liao T, Li S, Chen X, et al, 2023. Numerical Solution of Spacecraft Pursuit-Evasion-Capture Game based on Progressive Shooting Method[J]. Proceedings of the Institution of Mechanical Engineers, Part G: Journal of Aerospace Engineering, 237(12): 2874–2886.

Li D, Cruz J B, 2011. Defending an Asset: A Linear Quadratic Game Approach[J]. IEEE Transactions on Aerospace and Electronic Systems, 47(2): 1026–1044.

Li M, Qin J, Freris N M, et al, 2022. Multiplayer Stackelberg–Nash Game for Nonlinear System via Value Iteration-Based Integral Reinforcement Learning[J]. IEEE Transactions on Neural Networks and Learning Systems, 33(4): 1429–1440.

Li P, Liu Z, He C, et al, 2020. Distributed Adaptive Fault-Tolerant Control for Spacecraft Formation with Communication Delays[J]. IEEE Access, 8: 118653–118663.

Liu G, Feng W M, Yang K, et al, 2019. Hybrid QPSO and SQP Algorithm with Homotopy Method for Optimal Control of Rapid Cooperative Rendezvous[J]. Journal of Aerospace Engineering, 32(4): 04019030.

Liu Y, Chen X, Zhang Y, et al, 2022. Sample Data Game Strategy for Active Rendezvous with Disturbance Rejection[J]. Aerospace Science and Technology, 121: 1–13.

Liu Y, Li R, Hu L, et al, 2018. Optimal Solution to Orbital Three-Player Defense Problems using Impulsive Transfer[J]. Soft Computing, 22(9): 2921–2934.

Liu Y, She H, Meng B, et al, 2023. A Method of Surrounding Escapable Space Target by Combining Game with Optimization[C]. Tianjin: 42nd Chinese Control Conference (CCC).

Liu Y, Ye D, Hao Y, 2016. Distributed Online Mission Planning for Multi-Player Space Pursuit and Evasion[J]. Chinese Journal of Aeronautics, 29(6): 1709–1720.

Li Z Y, Zhu H, Yang Z, et al, 2019. A Dimension-Reduction Solution of Free-Time Differential Games for Spacecraft Pursuit-evasion[J]. Acta Astronautica, 163: 201–210.

Luo Y, Jiang X, Zhong S, et al, 2023. A Multi-Satellite Swarm Pursuit-Evasion Game Basedon Contract Network Protocol and Optimal Lambert Method[A]//Yan L, Duan H, Deng Y. Advances in Guidance, Navigation and Control: Vol. 845. Singapore: Springer Nature Singapore:

2275-2285.

Ma C, Huang K, Wu Q, et al, 2023. Cooperative Game-Based Optimization of Flexible Robust Constraint Following Control for Spacecraft Rendezvous System with Uncertainties[J]. IEEE Transactions on Systems, Man, and Cybernetics: Systems, 53(11): 6849-6860.

Mirfakhraie K, Conway B A, 1994. Optimal Cooperative Time-Fixed Impulsive Rendezvous[J]. Journal of Guidance, Control, and Dynamics, 17(3): 607-613.

Morrison D D, Riley J D, Zancanaro J F, 1962. Multiple Shooting Method for Two-Point Boundary Value Problems[J]. Communications of the ACM, 5(12): 613-614.

Ogundele A D, 2022. Nonlinear Optimal Controller Design for Nonlinear Spacecraft Formation Flying with Periodic Coefficients via SDRE Technique[J]. Aerospace Systems, 5(2): 247-263.

Osborne M R, 1969. On Shooting Methods for Boundary Value Problems[J]. Journal of Mathematical Analysis and Applications, 27(2): 417-433.

Pachter M, Garcia E, Casbeer D W, 2017. Differential Game of Guarding a Target[J]. Journal of Guidance, Control, and Dynamics, 40(11): 2991-2998.

Padhi R, Kothari M, 2009. Model Predictive Static Programming: A Computationally Efficient Technique for Suboptimal Control Design[J]. International Journal of Innovative Computing Information & Control, 5(2): 399-411.

Pan I, Das S, 2013. Frequency Domain Design of Fractional Order PID Controller for AVR System Using Chaotic Multi-Objective Optimization[J]. International Journal of Electrical Power & Energy Systems, 51(10): 106-118.

Peng Z, Wang D, Zhang H, 2014. Cooperative Tracking and Estimation of Linear Multi-Agent Systems with a Dynamic Leader via Iterative Learning[J]. International Journal of Control, 87(6): 1163-1171.

Pokiya J, Sharma P, Padhi R, 2022. High-Precision Computational Guidance in Terminal Phase with Impact Angle, Lead Angle and Lateral Acceleration Constraints[J]. Journal of the Franklin Institute, 359(18): 10392-10419.

Pontani M, Conway B A, 2009. Numerical Solution of the Three-Dimensional Orbital Pursuit-Evasion Game[J]. Journal of Guidance, Control, and Dynamics, 32(2): 474-487.

Pontani M, Ghosh P, Conway B A, 2012. Particle Swarm Optimization of Multiple-Burn Rendezvous Trajectories[J]. Journal of Guidance, Control, and Dynamics, 35(4): 1192-1207.

Powell W B, 2007. Approximate Dynamic Programming: Solving the Curses of Dimensionality[M]. Hoboken: Wiley-Interscience.

Prussing J E, Conway B A, 1989. Optimal Terminal Maneuver for a Cooperative Impulsive Rendezvous[J]. Journal of Guidance, Control, and Dynamics, 12(3): 433-435.

Ren F, Feng W, 2021. Homotopy-SQP Coupled Method for Optimal Control of Far-Distance Nonplanar Rapid Cooperative Rendezvous with Multiple Specific-Direction Thrusts[J]. Advances in Space Research, 68(8): 3176-3190.

Russell R D, Shampine L F, 1972. A Collocation Method for Boundary Value Problems[J]. Numerische Mathematik, 19(1): 1-28.

Shampine L F, Gladwell I, Thompson S, 2003. Solving ODEs with MATLAB[M]. New York: Cambridge University Press.

Shen H X, Casalino L, 2018. Revisit of the Three-Dimensional Orbital Pursuit-Evasion Game[J]. Journal of Guidance, Control, and Dynamics, 41(8): 1823-1831.

Shirazi A, Ceberio J, Lozano J A, 2019. An Evolutionary Discretized Lambert Approach for Optimal Long-Range Rendezvous Considering Impulse Limit[J]. Aerospace Science and Technology, 94: 1-14.

Shoham Y, Leyton-Brown K, 2008. Multiagent Systems: Algorithmic, Game-Theoretic, and Logical Foundations[M]. Cambridge: Cambridge University Press.

Stupik J, Pontani M, Conway B, 2012. Optimal Pursuit/Evasion Spacecraft Trajectories in the Hill Reference Frame[C]. Minneapolis: AIAA/AAS Astrodynamics Specialist Conference.

Sun S, Zhang Q, Loxton R, et al, 2015. Numerical Solution of a Pursuit-Evasion Differential Game Involving Two Spacecraft in Low Earth Orbit [J]. Journal of Industrial and Management Optimization, 11(4): 1127-1147.

Taur D R, Coverstone-Carroll V, Prussing J E, 1995. Optimal Impulsive Time-Fixed Orbital Rendezvous and Interception with Path Constraints [J]. Journal of Guidance, Control, and Dynamics, 18(1): 54-60.

Vassar R H, Sherwood R B, 1985. Formation Keeping for a Pair of Satellites in a Circular Orbit[J]. Journal of Guidance, Control, and Dynamics, 8(2): 235-242.

Wang M, Wu H N, 2023. Autonomous Game Control for Spacecraft Rendezvous via Adaptive Perception and Interaction[J]. IEEE Transactions on Aerospace and Electronic Systems, 59(3): 3188-3200.

Wang Y, Boyd S, 2010. Fast Model Predictive Control Using Online Optimization [J]. IEEE Transactions on Control Systems Technology, 18(2): 267-278.

Weiss A, Baldwin M, Erwin R S, et al, 2015. Model Predictive Control for Spacecraft Rendezvous and Docking: Strategies for Handling Constraints and Case Studies[J]. IEEE Transactions on Control Systems Technology, 23(4): 1638-1647.

Yang B, Liu P, Feng J, et al, 2021. Two-Stage Pursuit Strategy for Incomplete-Information Impulsive Space Pursuit-Evasion Mission Using Reinforcement Learning[J]. Aerospace, 8(10): 299.

Yang K, Feng W M, Liu G, et al, 2018. Quantum-Behaved Particle Swarm Optimization for Far-Distance Rapid Cooperative Rendezvous between Two Spacecraft [J]. Advances in Space Research, 62(11): 2998-3011.

Yang X, Gao H, 2013. Robust Reliable Control for Autonomous Spacecraft Rendezvous with Limited-Thrust[J]. Aerospace Science and Technology, 24(1): 161-168.

Ye M, Kolmanovsky I, 2022. Approximating Optimal Control by Shrinking Horizon Model Predictive Control for Spacecraft Rendezvous and Docking[J]. IFAC-PapersOnLine, 55(16): 284-289.

Yu W, Yue X, Huang P, et al, 2024. Deep Reinforcement Learning-Based Intelligent Decision-Making for Orbital Game of Satellite Swarm [A]//Li S. Computational and Experimental Simulations in Engineering: Vol. 145. Cham: Springer International Publishing.

Zavoli A, Colasurdo G, 2015. Indirect Optimization of Finite-Thrust Cooperative Rendezvous [J]. Journal of Guidance, Control, and Dynamics, 38(2): 304–314.

Zeng X, Cai W, Yang L, et al, 2018. On the Orbital Pursuit-Evasion Games with Low Constant Thrust-to-Mass Ratio[C]. Xi'an: 2018 Chinese Automation Congress (CAC).

Zeng X, Wang W, Huo Y, 2023. Optimal Guidance for Orbital Pursuit-Evasion Games Based on Deep Neural Network[J]. Advances in Astronautics Science and Technology, 6(2023): 73–85.

Zhang C, Zhu Y, Yang L, et al, 2023a. Numerical Solution for Elliptical Orbit Pursuit-evasion Game via Deep Neural Networks and Pseudospectral Method [J]. Proceedings of the Institution of Mechanical Engineers, Part G: Journal of Aerospace Engineering, 237(4): 796–808.

Zhang J, Zhang K, Zhang Y, et al, 2022a. Near-Optimal Interception Strategy for Orbital Pursuit-Evasion using Deep Reinforcement Learning[J]. Acta Astronautica, 198: 9–25.

Zhang K, Mu Z, Ye D, et al, 2017a. Revisiting the Two-side Optimization Problem in Satellite Pursuit-evasion[J]. MATEC Web of Conferences, 114: 1–10.

Zhang K, Zhang Y, Shi H, et al, 2023b. Escape-Zone-Based Optimal Evasion Guidance Against Multiple Orbital Pursuers[J]. IEEE Transactions on Aerospace and Electronic Systems, 59(6): 7698–7714.

Zhang P, Zhang Y, 2023c. Horizontal and Orthogonal Defensive Formations for Two Weak Pursuers and One Evader Game[J]. IEEE Transactions on Aerospace and Electronic Systems, 59(4): 4063–4075.

Zhang P, Zhang Y, 2024. Two-Step Stackelberg Approach for the Two Weak Pursuers and One Strong Evader Closed-Loop Game[J]. IEEE Transactions on Automatic Control, 69(2): 1309–1315.

Zhang Y, Zhang P, Wang X, et al, 2022b. An Open Loop Stackelberg Solution to Optimal Strategy for UAV Pursuit-Evasion Game[J]. Aerospace Science and Technology, 129(2022): 107840.

Zhang Z, Yang H, Jiang B, et al, 2017b. Decentralised Fault-Tolerant Control of Tethered Spacecraft Formation: An Interconnected System Approach [J]. IET Control Theory & Applications, 11(17): 3047–3055.

Zhou C, He L, Yan X, et al, 2023a. Active-Set Pseudospectral Model Predictive Static Programming for Midcourse Guidance[J]. Aerospace Science and Technology, 134: 108137.

Zhou C, Yan X, Ban H, et al, 2023b. Generalized-Newton-Iteration-Based MPSP Method for Terminal Constrained Guidance [J]. IEEE Transactions on Aerospace and Electronic Systems, 59(6): 9438–9450.

Zhou C, Yan X, Tang S, 2020. Generalized Quasi-Spectral Model Predictive Static Programming Method Using Gaussian Quadrature Collocation [J]. Aerospace Science and Technology, 106: 106134.

Zhou D, Zhang Y, Li S, 2019a. Receding Horizon Guidance and Control Using Sequential Convex Programming for Spacecraft 6-DOF Close Proximity[J]. Aerospace Science and Technology, 87: 459–477.

Zhou J, Zhao L, Cheng J, et al, 2019b. Pursuer's Control Strategy for Orbital Pursuit-Evasion-Defense Game with Continuous Low Thrust Propulsion[J]. Applied Sciences, 9(15): 3190.